SCHÄFFER
POESCHEL

Franziska Fink / Michael Moeller

Purpose Driven Organizations

Sinn – Selbstorganisation – Agilität

2018
Schäffer-Poeschel Verlag Stuttgart

Für Christl und für Connie, Marlena und Kilian

Bibliografische Information der Deutschen Nationalbibliothek
Die Deutsche Nationalbibliothek verzeichnet diese Publikation in der Deutschen Nationalbibliografie; detaillierte bibliografische Daten sind im Internet über <http://dnb.d-nb.de> abrufbar.

Gedruckt auf chlorfrei gebleichtem, säurefreiem und alterungsbeständigem Papier

Print: ISBN 978-3-7910-4034-9 Bestell-Nr. 10250-0001
ePDF: ISBN 978-3-7910-4035-6 Bestell-Nr. 10250-0150
ePub: ISBN 978-3-7910-4036-3 Bestell-Nr. 10250-0100

www.schaeffer-poeschel.de
service@schaeffer-poeschel.de

Lektorat: Michael Bauer, Mainz
Umschlagentwurf: Goldener Westen, Berlin
Umschlaggestaltung: Kienle gestaltet, Stuttgart
Satz: Claudia Wild, Konstanz
Printed in Germany

Oktober 2018

Schäffer-Poeschel Verlag Stuttgart
Ein Unternehmen der Haufe Group

Inhaltsverzeichnis

Abbildungsverzeichnis

Warum wir dieses Buch schreiben

Wir glauben an eine Welt »sinn-voller« Organisationen, die ihre Entscheidungen an einem Purpose orientieren, der über reine Gewinnmaximierung hinausgeht. Wo Mitarbeitende jeden Tag mit Begeisterung und Engagement an Dingen arbeiten, die für sie selbst, für die Organisation, deren Kundinnen und die Gesellschaft Sinn und Wert stiften.

Wir erzählen von funktionierenden Beispielen sogenannter Purpose Driven Organizations und unterstützen als Beratende Unternehmen auf ihrem Weg dorthin. Eine solche Entwicklung gelingt, wenn Organisationen in fünf Disziplinen spezifische Praktiken etablieren.

Wir haben einen Traum. In diesem Traum sind Organisationen Orte, in denen Menschen täglich Sinn stiften durch das, was sie miteinander tun – nicht nur für sich und die Organisation, sondern auch für ihre Stakeholder und die Gesellschaft. Menschen gehen mit Freude dorthin, begegnen sich als Menschen und entfalten ihr Potenzial. Die Organisationen lernen jeden Tag dazu, werden kontinuierlich besser und die Menschen kehren mindestens genauso energiegeladen und erfüllt nach Hause zurück, wie sie am Arbeitsplatz erschienen sind. Die Dinge, die sie in Organisationen tun, tragen nicht nur zu ihrem eigenen Leben und Wohlbefinden bei, sondern gleichermaßen zu dem ihrer Kundinnen, Geschäftspartnerinnen und Kapitalgebenden. Sie sorgen für eine positive Entwicklung des gesellschaftlichen Umfelds und schonen Umwelt und natürliche Lebensgrundlagen.

Bei aller Träumerei sind wir zutiefst davon überzeugt, dass sich Organisationen noch deutlich stärker diesem Idealbild nähern können, als es heute der Fall ist. Wir glauben daran, dass Organisationen gesunde und lebendige Orte sein können, die inspirierend, produktiv und innovativ sind. Sie leisten wertvolle Beiträge zu einer gesunden Weiterentwicklung ihrer Stakeholder und der Welt.

Wir wollen die Basis schaffen für gesunde und lebendige Organisationen. Wir nennen sie **Purpose Driven Organizations** – nicht weil wir auf englische Buzzwords stehen, sondern weil der Begriff ausdrückt, was wir meinen: Organisationen, deren Herz und Motor ein »higher Purpose« – ein höherer Sinn ist. Eine Energie und Orientierung stiftende Überzeugung und Motivation, einen Beitrag zu etwas zu leisten, das über den eigenen Vorteil und Nutzen weit hinausgeht.

Purpose-driven bedeutet, den Sinn in den Mittelpunkt zu stellen und dafür zu sorgen, dass die Mitarbeitenden ihn für sich und ihre Arbeit als »sinn-voll« erleben und dass die Organisation ihn als Ausrichtung und zur Steuerung nutzt.

Wir begegnen immer wieder Beispielen, wo dies auf beeindruckende Weise gelingt. Ihnen wollen wir in diesem Buch besondere Aufmerksamkeit widmen, da sie Inspiration und Ermutigung für die weitere Arbeit an Purpose Driven Organizations sind.

Dieses Buch zeigt anregende Vorbilder und erläutert die fünf Disziplinen – praktisch und theoretisch. Sie im Organisationsalltag zu leben, stiftet Sinn, ermöglicht Selbstorganisation und sorgt für Agilität. Wollen auch Sie »sinn-voll« gestalten? Dann begleiten Sie uns auf der Reise zu den Purpose Driven Organizations!

Zwischenstopp

PREMIUM: Eine große Runde aus Kundinnen, Liefernden, Händlerinnen, Gastronominnen, Lkw-Fahrerinnen, Produzierenden und Dienstleistenden sitzt in einer Villa in Mecklenburg-Vorpommern beim regelmäßigen Treffen des Getränkeproduzenten zusammen, um das Unternehmen weiterzuentwickeln. Was anderswo in kleinen Topmanagement-Teams passiert, findet hier mit vielen Externen statt. Gründer Uwe Lübbermann holt immer alle Stakeholder des Cola-Getränks zusammen, um die Bedarfe zu erfragen, auszubalancieren und zu moderieren, bis alle einverstanden sind. Sinn der Organisation ist Augenhöhe – ohne alle am Tisch wird nichts entschieden!

Zappos: Der beliebteste Schuhversand der USA schickt Roxanne an den Flughafen von Las Vegas, um die Gäste abzuholen. Die lebensfrohe alleinerziehende Mutter erzählt uns auf der Fahrt alles über Las Vegas und die »Zappos Family«; dazu legt sie ihre Lieblingsmusik ein. Sie wird den ganzen Tag auf uns warten, weil sie uns persönlich ins Hotel bringen will: »No matter how long you stay, I asked my neighbour to come and stay with the kids!« Wir können sie nicht überzeugen, dass wir auch gern ein Taxi nehmen, damit sie zu ihren Kindern kommt. Das sei für sie Ehrensache, erklärt sie uns lachend. Der Sinn der Organisation ist »Deliver Happiness« für Mitarbeitende, Kundinnen und Gäste.

dm-drogerie markt: Der Fokus auf sinnhaftes Tun hat bei dem Handelskonzern »Budget« zu einem »Tabuwort« gemacht. Die Organisation plant bewusst nicht mit Budgets, um zu verhindern, dass Sinnvolles unterbleibt, weil das Budget nicht reicht. »Ein Budget würde uns in unserer Sinnfindung massiv einschränken. Natürlich müssen wir bei neuen Ideen abklopfen, ob die wirtschaftliche Situation es ermöglicht, aber das muss immer wieder neu gedacht werden«, sagt Finanzgeschäftsführer Martin Dallmaier. Sinn der Organisation ist es, einen »sozialen Organismus« zu gestalten – einen Ort, an dem sich Menschen weiterentwickeln und ihre Potenziale entfalten können.

Die große Frage: Wie sehen Purpose Driven Organizations aus?
Organisationen sind der Dreh- und Angelpunkt unserer modernen Welt. Tagtäglich sind wir mit ihnen konfrontiert. Das wirtschaftliche Wohlergehen nahezu aller hängt direkt oder indirekt von Organisationen ab. Fast unser ganzes Leben verbringen wir in engem Kontakt mit Organisationen. Die meisten von uns haben in einer Organisation namens Krankenhaus das Licht der Welt erblickt. Schon im Kleinkindalter beginnt der Marsch durch die Institutionen: Kindergarten, Schule, vielleicht Universität. Meist folgt dann eine jahrzehntelange Arbeit in Firmen, Verwaltungen oder Non-Profit-Organisationen verschiedenster Art.

Auch im Privatleben sind wir laufend in Kontakt mit ihnen: beim Einkaufen, im Kino oder Theater, wenn wir uns beim Friseur die Haare schneiden lassen oder mit Freundinnen in ein Lokal essen gehen, wenn wir mit öffentlichen Verkehrsmitteln unterwegs sind, unseren Reisepass verlängern oder im Internet surfen, wenn wir uns versichern, fürs Alter vorsorgen oder einfach nur Post bekommen. Jedes Mal haben wir mit irgendeiner Art von Organisation zu tun. Gemessen daran, dass uns Organisationen unser ganzes Leben begleiten und in der Regel auch massiv beeinflussen, erscheint es nicht vermessen, von ihnen zu erwarten, dass unsere vielfältigen Kontakte mit ihnen positiv und lebensförderlich sind – für diejenigen, die in ihnen arbeiten, die mit ihnen in Kontakt sind, und auch für diejenigen, die nur mittelbar von ihnen betroffen sind.

Unser Ziel ist, in diesem Buch ein möglichst stimmiges Bild der praktischen Gestaltungs- und Entwicklungsmöglichkeiten für Purpose Driven Organizations zu zeichnen. Wir tun dies auf Basis eines systemtheoretisch aufgeklärten und wissenschaftlich fundierten Zugangs zu Organisationen sowie vielfältiger Erfahrungen in und mit Unternehmen und Führungskräften.

Dabei beschäftigen uns Fragen wie:

- Wie sieht die nächste Generation von Organisationen aus, die all dem Rechnung trägt?
- Wie lässt sich die gesunde und lebendige Entwicklung einer Organisation fördern?
- Welche Bedeutung hat Sinn in Organisationen? Und wie gelingt es, einen stimmigen Sinn zu finden oder zu geben?
- Wie steuern sich Unternehmen über Sinn statt über Pläne, Budgets, Strategien oder Anweisungen?
- Wie gestaltet sich eine Firmenstruktur, die Agilität und Überlebensfähigkeit sichert und dabei auf Hierarchieebenen und Führungskräfte verzichtet?
- Wie gelingt Selbstorganisation, wenn niemand mehr sagt, wo es lang geht?

- Wie koppelt sich eine Organisation in einer vernetzten und digitalisierten Welt sinnvoll mit ihrem Umfeld?

Wovon wir ausgehen

Um die Einordnung unserer Gedanken zu erleichtern, beschreiben wir vorab unsere Grundannahmen. Wissenschaftstheoretisch folgen wir dem **Konstruktivismus.** Unsere Rahmentheorie bildet die systemisch konstruktivistische Perspektive.

Unser **Menschenbild:** Der Mensch ist aus unserer Sicht in sehr komplexer Weise auf Entwicklung angelegt und von einem Bedürfnis nach Sinn geprägt. Er ist grundlegend in einen sozialen Kontext eingebunden und damit nicht unabhängig von diesem zu denken.

Unser **Organisationsbild:** Nach Niklas Luhmann beschreiben wir Organisationen als soziale Systeme, bestehend aus Kommunikationen. Wir sehen sie als autopoietisch, operational geschlossen und damit nicht direkt steuerbar. Als soziales System sind Organisationen sinndeterminiert, denn jede Art der Erfahrungsverarbeitung wird durch Sinn organisiert.

Wie wir gendern

Wir verwenden bei Personen- und Funktionsbezeichnungen im Text nach Möglichkeit eine neutrale Form, ansonsten die weibliche. Immer jedoch ist auch die männliche Form mitgemeint.

Teil 1:

Welt, Sinn und Organisation

1. Die Herausforderung

»Purpose Economy löst die Information Economy ab!« – »Das posthierarchische Zeitalter beginnt« – »Firmen ohne Führungskräfte« – »Das Ende der Hierarchie?!« – »Digitalisierung wird alles verändern« – »Die vierte industrielle Revolution nimmt Fahrt auf«. Diese und ähnliche Schlagzeilen dominieren seit Jahren die Wirtschaftspresse und die Management-Fachliteratur. Wir begegnen ihnen auch in unserer Beratungspraxis und in Anfragen aus Unternehmen an uns als Beratende: Wie kann das gelingen? Was ist zu tun? Wie können wir das bei uns umsetzen? Neben einem sicherlich auch vorhandenen Hype ist spürbar, dass etwas in Bewegung gekommen ist und dass viele Menschen und Organisationen das zweite Jahrzehnt des 21. Jahrhunderts als eine große Umbruchphase erleben. Ein grundlegender Entwicklungszyklus von Wirtschaft, Gesellschaft und Management kommt langsam an sein Ende und wird von etwas Neuem, das sich noch nicht exakt beschreiben lässt, abgelöst. Was ist damit gemeint?

Da man soziale Systeme, als die wir Organisationen betrachten, nur in Verbindung mit der sie umgebenden Umwelt begreifen kann, macht es Sinn, sich an dieser Stelle einen Überblick zu verschaffen, was sich in diesem Umfeld tut. In Summe ergibt sich dabei für uns folgendes Bild: Der wirtschaftliche, technische aber auch soziale **Fortschritt** der letzten 200 Jahre ist spürbar. Fast überall. Aber nicht alles läuft gut. In Wirtschaft und Gesellschaft sind die **Fliehkräfte** inzwischen unübersehbar. Das kann nicht mehr (lange) so weitergehen. Wir brauchen eine **neue Entwicklungskurve** in Wirtschaft und Gesellschaft. Zudem verändern sich die Möglichkeiten und Bedürfnisse der Menschen, die verstärkt auch nach **Sinn in der Arbeit** suchen. Mit ihnen verändert sich die Gesellschaft, aber auch was Wirtschaft und Organisationen ausmacht und was sie leisten müssen. Und gleichzeitig sind Organisationen historisch betrachtet noch ein recht junges Phänomen. Wir meinen, dass sie jung genug sind, um sich neu zu erfinden. Und es ist Zeit, dass sie erwachsen werden. Dabei werden sie noch besser lernen müssen, mit **Komplexität und Widersprüchen** umzugehen. Schauen wir uns diese Punkte im Folgenden genauer an.

1.1 Der Fortschritt ist spürbar – fast überall

Technologische Innovationen, Kapitalismus bzw. Marktwirtschaft, Globalisierung und Demokratie haben einen noch nie dagewesenen Wohlstand geschaffen und das Leben vieler Menschen nicht nur auf der Nordhalbkugel enorm verbessert. Der tägliche Blick in die Nachrichten lässt uns dies leicht vergessen. Dieser gewaltige Fortschritt hat eine Situation geschaffen, in der immer mehr Menschen nicht mehr um das tägliche Überleben kämpfen müssen.

Harvard-Professor Steven Pinker hat sich die Mühe gemacht, eine ganze Reihe von **Daten und Fakten** zusammenzutragen, die dies belegen und den Blick über den täglichen Nachrichtentellerrand hinaus schärfen sollen (Economist 2018):

- Die Welt ist heute rund 100-mal wohlhabender als noch vor 200 Jahren, und dieser Wohlstand ist auch gleichmäßiger verteilt. Handel und technischer Fortschritt erlaubten es reichen Ländern weiter zu wachsen, aber auch Ärmeren aufzuschließen.
- Die Zahl der extrem Armen ist weltweit deutlich gesunken. Während 1990 noch rund 1,9 Milliarden Menschen in Armut lebten, waren es 2005 »nur« mehr 836 Millionen. Besonders stark war der Rückgang in China, wo 1990 noch mehr als 60 Prozent der Bevölkerung unterhalb der Armutsgrenze lebten, während es inzwischen weniger als 2 Prozent sind (Kohlenberg/Schieritz 2018, S. 14).
- In Kriegen sterben derzeit jährlich rund drei Viertel weniger Menschen als noch in den 1980er-Jahren.
- Im Laufe des 20. Jahrhunderts sank die Wahrscheinlichkeit, in den USA bei einem Verkehrsunfall ums Leben zu kommen, um 96 Prozent und bei einem Brand zu sterben um 92 Prozent. Die Wahrscheinlichkeit eines tödlichen Arbeitsunfalls reduzierte sich um 95 Prozent.
- Ein großer Teil auch der ärmeren Bevölkerungsschichten kann heute Annehmlichkeiten nutzen, die vor 150 Jahren nicht einmal den Superreichen im Alltag zur Verfügung standen: Elektrizität, Heizungen und Klimaanlagen, Kühlschränke, Autos, Telefone oder Fernsehgeräte.
- Die enormen Verbesserungen der Versorgung mit Medizin, Trinkwasser und Nahrungsmitteln sowie der sanitären Bedingungen ermöglichen es, dass Menschen heute länger, gesünder und besser leben können.
- Sogar der durchschnittliche Intelligenzquotient ist weltweit in den letzten 100 Jahren um erstaunliche 30 Punkte gestiegen, so dass 98 Prozent der heute Lebenden diesbezüglich höhere Werte erreichen als die Menschen vor 100 Jahren.
- Vor 200 Jahren lebte nur ein Prozent der Weltbevölkerung in Demokratien, in denen jedoch Frauen und Männern der Arbeiterklasse in der Regel das Wahlrecht verweigert wurde. Inzwischen leben zwei Drittel der Menschheit in einer

Demokratie und auch autoritäre Staaten wie China erlauben heute mehr Freiheitsrechte als früher.

- In 45 von 52 im World Values Survey erfassten Ländern ist das gemessene Glück und Wohlbefinden der Bewohnerinnen zwischen 1981 und 2007 gestiegen (World Value Survey 2018).
- Nach Unicef-Daten hat sich zudem die Kindersterblichkeit weltweit seit 1990 halbiert (Unicef 2018).

Dieses positive Bild der Gesamtentwicklung der Welt korrespondiert so gar nicht mit den krisenhaften und bedrohlichen Eindrücken, die die Tagesnachrichten und Postings in sozialen Medien bei uns hinterlassen. Das Gesamtbild gibt durchaus Anlass zu Optimismus, aber selbstverständlich nicht dazu, die Augen vor den Problemen und Herausforderungen der Gegenwart zu verschließen.

1.2 Fliehkräfte in Wirtschaft und Gesellschaft

In Gesellschaft und Wirtschaft werden gerade in den letzten Jahren auch enorme Fliehkräfte spürbar. Immer mehr Menschen in den vergleichsweise reichen Ländern der Nordhalbkugel sehen sich als Globalisierungsverlierende, wirtschaftlich und gesellschaftlich ausgegrenzt. Die Schere zwischen Arm und Reich geht in vielen Ländern immer weiter auseinander. Der gesellschaftliche Grundkonsens bezüglich einer freiheitlich-demokratischen Grundordnung, eines Sozialstaats und einer an Freihandel und funktionsfähigem Wettbewerb orientierten Marktwirtschaft wird zunehmend infrage gestellt. Immer mehr Wählende stimmen für populistische Parteien und deren einfache Rezepte. Der liberale Vordenker Ralf Dahrendorf prognostizierte schon 1997, dass die **Globalisierung** die Konkurrenz stärke und das Gemeinschaftsgefühl schwäche. Infolgedessen gerate die Demokratie unter Druck, weil der Weltmarkt die Teilhabesuchenden fresse und die, die Anteile haben, ungeschoren lasse. Keine Gesellschaft könne es sich ungestraft leisten, so viele ihrer Mitglieder einfach auszuschließen (Heuser 2017, S. 9).

Über 20 Jahre später nach Finanzkrise und Bankenrettungen (2008ff.), Euro- und Staatsschuldenkrise (2010ff.) und Zustrom von Flüchtlingen aus Kriegsgebieten des Nahen und mittleren Ostens sowie aus armen Ländern Afrikas (2015ff.) wird auch in Europa erkennbar, wie recht Dahrendorf hatte: Viele Menschen fühlen sich unfair behandelt, empfinden Wut gegenüber einem politischen und wirtschaftlichen Establishment, von dem sie sich ausgegrenzt und vergessen fühlen, und sehen sich als Verlierende der Globalisierung und zunehmenden Digitalisierung. Immer mehr zweifeln am System, machen ihren Unmut in sozialen Medien deutlich und laufen populistischen Parteien, die die Unzufriedenheit ausnutzen und eine Art neuen Nationalismus begründen, in die Arme.

Der britische Historiker Niall Ferguson hat in einem Vortrag 2016 das Rezept für **Populismus** beschrieben. Es besteht aus fünf Zutaten: eine große Zahl von Einwandernden, eine große ökonomische Ungleichheit in der Gesellschaft, dem Eindruck vieler Menschen, sie würden benachteiligt und es gehe unfair zu, einem schweren wirtschaftlichen Schock oder einer Finanzkrise und dem Auftritt einer demagogischen, populistischen Politikerin (Fergusson zitiert nach Heuser 2016, S. 19 f.). Kommt uns irgendwie bekannt vor – inzwischen.

Die Mittelschicht fühlt sich in ihrer wirtschaftlichen Existenz zunehmend bedroht und Institutionen wird immer mehr misstraut. Dabei greift ein Denken um sich, dass die Welt einteilt in **»Wir« und »Die«**, in »für mich« und »gegen mich«. Ein Gefühl von »es geht nicht fair zu« und »die da oben richten es sich auf unsere Kosten ein«. Die Folge ist ein Rückzug in die eigene Erklärungswelt der Ungerechtigkeit, die nicht daran glaubt, gemeinsam etwas ändern zu können, sondern gegen die anderen wettert. Eine Flucht in die einfachen »Raus«-Konzepte der Demagoginnen, in Globalisierungs-, Technik- und Fremdenfeindlichkeit.

Der kritische Blick in Wirtschaft und Gesellschaft zeigt, dass wir längst nicht dort sind, wo wir gerne wären. Angesichts der Problemflut, die täglich durch die Medien schwappt, stellt sich uns manchmal die Frage, ob unsere Organisationen – und wir mit ihnen – nicht irgendwo eine wichtige Abzweigung in die erhoffte Zukunft verpasst haben. Einige Beispiele sollen dies illustrieren:

- Der jährlich erhobene Gallup **Engagement** Index zeichnet seit vielen Jahren ein verheerendes Bild der emotionalen Bindung und des Engagements von Mitarbeitenden. Im Mittel der Jahre 2014 bis 2016 zeigt sich, dass nur 15 Prozent der Mitarbeitenden deutscher Unternehmen eine hohe emotionale Bindung zu ihrer Firma haben, 70 Prozent eine geringe und 15 Prozent gar keine. In Österreich haben sogar nur zwölf Prozent und in der Schweiz 13 Prozent ein hohes Commitment und Engagement (Gallup 2017a und b). Betrachtet man die Indexwerte über die letzten 15 Jahre, ergibt sich ein fast durchgängig ähnliches Bild (Gallup 2017c). Haben wir uns damit abgefunden, dass Organisationen ihre Mitarbeitenden nicht begeistern können und sich viele darin unmotiviert und im Zustand innerer Kündigung bewegen – oder ihre Zeit absitzen?
- Die **Millennials sind enttäuscht**. Diese auch als Generation Y bezeichnete Gruppe der zwischen 1980 und 2000 Geborenen hat inzwischen einige Jahre Arbeitserfahrung in den heutigen Organisationen gesammelt. Ihre Erwartungen, im Job Sinnvolles zu tun, laufend Feedback zu erhalten und sich weiterentwickeln zu können, wurden ebenso enttäuscht wie ihre Hoffnungen, dass sich Unternehmen sozial engagieren, fair bezahlen und Flexibilität gestatten.

Diesen Befund liefert eine Studie von Deloitte, für die mehr als 10.000 Beschäftigte in 36 Ländern interviewt wurden (Bauer 2018). Danach erklärten zudem nur 28 Prozent der befragten Angestellten, länger als fünf Jahre bei ihrer derzeitigen Firma bleiben zu wollen, und nur 47 Prozent waren der Meinung, dass Unternehmen überhaupt einen positiven Beitrag zur Gesellschaft leisten.

- **Psychische Erkrankungen** werden zunehmend bedeutsamer. Depressionen, Angststörungen und andere psychische Leiden verursachten (2017) nach einer Untersuchung der Deutschen Angestellten Krankenkasse (DAK-Gesundheit) 16,7 Prozent aller Fehltage. Sie waren die zweithäufigste Ursache für Krankmeldungen und verdreifachten sich gegenüber 1997. Bei keiner anderen Krankheitsart gebe es eine vergleichbare Entwicklung (DAK-Gesundheit 2018, S. 18 ff.).
- Eine Studie der Universität Wien mit mehr als 2.000 Beschäftigten von Unternehmen aus den Bereichen Verwaltung, Gesundheitswesen und IT ging über fünf Jahre dem Phänomen der sozialen **Beschleunigung** nach. Während die permanenten Lernanforderungen durch die sich wandelnde Arbeitswelt von den meisten Beschäftigten noch durchweg positiv erlebt werden, steigen gleichzeitig auch Zeitdruck und Arbeitsverdichtung. Die meisten Beschäftigten erleben beides als belastend. Letztlich würden so Engagement, Wohlbefinden und Zufriedenheit sinken und Erschöpfungszustände zunehmen (Der Standard 2017). Warum lassen wir zu, dass unsere Arbeitswelt immer mehr Menschen auszehrt, statt sie zu stärken?
- Als 2008 die US-Bank Lehman Brothers in Insolvenz ging, konnten viele **Banken** und Versicherungen nur durch Milliardenkredite der Steuerzahlerinnen davor bewahrt werden, mit ihr in die Tiefe gerissen zu werden. Viele Investmentbanker hatten über Jahre in zweit- und drittklassige (»Subprime«) amerikanische Hypothekenkredite investiert. Als immer mehr Kreditnehmende im Jahr 2007 ihre Kredite nicht mehr bedienen konnten, platzte die Spekulationsblase. In den Jahren danach wurden durch eine umfangreiche Regulierung der Banken in den USA, die Erhöhung der Eigenkapitalanforderungen und durch die Schaffung einer europäischen Bankenunion neue Regeln für die Finanzwirtschaft etabliert. Eine nachhaltige Veränderung brachte das nicht. In den USA wurde die Bankenregulierung 2018 wieder gelockert und viele Risiken schlummern weiterhin in Schattenbanken, Bad Banks und unsicheren Krediten. Gleichzeitig steigt die Risikoneigung der Investmentbanker wieder und die Jagd auf Boni und Renditen hält unvermindert an und Unternehmen wie die Deutsche Bank AG gewähren trotz eines anhaltenden Konzernverlusts Bonuszahlungen an Topmanagerinnen und Investmentbanker in Milliardenhöhe. Wie kann es sein, dass Personen und Organisationen in einem volkswirtschaftlich derart wichtigen Sektor relativ

ungehemmt wirtschaftliche Eigeninteressen verfolgen und Risiken auf die Allgemeinheit abwälzen können?

- Im Jahr 2015 wurde bekannt, dass bei VW und anderen Automobilkonzernen Abgastests und Stickoxidwerte von **Diesel-Pkw** systematisch manipuliert wurden. Kundinnen und Aufsichtsbehörden wurde vorgegaukelt, dass Dieselautos wesentlich sauberer seien, als dies im Verkehrsalltag tatsächlich der Fall ist. Anfang 2017 gab VW die Gesetzesverstöße zu und verständigte sich mit der US-Justiz auf Strafen sowie Schadenersatzzahlungen in Milliardenhöhe. Intern waren die Gesetzesverstöße jedoch schon mindestens seit 2013 bekannt und wurden totgeschwiegen (Süddeutsche Zeitung 2017). Gleichzeitig schonte besonders die deutsche Bundesregierung die einheimischen Automobilunternehmen, verständigte sich mit ihnen auf preiswerte Softwareupdates und bewahrte sie bislang vor teureren, den Stickoxidausstoß nachhaltig reduzierenden Hardwarenachrüstungen. Wie können derart gravierende und kriminelle Verstöße in einer Organisation solange nicht behoben werden? Und wie kommt man überhaupt auf die Idee, Derartiges zu tun?
- Die global wärmsten Jahre seit Beginn der Messungen Mitte des 19. Jahrhunderts waren die Jahre 2015 bis 2017. Unter den 18 wärmsten Jahren aller Zeiten belegen die Jahre seit der Jahrtausendwende insgesamt 17 Plätze (Bojanowski 2018). Die **globale Erwärmung** schreitet trotz internationalen Klimaverträgen auf Weltklimakonferenzen und aller Bemühungen in Politik und Gesellschaft rasant fort. Immer unwahrscheinlicher erscheint es, die Erderwärmung, wie in den Verträgen vereinbart, auf 1,5 Grad zu begrenzen. Ende 2017 betrug der Anstieg bereits 1,2 Grad. Laut Weltklimarat dürfte jeder Mensch pro Jahr maximal zwei Tonnen Kohlendioxid verursachen, wenn man eine gleichmäßige und faire Verteilung der Gesamtaufnahmekapazität zugrunde legt. Nach letzten Zahlen waren es 2016 in Europa durchschnittlich 6,9 Tonnen und in Deutschland sogar 9,8 Tonnen pro Kopf (Seidler 2017). Entsprechend fiel der sogenannte Erdüberlastungstag 2018 in Deutschland auf den 2. Mai. Als »Earth Overshoot Day« wird von der Umweltorganisation Global Footprint Network der Tag bezeichnet, ab dem ein Land seinen Anteil an den globalen Ressourcen für das jeweilige Jahr verbraucht hat. Die Kernaussage der Studie: »Wenn alle leben würden wie wir, bräuchte es drei Erden« (Hummel 2018). Wie kann es gelingen, dass alle Menschen heute und in Zukunft gut leben, ohne dass wir dabei die natürlichen Lebensgrundlagen zerstören?

Wir sollten sinnvoller mit uns und der Welt umgehen. Und dabei spielen Organisationen eine Schlüsselrolle.

1.3 Neue Entwicklungskurve nötig

Die positiven Entwicklungen und Wirkungen des marktwirtschaftlichen Systems wird niemand missen wollen. Gleichzeitig ist die Bilanz massiv durch immer deutlicher zutage tretende gesellschaftliche und wirtschaftliche Fliehkräfte und die Bedrohung der ökologischen Lebensgrundlagen getrübt. Aus unserer Sicht sind dies **deutliche Signale**, dass es so wie bisher nicht mehr lange weitergehen kann. Dass die Mittel und Wege, die zum Erfolg geführt haben, selten geeignet sind, um dauerhaft erfolgreich zu bleiben, ist eine der Paradoxien des Erfolgs. **Andere Praktiken** sind offenbar notwendig, um mit der veränderten Situation umzugehen, insbesondere um Lösungen für die negativen Nebeneffekte des Erfolgs zu finden.

Wenn wir immer wieder das Gleiche tun, wäre es verrückt zu hoffen, irgendwann andere Ergebnisse zu bekommen, meinte schon Albert Einstein. Jede Technik, jede Praktik hat ihre Zeit und einen Kontext, für den sie hilfreich ist. Jede durchläuft Höhen und Tiefen in ihrer Entwicklungsgeschichte, nichts hält, wirkt oder überdauert ewig. In einer sich ständig wandelnden Welt gibt es keine perfekten und endgültigen Antworten. Es liegt an uns, immer wieder nach neuen, passenden Lösungen zu suchen und uns und unsere Welt permanent weiterzuentwickeln. Das ist zumindest unsere Überzeugung – und auch die Grundannahme dieses Buchs.

Der Weg zu Davy's Bar

Der irische Wirtschafts- und Sozialphilosoph Charles Handy beschrieb dies in mehreren seiner Werke mit der Metapher über den Weg zu Davy's Bar. Als er sich einmal mit dem Auto verfahren hatte und auf dem Land nach dem richtigen Weg fragte, bekam er zur Antwort: »Keep going the way you are, straight ahead, and after a while you will cross a small bridge with Davy's bar on the far side, you can't miss it. Well, half a mile before you get there, turn to your right up the hill« (Handy 1994, S. 49). Die Metapher soll veranschaulichen, dass derjenige, der längere Zeit so weitermacht oder -fährt wie bisher, die **Abzweigung in Richtung Zukunft** verpassen wird. Die Straße, die über einen Hügel führt, versinnbildlicht für Handy auch den typischen s-förmigen Verlauf, den soziale und technische Innovationen nehmen (siehe Abb. 1, S. 14). Etwas Neues entsteht, wächst und verbreitet sich immer stärker (»Growth«). Das Neue entwickelt sich beständig weiter und erreicht schließlich einen hohen Reifegrad (»Maturity«), mit dem das Weiterentwicklungspotenzial immer mehr abnimmt, bis schließlich die (technische, soziale, wirtschaftliche) Leistungsgrenze erreicht ist.

Wer auf der **S-Kurve** diesen oberen Scheitelpunkt erreicht, hat allerdings schon eine halbe Meile vorher die Abzweigung verpasst. Dort wäre es rechts einen Hügel

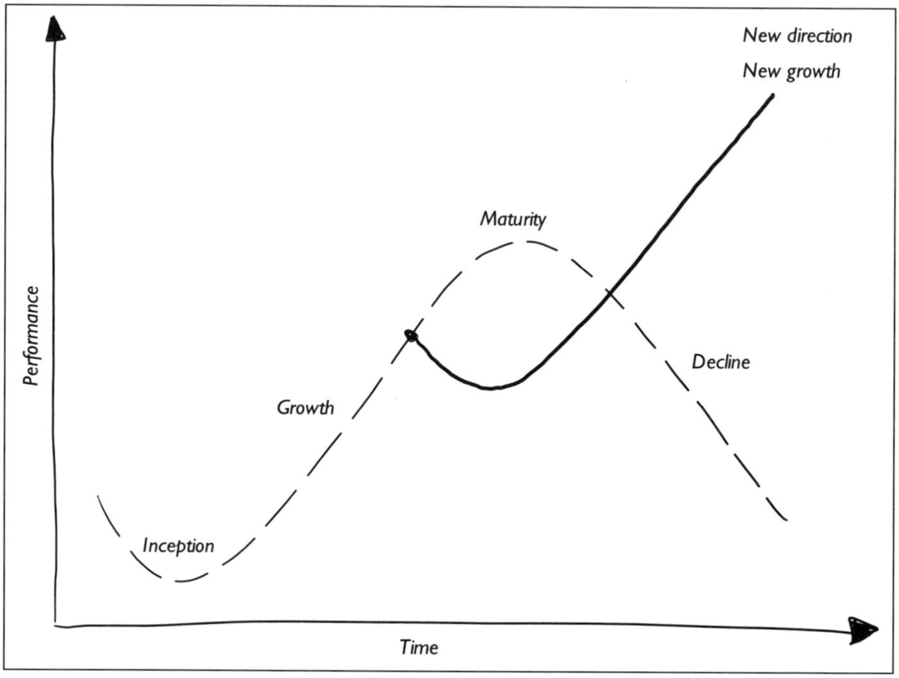

Abb. 1: Entwicklungskurven nehmen häufig einen s-förmigen Verlauf (nach Handy 1994, S. 51)

hinaufgegangen: die neue S-Kurve der künftigen Schlüsseltechnologie. Stattdessen befindet man sich geradewegs auf dem Weg in Davy's Bar (»Decline«).

Die Second Curve

Das Bild von Charles Handy inspiriert uns. Wir haben keine Lust, in Davy's Bar zu landen. Wir teilen Handys Sicht: Notwendig ist eine Second Curve, eine **neue Entwicklungskurve** für Wirtschaft und Gesellschaft und damit auch für Organisationen. In diesem Sinn ist ein gutes Leben wahrscheinlich eine Abfolge von Second Curves, die beginnen und energetisiert werden, bevor die aktuelle Kurve stagniert und wieder abwärtsführt (Handy 2015, S. 53).

Eine neue Entwicklungskurve von Wirtschaft und Gesellschaft ist notwendig – eine Weiterentwicklung des Kapitalismus hin zu einer **integrativeren Form der sozialen Marktwirtschaft**, eine **Erneuerung der demokratischen Systeme** und eine **ökologische Revolution** unserer Wirtschafts- und Arbeitsweisen. Uwe Jean Heuser sieht die größte Gefahr für den internationalen Kapitalismus – und damit auch indirekt für die weltoffene Demokratie – im Kapitalismus selbst, »weil er zu Übertreibungen neigt und sich auf diese Weise die eigene Grundlage entzieht.

Und diese Grundlage ist das Vertrauen der Menschen ins System und auch zueinander« (Heuser 2017, S. 22).

Heuser fordert daher, den Kapitalismus neu zu fassen und wieder zur Basis für die freie Gesellschaft zu machen (Heuser 2017, S. 11). »Wer eine neue Basis, eine neue Stabilität für die liberale Demokratie will, sollte um eine andere Ordnung, andere Routinen und Wertmaßstäbe im Kapitalismus ringen, damit die Menschen wieder zusammenkommen« (Heuser 2017, S. 31). Das klingt für uns sehr plausibel. Und: **Purpose Driven Organizations sind ein wesentlicher Hebel dafür**.

1.4 Organisationen – ein junges Phänomen

Obwohl Organisationen so bedeutend für unsere moderne Welt sind und obwohl wir heute ständig und überall mit ihnen zu tun haben, sind sie historisch betrachtet ein junges Phänomen. Gesellschaft, Familien und Interaktionen zwischen Menschen hat es – mehr oder weniger – immer gegeben. Organisationen gibt es erst seit wenigen Jahrhunderten. Das deutet darauf hin, dass sie noch Entwicklungspotenzial haben. Noch kürzer ist der Zeitraum, seitdem Menschen die Möglichkeit haben, sich aussuchen zu können, wo und was sie arbeiten, wo sie dazugehören wollen und wo nicht.

Im Altertum und Mittelalter wurde noch qua Geburt festgelegt, ob man Sklave oder Herr war oder welcher Zunft man angehören würde. Man wurde hineingeboren und als komplette Person in einer Struktur aufgenommen. Heute können wir problemlos in mehreren Organisationen **Mitglied** sein und das jeweils auch nur mit einem Teil unseres Menschseins, in dem wir etwa 40 Stunden unserer Arbeitszeit einem Unternehmen gegen Bezahlung zur Verfügung stellen und uns mit einem anderen Teil unserer Zeit in einer Non-Profit-Organisation engagieren. In der modernen Gesellschaft gibt es für Personen keine Zwangsmitgliedschaften in Organisationen mehr (mit wenigen Ausnahmen, wie z. B. in manchen Ländern die Wehrpflicht). Aber auch Organisationen sind frei, ihre Mitglieder zu wählen. Erst diese Wahlmöglichkeiten haben Organisationen in ihrer heutigen Form möglich gemacht. Und diese Wahlmöglichkeiten sind von entscheidender Bedeutung, um Organisationen – und wie sie sich wandeln – verstehen zu können.

Im Verhältnis des Menschen zu Organisationen gab es seit Beginn der Industrialisierung im 18. Jahrhundert zwei paradigmatische Wechsel. Zunächst einmal entstand mit der **Befreiung von Standeszwängen** die Möglichkeit, den eigenen Beruf frei zu wählen, indem man das elterliche System verlässt und eine Anstellung sucht. Zum ersten Mal in der Geschichte waren viele Menschen frei von den Zwängen und der Vorherbestimmtheit des persönlichen Lebenswegs aufgrund der eigenen Herkunft. Zugleich wurden die Menschen abhängig von Arbeitgebenden, denn ohne Anstellung kein Lohn. Die Mitgliedschaft in (irgend-)einer Organisation wurde existenziell für das finanzielle Auskommen (und das der Familie). Man konnte also fortan wählen, wo und was man arbeitete. Aber man musste auch bezahlte Arbeit finden. Hatte man das geschafft, dauerten die Arbeitsverhältnisse oft ein Arbeitsleben lang. Die Organisation versprach finanzielle Sicherheit und erwartete sich dafür ein bestimmtes Verhalten (z. B. Leistung, Loyalität, Unterordnung, Fleiß, Pünktlichkeit).

Und hier kommt der zweite, radikale Wandel ins Spiel: Mit der Entwicklung zur Informationsgesellschaft Ende des 20. Jahrhunderts änderte sich die Bedeutung der **Zugehörigkeit**. Mitgliedschaft in einer Organisation ist heute oft nicht mehr auf Dauer angelegt, Arbeitsverhältnisse werden flexibler und kurzfristiger. »Ich-AGs« arbeiten für mehrere Auftraggebende, Berufsbiografien werden bunter und häufige Jobwechsel gehören zu einer Karriere-Vita. Unternehmen, die auf Mitarbeitende angewiesen sind, verlieren damit diesen gegenüber an Einfluss. Es wird für sie schwieriger, Personal zu gewinnen und zu halten. Auch die Möglichkeit, ein bestimmtes Verhalten einzufordern oder zu sanktionieren, sinkt. Mitarbeitende gewinnen an **Augenhöhe** gegenüber der Organisation, da sie immer auch woanders arbeiten könnten und sich existenziell weniger abhängig fühlen.

1.5 Steigendes Bedürfnis nach Sinn in der Arbeit

Eine andere gesellschaftliche Entwicklung erhöht allerdings zumindest ein wenig die Bindungschancen von Organisationen: Die Einbindung der Einzelnen in Familienstrukturen sinkt. Aus der Großfamilie wurde längst die Kleinfamilie, und das Wachstum der Singlehaushalte führt zu einem neuen Bedarf an Zugehörigkeit zu einem System. Organisationen erkennen diesen neuen Bedarf und nutzen ihn bei der Suche nach Mitgliedern. Purpose Driven Organizations profitieren davon beim Recruiting und der Bindung von Mitarbeitenden, wie eine Korn-Ferry-Studie gezeigt hat (Korn Ferry Institute 2016a).

Statt dem Angebot existenzieller Sicherheit wirbt die Organisation mit einem Sinnversprechen. Wer sich damit verbinden kann, findet Zugehörigkeit in einer **Sinngemeinschaft**, die ähnliche Überzeugungen und Werte teilt, wie man selbst. Ein Beispiel aus Las Vegas nennt dies sogar beim Namen. Die »Zappos Family« nennt der Schuh- und Modeversand Zappos seine Angestellten und Kundinnen. Mitarbeitende sprechen vom guten Gefühl im Job »zu Hause« zu sein. Die Kolleginnen sind die besten Freundinnen. Nach der Arbeit wird gemeinsam der Las

Vegas Strip unsicher gemacht. Das Firmengebäude gleicht einem Riesenspielplatz, wo die Family sich gemeinsam austobt.

In den letzten Jahren konnte man viel lesen über die jüngeren Generationen Y und Z, die auf den Arbeitsmarkt kommen und mit ganz anderen Erwartungen und Bedürfnissen auf Organisationen und Wirtschaft blicken. Dabei geht es nicht nur um **neue Lebens- und Arbeitsmodelle**.

Immer mehr Menschen geben sich mit dem ökonomischen Tausch Geld gegen Arbeitszeit nicht mehr zufrieden. Der Harvard-Professor Howard Gardner erforschte mit Kolleginnen über Jahrzehnte, was Menschen in der Arbeit glücklich macht. Im Wesentlichen sind es aus seiner Sicht die drei »E«: Exzellenz, Ethik und Engagement (Gardner et al. 2001). »Exzellenz bedeutet, kompetent und effektiv sein im Beruf. Ethik bezieht sich auf soziale Verantwortung: Hat meine Arbeit, mein Verhalten und das Produkt, das ich herstelle, positive Auswirkungen auf andere? Engagement heißt: Gehe ich in meiner Arbeit auf, werde ich gefordert, macht mir Freude, was ich tue?« (Coen 2013, S. 22).

Sinnorientierung hat sich inzwischen zu einem bedeutenden Faktor auf dem Arbeitsmarkt entwickelt. Das Bedürfnis nach Sinn in und durch die Arbeit steigt. Eine weltweite Studie von imperative.com und LinkedIn, der Global Purpose Index 2016, zeigt, dass weltweit etwa 37 Prozent der auf LinkedIn vernetzten Arbeitnehmenden **purpose-orientiert** waren. Sie sehen Sinn als ihre primäre Motivationsquelle im Job – in Abgrenzung zu Personen, die in der Arbeit primär Einkommen oder sozialen Status und Aufstieg anstreben.

In den USA liegt der Anteil der Purpose-Orientierten bei 40 Prozent, in Deutschland und den Niederlanden sogar bei 50 Prozent. Spitzenreiter war Schweden mit 53 Prozent Purpose-Orientierten (LinkedIn/Imperative 2016, S. 13). Im Jahr 2015 war eine für den gesamten amerikanischen Arbeitsmarkt repräsentative Studie von Imperative und der New York University auf 28 Prozent Purpose-Orientierte gekommen (Imperative 2015, S. 9 f.). Interessant dabei war, dass die Purpose-Orientierung offenbar mit dem Alter zunimmt: Während in der Gruppe der Millenials (18 bis 35 Jahre) 30 Prozent purpose-orientiert sind, waren es bei der Generation X (35 bis 50 Jahre) 38 Prozent und bei den Babyboomern (über 51 Jahre) 48 Prozent.

Imperative und LinkedIn gehen davon aus, dass Sinnorientierung für Unternehmen zunehmend zu einem Wettbewerbs- und Differenzierungsfaktor im Recruiting von Talenten wird und Unternehmen diese Entwicklungen daher nicht ignorieren sollten (Imperative/LinkedIn 2016, S. 3).

1.6 Hohe Komplexität und wachsende Widersprüche

Organisationen sind nicht nur mit dem Arbeitsmarkt, sondern auch mit einer **Vielzahl anderer Umfelder** konfrontiert, die allesamt Erwartungen an die Organisation stellen: Die Kundin, die einen herausragenden Service und eine hohe Produktqualität erwartet, oder die Kapitalgebenden, die von einer effizienten Umsetzung dieser Wünsche ausgehen, damit Gewinn für sie übrigbleibt. Die Lieferantinnen und Kooperationspartnerinnen, die einen wertschätzenden Umgang und weitere Aufträge wünschen, sowie die Gesellschaft, die ohne eine umweltverträgliche und die Gesetze respektierende Betriebsführung nicht bereit wäre, das Unternehmen und sein Management auf Dauer schalten und walten zu lassen.

Umgang mit Widersprüchen

Schön wäre es, wenn die Erwartungen dieser unterschiedlichen Stakeholder Hand in Hand gingen und konsistent zueinander passen würden. Die Erfahrung zeigt, dass dies nahezu nie der Fall ist. Meist sind die **Erwartungen** der Stakeholder-Gruppen an eine Organisation widersprüchlich. Und zum Leidwesen der Organisationen ändern sie sich auch noch im Lauf der Zeit – mehr oder weniger häufig und überraschend. Einige Organisationen versuchen, über diese Widersprüche durch »Wir sind vieles für viele«-Statements hinwegzusehen, die ausdrücken sollen, dass sich das Unternehmen seinen Kundinnen, Aktionärinnen, Mitarbeitenden, der Umwelt und der Gesellschaft gleichermaßen verpflichtet fühlt. Meist brechen die **Widersprüchlichkeiten** im Alltag dann wieder auf, wenn es um konkrete Entscheidungen geht, wo dann zum Beispiel der Preis für eine zufriedene eine unzufriedene Mitarbeitende ist, die statt der anderen Überstunden schieben muss.

Andere reagieren mit der Festlegung einer klaren Priorisierung (»Zuerst die Kundinnen, dann die Firma, dann Du!« oder »Employees first!«). Das schafft zwar mehr Orientierung, schränkt aber die Handlungsmöglichkeiten für notwendige Anpassungen und Entscheidungen in konkreten Situationen ein. Organisationen sind heute gezwungen, mit Widersprüchen und Paradoxien umzugehen und sie zu integrieren. Wie das gelingen kann, ist zu einer Schlüsselfrage moderner Organisationsgestaltung und modernen Managements geworden.

Eine Epoche des Umbruchs und der **Disruption** – und wir mittendrin. Viele erkennen in dem laufenden Umbruch eine vierte industrielle Revolution, getrieben durch Trends wie Digitalisierung, steigende Vernetzung, Globalisierung, alternde Gesellschaften, Verstädterung, Ökologisierung und einen insgesamt beschleunigten technologischen Wandel. Die Dynamik und Volatilität sowie die Vielfalt der relevanten Faktoren scheint sich in den meisten Umfeldern, Branchen und Teilen der Gesellschaft laufend zu erhöhen. Aber das muss nicht zwangsläufig immer und überall so sein.

Die Komplexitätslandkarte

Auch in Zukunft mag es **unterschiedliche Komplexitätsniveaus** geben, etwa in verschiedenen Branchen oder Funktionssystemen. Das adäquate Maß und die Form der Komplexitätsreduktion muss von Organisationen immer wieder neu bestimmt und kontextgerecht angepasst werden. Die von unserem Kollegen Heinz Jarmai entwickelte Neuwaldegger Komplexitätslandkarte (erstmalig Jarmai 1995; siehe Abb. 2) unterscheidet daher prototypisch solche unterschiedlichen Komplexitätslagen und zeigt als Navigationswerkzeug verschiedene **Grundformen des Managements** auf (Boos/Mitterer 2014, S. 66 ff., Jarmai 2015, S. 177).

Wenn beispielsweise Kundinnen relativ einheitliche und längerfristig stabile Anforderungen stellen und sich Leistungen daher als Standardprodukte vermarkten und in Massenproduktion herstellen lassen, sind Unternehmen mit relativ geringer Komplexität konfrontiert und können sich im Management ganz auf Effi-

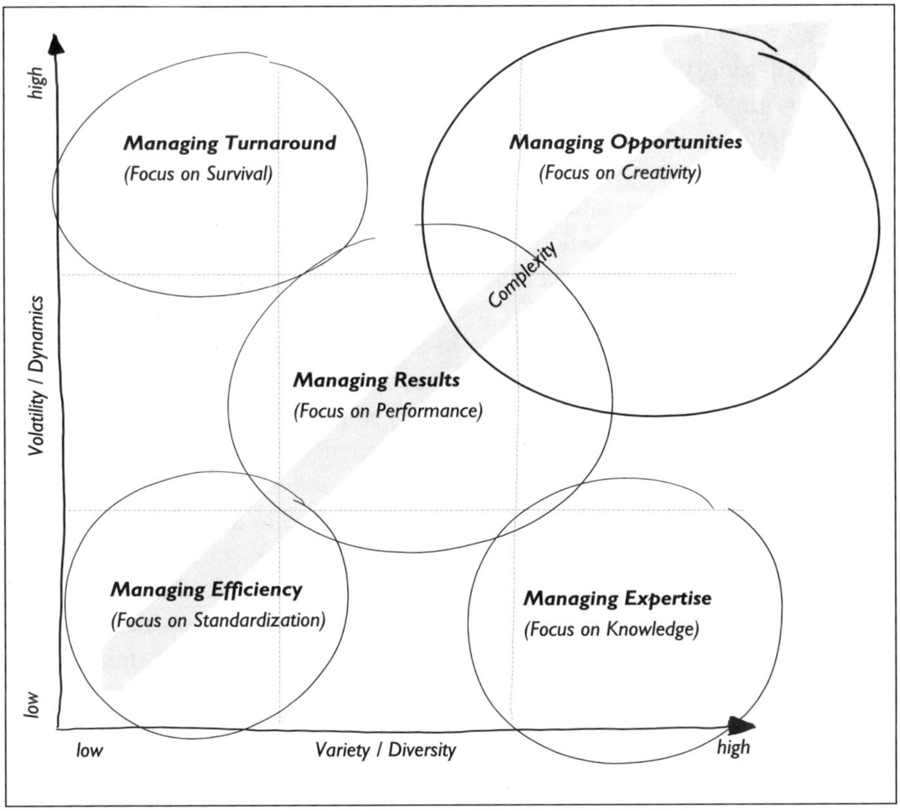

Abb. 2: Neuwaldegger Komplexitätslandkarte (nach Boos/Mitterer 2014, S. 67 und Jarmai 2015, S. 177)

zienzsteigerung fokussieren (**Managing Efficiency**). In der Grundstoffchemie, der Energiebranche oder Rechenzentren mag dies vielfach noch der Fall sein. Prozessmanagement, Planung, Kontrolle und der Blick auf einige wenige Schlüsselkennzahlen dominieren den Organisationsalltag.

Rutschen Organisationen in die Krise, haben sie meist mit enormer Volatilität zu tun. Gleichzeitig reduziert sich die Menge der relevanten Parameter für Entscheidungen und die Zahl der Möglichkeiten enorm (**Managing Turnaround**). Es geht ums Überleben und dann zählt für eine Weile vielleicht nur noch die tägliche Liquiditätslage.

Ganz anders ist die Lage bei Organisationen, deren Umfeld relativ stabil ist, sich aber durch eine enorme Vielfalt der relevanten und zu beachtenden Aspekte auszeichnet. Hier kommt es vor allem auf Expertise und Fachwissen an, um die komplizierten Verhältnisse professionell zu bearbeiten (**Managing Expertise**), etwa in der Medizin, der Justiz, aber auch in Forschungseinrichtungen oder der Autowerkstatt.

Im Wirtschaftsbereich dominieren heutzutage Umfelder, die immer wieder sich verändernde, vielfältige und teils widersprüchliche Anforderungen an Organisationen und ihre Leistungen stellen (**Managing Results**). So in der Automobil-, Smartphone- oder Computerindustrie, deren Produkte nicht nur qualitativ hochwertig und leistungsfähig, sondern auch kostengünstig sein sollen; außerdem schön anzuschauen, aber auch sicher, immer stärker digitalisiert und vernetzt, aber auch leicht zu bedienen und zu reparieren, energie- und materialsparend gebaut, aber auch immer leistungsfähiger. Dabei soll die Produktion immer effizienter werden, aber möglichst rasche Anpassungen an veränderte Markt- und Kundinnenwünsche und neue Technologien ermöglichen. Diese und noch eine ganze Reihe anderer Anforderungen unterschiedlichster Stakeholder unter einen Hut zu bringen, erfordert von den Organisationen, ein höheres Maß an Komplexität zu verarbeiten. Eine Vielzahl unterschiedlicher Leistungsziele (z. B. Qualitäts-, Kosten-, Mengen-, Liefer-, Umwelt-, Kundinnenzufriedenheitsziele) werden in aufwendigen Kennzahlensystemen verfolgt, in Matrixorganisationen durch Spezialistinnen gemanagt und immer wieder neu austariert.

Purpose Driven Organizations finden sich auf dieser Landkarte vor allem oben rechts, da bei höchster Komplexität Purpose für die Steuerung des Entscheidungsgeschehens unverzichtbar wird (**Managing Opportunities**). Immer wieder gilt es, neue Gelegenheiten zu erkennen und zu nutzen, wofür die Kreativität und Innovationskraft der gesamten Organisation gefragt ist. Strukturen, Ziele und Pläne sind angesichts der hohen Dynamik und vielfältigen Möglichkeiten kaum mehr sinnvoll auf Dauer festlegbar und daher auch nicht mehr in dem Maße hilfreich wie in anderen Kontexten. In Agenturen und Beratungsfirmen oder bei Entwicklerinnen von Individualsoftware, die für jeden noch so spezifischen Einzelfall maßgeschneiderte Lösungen suchen, wird daher auch anders organisiert, gemanagt und gesteuert.

Die **Komplexität steigt** und damit wachsen die Widersprüche, mit denen Organisationen zurechtkommen müssen. Je turbulenter die Zeiten und je vielfältiger die Möglichkeiten, desto spürbarer werden die Spannungsfelder. Ihnen zu entkommen, erscheint uns spätestens dann unmöglich. Mit diesen **Spannungsfeldern und Widersprüchen** zu arbeiten, ist weder angenehm noch einfach.

Der Wirtschaftsphilosoph Charles Handy vergleicht dies treffend mit einem Spaziergang durch einen dunklen Wald in mondloser Nacht (Handy 1994, S. 19): Die Orientierung geht verloren. Mit jedem Schritt stößt man an ein anderes Hindernis, jedes Geräusch und jedes Rascheln wird verstärkt. Eine unheimliche und manchmal angsteinflößende Erfahrung. Da mag es sicherer erscheinen, stehen zu bleiben, anstatt sich zu bewegen. Wenn dann die Morgendämmerung kommt, wird der Weg wieder klar erkennbar. Die Bäume signalisieren den Weg, statt ihn zu verstellen. Die Geräusche werden zum schönen Gesang der Vögel.

BEISPIEL

Widersprüche und Paradoxien unserer Zeit

Erfolgreiche Organisationen versöhnen Widersprüche, statt zwischen ihren Extrema zu wählen. Hier eine Auswahl relevanter Paradoxien (nach Handy 1994, S. 22 ff.):

- global – lokal
- »small is beautiful« – »big is great«
- Zentralisierung – Dezentralisierung
- Autonomie und Individualität – Verbundenheit und Team
- Vertrauen – Kontrolle
- Planung – Flexibilität
- Differenzierung – Fokussierung
- Massenproduktion – Maßschneidern für Nischen
- Digitalisierung und Rationalisierung – Arbeitsplatzsicherung
- Qualität – Kosten

Die Fähigkeit, mit Widersprüchen umgehen zu können, sie bewusst zu machen und aktiv zu bearbeiten, wird in einer komplexen Welt zur notwendigen Voraussetzung für Organisationen und Individuen. Eine eindeutige, einfache Lage und Lösung wird es nur selten geben. Die Schere zwischen Arm und Reich scheint global, aber auch innerhalb der westlichen Gesellschaften auseinanderzugehen. Wissen ersetzt immer häufiger Boden und Geld als entscheidende Kapitalform. Mit dem Versuch, die Produktivität immer weiter zu steigern, erhöht sich auch der

Druck auf Beschäftigte und diejenigen, die es werden oder bleiben wollen. Arbeitsplätze werden durch Automatisierung bedroht und entstehen in anderer Form neu, wobei einfachere Tätigkeiten durch Wissensarbeit ersetzt werden. All das eröffnet Spannungsfelder, mit denen Organisationen umzugehen haben.

Die Essenz von Paradoxien besteht eben genau darin. **Man muss auswählen, aber man kann nicht** (Barel 1989, S. 71): Zwei widersprüchliche Ideen und Anforderungen gleichzeitig im Bewusstsein (Individuum) bzw. in der Kommunikation (Organisation) zu halten und dennoch in der Lage sein zu funktionieren. Aus unserer Sicht ist eine solche »**Dilemma-Kompetenz**« eine Schlüsselfähigkeit gesunder und lebendiger Organisationen. Es geht folglich darum, eine Second Curve für Organisation und Management zu erschaffen. Soziale Innovationen in und für Organisationen sind erforderlich – sonst landen wir am Ende alle in Davy's Bar.

Reduktion der Komplexität in Organisationen

Je mehr Wissen und Information zur primären Ressource der Wirtschaft werden, desto mehr werden Organisationen zu einer Sammlung von Projektgruppen, einige dauerhaft, andere zeitlich befristet, manche in Kooperation mit externen Partnerinnen. Organisationen werden immer weniger feste und stabile Festungen sein, die Schutz und Zuhause für ein ganzes Arbeitsleben bieten. Sie werden zu **Verbindungen auf Zeit**, um einen **spezifischen Zweck** zu verfolgen. Solche »Organizing Organizations«, wie Charles Handy sie nennt (Handy 1994, S. 39), werden weiterhin alles Diesbezügliche organisieren, aber anders aussehen und sich anders anfühlen als die heutigen Unternehmen.

Was würden wir tun, wenn es unsere heutigen Organisationen noch nicht gäbe und wir sie neu erfinden müssten? Wie würden sie aussehen? Sich mit diesen Fragen auseinanderzusetzen, wäre ein guter Anfang. Fragen dieser Art triggern Ideen, Möglichkeiten und Prototypen, die wir dann erproben und weiterentwickeln können. Es sind diese **Experimente**, die zu sozialen und organisationalen Innovationen führen. Einige werden sich als Sackgassen erweisen, andere werden Trittbretter für noch bessere Lösungen und manche werden Teil dessen werden, was das bisherige Modell von Organisationen ablösen wird. Ein wesentlicher Bestandteil davon wird aus unserer Sicht der Sinn sein.

2 Der Sinn von Sinnorientierung und Purpose

»Wer Leistung will, muss Sinn bieten. Wir müssen unseren Mitarbeitern daher den Sinn ihrer Arbeit vermitteln. Purpose ist eine wesentliche Basis für Motivation«, erklärt der Senior-Manager den anwesenden Führungskräften im Leadership Workshop. Alle sind sich einig und nicken. Nur wer den Sinn hinter einer Aufgabe versteht und sich damit identifiziert, kann und wird sich voll engagieren. »Leider ist es auch auf unserer Ebene nicht immer so, dass man das Gefühl hat, was wir da tun, macht wirklich Sinn«, sagt ein anderer. Viele nicken.

»Sollen wir in Zukunft unser Geschäft mehr auf den Verkauf umweltfreundlicher Produkte konzentrieren oder versuchen wir, mit den weniger umweltverträglichen, konventionellen Produkten noch mehr zu verdienen?« Hinter dieser Frage eines Vorstandsteams zu seiner weiteren strategischen Ausrichtung stecken nicht nur Wertefragen nach mehr oder weniger Umweltfreundlichkeit, sondern auch die Frage nach dem Sinn und Zweck der Organisation. Wofür arbeiten wir? Was wollen wir den Kundinnen anbieten?

Unternehmerinnen, Führungskräfte und Beratende führen Begriffe wie Purpose, Sinn und Zweck inzwischen ganz selbstverständlich im Mund. Sinnorientierung, Purpose Quests, Mission Statements, Purpose-driven Leadership und andere Formen der Auseinandersetzung mit der grundlegenden Ausrichtung und den ultimativen Zwecken einer Organisation sind zu einer weitverbreiteten Praxis in Unternehmen und Beratungsprozessen geworden. Aber was steckt dahinter, wenn von Sinn oder Purpose geredet wird?

2.1 Die doppelte Bedeutung von Sinn

Das Thema Sinn begegnet uns in Unternehmen in zwei unterschiedlichen Bedeutungen für die Führung und Entwicklung von Organisationen. Sinn wird einerseits als **Energiegeber** und Motivationstreiber verstanden und andererseits als das **ultimative Ziel**, das man gemeinsam anstrebt. Sinn oder Purpose hat also sowohl eine emotionale als auch eine sachlich-inhaltliche Komponente oder Dimension. Beide sind aus unserer Sicht relevant. Und wie wir in Kapitel 2.3 später noch sehen werden, zeigt eine Studie verschiedener amerikanischer Universitäten, dass gerade die **Kombination** beider Dimensionen von energiegebender, motivierender Sinnstiftung und klaren Erwartungen bezüglich der ultimativen Ziele zu der hohen Leistungsfähigkeit von Purpose Driven Organizations führt.

DEFINITION

Zwei Bedeutungen bzw. Dimensionen von Sinn und Purpose

1. **Emotionale Dimension**: Sinn ist eine Art natürliches Bedürfnis des Menschen. Was als sinnvoll erlebt wird, erzeugt in uns eine innere Kraft und versorgt uns mit Energie fürs Handeln. Ohne das Gefühl von Sinn fehlt uns nicht nur der Grund, etwas zu tun, zu glauben oder zu verändern, es fehlt auch ein wesentlicher Beitrag zu Wohlbefinden und einem gelingenden Leben.
2. **Sachlich-inhaltliche Dimension**: Sinn bietet Orientierung. Er ist ein Bezugspunkt für die Ausrichtung in grundlegenden Fragen. In turbulenten Zeiten und komplexen Situationen steigt der Bedarf, den Sinn und Zweck des eigenen Tuns zu schärfen und als Navigationshilfe zu nutzen.

Beide Dimensionen und Bedeutungen sind in Purpose Driven Organizations gleichermaßen relevant.

Die Begriffe Sinn, Purpose und Zweck verwenden wir weitgehend als Synonyme. Sinn hat darüber hinaus in der Systemtheorie eine noch allgemeinere Bedeutung als Aktualisierung der Unterscheidung von Möglichem und Gegebenem (siehe Kapitel 2.2), während Zweck in erster Linie die sachlich-inhaltliche Dimension zu erfassen vermag.

Die emotionale Dimension von Sinn

Bei der emotionalen Dimension von Sinn geht es darum, ein **Gefühl von Bedeutung und Sinnhaftigkeit** für die eigenen Aktivitäten zu entwickeln – etwas, das uns motiviert und energetisiert. Sinn lässt Kräfte entfalten, die fehlen würden, wenn wir Dinge tun müssten, die uns wenig erstrebenswert oder gar sinnlos erschienen. Nicht ohne Grund wird Purpose oder Sinn als zentraler Treiber für **intrinsische Motivation** gesehen (Pink 2011). Wer einen tieferen Sinn in seinem Tun erlebt, steht morgens anders auf und lebt erfüllter als jemand, der seine Tätigkeit als notwendiges Übel betrachtet, sagt die psychologische Forschung.

So sah schon der österreichische Psychiater Viktor Frankl den Menschen als ein **auf Sinn bezogenes Wesen** (Frankl 1977). Eines der Hauptprobleme des

Lebens in der modernen Welt sah Frankl in einem sich ausbreitenden existenziellen Vakuum, da dem Menschen weder Instinkte (wie beim Tier) noch Traditionen (wie früher) Orientierung böten und er daher oft nicht wisse, was er eigentlich wolle. Frankl sah es daher als Aufgabe jedes Menschen, seinen persönlichen Sinn zu finden.

Die umfangreichen empirischen Forschungsarbeiten der **Positiven Psychologie** seit der Jahrtausendwende bestätigen das. Nach ihnen zeigt sich Sinn (Meaning) als einer der fünf wesentlichen Hebel für menschliches Wohlbefinden (Seligman 2014, S. 35 f.). So gesehen ist Sinn eine Art natürliches Bedürfnis des Menschen. Was als sinnvoll erlebt wird, erzeugt in uns eine innere Kraft und versorgt uns mit Energie fürs Handeln. Ohne das Gefühl von Sinn fehlt uns nicht nur der Grund, etwas zu tun, zu glauben oder zu verändern, es fehlt auch ein wesentlicher Beitrag zu Wohlbefinden und einem gelingenden Leben.

Die sachlich-inhaltliche Dimension von Sinn

Die zweite, sachlich-inhaltliche Dimension von Sinn oder Purpose bezieht sich auf das »Warum« oder besser das »**Wofür**« der Arbeit. Wofür arbeiten wir? Was ist **Sinn und Zweck** des Ganzen? Was soll am Ende erreicht werden? Diese Dimension von Sinn bezeichnet das ultimative Ziel, auf das man hinarbeitet. Ein kleines Beispiel: Wofür schreiben wir dieses Buch? Und warum lesen Sie es gerade? Unsere Antwort lautet etwa so: »Wir wollen eine kooperative Gesellschaft auf einem gesunden Planeten. Damit dies gelingt, müssen sich Organisationen verändern, da sie so bedeutend und prägend für unsere Wirtschaft und Gesellschaft sind. Damit wir Organisationen in diese Richtung weiterentwickeln, müssen wir viele Menschen ins Boot bekommen und sie müssen verstehen, was dafür notwendig ist. Und um das zu erreichen, schreiben wir auf, was wir dazu wissen, und geben es in Form eines Buches weiter.«

Sie sehen: Am Anfang steht der Zweck, in unserem Fall einen Beitrag zu leisten zu einer kooperativeren, sich nachhaltig entwickelnden Gesellschaft. Und jetzt sind Sie mittendrin. Wir hoffen, das macht für Sie Sinn. Denn Sinn in diesem Sinn dreht sich im Kern um einen Beitrag, den ein Mensch oder eine Organisation leistet, um für andere Mehrwert oder Wirkung zu schaffen. Ob sich das in der Realität dann tatsächlich so linear durchdeklinieren und ableiten lässt, steht auf einem anderen Blatt. Wir kommen später noch darauf zurück.

Sinn bietet **Orientierung**, er ist ein Bezugspunkt für die Ausrichtung in grundlegenden Fragen. In Zeiten, in denen Organisationen und Individuen nach neuen Formen des Lebens und Arbeitens suchen, steigt der Bedarf, den Sinn und Zweck des eigenen Tuns zu schärfen. Um zu verstehen, warum das so ist und wie Sinn in Organisationen funktioniert, liefern uns Forschungsbeiträge unterschiedlicher Fächer wesentliche Erklärungen. Wir werden sie im Folgenden intensiver beleuchten. Da ist zum einen die Systemtheorie Niklas Luhmanns, die sicherlich zu den theoretisch fundiertesten und konsistentesten Beschreibungen zählt, wie Unternehmen, Non-Profit-Organisationen, Verwaltungen, Vereine und andere soziale Systeme funktionieren. Anschließend werfen wir einen Blick auf aktuelle empirische Studien zur Bedeutung von Purpose-Orientierung bei Erwerbstätigen und generell in der Arbeitswelt, die die Bedeutung und die Effekte von Purpose belegen.

2.2 Nichts funktioniert ohne Sinn

Einen wesentlichen Erklärungsansatz, wie soziale Systeme funktionieren und welche Bedeutung Sinn dafür hat, liefert die moderne **Systemtheorie**. Folgt man ihr, überrascht es nicht, dass dem Sinn oder Purpose eine so große Wichtigkeit beigemessen wird. Sowohl Organisationen als auch der Mensch verarbeiten eigene Erfahrungen mithilfe von Sinn.

DEFINITION

Systemtheorie – sehr kurz gefasst

Unter einem **System** versteht man allgemein eine Gruppe von Elementen, die miteinander verbunden sind, die interagieren und sich dabei wechselseitig beeinflussen. Dadurch können sie auch als eine Einheit betrachtet werden, die sich von ihrer Umwelt unterscheidet und abgrenzt.

Neuere wissenschaftliche Ansätze betrachten Organisationen als eine solche Einheit und als Abfolge von **Kommunikationsereignissen**. Die Kommunikationen stellen dabei die Elemente dar, während Personen als Kanten für deren Vernetzung sorgen.

Die Systemtheorie versucht, das Geschehen im System zu erklären, indem sie die komplexen Zusammenhänge in einem solchen System aus Kommunikationen beschreibt und die dahinter liegenden Funktionsweisen und Prinzipien herausarbeitet. Zu diesen zählen unter anderem:

- die **Abgrenzung** des Systems von seiner Umwelt,
- dass Kommunikationen in einem System sich auf die vorherigen beziehen und diese zugleich weiterführen (**Selbstbezüglichkeit**),
- dass damit ein Selbstorganisationsprozess in Gang kommt, mit dem das System aus Kommunikation entsteht bzw. fortlebt (**Autopoiesis** und **operationale Geschlossenheit**) und
- dass sich die Eigenschaften komplexer Systeme nicht vollständig aus den Eigenschaften ihrer Elemente erklären lassen (**Emergenz**).

Sinn in der Systemtheorie

Der Soziologe und Systemtheoretiker Niklas Luhmann betrachtet Sinn als die Ordnungsform menschlichen Erlebens, mit dem zwischen Möglichem und Nicht-Möglichem unterschieden wird. Denn Menschen und soziale Systeme stehen immer einem »Überschuss von Verweisungen auf weitere Möglichkeiten des Erlebens und Handelns« gegenüber (Luhmann 1984, S. 93). Das Mittel, um diese Komplexität zu reduzieren, ist für Menschen und soziale Systeme der Sinn. Sinn erlaubt es, aus den **Möglichkeiten auszuwählen**. Ohne ihn können psychische Systeme (Bewusstsein) und soziale Systeme (z. B. Gesellschaft, Familien, Organisationen) Komplexität nicht verarbeiten. Mit seiner Hilfe jedoch können sie **Komplexität** sinnvoll reduzieren und auch mit **Kontingenz** umgehen – also damit, dass unter komplexen Bedingungen alles immer so, aber auch anders sein und sich entwickeln könnte.

Nützlich ist für Systeme dabei auch, dass Sinn nicht alternativlos vorherbestimmt ist und ihnen jeden **Spielraum** raubt. Kurskorrekturen bleiben möglich, weil auch die nicht gewählten Optionen im Möglichkeitsraum bleiben, man zum Ausgangspunkt zurückkehren und einen anderen Weg wählen kann (Luhmann 1984, S. 94). So kann man auch Fehlgriffe und Entscheidungen anhand des Sinns korrigieren, das heißt, durch Sinn werden die Handlungsfähigkeit und damit der Fortbestand eines Systems sichergestellt. Sinn vergegenwärtigt nach Luhmann einerseits dem System die »unfassbare Komplexität (Weltkomplexität)« und hält sie für seine weiteren Entscheidungen, Kommunikationen und Handlungen verfügbar. Andererseits hilft Sinn, dem durch die Komplexität erzeugten Selektionszwang zu genügen, indem »er bestimmte Anschlussmöglichkeiten nahelegt und andere unwahrscheinlich oder schwierig oder weitläufig macht oder (vorläufig) ausschließt« (Luhmann 1984, S. 94). Luhmann beschreibt Sinn daher auch als **laufendes Aktualisieren von Möglichkeiten**, da er eben in der Unterscheidung von gerade aktuell Gegebenem und Möglichkeitshorizont besteht (Luhmann 1984, S. 100). Das bedeutet, dass in jedem Moment, bei jeder Kommunikation oder Entscheidung nachgeschärft wird, was angesichts der theoretischen Möglichkeiten und der aktuellen Situation gemeint oder anzustreben ist.

Wenn etwa in einer Organisation die Entscheidung zu treffen wäre, welche Person im Bewerbungsprozess auszuwählen ist, hängt die Entscheidung davon ab, welche Personen überhaupt zur Auswahl stehen, welche Rollen zu besetzen sind (Gegebenheiten) und anhand welcher Kriterien die Auswahl getroffen werden soll. Aber auch welche Möglichkeiten bezüglich der Entscheidung überhaupt zur Verfügung stehen (Zeitdruck? Weitere Bewerberinnen? Probezeit oder endgültige Entscheidung? Fixe Auswahlkriterien oder variable Gewichtung?), spielt eine Rolle.

All das wird im Moment der Entscheidung noch einmal aktuell eingeschätzt und so der Sinn dieser Entscheidung konstruiert. Wird er vor allem darin gesehen, rasch eine Kapazitätslücke zu schließen, wird die Entscheidung vielleicht auf die sofort verfügbare Bewerbende fallen. Liegt er jedoch eher in der Auswahl der möglichst perfekt passenden Nachfolgenden für eine Schlüsselperson, die in einem halben Jahr die Organisation verlassen wird, wird möglicherweise eher zugunsten einer Verlängerung der Personalsuche entschieden, um noch weitere Bewerbungen abzuwarten.

Sinn ist aus Sicht der Systemtheorie der **universelle Operationsmodus** sowohl psychischer Systeme als auch sozialer Systeme. Diese beiden Systemarten sind für Luhmann »im Wege der Co-evolution entstanden. Die jeweils eine Systemart ist notwendige Umwelt der jeweils anderen« (Luhmann 1984, S. 92). Psychische Systeme können nicht ohne soziale Systeme entstehen und bestehen und umgekehrt. Diese Co-Evolution hat zu einer gemeinsamen Errungenschaft geführt, die in beiden Systemarten genutzt wird und auf die beide angewiesen sind: Sinn. Sie unterliegen beide einem – wie es Luhmann ausdrückt – **Sinnzwang**, denn sie können Komplexität nur mithilfe von Sinn verarbeiten. Sie sind an Sinn gebunden und »können daher nicht sinnfrei erleben oder handeln« (Luhmann 1984, S. 96).

Beide Systemarten konstituieren sich durch Sinn und nur in diesen beiden kann sich Sinn konstituieren. Und genau dadurch können sich auch psychische und soziale Systeme miteinander koppeln. Der Sinn ermöglicht den **Brückenschlag**, die wechselseitige Durchdringung der ansonsten gegeneinander abgegrenzten und eigenständigen Systemarten. Das ist das besondere an Sinn: Obwohl die Systeme operativ geschlossen sind, das heißt, sich mit ihren Operationen (Kommunikationen, Entscheidungen) immer nur auf vorherige, eigene Operationen beziehen, ermöglicht der Sinn eine Offenheit gegenüber anderen Systemen in der Umwelt. Sinn verbindet Mensch und Organisation. Oder wie Luhmann es ausdrückt: »Sinn ermöglicht das Sichverstehen und Sichfortzeugen von Bewusstsein in der Kommunikation und zugleich das Zurückrechnen der Kommunikation auf das Bewusstsein der Beteiligten« (Luhmann 1984, S. 297).

Die Bedeutung von Sinn in sozialen Systemen

Der Blick auf die Systemtheorie macht deutlich, dass Sinn eine fundamentale Bedeutung für soziale Systeme und damit auch für alle Organisationen hat: Sinn ist ein »Supermedium, das Handlungsfähigkeit ermöglicht, den Fortbestand des Systems sichert und in allen bewusstseinsbildenden oder kommunikativen Prozessen psychischer und sozialer Systeme als Verarbeitungswerkzeug vorkommt« (Zischke 2004, S. 7 f.). Jede Kommunikation und jede Entscheidung nimmt Bezug auf den Sinn. **Kein soziales System funktioniert ohne Sinn**.

Sinn ist systemtheoretisch gesehen eine Art Werkzeug des Systems, das aufzeigt und differenziert, wie etwas erlebt und wie gehandelt werden könnte, und das ermöglicht, zwischen diesen Möglichkeiten eine Auswahl zu treffen. Er ist ein zentrales und unverzichtbares Element jeder Operation eines Systems, das sich wiederum selbst im Zuge dieser Operationen reproduziert, aktualisiert und gegebenenfalls auch evolutionär weiterentwickelt. Denn während des »Sinngebrauchs« stellt sich heraus, was sich im Erleben, Kommunizieren und Handeln bewährt und was nicht. So dient Sinn nach Luhmann als »Sonde, um abzutasten, was sich im Unterschied zu anderem bewährt [...] um Bewährtes festzuhalten und zu reproduzieren« (Luhmann 1984, S. 112).

Allerdings hat Luhmann seine Theorie sozialer Systeme aus einer abstrakten, funktional-analytischen Perspektive entwickelt. Das heißt, er fragt in seiner Forschung danach, welche Funktion Sinn in einem sozialen System wie einer Organisation hat. Er versteht Sinn daher auch nicht einfach als eine fixe Größe, mit der zwischen Sinnvollem und Sinnlosem unterschieden wird, sondern deutlich abstrakter als **Unterscheidung** zwischen Aktuellem und allen anderen Möglichkeiten. Sinn zerlegt sachlich-inhaltlich das Gemeinte in »dies« und »anderes« und erzwingt für die nächste Operation eine Richtungswahl (Luhmann 1984, S. 114). Und dabei reproduziert und entwickelt sich Sinn in einem auf sich selbst bezogenen (selbstreferenziellen) Prozess evolutionär weiter.

DEFINITION

Sinn in der Systemtheorie

Sinn ist systemtheoretisch gesehen eine Art Werkzeug des Systems, das aufzeigt und differenziert, wie etwas erlebt und wie gehandelt werden könnte und das ermöglicht, zwischen diesen Möglichkeiten eine Auswahl zu treffen. Er ist ein zentrales und unverzichtbares Element jeder Operation eines Systems, das sich wiederum selbst im Zuge dieser Operationen reproduziert, aktualisiert und gegebenenfalls auch evolutionär weiterentwickelt.

Das vollzieht sich parallel in drei **Dimensionen**:

- Die **sachlich-inhaltliche Dimension** fragt, worüber kommuniziert (soziales System) bzw. was intendiert (psychisches System) wird.
- Die **soziale Dimension** differenziert die vielfältigen Perspektiven (von Ego und Alter Egos) mit den zugehörigen, unterschiedlichen Auffassungen.
- Die **zeitliche Dimension** interpretiert die Realität im Hinblick auf die Differenz zwischen Vergangenheit und Zukunft.

Sinn ermöglicht eine Offenheit gegenüber anderen Systemen in der Umwelt, obwohl ein System mit seinen Kommunikationen oder Entscheidungen operativ geschlossen agiert und sich bei seinen Operationen immer nur auf sich selbst bezieht.

Für seine Zwecke der Theorieentwicklung behält Luhmann diesen allgemeineren und abstrakteren Fokus bei und will unter Sinn nicht unmittelbar etwas »Bevorzugtes (Sinnvolles)« verstanden wissen, sondern hält an der »Universalität des Geltungsanspruchs [...] im ersten Schritt der Respezifikation« noch fest (Luhmann 1984, S. 113). Das bedeutet, dass soziale Systeme zwar ohne Sinn nicht funktionieren können, aber dass es für dieses Funktionieren nicht wichtig ist, was genau jeweils der **Sinninhalt** ist.

Ob eine Organisation Gewinnmaximierung im Sinn hat oder moralisch hochstehende Ziele verfolgt oder irgendwelche anderen Präferenzen als Sinn formuliert, ist für das Erfüllen der Sinnfunktion und um dem Sinnzwang zu genügen aus Sicht der Systemtheorie irrelevant. Entscheidend ist vielmehr, ob anhand dieses Sinns die Komplexität und die Vielfalt und Nichtberechenbarkeit der Möglichkeiten (Kontingenz) reduziert, die Kopplung zu psychischen Systemen aufrechterhalten werden kann und ob die durch den Sinn herbeigeführte Unterscheidung zwischen Sinnvollem und Nichtsinnvollem sich im Weiteren **evolutionär bewährt**.

Was als Sinn in einem System bestimmt wird, kann aus Luhmanns Sicht weder der Welt (weil deren Wesen so oder so sei) noch dem Subjekt (weil dieses eine dementsprechende Weltanschauung und Wahrnehmung habe) einfach zugerechnet werden. Vielmehr bestimme und verorte jede Operation (Kommunikation, Entscheidung) ihren jeweiligen Sinn anhand von drei **Sinndimensionen**. Ausgelöst werde dies durch immer wieder auftretende Störungen aus der Umwelt (z. B. Dissens, Entweder-oder-Alternativen, Irreversibilitäten), die in den drei Sinndimensionen Optionsdruck (Handlungsdruck) erzeugen und damit eine konkrete (Neu-)Bestimmung des Sinns erzwingen. In der sachlich-inhaltlichen Dimension geht es darum, worüber kommuniziert (soziales System) bzw. was intendiert (psychisches System) wird. In der sozialen Dimension bildet sich die Perspektivenvielfalt ab, da zwischen der Ego- und einer oder vielen Alter-Ego-Perspektiven mit unterschiedlichen Auffassungsmöglichkeiten differenziert wird, und in der zeitlichen Dimension wird die Realität im Hinblick auf die Differenz zwischen Vergangenheit und Zukunft interpretiert.

Auch wenn die Erklärungsansätze der Organisationsforschung und Systemtheorie sehr abstrakt erscheinen, da sie eben in erster Linie auf das wissenschaftliche Verstehen und Erklären ausgerichtet sind und weniger auf das praktische Handeln, bleibt doch festzuhalten:

1. Sinn hat eine **elementare Bedeutung** für das Funktionieren von Organisationen und für alle anderen Arten sozialer Systeme. Mit seiner Hilfe verarbeiten sie Komplexität. Wer mit mehr Komplexität rechnet, sollte also auf Sinn setzen.
2. Sinn ist für jede einzelne Kommunikation und Entscheidung in einem System notwendig, da er das Supermedium oder Universalwerkzeug ist, mit dem aus dem Möglichkeitsraum ausgewählt und eine **Richtung** aufgezeigt wird für das, was danach kommuniziert und entschieden wird.

3. Sinn **verbindet** Mensch und Organisation. Er sorgt für die Kopplung der psychischen und sozialen Systeme. Dabei entwickeln sich beide in einem Prozess der Co-Evolution weiter.
4. Sinn **entwickelt sich** im Lauf des Gebrauchs ebenfalls evolutionär weiter, je nachdem, was sich bewährt hat und was nicht. Für das bloße Funktionieren und Fortbestehen des Systems ist es dabei zunächst einmal zweitrangig, was genau der Sinn ist, Hauptsache, er bewährt sich.

Die Frage kann gestellt werden, was möglich wird, wenn diese Sinnprozesse in Organisationen mehr Aufmerksamkeit erlangen, und was notwendig wird, wenn Menschen zunehmend höhere Erwartungen an die Sinnstiftung von Arbeit stellen. Die folgenden empirischen Forschungsbefunde liefern dazu wichtige Einsichten und Anregungen.

2.3 Purpose sorgt für mehr Leistung

2.3.1 »Follow Your Purpose« sorgt für individuelle Leistung

Sinn schlägt eine Brücke zwischen Mensch und Organisation. Aber offenbar sorgt er nicht nur für eine bessere Kopplung, sondern auch für mehr Leistung. Der in den USA lehrende Managementprofessor Morton Hansen hat herausgefunden, dass Purpose oder Sinnorientierung wesentlich wichtiger für Leistung und Erfolg ist als Leidenschaft und Begeisterung (Hansen 2018a, S. 88 ff.). In einem mehrjährigen Forschungsprogramm mit bislang einzigartigen qualitativen und quantitativen Analysen auf Basis einer empirischen Studie mit 5.000 Mitarbeitenden und Führenden hat Hansen untersucht, welche Faktoren Spitzenleistende von anderen unterscheiden – mit teilweise überraschenden empirischen Befunden.

Purpose und/oder Passion

Allgemein wird häufig der Begeisterung für die eigene Arbeit eine entscheidende Rolle für den Erfolg zugeschrieben. Studierenden, Berufswechselnden und Karriereplanenden wird oft geraten, der eigenen Leidenschaft zu folgen und sich einen Job zu suchen, der ihnen Freude macht: »Follow your passion« heißt es dann. Denn Leidenschaft und Freude an der Arbeit seien eine wesentliche Voraussetzung für Motivation und Leistung und damit letztlich für Erfolg. Das ist nicht falsch, aber es ist nicht die ganze Wahrheit.

Die empirischen Befunde Hansens zeigen tatsächlich, dass Personen, die ihrer Begeisterung und Leidenschaft folgen, eine hohe Leistung im Job erbringen. Aber sie zeigen auch, dass diejenigen, die ihrem Purpose folgen, eine noch bessere Leistung zustande bringen und noch erfolgreicher sind. Die höchsten Werte werden von denjenigen erreicht, die **Passion und Purpose** miteinander verknüpfen können. Sie rangieren im gemessenen Leistungsspektrum um 18 Prozent über vergleichbaren Personen, die weder Purpose noch Passion hatten. In der gesamten Studie zeigt sich die Verknüpfung von Purpose und Passion als zweitgrößter Leistungshebel von Menschen. Lediglich die Fokussierung auf Weniges und dieses dann obsessiv zu betreiben (»Do less, then obsess«) hat einen noch stärkeren Effekt.

Auf Basis der intensiven qualitativen und quantitativen Analysen konnte Hansen auch erklären, wodurch dieser enorme Leistungseffekt durch Purpose und Passion entsteht. Er entsteht nicht, wie man vermuten könnte, durch längere Arbeitszeiten, die diese Personen aufgrund ihrer doppelten Energetisierung leisten. Der Effekt längerer Arbeitstage stellte sich als vernachlässigbar gering heraus. Die deutlich höhere Performance ergibt sich dadurch, dass diese Menschen eine höhere Intensität in ihrer Arbeit entwickeln und so pro Arbeitsstunde mehr **Energie** in ihre Arbeit investieren. »Passion and Purpose strongly predict *effort during working hours*, and not the number of hours worked per week« (Hansen 2018a, S. 94).

Für die Entwicklung einer beruflichen Karriere rät Hansen daher sehr pointiert: »Do not follow your Passion« (Hansen 2018b). Es reiche nicht, vor allem danach zu gehen, was man gerne tut und was einen begeistert. Wesentlich wichtiger sei es, den eigenen Purpose zu finden und ihm zu folgen. Die Konsequenz wäre: Mache etwas, das einen Beitrag zu einem gesellschaftlich, politisch, wissenschaftlich, technisch oder wirtschaftlich wichtigen Thema leistet, im Idealfall durch Aktivitäten, die dem eigenen Purpose entsprechen und für die man sich zudem begeistern kann.

	Purpose hoch	Purpose niedrig
Passion hoch	80. Perzentile	20. Perzentile
Passion niedrig	64. Perzentile	10. Perzentile

Abb. 3: Leistungsniveau in Abhängigkeit von Purpose und Passion (nach Heath/Heath 2017, zitiert nach: imperative.com Newsletter vom 14.02.2018)

Der Begriff Perzentile in der Tabelle (vergleiche Abb. 3) ist eine Maßzahl für die statistische Streuung. So bedeutet zum Beispiel 80. Perzentile, dass nur 20 Prozent der untersuchten Personen ein noch höheres Leistungsniveau hatten, 80 Prozent dagegen ein niedrigeres als jene Personen, die Passion und Purpose verbinden.

Vorteile für sinnorientierte Mitarbeitende

Hansen beschreibt Purpose dabei als eine dem »Follow Your Passion«-Motto geradezu entgegengesetzte Handlungsleitlinie. Passion werde meist sehr selbstbezogen und hedonistisch interpretiert: Was macht mir Freude und was kann die Welt mir geben? Purpose und Sinnorientierung stehen für Hansen dem diametral gegenüber. Hier geht es um die Frage: »What can you give the world? What contributions can you give to others« (Hansen 2018b). Sinn- oder Purpose-Orientierung sei vorhanden, wenn jemand wertvolle **Beiträge** für andere Personen, Organisationen oder die Gesellschaft leiste, die persönlich als sinnvoll erlebt werden und die niemandem schaden (Hansen 2018a, S. 90 f.).

Spannend ist dabei, dass die empirischen Daten zeigen, dass dies fast allen möglich ist, unabhängig davon, in welcher Branche, Unternehmensgröße, Berufs- oder Altersgruppe die Personen sind. Die Idee, dass nur bestimmte Branchen oder Jobs Passion und Purpose ermöglichen, bezeichnet Hansen daher als Mythos (Hansen 2018a, S. 95). Die Forschungsergebnisse belegen vielmehr, dass auch in untergeordneten und wenig prestigeträchtigen Jobs Menschen Sinnorientierung finden können und dies auch tun.

Dass sinnorientierte Mitarbeitende produktiver und erfolgreicher sind, bestätigten nicht nur die Forschungen von Morten Hansen. Auch interne Untersuchungen von LinkedIn ergaben, dass die Sinnorientierten unter den LinkedIn-Beschäftigten ein höheres Engagement zeigen und ihre Arbeit als erfüllender erleben. Sie übertreffen vergleichbare, aber weniger **purpose-orientierte Beschäftigte** in jeder gemessenen Dimension, von der Bindungsdauer ans Unternehmen bis zu Führungsfähigkeiten (Imperative/LinkedIn 2016, S. 3). Ähnliches ergab eine repräsentative Studie für den US-Markt im Jahr 2015, die zeigte, dass sinnorientierte Beschäftigte ein um 64 Prozent höheres Maß an Erfüllung im Job erleben. Auch ist es um 50 Prozent wahrscheinlicher, dass sie Führungspositionen übernehmen, und um 47 Prozent wahrscheinlicher, dass sie ihre Arbeitgebenden aktiv promoten (Imperative/LinkedIn 2016, S. 15). Dabei wurden keine signifikanten Unterschiede aufgrund von ethnischer Zugehörigkeit oder Einkommensklasse gemessen.

2.3.2 Purpose Driven Organizations leisten mehr

In der Studie »People on a mission« untersuchte das Korn Ferry Institute 39 Purpose Driven Organizations aus der US-Konsumgüterbranche, die ihren Purpose und ihre Kernwerte definiert haben und diese in ihrem operativen Geschäft erkennbar und authentisch integrieren und leben (Korn Ferry Institute 2016a). Dabei zeigte sich, dass diese **Unternehmen** in den Jahren 2011 bis 2015 viermal so schnell wuchsen wie ihre im S&P-500-Index (von der Ratingagentur Standard

& Poor's ermittelter Aktienindex der 500 größten börsennotierten US-Unternehmen) vertretenen Vergleichsgruppe derselben Branche (vergleiche Abb. 4).

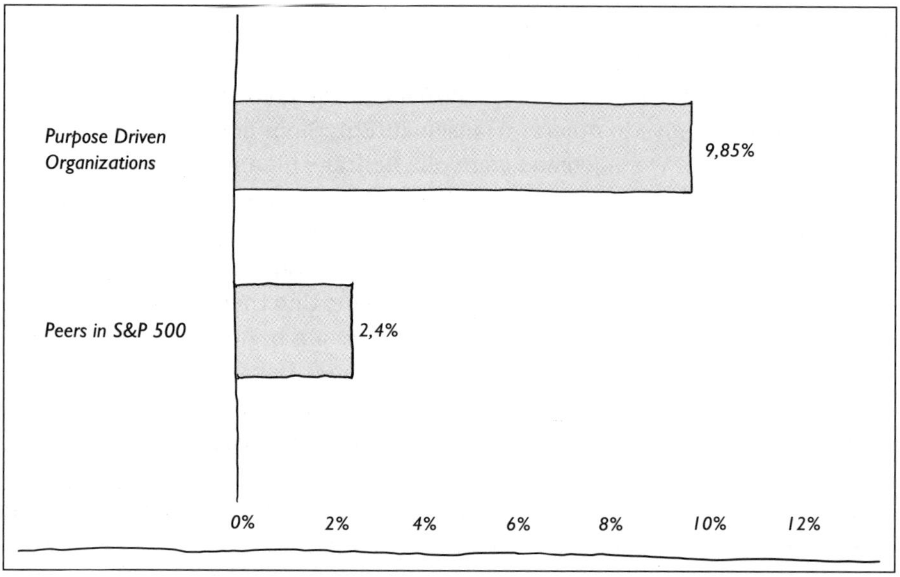

Abb. 4: Purpose Driven Organizations wachsen viermal so schnell wie Peers gemessen an der Compound Annual Growth Rate (CAGR) 2011-2015 (nach Korn Ferry Institute 2016a)

Zudem zeigte sich, dass die Purpose Driven Organizations der Studie traditionelle Unternehmen nicht nur bei der **Wachstumsrate**, sondern auch auf anderen Feldern übertreffen.

Während sich in vergleichbaren Unternehmen lediglich 32 Prozent der Mitarbeitenden als engagiert bezeichneten, waren es in den Purpose Driven Organizations mehr als 90 Prozent. Zudem erklärten die Unternehmen, dass ihnen der Purpose helfe, **Mitarbeitende** zu rekrutieren und zu binden (100 Prozent der Purpose Driven Organizations der Studie berichten das), neue **Kundinnen** zu gewinnen (89 Prozent der Unternehmen) bzw. bestehende Kundinnen zu binden (95 Prozent der Unternehmen) und positive Beiträge für die Gesellschaft zu leisten. »Wenn eine Organisation einen klaren Purpose hat, setzt dieser die Kraft und Energie der gesamten Belegschaft frei und es werden die gemeinsamen Anstrengungen abgestimmt in eine Richtung fokussiert und genutzt«, so Elaine Dinos, eine der Autorinnen der Studie (Korn Ferry Institute 2016b).

So steige die **Mitarbeitendenproduktivität** in Purpose Driven Organizations aufgrund des Commitments zum Purpose: 88 Prozent der untersuchten Unternehmen berichten, Purpose verhelfe zu effektiveren **Entscheidungsprozessen**.

In 82 Prozent der Unternehmen unterstütze er auch **Durchbruchsinnovationen** und in 76 Prozent eine bessere **Zusammenarbeit** (vergleiche Abb. 5).

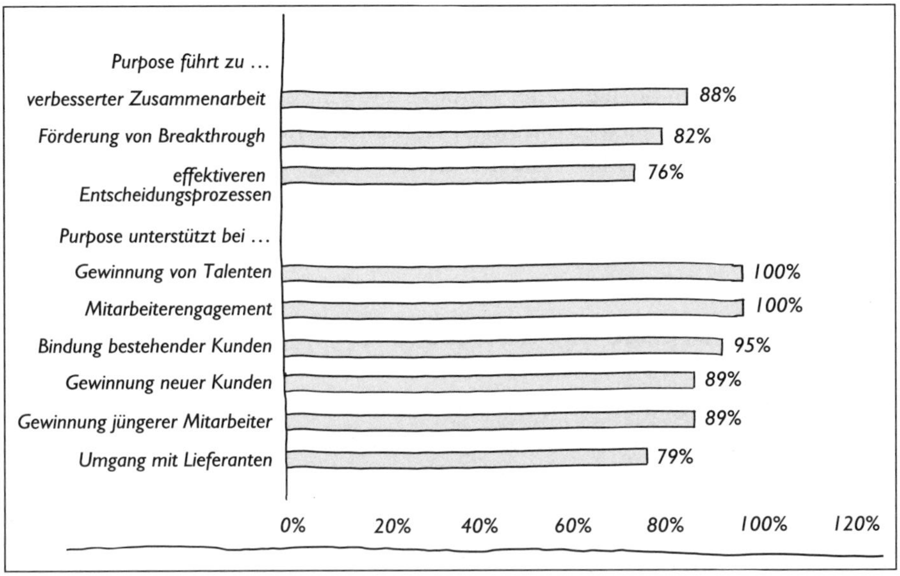

Abb. 5: Leistungsvorteile von Purpose Driven Organizations in Prozent der Purpose Driven Organizations (nach Korn Ferry Institute 2016a)

2.3.3 Purpose und klare Erwartungen kombinieren

In einer breiter angelegten Studie der Harvard Business School, der Columbia University und der New York University von 429 US-Unternehmen und 450.000 befragten Mitarbeitenden aller Hierarchieebenen (Gartenberg et al. 2016, Serafeim/Gartenberg 2016) zeigte sich eine interessante Differenzierung zwischen Purpose Driven Organizations, die Purpose vor allem als Motivations- und Kulturfaktor einsetzten (»high purpose-camaraderie organizations«) und solchen, die Purpose auch in der Steuerung nutzen, um mit seiner Hilfe Erwartungen klar zu machen (»high purpose-clarity organizations«).

Generell wurden dabei Organisationen als »Purpose driven« bezeichnet, deren Purpose Organisation und Mitarbeitende auf ein Ziel fokussiert, das über reine Gewinnmaximierung hinausgeht und das die Mitarbeitenden als persönlich stimmig und sinnstiftend erleben. Dabei zeigte sich, dass Organisationen, die Purpose nur dazu nutzen, für gute Stimmung und Motivation zu sorgen, eine lediglich durchschnittliche finanzielle Performance erzielen. Wird Purpose jedoch konsequent zur Steuerung und Schaffung von Klarheit in der Organisation eingesetzt, werden Organisationen leistungsfähiger und wirtschaftlich erfolgreicher. Wesentlich ist dafür eine klare Purpose-Orientierung im Topmanagement, aber vor allem auf den mittleren Ebenen der Organisation, von Führungskräften und Fachexpertinnen.

Ein hohes Buy-in bezüglich des Purpose und eine stringente Orientierung an ihm und den abgeleiteten Erwartungen erleichtern Entscheidungen im Alltag. Damit kann die Organisation einfacher in die richtige Richtung geführt werden, was letztlich das Leistungsplus bewirkt.

2.4 The Purpose of Business is …

Worin der Sinn eines Unternehmens oder der Arbeit gesehen wird, hat viel damit zu tun, was gesellschaftlich als Sinn des Wirtschaftens betrachtet wird. Hier haben unterschiedliche Strömungen und kulturelle Prägungen Einfluss genommen. So hat sich in den vergangenen Jahrzehnten im Zuge der Globalisierung das angelsächsische Modell des Shareholder-Value weit verbreitet. Dabei wird propagiert: »The purpose of business is to make money for it's shareholders.« Organisationen sind demnach ein Werkzeug, um **Wohlstand für die Anteilseignerinnen** zu schaffen.

In Ländern wie Deutschland, Frankreich oder auch Japan hingegen herrscht als Resultat ihrer unterschiedlichen Geschichte ein anderes Wirtschaftsverständnis (Handy 1994, S. 140). Profit wird hier traditionell weniger als Selbstzweck, sondern vielmehr als Mittel oder Notwendigkeit gesehen, um den Betrieb fortführen zu können. Der Betrieb trägt immer auch eine soziale Verantwortung. Eigentum dient danach nicht nur dem Eigeninteresse, sondern ist auch dem **Gemeinwohl** verpflichtet.

Was als Purpose of Business gesehen wird, unterliegt somit auch kulturellen Einflüssen. Im Zuge der Globalisierung und der kulturellen Annäherung werden sich traditionelle Sichtweisen aber auch verändern und desto weniger klar wird der Purpose of Business (Handy 1994, S. 143).

Shareholder-Value in der Kritik

Der Shareholder-Value-Ansatz findet sich besonders in der volkswirtschaftlichen Lehre der Chicago School of Economics. Ihr prominentester Vertreter Milton Friedman, Nobelpreisträger und für viele der einflussreichste Ökonom in der zweiten Hälfte des 20. Jahrhunderts, bezeichnete in einem Artikel für die New York Times Manager, die irgendetwas anderes anstreben würden, als Geld zu machen, als unwissende Marionetten der intellektuellen Kräfte, die seit Jahrzehnten die Grundlagen einer freien Gesellschaft unterminieren würden (Friedman 1970). Die soziale Verantwortung von Unternehmen – und damit auch ihr Sinn und Zweck – liege einzig und allein darin, ihre **Profite** zu steigern, so Friedman.

DEFINITION

Shareholder-Value

Shareholder-Value beschreibt einen volks- und betriebswirtschaftlichen Ansatz, der in der Steigerung des **Vermögenswerts** der Eigentümerinnen bzw. des Ertragswerts ihrer Anteile den Sinn und Zweck einer Wirtschaftsorganisation sieht.

Alle Aktivitäten werden entsprechend danach bewertet, ob sie zur Steigerung des Marktwerts des Eigenkapitals des Unternehmens beitragen und müssen sich daran messen lassen, ob ihre Rendite die durchschnittlichen Kapitalkosten des Unternehmens übertrifft.

Über Jahrzehnte davor und danach gab es immer wieder Debatten, ob der Sinn des Geschäftslebens alleine in der Maximierung der Gewinne und des Shareholder-Value liege oder ob Unternehmen weiter gefasste, soziale Zwecke verfolgen (sollen). Im Jahr 2000 konstatierten die Rechtsprofessoren Henry Hansmann (Yale University) und Reinier Kraakman (Harvard University), der Streit um den Purpose of Business sei entschieden, da sich das Rechtssystem in der Zwischenzeit die Shareholder-Value-Sicht zu eigen gemacht habe (Economist 2015).

Ein etwas ungünstiges Timing für die Feststellung der beiden, da kurz danach eine ganze Reihe von Firmen, die den Shareholder-Value-Ansatz propagierten, untergingen – etwa Enron, Arthur Andersen und WorldCom. Einige Jahre später folgte Lehmann Brothers und stürzte die Welt in eine der bislang größten Wirtschaftskrisen. Jack Welsh, der 1999 vom Fortune Magazin als Manager des Jahrhunderts gefeierte, ehemalige Chef von General Electric, rückte inzwischen wie viele andere davon ab und bezeichnete Shareholder-Value als »the dumbest idea in the world« (Guererra 2009). Welsh war zuvor ein Aushängeschild der Shareholder-Value-Bewegung, da ihm während seiner Zeit als CEO von General Electric gelungen war, den Börsenwert von 14 auf 484 Milliarden US-Dollar zu steigern (Denning 2013).

Shared-Value und Stakeholder-Value

Die Sicht, der Unternehmenssinn liege in der Profitmaximierung, wurde immer wieder angegriffen und zurückgewiesen, weil dadurch eine kurzfristige Perspektive auf Kosten einer langfristigen und nachhaltigen Entwicklung von Unternehmen forciert wird. Für rasche Quartalsgewinne werden langfristige Interessen geopfert, Arbeitsplätze wegrationalisiert und notwendige Investitionen unterlassen, die sich erst über längere Zeiträume rechnen. So wurden immer wieder Ansätze propagiert, die statt reiner Shareholder-Value-Orientierung als grundlegende Ausrichtung für Unternehmen einen **Stakeholder-Value**-Ansatz fordern, der die Interessen auch anderer Stakeholder-Gruppen als nur die der Kapitalgebenden als relevant betrachtet.

DEFINITION

Stakeholder-Value oder Shared Value
Unter diesen Überschriften finden sich eine Reihe unterschiedlicher, aber ähnlicher Ansätze, die fordern, dass Unternehmen und andere Organisationen die Interessen auch anderer Stakeholder-Gruppen als nur die der Kapitalgebenden als gleich- oder sogar vorrangig betrachten sollen, etwa die der Kundinnen (Peter Drucker), der Gesellschaft (Gemeinwohlökomie) oder der Gemeinschaft, in der sie operieren (Shared Value).

Neben politischen und zivilgesellschaftlichen Gruppen mehren sich hierzu Stimmen aus der wirtschafts- und sozialwissenschaftlichen Forschung, etwa Harvardprofessor Michael E. Porter, der vorschlägt, als Purpose die Schaffung von **Shared Value** zu verfolgen (Porter 2011). Danach sollte ein Unternehmen sowohl seine Konkurrenzfähigkeit erhöhen als auch die wirtschaftlichen und sozialen Bedingungen der Gemeinschaft verbessern, in der es tätig ist. Andere fordern, dass sich Unternehmen von der Gründung an verpflichten, nur Güter und Dienstleistungen anzubieten, die gesellschaftlichen oder ökonomischen Bedürfnissen dienen, oder dass Firmen verpflichtet werden, ihren Purpose zu veröffentlichen und für seine reale Umsetzung zur Rechenschaft gezogen zu werden (Economist 2015). Immer wieder werden als Beispiele einer sinnorientierten Ausrichtung Unternehmen genannt, die gemeinnützigen Stiftungen gehören und daher stärker dem Gemeinwohl verpflichtet sind (z. B. Bosch, ZF Friedrichhafen, Carlsberg, Bertelsmann oder Schott).

Schon früh griff der amerikanische Ökonom Peter Drucker den Shareholder-Value-Ansatz an. In seinem Klassiker »Management« erklärte er: »There is only one valid definition of a business purpose: *to create a customer.*« (Drucker 1973, S. 56). Die Kundin bestimme, was ein Business sei und nur ihre Zahlungsbereitschaft für die Produkte und Services des Unternehmens mache Wertschöpfung erst möglich und sichere das Überleben des Unternehmens.

Deutlich wird allerdings auch, dass der größte Teil der Beiträge und Äußerungen zum Thema »The purpose of business…« auf ein meist wenig explizit formuliertes Wertegerüst und Weltbild zurückgreift, das in den normativen Aussagen durchscheint. In der Organisationsforschung finden sich jedoch Ansätze, die nicht von einer **normativen Grundannahme** aus argumentieren, sondern erforschen, welche und wessen Zwecke denn im Organisationsalltag tatsächlich sichtbar werden. Hier zeigt sich dann ein deutlich facettenreicheres Bild, als es uns die Shareholder-Value- oder Stakeholder-Value-Befürworterinnen glauben machen wollen.

2.5 Begrenzte Zweckrationalität

So uneinig sich Shareholder-Value- und Stakeholder-Value-Vertretende über den inhaltlichen Sinn und Zweck von Unternehmen sind, so einig scheinen sie zu sein, wie mit dem jeweils richtigen Zweck der Organisation umzugehen sei. Um diesen Zweck zu realisieren, sollten die passenden Mittel gesucht und der Oberzweck gegebenenfalls in passende Unterzwecke und Ziele zerlegt werden. Für diese sind wiederum die passenden Mittel zu ihrer Erreichung zu suchen und Unter-Unterzwecke abzuleiten. Es werden **Zweck-Mittel-Ketten** abgeleitet und diese dann in der Stellenhierarchie via Organigramm und Zuständigkeitsregelungen verankert.

Das wirkt unmittelbar einleuchtend und logisch, denn Unternehmen werden wie alle Organisationen irgendwann gegründet. Eine oder mehrere Personen tun sich zusammen, um mit diesem Unternehmen etwas Bestimmtes zu erreichen. Sie verfolgen einen gemeinsamen Zweck, ohne den die Organisation nicht gegründet worden wäre. Dieser »Ur-Zweck« ist letztlich der Grund ihrer Existenz.

Organisation als Maschine

Dieses Bild von Organisationen als Maschinen, die gebaut werden können, um einen von außen vorgegebenen Zweck effektiv und effizient zu erreichen, ist weitverbreitet und so alt wie das Phänomen Organisation selbst. Schon der amerikanische Arbeitswissenschaftler Frederik Winslow Taylor dachte so, als er 1911 die Prinzipien des Scientific Management beschrieb (wird auch als Taylorismus bezeichnet). Durch eine (ingenieurs-)wissenschaftliche Herangehensweise sollten Organisationen optimiert werden, etwa indem ausführende und planende Arbeiten voneinander getrennt, Abläufe permanent verbessert und durch Vorgaben bezüglich Zeit und Menge gesteuert werden.

Auch Max Weber, einer der Gründerväter der deutschen Soziologie und Vordenker des Bürokratiemodells, trug dazu bei, dass das **zweckrationale Maschinenmodell** über lange Zeit die Organisationsforschung und -praxis dominierte. Weber definierte: »Zweckrational handelt, wer Zwecke gegeneinander abwägt, die günstigsten Mittel zur Erreichung der Zwecke wählt und dabei mögliche unerwünschte Folgen mit in Betracht zieht« (Weber, zitiert nach Kühl 2016, S. 13). Für den Alltag in Organisationen lassen sich darauf eine Reihe weitverbreiteter Leitlinien für das Handeln und Entscheiden ableiten.

DEFINITION

Leitlinien für zweckrationales Verhalten

1. Analysiere gründlich die Umweltbedingungen und lege dann einen (erstrebenswerten und realistisch erscheinenden) übergeordneten Oberzweck fest!
2. Leite aus dem Oberzweck logisch-stimmige Unterzwecke und Mittel zu dessen Erreichung ab!
3. Prüfe und bewerte die angedachten Mittel gründlich, um die geeignetsten Mittel zur Erreichung des Zwecks zu identifizieren!
4. Erstelle einen Plan und operationalisiere alle Mittel und Unterzwecke durch quantitative Vorgaben, Meilensteine und die Festlegung zugehöriger Aktivitäten und dafür verantwortlicher Personen!
5. Setze den Plan um und kontrolliere regelmäßig die Umsetzung und die Zielerreichung!
6. Sollten ausnahmsweise bei der Umsetzung Abweichungen vom Plan auftreten, gehe zurück zu Schritt 3 oder 4 und erhöhe die Anstrengungen!

Anmerkung: Zu Risiken oder Nebenwirkungen dieses Vorgehens befragen sie Ihren gesunden Menschenverstand und Ihre praktische Erfahrung.

Systemtheoretisch- und evidenzorientierte Wissenschaftlerinnen und Praktikerinnen kritisieren diese Sicht als naiv und realitätsfern. Es werde (zu) einfach von einem Verständnis von Organisationen ausgegangen, das Organisationen als **triviale Maschinen** betrachtet. Wie selbstverständlich sollten sie als Werkzeuge zum Erreichen bestimmter Zwecke dienen und anhand dieser ausgerichtet und durchstrukturiert werden können. In Strategie-, Management- und Führungsprozessen müssten dann nur die entsprechenden Subziele heruntergebrochen und dafür die richtigen Pläne, Programme, Strukturen und Personalressourcen zugeordnet werden.

Dieses Verständnis von Organisationen ist unserer Erfahrung nach weitverbreitet in einschlägigen Managementratgebern, Keynotes und in den Köpfen von Führenden und Mitarbeitenden in Organisationen aller Art. Und das trotz der Unmöglichkeit, die Erfahrungen und Beobachtungen in der Unternehmenspraxis damit erklären zu können oder gar evidenzbasierte Vorhersagen über die Wirksamkeit der auf diesen Annahmen basierenden Führungsaktivitäten treffen zu können.

Jenseits der Zweckrationalität

Erforscht man das Leben in Organisationen empirisch und versucht herauszufinden, was und wie es dort wirklich läuft, zeigt sich ein wesentlich komplexeres Bild. So entdeckten die amerikanischen Managementforscher Richard Cyert und James March schon in den 1950er-Jahren, dass eindeutige Zweck-Mittel-Ketten in der Praxis schon deshalb nicht entstehen, weil sich die einzelnen Organisationseinheiten eines Unternehmens auf verschiedene Umwelten ausrichten und dabei jeweils eigene Zwecke und Ziele ausbilden (Cyert/March 1963). Personal-, Finanz-, Kommunikations- und Vertriebsabteilungen folgen typischerweise ganz **eigenen Logiken** und können auch nicht ohne Weiteres davon ablassen, ohne ihre jeweiligen Stakeholder (z. B. Fachkräfte, Kapitalgebende, Journalistinnen, Kundinnen) und deren Interessen zumindest ein Stück weit aus den Augen zu verlieren.

Zwar werden in der Praxis die jeweils durch die Einheiten verfolgten Zwecke als wichtige Beiträge zum Gesamtzweck gerechtfertigt. Dennoch gewinnen die unterschiedlichen Perspektiven eine enorme Eigendynamik, so dass sich **lokale Rationalitäten** und (Sub-)Optimierungen verfestigen und die Teile kaum noch ein harmonisch aufeinander abgestimmtes Ganzes ergeben. Stattdessen beobachtet man in der Praxis verschiedene Silos, die einmal mehr, einmal weniger offen Konflikte miteinander austragen oder kooperieren. Zwecke bilden sich daher tatsächlich im Aushandlungsprozess heraus. Das Ergebnis ist nicht der eine, am besten passende Organisationszweck, sondern vielmehr ein Kompromiss, mit dem alle mehr oder weniger gut leben können. (Kühl 2017a, S. 2).

Ebenfalls früh stellte der amerikanische Sozialwissenschaftler Herbert A. Simon fest, dass im Organisationsalltag die Rationalität meist begrenzt ist (»**bounded rationality**«). Simon wurde für seine bahnbrechende Forschung zu Entscheidungsprozessen in Unternehmen 1978 mit dem Wirtschaftsnobelpreis ausgezeichnet. Er beobachtete, dass Organisationen, statt logisch durchdeklinierte Zweck-Mittel-Ketten abzuarbeiten, in ihrem zirkulären und selbst-referenziellen Operieren eine jeweils eigene, quasi individuelle Systemrationalität entwickeln. Und das geschieht eben auch in den Teileinheiten, den einzelnen Geschäftsfeldern, Funktionsbereichen und Abteilungen. Sie entwickeln eine eigene Sicht der Dinge und eine Eigenlogik, wie sie damit umgehen, was sie wie priorisieren und wie sie agieren und entscheiden. Je länger und stärker dies in jedem Bereich geschieht, desto größer werden die Unterschiede und Abgrenzungstendenzen zwischen den Bereichen, bis sie im Extremfall als kaum noch miteinander kooperationsfähige Silos erlebt werden (»Silodenken«).

Das, was sich hinreichend bewährt hat, wird als rational und zweckmäßig betrachtet. So hat auch der amerikanische Organisationspsychologe Karl Weick (Weick 1995) darauf hingewiesen, dass in der Realität der Zweck häufig quasi **im Nachhinein** definiert werde. Dazu ein Beispiel: Mitarbeitende in Stabsabteilungen erstellen umfangreiche Argumentationslinien und Präsentationen, die darlegen, warum die vom Vorstand schon getroffene Entscheidung genau richtig sei. Eingeschlagene Wege bei der Produktentwicklung oder Marktabdeckung werden dann im Nachhinein als im Rahmen der langfristigen Strategie intendierte Entscheidungen dargestellt – falls sie erfolgreich waren. Rückblickend sieht es dann aus, als sei ein Zweck mit einem bestimmten, rationalen Verhalten angestrebt worden. In Wirklichkeit waren es aber ganz andere Triebkräfte und Einflussfaktoren wie persönliche Präferenzen mächtiger Personen, eine lange Kette operativer Entscheidungen ohne Bezug zur Strategie, die im Alltag Sinn machten, oder einfach glückliche Umstände und Zufälle.

Beobachtet man Organisationen und versucht zu beschreiben und zu verstehen, was dort wirklich passiert, erkennt man rasch, dass die Realität oft wenig mit dem vereinfachten zweckrationalen Verständnis von Organisationen zu tun hat. So erscheint mittlerweile nicht nur vielen Organisationsforscherinnen, sondern auch -praktikerinnen die simple zweckrationale Sicht auf Organisationen naiv und wenig praxisnah. Im Organisationsalltag zeigt sich, dass häufig **mehrere Zwecke** im Spiel sind, die oft genug miteinander in Konflikt stehen, die wechseln oder mehr der bloßen Außendarstellung dienen. Welche und wessen Zwecke sich wann und wie durchsetzen, ist ein Produkt der eigensinnigen Systemoperationen und Sinnprozesse. Oft genug werden von den beteiligten Personen und Interessensgruppen auch ganz andere als die vereinbarten und propagierten Ziele verfolgt oder sie werden eben erst im Nachhinein formuliert, wenn schon längst über Mittel und Wege entschieden ist und Fakten geschaffen wurden.

Dennoch wird kaum eine Praktikerin leugnen, dass die Klärung von Sinn und Zweck des eigenen Tuns und die Orientierung an diesen Zwecken ein wesentliches und hilfreiches Mittel für die **Strukturierung** von Organisationen ist. Dieses Vorgehen ermöglicht, Ziele zu definieren, Strategien zu entwickeln, Ressourcen zuzuordnen und zu konzentrieren und an die Arbeit zu gehen. Der Haken daran: Sinn und Zweck zu klären, ist durchaus anspruchsvoll. Die Inhalte sind oft **diffus** und nur begrenzt eindeutig mit Begriffen bestimmbar.

Einen Purpose und die eigene »Theory of Business« zu beschreiben, ist immer auch ein Ringen mit Worten, um auszudrücken, was komplex und daher schwer zu fassen ist. Diese Aufgabe ist insofern riskant, weil sie immer auch mit **Tradeoffs** verbunden ist. Denn das eine in den Fokus zu nehmen, bedeutet immer auch, das andere aus dem Blick entschwinden zu lassen. Und wer kann sicher wissen, dass sich das andere auf lange Sicht nicht doch als wichtig erweist.

Letztlich ist nie offensichtlich und objektiv oder rein rational erkennbar, was Sinn und Zweck des eigenen Business ist (Weick 1995, S. 85). Es könnte so, aber auch anders sein. Erforderlich ist in einer Organisation eben eine Entscheidung. Gleichzeitig erscheint uns, dass der **Prozess des Suchens und Klärens** von Sinn und Zweck des Handelns in Organisationen in den letzten Jahren massiv an Bedeutung und Aufmerksamkeit gewonnen hat. Dafür sprechen, wie wir gesehen haben, eine Reihe guter Gründe und, wie wir noch sehen werden, eine Vielzahl hilfreicher Ansätze und Methoden.

2.6 Komplexitätsgerechtes Rationalitätsverständnis und Sinn

Zunächst ist aus unserer Sicht ein komplexitätsgerechteres Rationalitätsverständnis notwendig. Dazu gehört ein realistischeres Bild, wie Entscheidungen in Organisationen tatsächlich zustande kommen. Das heißt, von normativen Modellen abzulassen, die naiv versuchen, Organisationen und Führung zweckrational durchzudeklinieren. Zugleich sollte das Kind nicht mit dem Bade ausgeschüttet werden, indem man annimmt, alle Entscheidungen in Organisationen würden willkürlich getroffen und Steuerungsversuche seien sinnlos, weil das System sowieso mache, was es wolle.

Der Managementforscher James March sieht eine Möglichkeit, der begrenzten Rationalität dadurch Rechnung zu tragen, dass nach befriedigenden statt optimalen Lösungen gesucht wird. Nicht alle Betroffenen werden beteiligt, nicht alle Alternativen bewertet und nicht alle Effekte geprüft, weil Zeit und Energie dafür meist nicht ausreichen. March und Herbert Simon bezeichnen das als »**Satisficing**« (March/Simon 1958, S. 140 f.). Es wird nach Lösungen gesucht, die »good enough« sind, und die dann im Lauf der Zeit angepasst werden, wenn sich die Anforderungen oder das Anspruchsniveau ändern. Das erinnert an die Ansätze agilen Organisierens oder das holakratische »Safe-enough-to-try«-Prinzip, auf die wir später (siehe entwicklungsförderliche Entscheidungsregeln in Kapitel 6.4 und 12.2) noch kommen werden.

Auch ein gewisser **Zweckopportunismus** gehört für March dazu. Die jeweils verfolgten Zwecke werden an die existierenden Möglichkeiten und Zwänge angepasst, statt sich auf eindeutige und klare Ziele einzuschießen, die zwar Orientierung liefern, aber den Blick verengen und eine gegebenenfalls nötige Umorientierung erschweren. Statt nach optimalen Lösungen zu suchen, erfordert ein solches realitätsnäheres Rationalitätsverständnis, vielfältige Ideen, Ansätze und Problemstellungen parallel zu verfolgen und einander befruchten zu lassen (»Mülleimer-Prinzip«). March wählte diese Metapher für das wechselseitige Befruchten, da sich auch in einem Papierkorb unterschiedliche Ideen und Konzepte nebeneinander anlagern und vermischen und dann möglicherweise entsorgt oder wieder herausgeholt und in neuer Kombination erneut aufgegriffen werden.

Gemeint ist ein **exploratives Vorgehen**, das mit Prototypen experimentiert und auf Lernen ausgerichtet ist. Dazu wiederum braucht es eine gewisse Verspieltheit (»Playfullness«) für Innovationen und ausreichend **Reserven** auf Ressourcenseite (»Slack« oder Puffer), um auf neue Anforderungen und Erkenntnisse reagieren zu können (Kühl 2017a, S. 3 ff.). Die daraus entwickelten Leitlinien **eines komplexitätsgerechteren Rationalitätsverständnisses** sollen ermöglichen, Zwecke auch beim Handeln und Entscheiden unter hoher Komplexität ohne unrealistische Ansprüche an Stringenz, Planbarkeit, Perfektion und lineare Steuerbarkeit im Auge zu behalten.

DEFINITION

Elemente eines komplexitätsgerechteren Rationalitätsverständnisses (nach Kühl 2017a)

- Suche nach Lösungen, die »good enough« und »safe enough to try« sind (Satisficing)!
- Passe die Lösungen im Lauf der Zeit an, wenn Anforderungen und/oder Möglichkeiten sich verändern (Iteration)!
- Definiere realistische Zwecke, die den Möglichkeiten und Grenzen Rechnung tragen!
- Lege dich nie völlig auf ein eindeutiges und damit enggefasstes Ziel fest, sondern orientiere dich an (einem oder mehreren) grundlegenderen und abstrakteren Zwecken!
- Ermögliche es, vielfältige Ideen, Ansätze und Problemstellungen parallel zu verfolgen und dass diese einander befruchten!
- Exploriere, experimentiere und erprobe, um aus der Praxis zu lernen!
- Erlaube eine Kultur der Verspieltheit (»Playfullness«) für Innovationen!
- Sorge für ausreichend Reserven auf Ressourcenseite (»Slack«)!

3 Organisationen bestehen aus Entscheidungen

Wenn man Organisationen besser verstehen will – was aus unserer Sicht nötig ist, um sie zu beeinflussen oder zu gestalten –, gilt es herauszuarbeiten, was Organisationen in ihrem Kern ausmacht. Moderne Zugänge zu Organisationen verstehen sie als komplexes System von **Kommunikationsereignissen**: Personen reden miteinander, teilen sich gegenseitig etwas mit. Den Mitteilungen folgen Anschlussmitteilungen, bis sich diese Ketten von Kommunikationen mit der Zeit zu einem Netzwerk von Kommunikationsepisoden, zu einem »sozialen System« verdichtet haben – soweit diese Kommunikationen selektiv aufeinander Bezug genommen haben und nicht einfach nebeneinanderher geredet worden ist.

So entsteht eine Ordnung im Kommunikationsgeschehen und damit ein **soziales System**. Das Soziale, das heißt die Beziehungen und der Austausch zwischen den Personen, bildet dabei die Basis, auf der sich Organisationen konstituieren – ohne Personen ginge es nicht. Aber der Kern dessen, was soziale Systeme und damit auch Unternehmen und andere Organisationen ausmacht, ist nicht das Soziale, sondern die Art und Weise, wie sie ihre Aufgaben erfüllen: Was sie tun und wie sie es tun. Versucht man, diese Art und Weise der **Aufgabenerfüllung** zu beschreiben, etwa indem man das Organisationsgeschehen über längere Zeit genauer beobachtet, wird man Muster und Regelmäßigkeiten in den Abläufen und Ereignissen erkennen. Vieles wiederholt sich im Lauf der Zeit, obwohl die handelnden Personen wechseln.

Die Erkenntnis reift, dass größere Arbeitszusammenhänge nicht über Kommunikation an sich, sondern über die Kommunikation von **Entscheidungen** organisiert werden. Kommunikationen, die keine Entscheidungen sind, aber auch Entscheidungen, die nicht kommuniziert werden, reichen nicht, um in einer Organisation wirksam zu werden (Luhmann 2000, S. 64). Organisationen entstehen und reproduzieren sich, »wenn es zur *Kommunikation von Entscheidungen* kommt und das System auf dieser Operationsbasis *operativ geschlossen* wird. Alles andere […] ist demgegenüber sekundär und kann als Resultat der Entscheidungsoperationen des Systems gesehen werden« (Luhmann 2000, S. 63).

Natürlich gibt es in Organisationen auch eine Fülle anderer Kommunikationen und Handlungen, etwa vorbereitende Gespräche, Nachfragen oder Anregungen hinsichtlich zu treffender Entscheidungen oder Gespräche, in denen es um das soziale Miteinander geht, wenn beispielsweise nach dem Wochenende über die verschiedenen Freizeitaktivitäten gesprochen wird. Auch die Handlungen einzelner Personen oder manuelle Tätigkeiten im Produktionsprozess zählen dazu.

Das alles bildet jedoch nicht den **Kern von Organisation**, in dem es darum geht, wie sie zu ihren Entscheidungen kommt und wie die Organisation »weiterlebt« und sich weiterentwickelt, indem sie in der weiteren Folge immer wieder neue Entscheidungen an die vorhergehenden »anhängt« und sich so reproduziert. Organisationen sind ein laufender Prozess oder **Fluss von Entscheidungen**. Wird dieser nicht fortgesetzt, hören sie letzten Endes auf zu existieren. Das ist vergleichbar mit einem Gespräch zwischen verschiedenen Personen. Wenn keine mehr weiterredet, ist das Gespräch beendet. Allerdings ist so gut wie jedes Verhalten in Organisationen als Entscheidung thematisierbar (z. B. das zu späte Eintreffen im Büro oder bei einem Meeting), wenn es als Problem thematisiert wird (Luhmann 2000, S. 68). Was also in einer Organisation als Entscheidung betrachtet wird und was nicht, ist eben auch eine Entscheidung der Organisation.

3.1 Entscheidungsprämissen – die Strukturen der Organisation

Jede Entscheidung dient als Prämisse für weitere Entscheidungen – daher die Bezeichnung »operative Geschlossenheit«. Dies bedeutet, dass auf eine Entscheidung des Systems wiederum nur eine vom System selbst getroffene Entscheidung folgen kann. Und dadurch, dass jede Entscheidung wiederum Prämisse für die folgenden ist, tragen Entscheidungen zur Absorption von Unsicherheit bei (Luhmann 2000, S. 65). Organisationen reduzieren Komplexität und Absorbieren damit Unsicherheit. Dabei spielen **Entscheidungsprämissen** eine wesentliche Rolle. Sie sind die Strukturen der Organisation, die beeinflussen, was geredet, entschieden oder getan wird. Es sind insofern Prämissen, weil »es sich um Voraussetzungen handelt, die bei ihrer Verwendung nicht mehr geprüft werden« (Luhmann 2000, S. 222).

DEFINITION

Entscheidungsprämissen

Entscheidungsprämissen sind in der Organisation getroffene Entscheidungen, die bei späteren Entscheidungen nicht mehr hinterfragt werden und als Faustregeln für »richtiges« Entscheiden dienen. Sie bilden die Strukturen, an denen sich der alltägliche Fluss von Entscheidungen ausrichtet.

Wenn in einem Unternehmen geregelt wurde, dass ein bestimmtes Material nachbestellt werden soll, sobald im Lager eine definierte Mindestmenge unterschritten wird, werden die für die Bestellung zuständigen Mitarbeitenden darauf verzichten, die Produktionspläne dahingehend zu prüfen, wie groß der Materialbedarf in den nächsten Wochen sein wird, und stattdessen direkt eine Nachbestellung auslösen. Genauso wenig wird die Lehrkraft täglich hinterfragen, ob alle Schülerinnen und Schüler schon aufnahmebereit sind, oder ob es vielleicht besser wäre, heute eine Stunde später zu beginnen, wenn als Unterrichtsbeginn 8 Uhr morgens festgelegt ist.

Allerdings kann aus Entscheidungsprämissen weder eine Entscheidung unmittelbar logisch abgeleitet noch erzwungen werden. Die Lageristinnen könnten sich eben doch noch mit der Produktionsplanung abstimmen oder die Nachbestellung um einige Tage verschieben und die Lehrkraft kann mit Bewegungs- oder Einstimmungsübungen in den Schultag starten.

Die Organisation ist keine Maschine, in der Entscheidungsprämissen etwa wie der Programmcode in einem Computer determinieren, was als nächstes und dann in weiterer Folge geschieht. Entscheidungen sind vielmehr mit Entscheidungsprämissen **lose gekoppelt** (Luhmann 2000, S. 223; Weick 1985, S. 163 ff.). Sie determinieren nicht, was jeweils bei Entscheidungen herauskommen muss, die sich auf sie beziehen. Aber die in ihnen festgelegten Unterscheidungen (z. B. die Mindestmenge des im Lager befindlichen Materials oder die Uhrzeit 8 Uhr für den Schulbeginn) liefern einen Bezugspunkt für die Beobachtung und die Kommunikation.

Damit sorgen Entscheidungsprämissen einerseits dafür, dass nicht jedes Mal die volle Komplexität eines Sachverhalts abgearbeitet werden muss: Was und wieviel wollen wir lagern? Wann sollte die Schule beginnen? Und sie **schränken den Spielraum von Entscheidungen ein**, weil ein gewisser Argumentations- und Begründungsbedarf (z. B. für die Lageristinnen oder die Lehrkraft) entsteht, falls von ihnen abgewichen wird.

Merkmale von Organisationen

Welche Arten von Entscheidungsprämissen unterschieden werden, steht in Zusammenhang mit drei wesentlichen Merkmalen, durch die sich Organisationen von anderen sozialen Systemen wie Familien unterscheiden (Kühl 2011, S. 16 ff.). Organisationen

- verfolgen **Zwecke**,
- strukturieren sich über **Hierarchien** und
- stellen **Mitgliedschaft** unter Bedingungen.

So können (und müssen) Organisationen darüber entscheiden, wer dazugehört und wer nicht (mehr), wer eingestellt wird und wer der Organisation nicht mehr angehören soll, weil er oder sie ihren Regeln nicht mehr folgt. Das bedeutet, dass Mitgliedschaft in Organisationen unter Bedingungen gestellt ist. Diese Bedingtheit der Mitgliedschaft ist der entscheidende Hebel, um Konformität im Verhalten zu erzeugen. Damit kann relativ zuverlässig sichergestellt werden, dass die Mitglieder den Zwecken dienen, denen sich die Organisation widmet, etwa der Produktion von Kühlschränken, der Heilung kranker Patientinnen oder der Beratung von Unternehmen.

Auf der Suche nach geeigneten Mitteln und Wegen zur Umsetzung dieser Zwecke brechen Organisationen den Oberzweck in Unter- und Unter-Unter-Zwecke herunter, für die dann jeweils eine Abteilung oder ein Bereich für zuständig erklärt wird. Für die jeweiligen Positionen werden die passenden Personen rekrutiert. Auch die Hierarchie ist für den Systemtheoretiker Luhmann ein wesentliches Merkmal, mit dem sich Organisationen von der Gesellschaft unterscheiden. Trotz aller immer wieder geäußerten Forderungen nach Demokratisierung seien Unternehmen, Verwaltungen, Schulen oder Krankenhäuser eben stets hierarchisch strukturiert (Kühl 2011, S. 20).

Arten von Entscheidungsprämissen

Die drei Merkmale von Organisationen (Zwecke, Hierarchie und Mitgliedschaft) korrespondieren jeweils mit Entscheidungsprämissen, die sie für das Entscheidungsgeschehen in der Organisation übersetzen und konkretisieren. **Entscheidungsprogramme** legen dabei etwa fest, welche Zwecke verfolgt werden und brechen sie zum Beispiel in Teilziele herunter. **Kommunikationswege** konkretisieren die hierarchische Struktur in der Organisation und die Entscheidungsprämisse **Personal** regelt unter anderem, wer Mitglied ist und was zu erfüllen ist, um Mitglied zu werden oder zu bleiben.

Luhmann interessiert sich vorrangig für diese drei Arten von Entscheidungsprämissen, die durch Entscheidungen zustande gekommen sind. Sie werden relativ dauerhaft festgelegt, und über sie muss explizit entschieden werden.

Ohne Entscheidung ändert sich nichts. Es gibt noch eine vierte Prämissenart, die **Organisationskultur**. Sie kommt allerdings nicht durch explizite Entscheidungen zustande, sondern bildet sich vielmehr im Lauf der Zeit heraus. Dazu kommen wir später noch.

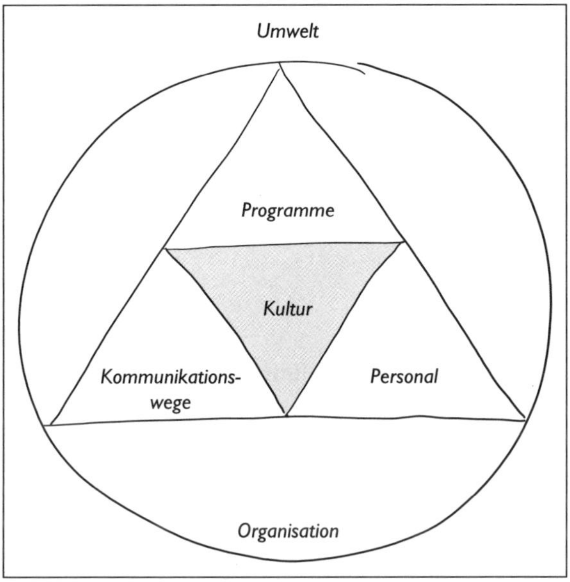

Abb. 6:
Arten von Entscheidungsprämissen in Organisationen (nach Boos/Mitterer 2014, S. 54)

Alle vier Arten von Entscheidungsprämissen (vergleiche Abb. 6) muss man – aus Sicht der Systemtheorie – immer vor dem Hintergrund der evolutorischen Entwicklung des Systems als temporär, experimentell und revidierbar verstehen, da im System ständig selektiert wird, was sich bewährt und was nicht (Luhmann 2000, S. 227). Organisationen sind wie ein beständig fließender **Fluss von Entscheidungen**, der sein Flussbett kontinuierlich anpasst, wenn das Terrain es erlaubt oder erfordert.

So ist auch keine dieser Entscheidungsprämissen grundsätzlich den anderen übergeordnet. Vielmehr wechselt in der Organisationspraxis immer wieder, welche Prämissenart »**in Führung geht**«. Sie können sich sogar wechselseitig **unterstützen** oder auch **substituieren**, etwa durch höhere Anforderungen an die Entscheiderin oder stärkere Einbindung höherer Ebenen, wenn die Aufgabe nicht genau genug durch Ziele oder Ablaufprogramme festgelegt werden kann (Luhmann 2000, S. 226). So kann unter Umständen die Arbeit so stark durch Arbeits- und Verfahrensanweisungen vorgegeben werden, dass auch geringer Qualifizierte einzelne Aufgaben am Fließband übernehmen können. Für die Entwicklung der dort produzierten Teile wäre eine solche Programmierung der Arbeit kaum möglich.

Für die kreative und viel Fachwissen voraussetzende Entwicklung und Konstruktion neuer Komponenten, etwa für einen Motor oder ein Getriebe, werden hochqualifizierte Ingenieurinnen gebraucht und mit Freiräumen ausgestattet. Dennoch könnten diese bei ihrer Arbeit mit Zielkonflikten konfrontiert sein, zu deren Entscheidung die hierarchisch übergeordnete Chefin zu konsultieren ist. Ein Beispiel für einen Zielkonflikt wäre, lieber die in der Produktion teurere, aber qualitativ hochwertigere Designalternative weiterzuverfolgen oder die kostengünstigere, aber qualitativ schlechtere Alternative zu wählen.

In den folgenden Unterkapiteln werden die vier Arten von Entscheidungsprämissen in Organisationen im Einzelnen dargestellt.

3.2 Entscheidungsprogramme

Entscheidungsprogramme sind Bedingungen für **sachlich richtiges Entscheiden**, etwa Regeln, wann ein Lagerartikel nachzubestellen ist oder ab welcher Investitionssumme die nächsthöhere Ebene eine Entscheidung freigeben muss (Luhmann 2000, S. 225). Sie definieren somit, was bei einer Entscheidung zu bedenken und ins Kalkül zu ziehen ist. Im Organisationsalltag spricht man von zu erfüllenden Aufgaben, zu erreichenden Zielen oder Zwecken. Man findet Programme in Form von Businessplänen, Strategien oder Zielvereinbarungen. Eine Geschäftsleitung leitet aus den strategischen Zielen möglicherweise Kriterien für die Beurteilung komplexer Projekte ab oder entscheidet über die Bewilligung von Mitteln für die Einführung einer neuen Produktlinie. Oder es gibt ein Regelwerk zum Beispiel für den Umgang mit Bewerberinnen, Beschwerden oder Betriebsunfällen.

Entscheidungsprogramme legen fest, **welche Entscheidungen** in der Organisation als richtig bzw. falsch angesehen werden, was man tun darf und was nicht. Oft spielen Begriffe eine Rolle, die unbestimmt und in der jeweiligen Situation interpretationsbedürftig sind (Luhmann 2000, S. 257). So kann ein Jahresziel oder der Zweck einer Rolle mit »Markenbekanntheit steigern« festgelegt worden sein. Damit bleibt offen, in welchen Segmenten oder Märkten dieses Ziel verfolgt werden soll und wie der Bewertungsmaßstab für die Zielerreichung lautet.

Da aber häufig auch in Erinnerung bleibt, für welche Situationen ein Programm gedacht war oder aus welchem Kontext heraus es festgelegt wurde, kann man sich auf dessen ursprünglichen Sinn berufen, wenn Abweichungen sinnvoll erscheinen (Luhmann 2000, S. 257). So wird das Ziel der Markenbekanntheit unterschiedlich interpretiert werden, je nachdem, ob es sich um einen bekannten Markt oder um ein neues Geschäftsfeld oder Zielland handelt. Typisch für Programmformulierungen ist ein gewisses Maß an Ambivalenz bezüglich des Gemeinten. Dies sorgt für

Interpretationsbedarf und Interpretationsmöglichkeiten, erleichtert durch diese Elastizität des Programms aber auch die soziale Akzeptanz. So mag vielleicht klar geregelt sein, wann der Lagerartikel nachzubestellen ist, aber wie viel und wo geordert werden soll, kann im Lager selbst entschieden werden.

Bei der Formulierung von Entscheidungsprogrammen kann variabel gestaltet werden, wie eindeutig bestimmt oder unbestimmt ihr Inhalt ist (Luhmann 2000, S. 258). Allerdings muss erkennbar sein, ob das Programm befolgt wurde oder nicht. Denn Programme haben auch die Funktion, Fehler und Abweichungen **zurechenbar** zu machen. So müssen sich die für das Lager Verantwortlichen rechtfertigen, wenn das Material ausgeht und eben nicht der Vertrieb oder die Produktion.

Allzu unbestimmte Programme tendieren im Lauf der Zeit zur Konkretisierung. Weil zum Beispiel zunächst offen blieb, wo und wie weit die Markenbekanntheit zu steigern ist, und dies zu Missverständnissen führte, wird nach einiger Zeit präzisiert, dass das Segment der 14- bis 35-Jährigen im Inland gemeint war, in dem ein Bekanntheitsgrad von 50 Prozent erreicht werden soll.

Die Präzisierung und Konkretisierung hat allerdings auch ihre Grenzen. Da solche Programme als Entscheidungsprämisse ja nur durch Kommunikation zu einer solchen werden, müssen sie einfach genug gehalten werden, um (immer wieder) **kommunizierbar** zu bleiben. Daher können nicht alle Anwendungssituationen in der Programmformulierung berücksichtigt und auch nicht endlos viele Ziele spezifiziert werden. Auch wenn das in der Praxis immer wieder versucht wird, indem etwa Abteilungsleitende mit 30 bis 40 Zielen ausgestattet und gemessen werden, die sie allein schon durch deren Menge kaum im Fokus der Aufmerksamkeit halten können.

Organisationen operieren zyklisch. Daher wird im weiteren Verlauf beobachtet, ob das Programm (z. B. ein Projektplan) angewendet wurde oder nicht und ob es richtig angewendet wurde oder nicht (z. B. ob das Projekt planmäßig nach Qualität, Zeit und Budget umgesetzt wurde). Oft wird dann erst durch eine beobachtete **Abweichung** bzw. durch Fehler klar, was eigentlich hätte bedacht und geregelt werden müssen. Das führt wiederum zu einer Konkretisierung der Regelung oder Planung (Luhmann 2000, S. 256 f.), zum Beispiel einer Fokussierung auf weniger oder klar priorisierte Ziele für die Abteilungsleitung. Meist geht in der Praxis die Reise, wie wir beobachten konnten, aber in Richtung mehr und detaillierterer Regelungen.

Zwei Arten von Entscheidungsprogrammen können unterschieden werden: Konditionalprogramme und Zweckprogramme.

- **Konditionalprogramme** sind inputorientiert und unterscheiden zwischen Bedingungen (wenn …) und Konsequenzen (dann …). Sie legen fest, was getan bzw. entschieden werden muss, wenn eine bestimmte Spannung wahrgenommen wird (Luhmann 2000, S. 263). Solche »Wenn-dann-Regelungen« bestimmen genau eine Vorgehensweise mit der Folge: Was nicht ausdrücklich erlaubt ist, ist verboten. Daher könnten diese Programme oft auch maschinell durchgeführt (Beispiel Lagerbestellungen) und sequenziell hintereinandergeschaltet werden (z. B. Prozessketten und Verfahrensanweisungen). Konditionalprogramme engen also den Spielraum für die Beteiligten ein. Je nach Kontext ist das mehr oder weniger angemessen. Im Vertrieb wird man die unterschiedlichen Kundinnensituationen nicht »haarklein« konditional programmieren wollen. Dagegen ist es beim Kontakt mit der öffentlichen Verwaltung oder Vollzugsbeamtinnen durchaus positiv, dass klare Verfahrensregeln die Entscheidungsfreiheiten der Beamten – und damit auch Willkürmöglichkeiten – begrenzen. Versucht die Organisation, Unbestimmtheiten zu vermeiden (durch die eindeutige Festlegung der Wenn-Bedingungen und/oder der Dann-Konsequenzen) oder versucht sie, mit vielfältigen Ausnahmeregeln unterschiedlichsten Situationen Rechnung zu tragen, führt das allerdings zu immer dichteren Regelwerken, die viel Aufmerksamkeit und Zeit für das regelgerechte Entscheiden verbrauchen. So etwas wird auch als Bürokratie bezeichnet.

- **Zweckprogramme** hingegen sind outputorientiert und unterscheiden zwischen Zwecken und Mitteln (Luhmann 2000, S. 261). Sie legen fest, welche Ziele oder Zwecke erreicht werden sollen (z. B. die Markenbekanntheit steigern), wobei die Wahl der Mittel meist freisteht, etwa wenn im »Management by Objectives« (fixierte Ziele, aber freie Wahl der Mittel) Zielvereinbarungen getroffen werden. Die Zielvereinbarung dient dann als Entscheidungsprogramm etwa für die Marketingleitung, die entscheiden kann, wie sie die Markenbekanntheit steigert. Die Entwicklung von Strategien wäre in diesem Sinn die Suche nach den Mitteln für die gesetzten Zwecke und die Strategieumsetzung der Einsatz dieser Mittel (Kühl 2016, S. 9). So definiert das Marketing vielleicht in einem Strategieworkshop, was nötig und zu tun ist, um die Markenbekanntheit zielgemäß zu steigern und welche Mittel dazu erforderlich sind (z. B. Budget, Botschaften, Medien). Daraus werden dann möglicherweise Unterziele zum Beispiel für die Mediaplanung abgeleitet, sodass Zweck-Mittel-Ketten entstehen. Daran wird deutlich: Zweckprogramme sind reine Zukunftsprogramme. Sowohl bei der Festlegung der Zwecke als auch bei der Wahl der Mittel muss eine stets unsichere und unbekannte Zukunft in der Gegenwart so behandelt werden, als ob sie schon feststünde (Luhmann 2000, S. 266). Diese Antizipation ist das Hauptproblem der Zweckprogrammierung: Das Marketing kann seine Erwartungen bezüglich der Zukunft und die hinter den Strategien liegenden Kausalannahmen und Wertungen überprüfen und korrigieren (etwa, dass es ohne Fernsehwerbung nicht gehen wird und man dafür ein bestimmtes Maß an Werbedruck aufbauen müsse). Aber die Zukunft ist auch dann noch unbekannt.

Zwei Aspekte von Entscheidungsprogrammen erscheinen uns in Bezug auf die sinnorientierte Organisation besonders relevant. Zum einen können Zwecke so allgemein formuliert werden, dass das »Erreichen des Zweckes jeden Bezug zu Zeitpunkten verliert und weder positiv noch als Unerreichbarkeit negativ festgestellt werden kann. Zwecke konfundieren dann mit den Werten, die zur Begründung der angestrebten Differenz dienen« (Luhmann 2000, S. 270). Diese **Unschärfe** der inhaltlichen Bedeutung begegnet uns häufig in der Formulierung eines Purpose für Organisationseinheiten oder ganze Unternehmen. Sie sorgen dann zwar immer noch für einen »Sense of Direction«. Eine Beurteilung oder gar Messung des in dieser Richtung erzielten Fortschritts ist aber kaum möglich. So formuliert eine Organisation beispielsweise ihren Purpose mit »Evolve humanity's relationship to power«. Festzustellen, wie weit dies schon gelungen ist, diese Wirkung zu erreichen, stellen wir uns schwierig vor. Gleichzeitig wird aber an dem Beispiel auch deutlich, wie sehr Werte (z. B. Gleichheit, Freiheit, Partizipation) einen Purpose beeinflussen und in diesem quasi durchschimmern.

Das führt zum zweiten wichtigen Aspekt: Ohne Entscheidungsprogramme kann ein so formulierter Purpose nicht **handhabbar** gemacht werden. Niklas Luhmann begründet dies so: »Es ist undenkbar, dass alle Entscheidungen einer Organisation sich an einem einzigen Gesamtzweck orientieren und es ist auch unrealistisch sich vorzustellen, dass ein solcher Gesamtzweck in allen Entscheidungen als eine Art Kontrollkriterium mitfungieren könnte. Das würde alle Entscheidungen auf dem Wege zur Ausführung zu stark mit Komplexität aufladen.« Daher ist Programmierung notwendig, mit der weiter heruntergebrochen, ausdifferenziert und konkretisiert wird, was zu tun ist, um die Zwecke zu erreichen.

DEFINITION

Entscheidungsprogramme
Entscheidungsprogramme sind Entscheidungsprämissen, die Bedingungen für sachlich richtiges Entscheiden vorgeben und definieren, was bei einer Entscheidung zu bedenken ist. Beispiele sind Aufgabenbeschreibungen, Zwecke, Pläne, Strategien oder Zielvereinbarungen.
Als **Konditionalprogramme** (z. B. Ablaufpläne) geben sie die Vorgehensweise genau vor und engen so den Entscheidungsspielraum für die Beteiligten stark ein (»Wenn-dann-Regelungen«).
Als **Zweckprogramme** legen sie hingegen lediglich fest, welche Ziele oder Zwecke erreicht werden sollen, lassen aber freie Wahl bezüglich der Mittel und Wege.

3.3 Kommunikationswege

Im Mittelpunkt vieler Veränderungsprozesse steht meist die **Organisation der Organisation** mit Aufgaben wie die Veränderung der hierarchischen Aufbauorganisation, die Neueinrichtung, Verschiebung oder Streichung von Stellen oder eine Anpassung ihrer Kompetenzen. In der betriebswirtschaftlichen Organisationslehre und Managementliteratur wird dafür der Begriff Organisation (in einem engeren Sinn als hier) verwendet. In der modernen Organisationsforschung und der soziologisch geprägten Systemtheorie werden diese Entscheidungsprämissen als Kommunikationswege und Kompetenzen bezeichnet.

Die Kommunikationswege schreiben vor, wie der **Entscheidungsprozess** abzulaufen hat, etwa indem sie **Entscheidungskompetenzen** vorgeben und festlegen, wer wem Anweisungen geben kann oder vorab einzubinden ist (Luhmann 2000, S. 225). Damit definieren Kommunikationswege das, was man oft »den Dienstweg« nennt, das heißt, wie höhere Hierarchieebenen bei Entscheidungen zu beteiligen sind und wie zwischen den Ebenen zusammengearbeitet werden soll. Konkret entstehen über die horizontale Differenzierung von Stellen nach Fach- und Aufgabengebieten (z. B. Produktion, Vertrieb, Finanzen) und über die vertikale Differenzierung nach Hierarchieebenen aufbauorganisatorische Strukturen, die in Organigrammen dargestellt werden, zum Beispiel als Einlinien- oder Matrixorganisation oder divisional nach Geschäftsfeldern.

Die Kommunikationswege ergeben sich aus den in den Stellenbeschreibungen genannten **Zuständigkeiten und Kompetenzen**, weil diese fachlich einzubinden oder mit exklusiven Weisungs- und Entscheidungsbefugnissen ausgestattet sind (Luhmann 2000, S. 316). Aber auch Geschäftsordnungen, Mitzeichnungs- und Unterschriftenregelungen sind Beispiele, wie und wodurch diese Entscheidungsprämisse in Organisationen ausgestaltet wird.

Wenn dann die Frage zu beantworten ist, woran sich eine Organisation bei der Ausgestaltung dieser strukturellen Regelungen (Aufbauorganisation) orientieren soll, werden oft Prinzipien propagiert, die in Form von Gegensatzpaaren definieren, was rational und effizient sei. Je nach Intention oder Haltung der Autorin oder der aktuellen Mode werden zum Beispiel Zentralisierungsvorteile betont oder ein anderes Mal der Nutzen der Dezentralisierung. In einem weiteren Fall kann es darum gehen, mehr Kompetenzen in die Linie zu bringen oder wieder zurück in spezialisierte Stäbe und zentralisierte Servicebereiche. Als Folge dieses Prinzipiendenkens ist ein ständiges **Oszillieren** der Organisationen zu beobachten. Daraus entsteht ein Daueranreiz, alle paar Jahre nach dem jeweils anderen, nun als effizient bewerteten Prinzip zu reorganisieren, da jeder erreichte Zustand als unzulänglich wahrgenommen werden kann (Luhmann 2000, S. 303 f.). Uns erscheint das wenig sinnvoll.

Komplexität und Unsicherheit

Die rationalistischen Annahmen und Ansätze führen letztlich nicht weiter. Wir müssen die Organisation der Organisation neu denken. Statt sie nach Rationalitätsprinzipien durchzustrukturieren, geht es aus systemtheoretischer Sicht darum, wie sich Widersprüche und Paradoxien etwa zwischen Qualitäts-, Zeit- und Kostenzielen bei Projekten in der Organisation entfalten und gehandhabt werden können. Die Komplexität des Umfelds erzeugt widersprüchliche und paradoxe Gegebenheiten, in denen Entscheidungen zu treffen sind. Diese erfordern wiederum ausreichende Komplexität in der Organisation und ihren Entscheidungsprozessen. Die zentrale Funktion des Entscheidens und der Organisationsstrukturen (Entscheidungsprämissen) besteht in der Reduktion von Komplexität und der Absorption von Unsicherheit (Luhmann 2000, S. 314 f.). Das Bilden von Strukturen ist dabei immer eine Art von **Selbstorganisation**, da es sich zwangsläufig um Entscheidungen der Organisation handelt.

Um der Komplexität der Umwelt angemessen zu begegnen, fallen in einer Organisation mehr Aufgaben an und eine stärkere Arbeitsteilung wird sinnvoll. Die Organisation bildet die Umwelt in sich ab und erhöht damit ihre Eigenkomplexität, ohne jemals die erforderliche **Vielfalt** zu erreichen, um die Komplexität der Umwelt 1:1 abbilden zu können (Luhmann 2000, S. 314). Der steigenden internen Komplexität begegnet die Organisation durch die Festlegung von Kompetenzen (strukturelle Ebene) und durch die tatsächlich benutzten Kommunikationswege (operative Ebene). Das macht die Komplexität eines Systems beobachtbar und beschreibbar, wenn auch nicht rational kontrollierbar (Luhmann 2000, S. 306). Je mehr Stellen ausdifferenziert werden, das heißt, je größer das System wird und je verschiedenartiger die Stellen sind, desto komplexer wird die Organisation (Luhmann 2000, S. 312).

Allerdings wird ein System schon ab einer sehr geringen Größe komplex, weil es nicht mehr jede Operation mit allen anderen Operationen des Systems verknüpfen kann. Was überhaupt und wie verknüpft wird, muss ausgewählt werden. Ein Selektionszwang entsteht, der zu Vielfalt bei den operativen Entscheidungen führt (Luhmann 2000, S. 306). Und je mehr Stellen mit verschiedenen Aufgaben vorhanden sind, desto stärker wird die Belastung der Kommunikationswege, etwa in Form von immer mehr Meetings und immer größerem Abstimmungsbedarf zwischen den Abteilungen. Trotz aller Bemühungen nehmen dabei zwangsläufig die Informationsverluste zu, weshalb man auch immer »das Gegenprogramm zur Spezialisierung: das Programm des ›job enlargement‹« in Organisationen findet, mit dem für vielfältigere Aufgaben und einen abwechslungsreicheren Arbeitsalltag gesorgt werden soll (Luhmann 2000, S. 312).

Rolle der Hierarchie

Wenn es darum geht festzulegen, welche Stellen wie in der Organisation involviert werden sollen, sobald Entscheidungen zu treffen sind, kommt rasch die Hierarchie ins Spiel. Sie führt Ungleichheit in der Organisation ein, weil nicht jeder Stelle gleich viel Einfluss eingeräumt, **Entscheidungsmacht** also im System ungleich verteilt wird. Die Kommunikationsmöglichkeiten werden auf bestimmte Kontaktpunkte, Zuständigkeiten und Entscheidungsbefugnisse beschränkt. Das schmälert einerseits scheinbar auch den Freiraum, weil nicht jede Stelle die Kompetenz hat, überall mitzureden und mitzuentscheiden. Andererseits führt es zu Entlastung, weil nicht bei jeder Entscheidung permanent neu verhandelt werden muss, wer wie zu beteiligen ist. Dies wiederum reduziert Komplexität und absorbiert Unsicherheit.

In den klassischen Organisationstheorien, die Organisationen wie Maschinen betrachten und zu optimieren versuchen, wird der Hierarchie eine Schlüsselfunktion zugedacht. Einerseits seien alle Probleme der Arbeitsteilung und der **Koordination** der Stellen letztlich durch die Hierarchie zu lösen. Im Alltag bedeutet dies: Das muss die Chefin oder notfalls deren Vorgesetzte regeln. Damit wird der Hierarchie allerdings zu viel zugemutet, »was sie nicht leisten kann« (Luhmann 2000, S. 303).

Häufig wird Hierarchie als Merkmal einer klassischen, aber überholten Organisationstheorie angesehen und versucht, hierarchische Strukturen zum Beispiel durch mehr **Autonomie** am Arbeitsplatz abzuschwächen oder zu ersetzen (Luhmann 2000, S. 312 f.). Durch mehr Autonomie soll – und kann – der Koordinationsbedarf durch Hierarchie reduziert und die Koordination quasi lokalisiert werden, wenn Umweltbedingungen dem entsprechen und schnellere Entscheidungen gefragt sind. Das zum Prinzip zu erklären, greift zu kurz, »denn das Problem der horizontalen Koordination kann auf verschiedene Weise, funktional äquivalent gelöst werden« (Luhmann 2000, S. 313). Anders ausgedrückt: Hierarchie ist weder ein veraltetes Prinzip noch überhaupt ein Prinzip, sondern ein **Mittel zum Zweck**, um das Koordinationsproblem zu lösen, dass durch die horizontale Ausdifferenzierung von fachlichen Kompetenzen und Spezialisierungen entsteht, wenn eine Organisation größer, vielfältiger und damit komplexer wird. »Man muss einsehen, dass die Funktion von Hierarchiebildung immer schon in der horizontalen Koordination gelegen hatte, also in der Ausweitung von Koordinationsmöglichkeiten über das hinaus, was die Spitze selbst leisten konnte« (Luhmann 2000, S. 313).

Hierarchie ist also ein Weg, für Koordination zu sorgen, aber nicht der einzige. Andere Wege sind besonders dann erforderlich, wenn es nicht mehr darum geht, zentral an der Organisationsspitze gebildetes Wissen auszuführen. Auf diesem Weg dachte der amerikanische Arbeitswissenschaftler Frederick W. Taylor mit seinem »Scientific Management«: Der Ingenieur, der »top-down« den ganzen Betrieb durchplant und organisiert, damit auch ungelernte Hilfskräfte produktiv eingesetzt werden können. Wenn im Extremfall nur einer (der Ingenieur) weiß, wie man eine komplexe Maschine, sei es ein Getriebe, ein Motor oder ein ganzes Auto, produziert, dann ist Hierarchie ein durchaus sinnvolles Mittel zur Absorption von Unsicherheit.

In der modernen Wissensgesellschaft ist das meist nicht mehr gegeben und Koordination muss damit auch anders erreicht werden. Angesichts der Herausforderungen der Beschleunigung (von Produktänderungen und Produktion) und der hohen Anpassungserfordernisse (an spezifische Kundinnenwünsche, Nachfrageschwankungen, Wettbewerbssituation und neue Technologien) heißt das Motto: **Flexibilität** (Luhmann 2000, S. 311).

Aus systemtheoretischer Sicht kann allerdings Flexibilität nicht durch Reformen oder Changeprozesse erreicht werden. Diese schaffen nur die Voraussetzungen für weitere Reformen. »Jedenfalls dürfte es wenig sinnvoll sein, abwechselnd mehr Zentralisation oder mehr Dezentralisation als Ausweg aus gegenwärtigen Problemen zu finden – und es dabei zu belassen« (Luhmann 2000, S. 323). Statt Organisationsprinzipien zu fixieren, kommt es auf die Reflexion der Organisation an. »Die Lehre daraus kann nur sein, dass es keine einzig-richtigen Entscheidungen gibt und dass Entscheidungen über Entscheidungsprämissen sich auf eine Beobachtung ihrer Auswirkungen und auf eine eventuelle Revision einstellen müssen« (Luhmann 2000, S. 325). Dies kann durch eine regelmäßige Überprüfung der Lage anhand der Komplexitätslandkarte (siehe Kapitel 1.6), eine Auswertung der Wirkungen und Nebenwirkungen der aktuellen Programme oder eine kontinuierliche und häufige Nachjustierung von Entscheidungsprämissen anhand aktueller Spannungen und beobachteter Abweichungen vom angestrebten Purpose geschehen.

DEFINITION

Kommunikationswege

Kommunikationswege sind Entscheidungsprämissen, die Entscheidungskompetenzen festlegen und regeln, welcher »Dienstweg« für bestimmte Entscheidungen einzuhalten ist, welche Hierarchieebenen bei einer Entscheidung zu beteiligen sind und wer wem Anweisungen geben kann.

Das geschieht im Rahmen der Ausdifferenzierung von Stellen nach (horizontalen) Fach- und Aufgabengebieten (z. B. Produktion, Vertrieb, Finanzen) und von (vertikalen) Hierarchieebenen. Hier geht es also um die Organisation der Organisation.

3.4 Personal

Über die Entscheidungsprämisse Personal wird verdeutlicht, dass aus Sicht der Systemtheorie und modernen Organisationsforschung sehr wohl ein Unterschied besteht, welche Personen an Entscheidungen beteiligt sind und mit welcher Person oder Typ von Person eine Position besetzt wird (Kühl 2011, S. 107 f.). Diese Auffassung steht ganz im Gegensatz etwa zum klassischen, betriebswirtschaftlich orientierten Organisationsverständnis, das Personen als reines Mittel betrachtet und damit deren Einfluss auf die Entscheidungen der Organisation weitgehend ignoriert (Luhmann 2000, S. 225).

Personal ist eine Entscheidungsprämisse,

- weil zum einen in Entscheidungen auch **persönliche Präferenzen und Stile** einfließen, die auf Merkmale der jeweils entscheidenden Person zurückgeführt werden und als persönliche Prämissen mit kommuniziert werden, und
- weil zum anderen **Personalentscheidungen** wie Stellenbesetzungen oder Beförderungen anhand von Prämissen (Entscheidungsprogramme) getroffen werden, die festlegen, welche Merkmale von Personen gewählt werden sollten.

Persönliche Präferenzen und Stile beeinflussen Entscheidungen

So wird schon bei der Personalentscheidung antizipiert, welche persönlichen Prämissen eine Person bei künftigen Entscheidungen mit einbringt (Luhmann 2000, S. 285). All dem liegt die Annahme zugrunde, dass verschiedene Personen an gleicher Stelle und in der gleichen Situation anders entscheiden würden, je nach Charakter, Wissen, Fähigkeiten, Präferenzen und Motiven. Das ist nicht abwegig. Allerdings wird man in der Praxis nie genau klären können, inwieweit eine konkrete Entscheidung wirklich der Person oder dem Einfluss anderer Entscheidungsprämissen wie Programmen oder Kultur zuzuschreiben ist. Letztlich kann die Organisation nie sicher wissen, wie Personen handeln werden (Luhmann 2000, S. 284).

Die empirische Organisationsforschung hat gezeigt, dass mit steigender Komplexität der Entscheidungsprobleme und insbesondere durch die Schwerpunktverlagerung von Konditional- auf Zweckprogramme Führungskräfte stärker belastet werden, wodurch sich ihre unterschiedlichen Personenmerkmale und Entscheidungsstile stärker auswirken (Luhmann 2000, S. 281). Auch in der Anfangsphase nach der Gründung werden Organisationen relativ stark durch Personen geprägt, da noch weitgehend auf die Einrichtung von Strukturen verzichtet wird und in der Regel noch jedes Mitglied zu jedem anderen problemlos Zugang hat, weshalb Face-to-Face-Interaktionen oft ausreichend sind, um Sachverhalte zu entscheiden (Kühl 2011, S. 110).

Aufgaben des Personalmanagements

Da persönliche Präferenzen und Stile als wichtiger Einflussfaktor und Prämisse für Entscheidungen gesehen werden, sind aus systemtheoretischer Sicht die Aufgaben des Personalmanagements vielfältiger und gehen über klassische Aufgaben der Bedarfsplanung und Personalauswahl deutlich hinaus. Je mehr es für das Lösen von Problemen auf eine kooperative Zusammenarbeit ankommt, desto wichtiger wird für Organisationen die Frage, wie Wissen, Kontakte und Erfahrungen der Personen besser genutzt werden können (Luhmann 2000, S. 282). Und je mehr es auf Personen ankommt, desto stärker muss darauf geachtet werden, wie sich Entscheidungen und Entscheidungsprämissen auf diese auswirken und was sie bei diesen als Reaktion auslösen. Das führt dazu, dass »alles, was es im System überhaupt gibt, [...] unter dem Gesichtspunkt der Rückwirkung auf Personen und auf deren Entscheidungen ein zweites Mal durchgesehen werden« müsste (Luhmann 2000, S. 283 f.).

Will eine Organisation das **Commitment** ihrer Mitglieder festigen und die in ihnen liegenden **Potenziale** entfalten, ist für eine ausreichende Übereinstimmung der wechselseitigen Erwartungen zu sorgen, die Gestaltung des Arbeitsplatzes auf den Menschen und nicht nur auf Leistung auszurichten und Hilfe für persönliche Probleme und besondere Lebenssituationen bereitzustellen. Für Neu-Eingestellte sind Eingewöhnungszeiten und für Abgänge Übergangszeiten einzuplanen und zu unterstützen. Stellen müssen hinsichtlich Karrieremöglichkeiten überprüft werden. Auch eine stellenbezogene Nachwuchs- sowie eine personenbezogene Karriereplanung sind vorzusehen.

Gleichzeitig gibt es nur eine Handvoll **Stellschrauben**, um an der Entscheidungsprämisse Personal zu drehen und diese zu gestalten. Bei der Einstellung kann beeinflusst werden, welche Personen bzw. welche »Merkmale« bevorzugt eingestellt werden. Das Gleiche gilt für interne Versetzungen oder Beförderungen. In beiden Fällen geht es um das Zueinanderpassen der Erwartungen der Organisation, die über Stellen definiert sind, und den Fähigkeiten und Einstellungen der Person (Luhmann 2000, S. 287). Mit einer Entlassung wird fallweise ein Signal gesendet, welche Art von Entscheidungen man künftig nicht mehr will. Durch Personalentwicklung versucht man, das Verhalten einer Person zu verändern, damit sie künftig auf der gleichen Position andere Entscheidungen trifft. Häufig ist dann aber festzustellen, dass Personen nur schwer zu verändern sind.

DEFINITION

Personal
Personal ist eine Entscheidungsprämisse, die dem Umstand Rechnung trägt, dass Entscheidungen im Organisationsalltag auch durch persönliche Präferenzen und Stile beeinflusst werden. Es kommt eben darauf an, welche Person auf welcher Stelle sitzt.
Personalentscheidungen wie Stellenbesetzungen, Beförderungen aber auch Entlassungen sind in diesem Sinn auch Entscheidungen über Entscheidungsprämissen. Hier geht es jeweils um das Zueinanderpassen der Erwartungen der Organisation mit den Fähigkeiten, Einstellungen und Erwartungen der Person.

3.5 Organisationskultur

Den drei entscheidbaren Arten von Entscheidungsprämissen (Entscheidungsprogramme, Kommunikationswege und Personal) steht eine **unentscheidbare Entscheidungsprämisse** gegenüber: die Organisationskultur.

Bedeutung informaler Prozesse

Die Organisationskultur bildet sich aus Gewohnheiten und Selbstverständlichkeiten und »entsteht wie von selbst« (Luhmann 2000, S. 243). Das geschieht vor allem durch **informale Prozesse** jenseits der offiziellen Regeln, wenn Handlungen, Kommunikationen oder Entscheidungen, die so nicht durch formale Entscheidungsprämissen völlig »gedeckt« sind, mit einer gewissen Regelmäßigkeit auftreten und sich bewähren. Auf diese Weise entstehen mit der Zeit Erwartungen an die Organisationsmitglieder.

Informale Prozesse sind Prämissen für Entscheidungen, die als Voraussetzungen für eine Vielzahl weiterer Entscheidungen in der Organisation gelten (Kühl 2011, S. 115). Sie machen deutlich, was in der Organisation als richtig und erwünscht angesehen wird, etwa wie man sich informell vor größeren Entscheidungen mit den Kolleginnen abzustimmen hat, obwohl das in den Kommunikationswegen mit keiner Silbe – oder möglicherweise sogar anders – geregelt ist. Aus den informalen Prozessen resultierende **informale Strukturen** können daher verstanden werden als »Netzwerk bewährter Trampelpfade, die in der Organisation immer wieder beschritten werden« (Kühl 2011, S. 115). Passend dazu definiert der britische Kulturforscher Richard Lewis Kultur so: »Culture is the way we are doing things here«.

Ein wesentlicher Unterschied zu den formalen, den entschiedenen Entscheidungsprämissen zeigt sich, wenn explizit gegen informale, kulturelle Entscheidungsprämissen verstoßen wird. Die Einhaltung der formalen Entscheidungsprämissen ist in Organisationen eine Bedingung für die Mitgliedschaft. Wer Mitglied bleiben will, muss sich zumindest in deren Rahmen bewegen und darf nicht offen dagegen rebellieren. Eine Weisung der Vorgesetzten explizit abzulehnen oder die verbindlichen Ablaufregeln etwa in der Produktion nicht einzuhalten, führt rasch nach draußen. »Nur wer die Regeln der Organisation anerkennt, kann überhaupt in die Organisation eintreten. Wer sie nicht mehr befolgen will, muss austreten« (Luhmann 2005, S. 50, zitiert nach Kühl 2011, S. 31).

Bei informalen Erwartungen und Kultur ist das anders. Ihre Einhaltung ist **keine Bedingung für die Mitgliedschaft** in der Organisation. So mag es in einem Unternehmen vielleicht üblich sein, von Mitarbeitenden eine gewisse Mehrarbeit über die vereinbarte Arbeitszeit hinaus zu erwarten. Aber auch dann sind Vorgesetzte auf die Freiwilligkeit und den guten Willen der Person angewiesen und können »Dienst nach Vorschrift« nicht mit einer Abmahnung sanktionieren oder als Grund für eine Entlassung nutzen.

Der Begriff Organisationskultur beschreibt also **Erwartungen**, an denen sich Entscheidungen, Kommunikation oder Verhalten zu orientieren haben, die aber zu keiner Zeit explizit entschieden wurden und deren Einhaltung auch nicht zur Bedingung für die Mitgliedschaft erklärt werden kann. Diese kulturellen Erwartungen haben sich mit der Zeit ins System eingeschlichen und bewährt. Sie spiegeln somit die »geronnene Erfahrung« einer Organisation. Oft werden sie stark von den Prinzipien geprägt, die sich in Gründungs- oder Krisenphasen als wirkungsvoll erwiesen haben. Für die in der Organisation Tätigen hat die Kultur hohe Selbstverständlichkeit und ist in diesem Sinn auch gemeinschaftsbildend und identitätsstiftend.

Zur Organisationskultur zählen **Werte** und **Normen** ebenso wie **Einstellungen**, **Glaubenssätze** und **Grundannahmen**, die als Entscheidungsprämissen Anhaltspunkte für die Kommunikation und für Entscheidungen liefern, aber ohne dass sie selbst direkt kommuniziert oder entschieden werden bzw. wurden.

Werte sind durchaus Verhaltenserwartungen. Aber sie sind deutlich unbestimmter, weil sie offenlassen, welche konkrete Verhaltens- oder Entscheidungsalternative zu wählen sei. Sie geben Orientierung, aber deutlich unschärfer als Ziele oder konditionale Wenn-dann-Regeln. Weil Werte einen so hohen Abstraktionsgrad haben, ist ihre Nutzung für Entscheidungen stets mit einem hohen Maß an Widersprüchlichkeit und **Interpretationsspielraum** behaftet. Sie sind nicht spezifisch und konsistent genug, um damit konkrete formale Erwartungen an die Organisationsmitglieder zu formulieren und um sie so zur Mitgliedschaftsbedingung erklären zu können (Kühl 2017b, S. 16). Gleichzeitig macht es die Abstraktheit von Werten aber auch leichter, sich in einer Gruppe auf bestimmte Werte zu einigen oder ihnen zuzustimmen. Wer sollte schon etwas dagegen haben, wenn Integrität, Innovation oder Qualität in der Organisation zu Werten erklärt werden.

Nach dem amerikanischen Organisationswissenschaftler Ed Schein sind in der Organisationskultur Werte zumindest noch teilweise explizit benannt, während Glaubenssätze und grundlegende Annahmen zum Beispiel über die Beziehung der Organisation zur Umwelt (z. B. Wettbewerb versus Kooperation), über die Rolle von Zeit (z. B. Vergangenheits- versus Zukunftsorientierung) oder über die menschliche Natur (Theory Y versus Theory X) **eher unbewusste, blinde Zonen** sind (Schein 2017, S. 17 ff.). Sie können weder unmittelbar beobachtet werden noch sind sie im Normalfall leicht erkennbar und explizit formulierbar. Stattdessen beeinflussen sie als unbewusste und unausgesprochene kollektive »Weltbilder« und »Grundüberzeugungen« die Kultur der Organisation.

Kultureller Wandel kann nicht angeordnet werden

Kulturen sind einzigartig, da implizit oder explizit auf die Geschichte der eigenen Organisation Bezug genommen wird. »Die Abhängigkeit von der eigenen Geschichte individualisiert das System. Selbst innerhalb von Organisationssystemen kann es unterschiedliche Organisationskulturen geben, die auf Maßnahmen verschieden reagieren« (Luhmann 2000, S. 248). Ausgeprägte kulturelle Gemeinschaften erleichtern die Führung in Phasen evolutionärer Entwicklung durch ein hohes Maß an Kohärenz und Erwartungssicherheit (»Autopilot-Modus«). Sie erschweren jedoch alle Versuche der »Fremdsteuerung« und tiefgreifenden Veränderung beträchtlich. Ein Wandel der Organisationskultur kann daher auch nicht entschieden und angeordnet werden (Luhmann 2000, S. 245).

Die vielen Kulturwandelprojekte, die versuchen, Kultur direkt zu verändern, bleiben unserer Erfahrung nach meist ohne Wirkung. Auch viele Veränderungsvorhaben, die auf der Ebene von Programmen, Kommunikationswegen oder Personal einen Wandel zweiter Ordnung (tiefgreifende Veränderung durch Muster- oder Identitätswechsel) anstreben, scheitern oft an der Kultur. Die Einführung einer neuen Software oder von kompletter Transparenz crasht dann am unsichtbaren Teil des Eisbergs der Unternehmens- bzw. Organisationskultur. Kostspielige Veränderungsprozesse versanden wirkungslos, wenn sie die Werte, Grundannahmen und Glaubenssätze der Organisation außer Acht lassen.

Ein Beispiel: In einer Organisation gilt der Glaubenssatz »Transparenz schränkt persönliche Autonomie ein«. Er ist dort Teil der Kultur und wird von vielen Personen geteilt. Im Alltag wirkt sich dies zum Beispiel so aus, dass Personen und Teams nur relativ wenige Informationen mit anderen teilen. So bleiben etwa die persönlichen digitalen Terminkalender für andere unzugänglich. Denn je weniger andere über meine Termine wissen, desto leichter kann ich Terminanfragen ablehnen. Und je weniger andere darüber wissen, womit ich mich gerade beschäftige und wie viel ich wirklich gerade zu tun habe, desto weniger Fragen werden mir dazu gestellt. Das führt dazu, dass Wissen und Informationen in der Regel nur auf gezielte Nachfrage hin geteilt werden. Wird in einer solchen Organisation etwa ein Selbstmanagement-System wie Holacracy eingeführt, das Transparenz von Projekten, geplanten Aktivitäten und aktuellen Kennzahlen erfordert, kann es schwierig werden. Die unbewusste Furcht vor Autonomieverlust wird das transparente Teilen von Informationen bremsen. Die dafür gedachten technischen Informationsplattformen und Meetings werden nur widerstrebend oder gar nicht mit aktuellen Informationen versorgt, was zur Folge hat, dass sie auch wenig zur Koordination der sich autonom organisierenden Personen beitragen können. Drastisch formuliert: Statt Hierarchie koordiniert jetzt nichts mehr, aus einem Team entwickelt sich eine Gruppe von Einzelkämpferinnen.

Wirksame Veränderungsprozesse erfordern daher die **Auseinandersetzung** mit der Organisationskultur. Inwieweit entsprechen oder widersprechen unsere Werte, Annahmen und Glaubenssätze dem Ziel der angestrebten Veränderung? Wo würde die Einführung neuer Organisationsmodelle oder Verfahren auf latente normative Strukturen prallen, die ihnen zuwiderlaufen? Was sind daher vielleicht kleinere gangbare Veränderungsschritte? Und welche Interventionen könnten auch eine kulturelle Veränderung in diese Richtung auslösen?

Bei der Beantwortung solcher Fragen hilft das Vorgehen in der **systemischen Schleife**: Beobachten, Hypothesen bilden, auf ihrer Basis Interventionen ins System planen, die Interventionen umsetzen, die Wirkung beobachten, daran die eigenen Hypothesen überprüfen und weiterentwickeln, auf dieser Basis Interventionen planen, usw. Mit diesem achtsamen und zyklischen Vorgehen nach der systemischen Schleife kann mittels Impulsen eine kulturelle Veränderung angestoßen werden, ohne sie gezielt steuern zu können. Was das für den Weg zur Purpose Driven Organization bedeutet, beschreiben wir in der vierten Disziplin der sinnorientierten Organisation (siehe Kapitel 9).

DEFINITION

Kultur

Kultur ist eine unentscheidbare Entscheidungsprämisse. Sie entsteht nicht durch Entscheidungen über Werte, Normen oder Glaubenssätze, sondern im Laufe der Zeit wie von selbst durch informelle Prozesse, Gewohnheiten und Selbstverständlichkeiten. Daher lässt sie sich auch nicht einfach verändern. Gleichwohl sind kulturelle Erwartungen eine Form von Entscheidungsprämissen. Ihre Einhaltung ist keine Voraussetzung, um Mitglied in der Organisation bleiben zu können, aber von ihnen abweichende Entscheidungen oder abweichendes Verhalten bedürfen der Begründung und Rechtfertigung.

4 Teal und die Realität der Evolution

Wie verändern sich Organisationen? Wie kommt das Neue in die Welt der Organisation? Dazu ist eine Vorstellung oder »Theory of Change« notwendig, wenn man Organisationen verändern will, sei es, damit sie sinnorientierter werden, sich auf den Shareholder-Value oder Stakeholder-Value ausrichten oder auf irgendetwas anderes.

Eine zunächst naheliegende Antwort wäre: durch Entscheidung. Da Organisationen aus Entscheidungen bestehen, können sie sich nur **durch Entscheidungen verändern**, insbesondere durch Entscheidungen über die Entscheidungsprämissen, also die Systemstrukturen, die den Fluss der alltäglichen Entscheidungen einschränken. Wie kommt es zu solchen Entscheidungen?

4.1 Geplanter Wandel und Entwicklungstheorien

Eine mögliche Antwort darauf liefert das **Konzept des geplanten Wandels**. Wer Organisationen verändern will, muss einen Zusammenhang herstellen zwischen bestehenden Problemen, neuen Ideen, wie es besser ginge, und Maßnahmen, wie das umgesetzt werden kann (oder soll). Auf dieser Basis kann dann entschieden und verändert werden. Managementbücher, Vorträge und Köpfe sind voll von hilfreich gemeinten Ansätzen, die mehr oder weniger explizit davon ausgehen, dass sich solche Ursache-Wirkungs-Beziehungen erkennen und herstellen lassen.

Wenn in der Organisation transformational geführt, Lean-Management-Methoden angewandt oder nach Design Thinking vorgegangen wird, werde das bestimmte positive Wirkungen haben und daher wäre X, Y oder Z zu planen und umzusetzen. Auch in vielen Empfehlungen, wie die **nächste Generation von Organisationen** zu gestalten sei, scheint dieser Denkansatz durch – teilweise unterlegt durch grundlegendere Theorien und Modelle der Entwicklung von Menschen und Organisationen.

Beispielhaft ist hierfür das einflussreiche Buch »Reinventing Organizations« des Unternehmensberaters Frédéric Laloux (Laloux 2014), das auch uns vielfach inspiriert und zur Diskussion angeregt hat. Es basiert einerseits auf einer Reihe spannender Case Studies von Organisationen, die praktisch zeigen, wie ein künftiger Umgang mit Management und Entwicklung aussehen kann. Andererseits baut Laloux auf einer Theorie der Entwicklung des menschlichen Bewusstseins und der **psychosozialen Entwicklung** auf. Diese wurde ursprünglich von dem amerikanischen Entwicklungspsychologen Clare Graves (Graves 1974) formuliert, als Spiral Dynamics (Beck/Cowan 1996) von den amerikanischen Managementberatern Don Beck und Christopher Cowan bekannt gemacht und vom amerikanischen Autor Ken Wilber (Wilber 2000, S. 6 ff. und 2006, S. 50 ff.) aufgegriffen und adaptiert.

Im Kern wird dabei die Hypothese vertreten, dass sich die menschliche **Entwicklung in Stufen** (Stages) entlang verschiedener Entwicklungslinien (z. B. Bedürfnisse, Moral, Weltbild, Identität, kognitive Fähigkeiten, Werte) vollziehe. Diese stufenweise Entwicklung beschreibe einerseits die Entwicklung der Menschheit und des menschlichen Bewusstseins über die vergangenen mehr als 100.000 Jahre von den frühesten Formen des Bewusstseins bis zu seiner komplexen Form in der heutigen Zeit. Andererseits sei damit ein Entwicklungsrahmen geschaffen worden, den jedes Individuum von seiner Geburt an, in seiner persönlichen Reifung und Potenzialentfaltung mehr oder weniger weit beschreite.

Die psychosoziale Entwicklung, das heißt die Entstehung neuer Denkweisen und Wertesysteme ergäbe sich von Stufe zu Stufe jeweils als Reaktionen auf die jeweiligen Lebensumstände (Umfeld) und die Vorgeschichte (Lebensweg). Veränderte Lebensumstände führten danach in der Regel zu einer Weiterentwicklung der Denkweisen und Werthaltungen. Entscheidend sei dabei, dass Umfeld und Entwicklungsstufe zueinander passen. Die Entwicklung gehe von einer Stufe zur nächsten, indem neue Eigenschaften, Werte und Fähigkeiten ausgebildet würden. Die Fähigkeiten der vorausgegangenen Stufen würden jedoch behalten, integriert und addierten sich auf diese Weise. Die bisherigen Werte und Haltungen verlören an Bedeutung und träten in den Hintergrund. Neue Werte würden dominant und schließlich als typisch und selbstverständlich erlebt. Ähnlich einer Zwiebel, die von innen nach außen an Umfang und Schichten zunimmt, wandern ursprünglich äußere Schichten nach innen, bleiben aber als solche erhalten und lebendig und werden von neuen umfangreicheren Schichten überdeckt.

Frédéric Laloux überträgt diese Entwicklungstheorie auf Organisationen. Jede neue Entwicklungsstufe des menschlichen Bewusstseins schaffe einen Muster- und Durchbruch in den Fähigkeiten zur Zusammenarbeit und drücke sich in dazu passenden **Organisationsmodellen** aus. Auf traditionelle, konformistische (bernsteinfarbene) Organisationen, die Armeen gleichen, folgen auf Leistung ausgerichtete (orange), die nach dem Vorbild von Maschinen optimiert werden. Dieses in der Praxis heute weitverbreitete Organisationsleitbild wurde in einem nächsten

Entwicklungsschritt durch pluralistische, kulturgetriebene (grüne) Organisationen überformt, die mit der Metapher der Familie beschrieben werden. Heutzutage entsteht bereits das nächste Paradigma: die petrolfarbene (teal), evolutionäre Organisation, die ähnlich einem lebenden Organismus funktioniere, in dem Selbstmanagement die hierarchische Pyramide ersetzt und sich das eigene kreative Potenzial und der evolutionäre Purpose entfalten (vergleiche Abb. 7).

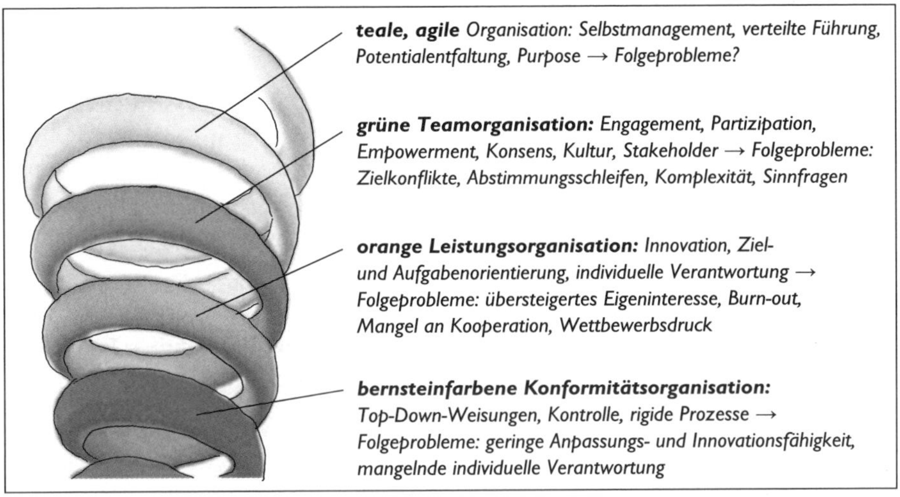

Abb. 7: Entwicklungsstufen von Organisationen (eigene Darstellung)

Laloux entwickelt aus den historischen Beobachtungen eine **Entwicklungstheorie der Organisation**, ähnlich wie es Graves, Beck und Cowan oder Wilber für die psychosoziale Entwicklung des Menschen und der menschlichen Kultur taten.

- Die hochgradig formalisierten Hierarchien der Bernstein-Organisationen mit ihren Top-down-Weisungen, Kontrollen und rigiden Prozessen führten mit der Zeit zu einer nicht mehr ausreichenden Anpassungs- und Innovationsfähigkeit und unzureichender Übernahme individueller Verantwortung durch die Handelnden (oder eben Nicht-Handelnden).
- Als Antwort auf dieses Problem, auf den zunehmenden Wettbewerbsdruck und um höhere Profite und Wachstum zu erzielen, wurden Innovation und »Management by Objectives« (fixierte Ziele, aber freie Wahl der Mittel) als Lösungen einer mechanistisch und zweckrational durchdachten (orangen) Organisation entdeckt. Diese rückt Innovation in den Fokus und etabliert Ziel- und Aufgabenorientierung, indem sie einzelne Personen zur Verantwortung zieht und deren Leistungen und Verdienste systematisch belohnt. Diese Effizienz- und Leistungskultur schafft aber, wiederum im Lauf der Zeit, Probleme.

Zum Egoismus übersteigertes Eigeninteresse, Burn-out und ein Mangel an Kooperation und Zusammenarbeit werden als Defizite und Konsequenzen dieses Organisationsparadigmas identifiziert.

- Die »evolutionäre« Antwort darauf sieht Laloux im grünen, pluralistischen Organisationsmodell, das innerhalb der Strukturen der klassischen Pyramide für außergewöhnliches Engagement und Motivation sowie bessere Ergebnisse sorgen will: Durch Partizipation und Empowerment, eine konsens- und werteorientierte Kultur und mithilfe einer breiten Orientierung an den Sichtweisen und Erwartungen der verschiedenen Stakeholder.
- Schließlich führen die neuen Probleme dieses Organisationstyps (z. B. unauflösbare Zielkonflikte und Paradoxien, langwierige und aufwendige Abstimmungsschleifen und eine dennoch oder gerade deswegen kaum zu bewältigende Komplexität) in Verbindung mit den gewachsenen Anforderungen der Mitarbeitenden und Kundinnen an Sinn und persönlicher Potenzialentfaltung zur teal-farbenen, evolutionären (oder systemischen) Organisation: Selbstmanagement und verteilte Führung ersetzen die Hierarchie. Im Vordergrund steht ein Streben nach innerer Stimmigkeit und Entfaltung des eigenen Potenzials und Purpose, der zum primären Motivator und Orientierungspunkt wird.

4.2 Entwicklungsstufen versus Evolution

Viele der Beobachtungen und Hoffnungen Laloux' teilen wir. Im historischen Überblick lassen sich die verschiedenen Innovationen in der Gestaltung von Management und Organisationen so nachvollziehbar systematisieren. Die realen Geschichten aus Organisationen sind anregend. Spannend an dieser Stelle ist jedoch, ob und wie die **Zusammenhänge erklärt** werden: Was wirkt wie unter welchen Rahmenbedingungen (zusammen)? Eine praktische Handlungsanleitung für andere Organisationen, die Hoffnung auf Wirksamkeit und Erfolg haben will, müsste ja darauf aufbauen.

Die Frage ist daher: Erklärt diese Systematisierung von historischen Entwicklungen und Managementinnovationen tatsächlich, wie sich Organisationen entwickeln? Liefert sie Evidenzen über Zusammenhänge und Gesetzmäßigkeiten und damit letztlich Anleitungen, wie Organisationen in dieser Richtung (absichtlich) weiterentwickelt werden können? Auf welcher Basis, aus welchem Verständnis von Organisation und sozialen Systemen geschieht das? Und inwieweit sind die getroffenen Annahmen über Organisationen tragfähig, um auf dieser Basis auch andere Organisationen neu zu erfinden oder geplant zu verändern?

Basisannahmen über Organisationen

In der Organisationspraxis bei Managenden und Beratenden finden sich unserer Erfahrung nach drei verschiedenen Zugänge und Basisannahmen über Organisation:

- der mechanistische Ansatz, der die Organisation als auf-, um- und abbaubare **Maschine** begreift,
- der personenbezogene Ansatz, der die Organisation als eine **Gruppe von Menschen** sieht, deren Verhalten und Mindset zu verändern ist,
- der systemische Ansatz, der die Organisation als **soziales System** von Kommunikationen auffasst, das durch Interventionen zu Muster- und Strukturveränderungen anzuregen ist.

Bei Changeprojekten werden diese Annahmen meist kaum reflektiert. Das mag verzeihlich und verständlich sein, da der Anwendungskontext meist schon komplex genug wirkt und daher in der Praxis mehr (rasches und effizientes) Handeln und Resultate im Mittelpunkt stehen als ein besseres Verstehen und Wissen. Klar ist aber auch: Je unrealistischer die Annahmen und handlungsleitenden Modelle, desto unwahrscheinlicher oder zufälliger werden die angestrebten Wirkungen erreicht.

Entwicklungstheorien betrachten Organisationen als Gruppe von Menschen

Umso größer ist daher wohl auch die Erwartung an Forschung und Modelle, die für die Praxis eine fundierte Unterstützung versprechen. Hier sind gerade in den vergangenen Jahren immer mehr Publikationen zum Thema der Neuerfindung von Organisationen erschienen. Sie fokussieren auf Selbstorganisation, Agilität oder Purpose oder nehmen – wie bei Laloux – das Ganze in den Blick. Leider wird auch hier als selbstverständlich angenommen, dass klar sei, was eine Organisation ist. Der Fokus geht sofort auf Handlungsanleitungen und das Entwicklungsmodell.

So haben wir auch bei Frédéric Laloux wenig dazu gefunden, wie der Unternehmensberater Organisation definiert und versteht. Im Kern nimmt Laloux an, dass es sich bei Organisationen um **soziale Gemeinschaften** und Gruppen von Menschen handelt und dass somit für die Entwicklung von Organisationen mehr oder weniger das Gleiche gilt wie für die Entwicklung von Menschen. Die für das menschliche Bewusstsein angenommene Entwicklungs- und Entfaltungslogik nach Ken Wilber wird von Laloux auf Organisationen übertragen. Ist das adäquat und führt zu einer guten Basistheorie?

Organisationen sind soziale Systeme

Wir wollen die Fundierung und die Erklärungs- und Prognosekraft der Entwicklungstheorien menschlichen Bewusstseins hier nicht diskutieren. Denn selbst wenn sie wissenschaftlich haltbar wären – ihre Übertragung auf Organisationen ist es nicht. Organisationen haben kein Bewusstsein, weder ein eigenes noch eines, das sich unmittelbar aus dem ihrer Mitglieder zusammenfügt. Menschen haben Bewusstsein. Das psychische System operiert mit Bewusstseinsinhalten (Gedanken). Soziale Systeme operieren mit Kommunikation, im Fall von Organisationen in Form von **Entscheidungen** bzw. der Kommunikation von Entscheidungen. Entscheidungen sind das organisationale Äquivalent zu den Gedanken und Emotionen im menschlichen Bewusstsein – nicht mehr, aber auch nicht weniger. Denn die Art und Weise, wie die Operationen ablaufen (autopoietisch, selbst-referenziell, operativ geschlossen), ist aus Sicht der Systemtheorie wiederum identisch.

Evolution oder Entwicklungsstufen – eine Frage der Kopplung

Entwicklungstheorien, wie sie auch Laloux nutzt, versuchen – im Unterschied zu Evolutionstheorien – zu erklären, wie auf Basis des aktuellen Systemzustands (Entwicklungsphase oder -stufe) und der (teilweise selbstgeschaffenen) Probleme, mit denen es konfrontiert ist, neue Lösungen entstehen bzw. in der Vergangenheit entstanden sind.

Evolutionstheorien gehen stattdessen davon aus, dass es dem Zufall überlassen ist, wie verschiedene evolutionäre Funktionen (Variation, Selektion, Retention) ineinandergreifen und zusammenwirken. Zufall bedeutet, dass die eigene Weiterentwicklung nicht durch das System (oder gar eine übergeordnete Einheit) koordiniert stattfindet, also auch nicht (z. B. anhand eines Phasenschemas) vorhersehbar oder planbar ist (Luhmann 2000, S. 351 f.).

DEFINITION

Evolutionäre Entwicklung

Evolutionstheorien gehen davon aus, dass Systeme die eigene Weiterentwicklung nicht planen, steuern oder vorhersehen können. Sie ist kein linearer Prozess, sondern hängt vielmehr vom durch den Zufall bestimmten Zusammenwirken der drei zentralen Funktionen oder Mechanismen der Evolution ab:

- **Variation**: Im Alltag entstehen immer wieder kleine Abweichungen (Variationen) von der bisherigen Entscheidungspraxis, das heißt, eine Entscheidung wird anders als bislang getroffen.
- **Selektion**: Die abweichende Entscheidung wird in weiterer Folge entweder wieder vergessen (negative Selektion) oder sie bleibt in Erinnerung und dient als Bezugspunkt bei einer künftigen Entscheidung (positive Selektion).

- **Retention**: Wird bei Entscheidungen künftig immer wieder auf die abweichende Entscheidung Bezug genommen, wird sie dadurch als Entscheidungsprämisse im System stabilisiert und beibehalten (Retention).

Entwicklungstheorien müssen, um Weiterentwicklung beschreiben und erklären zu können, von einer **fixen Kopplung** zwischen Ausgangssituation, Ideen und Maßnahmen zur Problemlösung ausgehen. Daraus ergibt sich die Entwicklung von Stufe zu Stufe. Gleichgültig, ob man die fixe Kopplung auf (Natur-)Gesetze oder eine große Designerin zurückführt: Auf A folgt B – wenn alles »entwicklungsgemäß« und richtig verläuft. Als Alternativen dazu sind lediglich Stillstand oder Rückschritt in den Zustand, der vor A herrschte, möglich.

Wenn eine solche fixe Kopplung vorläge, ließe sich dann (erfreulicherweise) auch ergebnissicher planen, was im Zuge einer Entwicklung als nächstes kommt – zumindest, wenn man die Ursache-Wirkungs-Ketten richtig verstanden hat. Entwicklung hätte dann logischerweise auch ein Ziel. Es wäre nur mehr eine Frage der Gewinnung ausreichenden Wissens, um zu erkennen, worin das Ziel besteht. Nach der teal-farbenen Stufe des Organisationsbewusstseins wäre dann vermutlich noch lange nicht Schluss.

Diese Annahmen findet man bei Ken Wilber und in Spiral Dynamics ebenso wie in vielen religiös oder spirituell geprägten Weltbildern. Darin wird meist ein ultimatives **Entwicklungsziel** genannt, unabhängig davon, wie weit dieses Ziel für das Individuum auch gerade entfernt liegen mag. Ob es auch für Organisationen diesen Endzustand, quasi die perfekte Organisation gibt, bezweifeln wir. Die Realität scheint anders zu sein (vergleiche hierzu auch Kühl 2015).

4.3 Evolution von Organisationen

Die Annahme von fixen Kopplungen und damit vorgeprägten Entwicklungspfaden oder -potenzialen muss man – wie wir – nicht teilen. Wir gehen vielmehr davon aus, dass die Entwicklung von Organisationen ein evolutionärer Prozess ist. Evolutionär nicht im bloßen Sinn von inkrementell und schrittweise, sondern auf Basis von **Variation, Selektion und Retention**. Dies bedeutet im Kern: Ausgangssituation, Ideen und Problemlösungsmaßnahmen sind (lediglich) lose gekoppelt und es ist weder vorherbestimmt, was jeweils herauskommt, noch ob oder wie es weitergeht. **Lose Kopplung** ist sogar die Bedingung für Evolutionsfähigkeit. »Strukturveränderungen erklären sich aus dem durch das System nicht koordinierten Zusammenwirken verschiedener evolutionärer Funktionen« (Luhmann 2000, S. 351f.).

Evolutionäre Entwicklung

Für die evolutionäre Entwicklung sorgt das **zufällige Zusammenwirken** von massenhaften Variationen, positiv oder negativ ausfallenden Selektionen und einer Restabilisierung (Retention) der Ergebnisse der Selektion.

Evolutionäre Entwicklung ist in diesem Sinn keine Methode zur Problemlösung, kein linearer Prozess, bei dem Ursachen und Wirkungen fix miteinander gekoppelt wären. **Variationen** entstehen in jedem Fall, auch wenn niemand lenkt oder denkt, es wäre besser, einmal anders als bisher vorzugehen oder zu entscheiden. Und sie stellt auch kein bestimmtes (gutes) Ergebnis in Aussicht, weil stets unsicher bleibt, welche Variationen entstehen, welche davon die Selektion »überstehen« und was davon wiederum beibehalten wird (Luhmann 2000, S. 347). Daher lässt sich auch nie vorhersehen, was als nächstes kommt. Erst im Nachhinein wird erkennbar, was eine Weiterentwicklung war und was sich als eine evolutionäre Sackgasse herausstellte.

Der in der Evolutionstheorie übliche Mechanismus der natürlichen Selektion durch die Umwelt (»Survival of the Fittest«) mag erklären, warum in einer Population von Organisationen, zum Beispiel einer Branche oder dem Wirtschaftssystem als Ganzem, einzelne Organisationen überleben und andere nicht. Diejenigen, die ausreichend an die Anforderungen des Marktes oder der verschiedensten Stakeholder angepasst sind, überleben. Die anderen gehen unter oder können sich gerade noch rechtzeitig anpassen. Aber inwiefern ist das auf eine einzelne Organisation übertragbar?

Variation, Selektion und Retention von Entscheidungen

Das Letztere ist die Frage, von der wir ausgegangen sind: Wie gelingt es Organisationen, sich anzupassen und sich zu verändern? Wie kann die Evolution von einzelnen Organisationen erklärt werden, wenn sie selbstreferenzielle Systeme sind, »die sich in all ihren Operationen immer an dem historischen Zustand orientieren, den sie durch ihre eigenen Operationen erreicht haben« (Luhmann 2000, S. 346)? Aufgrund dieser Selbstreferenzialität kann eine Selektion durch die Umwelt nicht vonstattengehen.

Man kann sich Organisationen als eine **Population von Entscheidungen** vorstellen. Wer Organisationen kennt, weiß aus Erfahrung, dass dort im Alltag in großen Mengen Entscheidungen produziert werden, die nur ungefähr auf bestehende Regeln und Richtlinien zurückgeführt werden können oder aus diesen abgeleitet wurden. Welche Führungskraft ist noch nie ins Rudern gekommen, wenn sie nach Begründungen für eine Entscheidung gefragt wurde, und hat es nur mit Mühe geschafft, den Zusammenhang zu vorgegebenen Zielen, Plänen oder Spielregeln zu erklären? Entscheidungen und Entscheidungsprämissen sind eben nur lose gekoppelt. Sie lassen sich nur selten 1:1 aufeinander zurückführen. So entstehen auf der Ebene alltäglicher Entscheidungen häufig **Variationen**.

Solche Alltagsentscheidungen werden in der Organisation meist vergessen. Manchmal bleiben sie aber im Gedächtnis der Organisation oder der involvierten Personen und dienen später als Anknüpfungspunkt für weitere Entscheidungen. Etwa indem erinnert wird, dass dieses oder jenes schon einmal so entschieden oder gemacht wurde und man diese Entscheidung wieder aufgreift, um sie nachzuahmen oder bewusst anders zu handeln. Durch dieses Erinnern und Anknüpfen (**Selektion**) wird eine Entscheidung zur Entscheidungsprämisse, auch wenn sie nicht explizit als Entscheidungsprämisse festgelegt wurde (Luhmann 2000, S. 351 f.).

Die frühere Entscheidung (Variation) und das Anknüpfen an sie (Selektion) sind dabei nur lose gekoppelt. Denn das **Systemgedächtnis** arbeitet mit starken Verkürzungen. Wenn es vergangene Entscheidungen überhaupt erinnert, dann meist nur, was entschieden wurde, nicht aber, gegen was entschieden wurde. Die Alternativen und der Kontext der Entscheidung verblassen in der Erinnerung rasch (Luhmann 2000, S. 353). Sie sind meist zu diffus und komplex, als dass sie gut dokumentiert oder erinnert werden könnten. Beispielsweise mag die Strategie klar entschieden und bekannt sein. Sie wird immer wieder zitiert und dient (zumindest im Groben) als Begründung für konkrete Maßnahmen oder Projekte. Welche Annahmen über Marktentwicklungen, Kundinnenbedürfnisse, Wettbewerberinnen oder technologische Entwicklungen zugrunde gelegt wurden, um zu dieser Strategie zu gelangen, ist dann schon kaum noch präsent. Und es wird bis zum nächsten Strategieprozess nicht mehr hinterfragt, ob sie noch zutreffen.

Im Organisationsgedächtnis bleibt im Allgemeinen nur, was für die Zukunft für wertvoll gehalten wird und worauf daher laufend Bezug genommen werden sollte. Alles andere wird vergessen (Luhmann 2000, S. 114). Der Grund dafür ist die Notwendigkeit zur Unsicherheitsabsorption. Würde ein System alle Entscheidungen, ihre Alternativen, Kontexte und die damit verbundenen Unterscheidungen präsent halten, bliebe alles beständig offen. Die vor einer Entscheidung bestehende Unsicherheit wäre weiterhin vollends erhalten und würde das System lähmen.

Durch die Selektion entsteht ein neuer Trampelpfad, eine nicht entschiedene Entscheidungsprämisse oder ein Anlass für eine bewusste Entscheidung über Entscheidungsprämissen. Wird dann in Zukunft auf diese neue Prämisse bei weiteren Entscheidungen Bezug genommen und werden die Effekte davon im System beobachtet, führt das zur Restabilisierung (**Retention**) der Ergebnisse der Selektion oder es wird korrigiert, was durch Evolution entstanden ist. Die Rolle der Umwelt ist dabei nicht, für die natürliche Selektion der Entscheidungen zu sorgen, sondern für Veränderungsdruck: durch inkrementelle oder radikale Veränderungen in der Umwelt, die dann möglicherweise zu mehr Risikobereitschaft oder zur Hinterfragung der bislang als selbstverständlich akzeptierten Organisationskultur im System führen (Luhmann 2000, S. 355).

Evolution bedeutet weder Abwarten noch Einflusslosigkeit

Evolution bedeutet, dass sich **ständig Veränderungen** einstellen können. Aber Evolution bedeutet eben auch: Zukünftige Entscheidungen und damit auch Veränderungen sind nicht prognostizierbar oder von außen steuerbar. Das System macht auch nicht, »was es will«. Es entwickelt sich vielmehr durch das zufällige Zusammenwirken von Variation, Selektion und Retention einzelner Entscheidungen laufend mehr oder weniger stark weiter. Wenn sich Organisationen evolutionär entwickeln, »heißt das selbstverständlich nicht, dass man Planung besser lassen und auf Evolution warten sollte. […] Die geplante Selektion von Strukturen (Entscheidungsprämissen) und die Beobachtung des Systems mit Blick für auftauchende Restrukturierungsmöglichkeiten bleibt wichtig« (Luhmann 2000, S. 353). Aber man sollte **einrechnen**, dass solche geplanten Veränderungen den oben genannten Mechanismen der Evolution unterliegen und auch der schönste Plan die Art und Weise, wie Organisationen operieren, nicht aushebeln kann. Darüber hinaus stellt sich die Frage, wie die Wahrscheinlichkeit für Variationen und Evolution erhöht werden kann.

Teil 2:

Der Ansatz – 5 Disziplinen

5 Die 5 Disziplinen der Purpose Driven Organizations

Organisationen reduzieren Komplexität, um das eigene Überleben zu sichern. Dafür beobachten sie permanent die Differenz zwischen System und Umwelt. Das ist ihre wesentliche Grundfunktion und -eigenschaft. Sie tun das durch die **Nutzung von Sinn**. Was Sinn macht, wird dabei im Lauf der Zeit durch Entscheidungen oder regelmäßige Wiederholung und gute Erfahrungen in Entscheidungsprämissen festgehalten. Diese Prämissen beeinflussen, aber determinieren nicht, was in der Abfolge der operativen Entscheidungen entschieden wird. Und weil die alltäglichen Entscheidungen, aber auch die sogenannten strategischen Entscheidungen, nur lose mit den Entscheidungsprämissen gekoppelt sind, kann auch abweichend davon entschieden werden. Dadurch entstehen Variationen. Wird an diese durch nachfolgende Entscheidungen immer wieder angeknüpft, entwickelt sich die Organisation in einem evolutionären Prozess inkrementell, aber unter Umständen auch radikal weiter. So funktionieren aus Sicht moderner Organisationsforschung Organisationen.

Die Frage ist nun: Wie können Organisationen unter diesen Bedingungen auf einen angestrebten Purpose, einen spezifischen Sinn und Zweck, ausgerichtet werden? Wie kann ein nicht einfach steuer- und strukturierbares System aus Kommunikationen und Entscheidungen, als das wir Organisationen betrachten, wie kann etwas so Lebendiges und Selbstgesteuertes überhaupt sinnorientiert beeinflusst werden? Und wenn alle Organisationen nach den gleichen Funktionsprinzipien operieren, was machen dann Purpose Driven Organizations anders? Was sind **Ansatzpunkte und Hebel**, um eine Organisation in eine solche Richtung zu entwickeln? Wie kann man im Management oder als Mitarbeitende vorgehen und welche Praktiken haben sich bewährt, um Sinn, Selbstorganisation und Agilität zu etablieren und im System zu stabilisieren?

Um die Organisationsprobleme der heutigen Zeit zu lösen, ist es aus systemtheoretischer Sicht wenig aussichtsreich, immer wieder größere Veränderungsprozesse anzustoßen, die in Summe die Organisation nur zwischen den Polen verschiedener Dichotomien oszillieren lassen, etwa von Zentralisierung zu Dezentralisierung und wieder zurück oder von hochgradiger Arbeitsteilung und Spezialisierung zu mehr Integration und dann wieder zu mehr Arbeitsteilung.

Purpose Drive entsteht auch nicht durch die Nutzung einzelner Werkzeuge und Methoden. In den vielen Veröffentlichungen rund um die Themen Purpose, Selbstorganisation und Agilität findet sich eine Vielzahl von Methoden und Tools, die bereits mehr oder weniger erprobt und die einmal leichter und einmal nur mit größerem Aufwand umzusetzen sind. Dazu zählen Einzelmethoden wie Purpose Quests oder Hackathons, agile Projektmanagementansätze wie Scrum, aber auch umfassendere Managementansätze wie Soziokratie oder Holacracy, die ein ganzes Set an Prinzipien und Spielregeln mitbringen, um Selbstorganisation zu ermöglichen sowie Entscheidungsmacht und Entscheidungsprozesse anders zu strukturieren. Verstehen Sie unsere Toolbox am Ende des Buches in Teil 4 daher nicht als Rezeptheft, aus dem sich nach Gusto eine Purpose Driven Organization kochen lässt. Die Toolbox enthält vielmehr Anregungen, um – entlang der systemischen Schleife – zur Organisation passende Interventionsideen zu entwickeln.

Notwendig ist eine grundlegend andere Art zu operieren. Das heißt, dass die Organisation als Ganzes in den Fokus rückt: Wie sind die Entscheidungsprämissen und die Kopplungen zur Umwelt gestaltet? Purpose Driven Organizations unterscheiden sich dabei von anderen, auf andere Kontexte und Anforderungen ausgerichtete Organisationen. Statt Aufbau- und Ablauforganisation rückt beispielsweise die Organisation der Organisation in den Gestaltungsfokus: Der Organisationsprozess, der zur Festlegung von Kommunikationswegen und Ausdifferenzierung von Stellen und Kompetenzen führt. Der Organisationsprozess wird explizit gestaltet, um Leitplanken für Selbstorganisation und Autonomie zu schaffen. Programme werden bezüglich ihres Beitrags zum Purpose beobachtet und kontinuierlich in den Fokus der Aufmerksamkeit gebracht. Hohe Anforderungen an die Entwicklungsbereitschaft und Selbstständigkeit von Personen werden gestellt, dafür im Gegenzug Sinn und Autonomie geboten.

Die spezifische Art, wie Purpose Driven Organizations **Entscheidungsprämissen und Umweltrelationen** gestalten, liefert uns die Ansatz- und Hebelpunkte, um in bestehenden Organisationen eine Evolution dorthin zu triggern:

1. **Purpose** wird zur dominanten Entscheidungsprämisse erklärt.
2. Rollen und Kommunikationswege werden im Zuge einer **kodifizierten Selbstorganisation** ausdifferenziert.
3. Personen werden im Sinn einer **ganzheitlichen Partnerschaft** nicht mehr nur als Mittel, sondern auch als Zwecke betrachtet.
4. Kulturell werden Werte, Normen und Glaubenssätze favorisiert, die **Superflexibilität und eine Vertrauenskultur** fördern.
5. Die Organisation koppelt sich eng mit anderen Organisationen und Stakehol-

dern, mit denen sie sich in einer Art **Entwicklungsgemeinschaft** sieht. Dadurch entsteht eine Co-Evolution im Ökosystem.

Aber klar ist auch, dass es nicht ausreicht, einmal einen entsprechenden Wandel durch ein Veränderungsprojekt zu vollziehen. Neue **Praktiken** müssen etabliert werden. In den folgenden Kapiteln und in den Tools und Methoden am Ende des Buchs finden Sie viele Möglichkeiten und Beispiele, was sich dafür als hilfreich erwiesen hat. Aus ihnen können Sie auswählen, um passende Variationen in eine Organisation zu bringen. Aber auch dann, wenn die Organisation die neuen Methoden aufgreift (selektiert), liegt die größte Herausforderung im Dranbleiben. Ähnlich wie im Sport wird nur als Fähigkeit behalten und verbessert, was zielorientiert und reflektiert geübt wird. Wir haben die oben genannten Ansatz- und Hebelpunkte daher die fünf **Disziplinen** der Purpose Driven Organizations genannt (vergleiche Abb. 8).

Zunächst werden diese im Überblick dargestellt, danach in Einzelkapiteln detailliert betrachtet (Kapitel 6 bis 11).

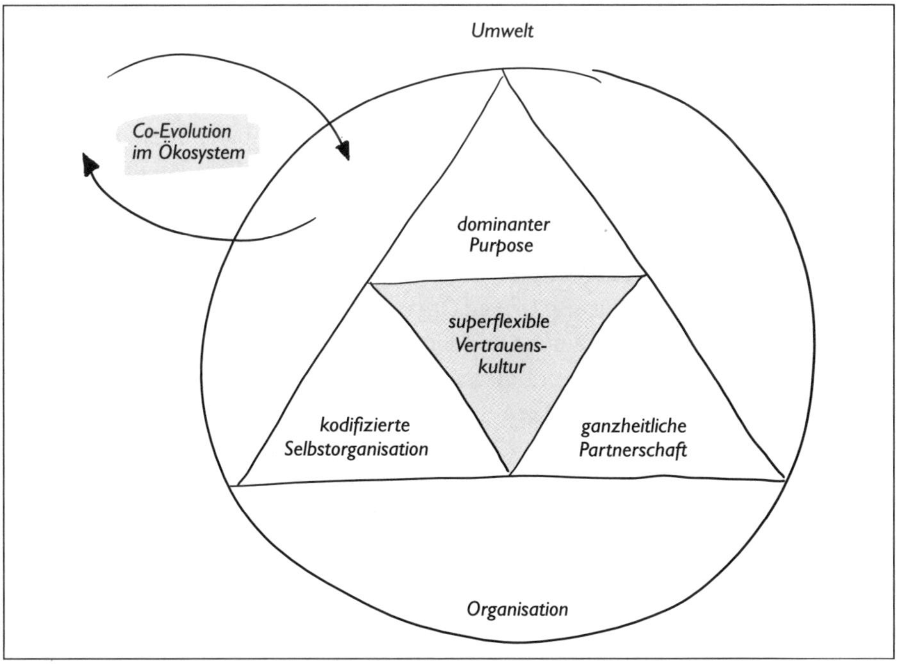

Abb. 8: Die fünf Disziplinen der Purpose Driven Organizations (eigene Darstellung)

5.1 Dominanter Purpose

Purpose Drive erzielen Organisationen primär dadurch, dass Purpose ein besonderes Gewicht in der Entwicklung und Selbststeuerung der Organisation bekommt. Sie richten soziale Räume und Prozesse ein, um Purpose zu finden und weiterzuentwickeln, aber auch um die Sinnorientierung der operativen Entscheidungen kontinuierlich zu beobachten und zu reflektieren. Durch solche **Purpose-Routinen** wird Purpose permanent im Fokus der Aufmerksamkeit gehalten. Gleichzeitig dient es zum Erspüren von Abweichungen und (Entwicklungs-)Spannungen: Wo gibt es ungenutzte Potenziale? Wo weicht die Entwicklung von den ultimativen Zielen ab? So wird Purpose zum Treiber, Orientierungs- und Richtungsgeber für evolutionäre Variation, Selektion und Retention.

Im Alltag heißt das, dass jede Entscheidung auf den Purpose einzahlen sollte und dass im Zweifel erklärt werden muss, inwiefern sie das tut. Meetings werden danach evaluiert, wie sehr sie dem Purpose dienen. Personen werden anhand des »**Purpose Fit**« für bestimmte Rollen oder generell als Mitarbeitende ausgewählt. Alles wird immer wieder mit Blick auf eine bestmögliche Übereinstimmung und Passung zum Purpose überprüft und weiterentwickelt. Programme gehen somit gegenüber den anderen Entscheidungsprämissen in Führung und Purpose wird zum dominanten Programm.

Purpose Driven Organizations setzen bis auf wenige Ausnahmen auf **Zweckprogramme** und vermeiden Konditionalprogramme, da diese den Handlungsspielraum der Personen deutlich stärker einschränken. Sie definieren das erwartete Ergebnis, lassen aber die Wahl der Mittel und Wege zur Erreichung offen. Es geht um einen »**Sense of Direction**«, um Orientierung und Ausrichtung, nicht um Planung und Kontrolle. Purpose Driven Organizations planen nur wenig, stattdessen lenken sie die Aufmerksamkeit auf den Sinn und Zweck und auf das konkrete Handeln (Zwei-Horizonte-Programmierung). Purpose und rasche Umsetzungsschritte und **Experimente** ersetzen – teilweise oder komplett – strategische Planung und Budgetierung. Bei Entscheidungen setzen sie zudem auf entwicklungsförderliche Regeln und Kriterien, die Innovation und **Weiterentwicklung favorisieren** und irreparable Schäden vermeiden sollen. »Safe enough to try« und Entscheidungen im **Konsent** (niemand erhebt begründete Einwände) gehen vor Erfolgsgarantien und Konsens (alle sind dafür).

Unter Purpose wird dabei stets eine Kombination von eigenen Beiträgen und den damit erzielten Wirkungen verstanden. Der Purpose definiert, worin diese angestrebte **Wirkung** besteht und welchen **Beitrag** die Organisation zum Erreichen dieses Impacts leisten will. Alles andere wird daran ausgerichtet. Purpose Driven Organizations wie Waschbär (»Ökologie und soziale Verantwortung im Alltag lebbar machen«) oder Apple (»Challenge the status quo«) sehen ihren Sinn und Zweck in Beiträgen und Wirkungen, die über die eigenen Interessen der Organisation und die ihrer Eigentümerinnen hinausgehen.

Profit, Größe oder Marktführerschaft sind Mittel, keine Zwecke an sich. Purpose Driven Organizations richten sich an Zwecken aus, sind sich aber bewusst, dass diese im Organisationsleben nie eindeutig sein können. Zwecke und Mittel lassen sich nie eindeutig aufeinander beziehen, Mittel können zu (Selbst-)Zwecken werden und auch Ober-Zwecke (Purpose) entwickeln sich evolutionär weiter. Statt mit absoluter Stringenz und Zweckmäßigkeit zu rechnen, werden komplexitätsgerechte **Beobachtungs- und Reflexionsprozesse** eingerichtet und Unschärfe toleriert. So dient Purpose gerade durch ein gewisses Maß an **Unschärfe** und Unbestimmtheit als Trigger für Variationen (z. B. neue Geschäfts- oder Produktideen), die die evolutionäre Weiterentwicklung stimulieren.

Purpose bedeutet immer, sich als Teil eines größeren Ganzen zu betrachten, zu dem beigetragen wird und für das etwas bewirkt werden soll. So entsteht eine gemeinsame Entwicklungsgeschichte zwischen der Organisation und ihren Stakeholdern und Umwelten, etwa den Kundinnen, Liefernden, Kapitalgebenden und Mitarbeitenden. Wie sich diese Geschichte weiterentwickelt, können auch Purpose Driven Organizations nicht festlegen. Immer muss eine Reihe verschiedener Zwecke unterschiedlicher Umwelten und **Stakeholder** befriedigt werden, aber Purpose Driven Organizations setzen sich aktiv, bewusst und regelmäßig mit den Perspektiven ihrer Stakeholder auseinander. Zielkonflikte zwischen den Gruppen werden im Rahmen der Prozesse der Purpose-Findung und Purpose-Weiterentwicklung offen und regelmäßig thematisiert (Multi-Stakeholder-Orientierung). Und gleichzeitig wird versucht, die Evolution des eigenen **Business-Ökosystems** und seiner Netzwerke entsprechend dem eigenen Purpose zu beeinflussen.

5.2 Kodifizierte Selbstorganisation

Purpose als dominante Entscheidungsprämisse zu betonen, macht noch keine Purpose Driven Organization. Auch die anderen Entscheidungsprämissen müssen Purpose Drive unterstützen. In bürokratischen Organisationen, die versuchen, jede Aufgabe mithilfe von detaillierten Programmen und fix geregelten Kommunikationswegen und Kompetenzen zu beherrschen, wird Sinnorientierung und Purpose Drive über kurz oder lang erlahmen – oder erst gar nicht zu finden sein. Wo versucht wird, durch Ablaufoptimierungen, Prozesshandbücher und entsprechende IT-Systeme alles perfekt durchzuorganisieren, gibt es kaum noch Möglichkeiten, in der jeweiligen Situation sinnorientiert zu entscheiden.

Das Streben nach der perfekt geölten Organisationsmaschine kann in volatilen und komplexen Zeiten und Umfeldern sogar gefährlich werden. Wenn Kundinnen in immer kürzerer Folge mehr oder andere Produktvarianten fordern oder wenn Engpässe bei Rohstoffen überraschend auftauchen oder irgendetwas anderes nicht mehr so ist, wie es ursprünglich einmal geplant war, dann sind Flexibilität und Entwicklungsfähigkeit gefragt. Purpose kann hier helfen, um wieder Orientierung und Motivation zu schöpfen. Aber dazu ist eben auch ein hohes Maß an organisatorischer Anpassungsfähigkeit notwendig: Nicht fixe Abläufe und enge Strukturen, sondern **Freiraum** und **Selbstorganisation**, damit rasch auf geänderte Anforderungen, neue Möglichkeiten und andere Abweichungen reagiert werden kann. Dabei ist weniger oft mehr.

Viele etablierte Unternehmen haben in den letzten Jahren versucht, Prinzipien, nach denen Start-ups arbeiten, zu übernehmen, um mehr Flexibilität und Agilität zu erreichen. Nach dem Motto »bring Silicon Valley inside« wurden Learning Journeys ins Valley, nach London oder Berlin organisiert. Hunderte von Start-up-Unternehmen wurden besucht, befragt und analysiert, um die Erfolgsrezepte zu kopieren. Sichtbar wurde dabei meist, dass Unternehmen in ihrer Anfangsphase nur in geringem Maß feste Strukturen verankern. Nur wenige eindeutige Programme, festgeschriebene Ablaufpläne oder festgelegte Hierarchien der Entscheidungskompetenzen sind vorhanden. Routinen bilden sich erst heraus. Und auch auf die Regelung der Kommunikationswege wird weitgehend verzichtet, solange die Zahl der Mitarbeitenden noch so gering ist, dass jedes Mitglied mit jedem anderen problemlos kommunizieren kann (Kühl 2011, S. 110). Geringe Formalisierung bedeutet **Teamarbeit**. Alle packen mit an und verfolgen ein gemeinsames Ziel. Wie man dabei vorgeht, sich organisiert und wer welche Aufgabe erledigt, wird von Fall zu Fall geklärt. Erst mit der Zeit und mit wachsender Größe bilden sich Routinen und Strukturen heraus.

Aber das zeigt eben auch, dass Organisationen auf Dauer nicht auf Strukturen verzichten können. Einerseits würde so der Organisationsvorteil, der durch Arbeitsteilung und fachliche Spezialisierung entstehen kann, verspielt. Daher ist eine Ausdifferenzierung von **Rollen** und Aufgaben erforderlich. Andererseits werden Entscheidungen, wenn es kaum andere Entscheidungsprämissen gibt, vor allem durch die Personen und deren persönliche Präferenzen, Eigenschaften, Entscheidungsmuster und Stimmungen geprägt. Zu Purpose-Orientierung wird das nicht in allen Fällen führen. Und überraschenderweise kann eine zu geringe Formalisierung die Organisation auch verlangsamen. Wo laufend neu verhandelt und geklärt werden muss, wer was zu tun hat und welche Entscheidung treffen kann, geht allein dafür viel Zeit und Energie verloren.

Purpose Driven Organizations verzichten daher keineswegs auf formale Rollen und Kommunikationswege, aber sie setzen dabei auf Autonomie und Selbstorganisation. Der **Prozess des Organisierens** ist wichtiger als sein Output, die Organisationsstruktur. »Organisationsprozess vor Struktur« heißt das Motto der Purpose Driven Organizations, denn in Kontexten hoher Volatilität und Vielfalt ist laufende Anpassung an Purpose und Möglichkeiten gefragt. Und wo laufend reorganisiert werden muss, kommt der Art und Weise, wie dies vonstattengeht, größere Bedeutung zu als den strukturellen Zwischenergebnissen.

Im Ergebnis wandert dabei der Fokus der Aufmerksamkeit von Strukturmodellen (z. B. Linien-, Matrix-, Projektorganisation) zum Prozess des Organisierens: Welche Art und Form der Organisationsplanung ist am sinnvollsten, um bestmöglich über Kommunikationswege und Rollendifferenzierungen zu entscheiden? Dabei orientieren sich Purpose Driven Organizations primär an folgenden **vier Prinzipien**:

- **Autonomie und verteilte Autorität:** Kommunikationswege werden kurzgehalten, indem die Autorität zu entscheiden von höheren Hierarchieebenen in der Organisation verteilt wird, im Idealfall dorthin, wo der Bedarf zu entscheiden entsteht.
- **Hochfrequenzorganisieren:** Statt Strukturen einmal zu perfektionieren und dann alle paar Jahre anzupassen, wird Re-Organisation zum Tagesgeschäft: kontinuierlich, iterativ, inkrementell, mit Fokus auf »workable next steps«, um Spannungen zu lösen.
- **Kodifizierte Selbstorganisation:** Damit die Organisation dabei nicht im Chaos versinkt, werden Spielregeln für den kontinuierlichen Selbstorganisationsprozess festgeschrieben. Mitglieder und Teams sind weitgehend autonom und autorisiert, ihre Arbeit selbst zu strukturieren, aber der Ablauf, die Entscheidungsregeln und der Rahmen, in dem diese Entscheidungen getroffen werden, werden klar und rigide geregelt.
- **Räume für informale Kommunikation:** Die starke Fokussierung der Aufmerksamkeit auf die formale Seite der Organisation und die Aufgaben wird ausbalanciert durch zusätzliche Räume und Gelegenheiten für informalen Austausch über persönliche Bedürfnisse, Befindlichkeiten und Beziehungen.

5.3 Ganzheitliche Partnerschaft

Die Beziehung zwischen Mensch und Organisation wird neu definiert. Purpose Driven Organizations sind mitarbeitendenzentriert. Der Kontrakt zwischen Mensch und Organisation geht weit über den Deal »Arbeitszeit gegen Entlohnung« hinaus. Er wird zu einer **Partnerschaft**, bei der Leistung und Beiträge für ein ganzheitliches Paket von Sinn, Einkommens-, Gestaltungs-, und Entwicklungsmöglichkeiten getauscht werden.

Unternehmen wie Upstalsboom und EMPAUA orientieren sich in einem hohen Maß an den Bedürfnissen der Mitarbeitenden. Sie versuchen, aktiv dazu beizutragen, dass im Arbeitsalltag positive Emotionen und Flow spürbar werden, dass Menschen in ihrer Arbeit Sinn entdecken und ihren eigenen Purpose verwirklichen und dass ein achtsamer und positiver Umgang miteinander entsteht. Kurzum: Sie betrachten Menschen nicht nur als Mittel, sondern auch als Zweck.

Auch in Purpose Driven Organizations dienen Personen der Organisation als **Mittel** zur Erreichung der Organisationszwecke. Aber die Mitarbeitenden sind für die Organisation auch eigenständige Zwecke, zu deren Leben und Entwicklung die Organisation einen Beitrag leisten will und muss, der über das finanzielle Einkommen hinausgeht. **Selbstentfaltung** und das Ausdrücken der eigenen Persönlichkeit sind erlaubt und erwünscht. Arbeit wird als Teil und Beitrag zu einem guten und gelungenen Leben betrachtet: Menschen arbeiten, um zu leben, statt dass sie leben, um zu arbeiten.

Dieser Leitsatz wird einerseits durch einen gesellschaftlichen Wertewandel vorangetrieben und inspiriert. Gleichzeitig trägt er dem Umstand Rechnung, dass in vielen Organisationen und Berufsgruppen eine strikte Trennung von Beruf und Privatleben immer weniger realisierbar und vielleicht auch wünschenswert erscheint. Die Grenze verschwimmt und Organisationen müssen sich anpassen, um eine gute Integration aller Lebensbereiche zu ermöglichen. Nicht die Erfordernisse und Dringlichkeiten der Arbeit sollen auf Dauer alle anderen Lebensbereiche der Mitglieder überschatten.

Der gesellschaftliche Wertewandel und die Entwicklung hin zu einer Wissensökonomie, aber auch der Umstand, dass die materiellen Bedürfnisse weitgehend befriedigt und gesichert sind, führen dazu, dass **Sinn, Autonomie und Entwicklungsmöglichkeiten** für viele Beschäftigte zu einem zentralen Motivations- und Bindungsmittel geworden sind. Sie erwarten, mit ihrer Arbeit einen aus ihrer Sicht sinnvollen Beitrag zu einem größeren Ganzen leisten zu können. Purpose Driven Organizations streben daher danach, individuellen Purpose und den Purpose der Rollen, die Personen in der Organisation einnehmen, weitgehend zur Deckung zu bringen.

Bei der Personalauswahl (Einstellung, Entlassung) und Rollenbesetzungen wird daher **Purpose Fit** und **Cultural Fit** zu einem, wenn nicht dem wesentlichen Entscheidungskriterium. Dieser Fit, also die bestmögliche Übereinstimmung von Organisationspurpose und -kultur einerseits und den Persönlichkeitsmerkmalen der Personen andererseits, sowie das vermutete Entwicklungspotenzial der Person zählen im Zweifel mehr als Fähigkeiten, Erfahrungen und Wissen, die eine

Person mitbringt. Durch diese höheren Erwartungen bezüglich der Übereinstimmung auf Purpose- und Werteebene versuchen die Organisationen, den durch Autonomie und Selbstorganisation gewachsenen Einfluss von einzelnen Personen auf die Entscheidungen der Organisation auszubalancieren. Der Faktor **Personal wird einflussreicher** und substituiert teilweise Programme (z. B. Ablaufplanungen, detaillierte Arbeitsanweisungen und Pläne) und Kommunikationswege (z. B. Entscheidungen durch Vorgesetzte).

Die Freiräume in Purpose Driven Organizations stellen auf der anderen Seite aber auch hohe **Anforderungen** an ihre Mitglieder bezüglich Selbstmanagement, persönlicher Weiterentwicklung und Selbsterkenntnis. Die Fähigkeit, sich selbst sowohl operativ (eigene Produktivität, Priorisieren von Aufgaben, Zeitmanagement) als auch allgemein (individuelle Ziele, Motivation, Leistungsfähigkeit) zu managen, wird zu einer Kernkompetenz und Basisanforderung an die meisten Mitarbeitenden. Sie müssen zudem bereit und engagiert sein, permanent Neues zu lernen und Altes zu verlernen, nicht nur fachlich, sondern auch bezogen auf ihre emotionale und soziale Kompetenz. Damit wird auch Selbsterkenntnis, verstanden als Fähigkeit, sich selbst zu beobachten, eigene Fähigkeiten, Verhaltensweisen und Wirkungen einschätzen zu können und damit achtsam umzugehen (z. B. Impulsdistanz und -kontrolle), immer wichtiger. Purpose Driven Organizations **fordern und fördern** dies gezielt, etwa wie die Berliner Firma »soulbottles« durch Ausbildung in Gewaltfreier Kommunikation nach Marshall B. Rosenberg oder wie die Firma Upstalsboom durch Seminare zur Persönlichkeitsentwicklung und zu Achtsamkeitspraktiken.

5.4 Superflexible Vertrauenskultur

In Purpose Driven Organizations lassen sich auch bezogen auf ihre Kultur viele Ähnlichkeiten beobachten. Sie präferieren Beziehungen, die vor allem von **Vertrauen** und weniger von Macht bestimmt sind. **Augenhöhe** und **Achtsamkeit** sind in ihnen tragende kulturelle Prinzipien und Werte. Sie setzen für die Lösung von Problemen stärker auf **Kooperation** als auf Wettbewerb. **Lernen und Agilität** geht ihnen vor Effizienz und Perfektion. Daher erscheint ihnen frühes Erproben von 80-Prozent-Lösungen am Markt und deren rasche Verbesserung in kurzen Iterationszyklen wertvoller, als darauf zu warten, bis durch intensives Durchdenken und Ausfeilen aller Details eine perfekte und kostenoptimierte Lösung entwickelt ist. In Summe erscheinen uns **Superflexibilität** und Vertrauen die kulturellen Kernelemente von Purpose Driven Organizations zu sein. Sie sind superflexibel, indem sie gleichzeitig für Resilienz und für agile Weiterentwicklung Sorge tragen.

In ihnen herrscht ein Menschenbild vor, das hohes Vertrauen in Personen für selbstverständlich hält.

Trotz aller kulturellen Ähnlichkeiten: Kultur lässt sich auch in Purpose Driven Organizations als nichtentscheidbare Entscheidungsprämisse nur in sehr geringem Maße zielgerichtet beeinflussen und gestalten. Wie persönliche Gewohnheiten bildet sie sich im Lauf der Zeit von selbst. Dass Kultur nicht zielgerichtet gestaltet und entschieden werden kann, bedeutet nicht, dass sie sich nicht verändern kann. Zudem kann sie beobachtet und reflektiert werden. Das erscheint uns sinnvoll, denn Kultur hat wesentlichen Einfluss auf das Denken und auf Entscheidungen. Grundlegende Überzeugungen, Annahmen, Glaubenssätze und Werte beeinflussen, was Personen überhaupt bewusst wahrnehmen und welche Schlussfolgerungen sie aus ihren Beobachtungen ziehen. Bei hoher Komplexität kann Kultur in Organisationen das Fehlen von formalen Entscheidungsprämissen teilweise kompensieren.

Purpose Driven Organizations etablieren für den Umgang mit ihrer Kultur **Praktiken**, um kulturelle Präferenzen zu klären und um die gelebte Kultur kontinuierlich zu beobachten und zu reflektieren. Leitbildprozesse können dabei die Klärung kultureller Präferenzen fördern und Impulse für die Ausgestaltung anderer Entscheidungsprämissen liefern. Storytelling von Anekdoten aus der Organisation hilft, kulturelle Präferenzen zu veranschaulichen und zu transportieren. Die Beobachtung und Reflektion der Kultur gelingt, indem konkrete Ereignisse (z. B. eine Eskalation in einem Meeting, Critical Incidents) oder im Umlauf befindliche Geschichten über Situationen, Personen oder Ereignisse genutzt werden, um die gelebte Kultur zu verstehen und sichtbar zu machen. Unterstützend wirken konkrete Tools (z. B. Abstraktionsleiter, Glaubenssätze-Quiz, siehe Kapitel 12.5), aber auch Rollen (z. B. Achtgeberin), um Werte, Prinzipien, Normen und Glaubensätze regelmäßig zu thematisieren.

5.5 Co-Evolution im Ökosystem

Beispiele wie das Silicon Valley dienen als Anschauungsobjekt, wie das Zusammenspiel unterschiedlichster Player in einer Community oder einem **Business-Ökosystem** die Chancen für Innovationen erhöht und wie es gelingen kann, ein Momentum für wirtschaftlichen und gesellschaftlichen Fortschritt zu erzeugen.

Auch aus systemischer Sicht macht die Ökosystem-Brille Sinn: Systeme können immer nur in Relation und Abgrenzung zu ihrer Umwelt verstanden werden. Organisationen beobachten permanent die Differenz zwischen System und Umwelt und entwickeln sich mit ihrer Umwelt in einer Co-Evolution gemeinsam weiter. Die Umwelt erzeugt Veränderungsdruck, das System verarbeitet diesen im Rahmen seiner evolutionären Weiterentwicklung. Purpose Driven Organizations messen ihrem Umfeld und der **Kopplung** mit ihm große Bedeutung bei. Mit ihrem Purpose streben sie danach, einen wertvollen Beitrag zu leisten und damit eine positive Wirkung auf ihr Umfeld zu erzielen. Gleichzeitig suchen und schaffen sie sich ein Umfeld, das den Purpose unterstützt. Der **Aufbau** und die **Pflege** von Ökosystemen ist daher eine wesentliche Disziplin in der Gestaltung von Purpose Driven Organizations. Sie setzen auf die hochgradige **Vernetzung** und **Zusammenarbeit** mit Partnerinnen im Ökosystem, um Wert für Kundinnen zu schöpfen, die selbst Teil der Community sind.

Ganz wesentlich ist dabei die Integration unter einem **Shared Purpose**. Ökosysteme bilden sich auch um bestimmte gemeinsame Zwecke und Anliegen herum. In ihnen kommen Personen und Organisationen zusammen, um gemeinsam etwas zu erreichen und in die Welt zu bringen, was jede auf sich gestellt nicht könnte. Purpose Driven Organizations nutzen diesen Hebel, um ein stärkeres Momentum in der Entfaltung ihres Purpose zu erzielen. Eine wesentliche Voraussetzung dafür ist eine hochgradige Offenheit und Integrationsbereitschaft, ein achtsamer Umgang sowie die faire Aufteilung von Erträgen und Risiken zwischen den Playern im Ökosystem.

Ein Ökosystem ist zunächst einmal eine eher lose gekoppelte **Community** von Organisationen und Personen. Sie fühlen sich verbunden durch geteilte Werte und Purpose und sie nutzen die Digitalisierung gezielt für Vernetzung und Zusammenarbeit. Von Fall zu Fall werden die Kopplungen vertieft und enger, um einen konkreten Purpose zu verfolgen und eine gemeinsame Initiative umzusetzen. All das geschieht in den meisten Ökosystemen völlig **selbstorganisiert**. Es gibt allerdings auch Business-Ökosysteme, die stark von einem Player beeinflusst und organisiert werden wie im Bereich der Smartphones die Android- und iOS-Ökosysteme durch Google® bzw. Apple.

Wie sich ein Ökosystem abgrenzen lässt, ist allerdings mehr eine Konstruktion der Betrachtenden. In Purpose Driven Organizations wird vor allem vom jeweiligen Purpose abhängen, was als Teil des Ökosystems gesehen wird und was nicht. Mit den anderen Organisationen, Gruppen und Personen im Ökosystem wird mit der Zeit eine gemeinsame Entwicklungsgeschichte entstehen. Die Organisation betrachtet sich immer wieder aus den Perspektiven dieser Umwelten, integriert (teilweise) deren Sichtweisen und reagiert auf das, was diese tun. Und gleichermaßen wirkt sie auf diese ein. Eine **nicht gerichtete Co-Evolution** entsteht.

Die intensive Exploration der realen Bedürfnisse, Anliegen und Probleme von Kundinnen und anderen Stakeholdern ist dabei eine wesentliche Praktik in Purpose Driven Organizations. Immer wieder binden sie damit neue Personen, Gruppen und Organisationen, zum Beispiel Randgruppen, Wettbewerberinnen, Branchenfremde, in ihre Entwicklung ein und überschreiten damit tradierte Grenzen. Eine interaktive Produktentwicklung und frühestmögliche Interaktion mit Kundinnen und Userinnen sind für sie normal. Zudem versuchen sie, auch in ihren Ökosystemen konkrete Ziele und Kennzahlen als orientierungsstiftende Indikatoren für die Wirksamkeit der Beiträge zu etablieren. Getragen werden Ökosysteme von einer **Haltung** des »just enough«, der Genügsamkeit, Selbstbeschränkung und Achtsamkeit. Gier und eine Fokussierung auf den eigenen Vorteil würden das Ökosystem ruinieren.

6 Erste Disziplin: Dominanter Purpose

Die führende Disziplin einer Purpose Driven Organization ist der Purpose. Er dient als wesentlicher Bezugspunkt für Entscheidungen im Alltag und für die Gestaltung anderer Entscheidungsprämissen. Dabei wird jede Organisation einen anderen, eigenen Purpose für sich entdecken und verfolgen. Bei dm-drogerie markt ist der Purpose, einen sozialen Organismus zu schaffen, in dem Menschen ihre Potenziale entfalten und einen Beitrag zur Gesellschaft leisten können. Die Onlinevermittlung von Ferienappartements »Traum-Ferienwohnungen« sieht ihren Sinn und Zweck darin, persönliche Verbindungen zwischen Menschen zu schaffen. Bei Google gilt es, die Informationen der Welt zu organisieren und universell zugänglich und nutzbar zu machen. Der amerikanische Online-Schuhversand Zappos definiert ihn für sich als »deliver happiness to the world«.

Aber wie kommt eine Purpose Driven Organization zu ihrem Purpose und wie wird er in der Organisation genutzt und gepflegt? Welche Praktiken sind dafür hilfreich? Und selbst wenn Purpose dominiert: Wie werden die anderen Entscheidungsprogramme ausgestaltet? All das ist aus unserer Sicht die erste Disziplin der Purpose Driven Organizations. Sie umfasst Praktiken, die auf folgende Hebel und Gestaltungsoptionen abzielen:

- **Purpose definieren:** Purpose geht immer über die Interessen der Organisation und deren Eigentümerinnen hinaus. Es geht darum, Beiträge und Wirkung für andere im Sinn eines Stakeholder-Value zu schaffen und damit deren Perspektiven und Interessen zu integrieren.
- **Sinn finden und geben:** Es gibt verschiedene Methoden und Werkzeuge, um den Purpose zu explorieren, zu finden und zu formulieren. Purpose Driven Organizations nutzen sie zu Beginn ihrer Reise, aber auch immer wieder zur Neu-Entdeckung des Purpose.
- **Purpose thematisieren und handhabbar machen:** Um Purpose im Alltag für Entscheidungen handhabbar zu machen, brechen ihn Organisationen für konkrete Rollen und Aufgaben herunter und etablieren eine ganze Reihe unterschiedlicher Purpose-Routinen, mit deren Hilfe Purpose laufend zum Thema gemacht, in der Aufmerksamkeit gehalten und interpretiert wird.

- **Raum für Purpose schaffen:** Damit Purpose sich als dominantes Programm entfalten kann, gestalten Purpose Driven Organizations auch andere Entscheidungsprogramme in dafür förderlicher Weise.

Abbildung 9 stellt die Praktiken und deren Ausgestaltung im Überblick dar.

Programmpraktiken	Ausgestaltung
Programme gehen in Führung	• Purpose ist Treiber, Orientierungs- und Richtungsgeber für evolutionäre Entwicklung, Selbstorganisation und Personal.
komplexitätsgerechte Zweckrationalität	• Mit Ambiguität und Widersprüchlichkeit wird gerechnet. • Beobachtungs- und Reflexionsprozesse für Purpose. • Unschärfe ist Trigger für Variationen.
Purpose definieren	
Purpose ist Beitrag und Wirkung für andere	• Purpose geht über Gewinnmaximierung und wirtschaftliche Interessen hinaus. • Purpose-Statement beschreibt, welchen Beitrag die Organisation für wen leistet, um welche Wirkung zu erzielen.
Multi-Stakeholder-Orientierung	• Organisation betrachtet sich aus den Perspektiven der Umwelten. • Zwecke integrieren die Interessen relevanter Stakeholder. • Zielkonflikte werden offen thematisiert.
Sinn finden und geben	
Purpose wird gesucht und entschieden	• Sinn kann (wieder-)entdeckt werden durch Methoden wie Purpose Quest, Purpose Board, WHY-Prozess. • Sinn kann durch Entscheidung von der Organisation redefiniert werden.
Purpose thematisieren und handhabbar machen	
Purpose-Routinen	• Soziale Räume und Settings für Purpose-Reflektion, • Operationalisierung und Herunterbrechen auf Unterzwecke, • Beobachtung von Entscheidungen und Meetings (Wie gut hat es dem Purpose gedient?).
Sensing Purpose Fit	• Alles wird auf Stimmigkeit bezüglich des Purpose geprüft. • Purpose dient zum Erspüren von (Entwicklungs-) Spannungen (Was wäre hilfreich?).

Programmpraktiken	Ausgestaltung
Raum für Purpose schaffen	
Zweckprogramme vor Konditionalprogramme	• Zweckprogramme dominieren, Konditionalprogramme werden weitgehend vermieden. • Zweckprogramme werden eher allgemein formuliert.
Zwei-Horizonte-Programmierung	• Purpose und langfristige Ziele sorgen für Sense of Direction. • Kurzfristige Aktivitäten und Projekte für Erproben und Lernen sind möglich. • Mittelfristige Planungen und Strategien werden vermieden.
Transparenz und Verzicht auf Budgets	• Freier Zugang zu wirtschaftlichen Daten (z. B. Umsätze, Kosten, Erträge) besteht. • Auf Vorgaben über Budgets wird weitgehend verzichtet.
entwicklungsförderliche Entscheidungsregeln	• Kriterien, die Neues favorisieren (»Safe enough to try«), • Entscheidungen im Konsent statt Konsens, • Verfahren erleichtern Teamentscheidungen, • Konsultationsprozesse für Entscheidungen durch Einzelne.

Abb. 9: Purpose als dominantes Programm – Praktiken und Ausgestaltung

6.1 Purpose als Beitrag und Wirkung für andere

So unterschiedlich Purpose Statements verschiedener Organisationen auch sein mögen, sie drücken immer aus, dass es beim Purpose darum geht, einen Beitrag zu einem größeren Ganzen zu leisten. Purpose Driven Organizations sehen ihren Sinn und Zweck nicht darin, für sich selbst oder ihre Eigentümerinnen Nutzen und Profite zu stiften. Sie streben vielmehr danach, für relevante Stakeholder und spezifische Zielgruppen einen Mehrwert zu schaffen, einen hilfreichen **Beitrag** zu leisten, um eine spezifische **Wirkung** zu erzielen.

Für den Ökoversand Waschbär lautet der Purpose »Ökologie und soziale Verantwortung im Alltag lebbar machen«. Bei der Non-Profit-Organisation Ärzte ohne Grenzen geht es um »Providing medical aid to those most in need regardless of their race, religion, or political affiliation«. Der Seinszweck von TED ist »Spreading Ideas«. HolacracyOne, die Organisation, die das holakratische Managementsystem verbreitet, sieht ihren Beitrag und die angestrebte Wirkung in »Evolve humanity's relationship to power«.

Profit, Größe oder Marktführerschaft werden lediglich als Mittel zur Erreichung der Purpose-Wirkung betrachtet und nicht umgekehrt. Martin Dallmeier, CFO von dm-drogerie markt beschreibt sein Unternehmen daher beispielsweise als »Gewinn-Minimierer« und stellt fest: »Wir achten auf Angemessenheit. Wenn man gesellschaftliches Engagement ernst nimmt, heißt das auch, sich nicht an der Gesellschaft zu bereichern«.

Welche Stakeholder eine Organisation dabei in den Fokus nimmt, ist von Organisation zu Organisation verschieden. In jedem Fall stehen nicht mehr primär oder ausschließlich die Eigentümerinnen und ihre Interessen im Mittelpunkt. Purpose wird nicht darin gesehen, Shareholder-Value zu erzielen. Der irische Wirtschaftsphilosoph Charles Handy drückt dies wie folgt aus: »We have to assume that every company has a life of its own which needs purpose and direction. It is an end in itself, not an instrument owned by others« (Handy 1994, S. 143).

Mit den Systemen, die in der Umwelt als relevant betrachtet werden, entsteht eine engere Verbindung, ein kommunikativer Austausch oder systemisch ausgedrückt: eine **strukturelle Kopplung**. Das können zum Beispiel Kundinnen, Liefernde, Kapitalgebende und Mitarbeitende sein. Charles Handy würde dieser Liste noch die natürliche Umwelt und die Gesellschaft hinzufügen, da er Unternehmen einem Kontrakt mit diesen sechs Stakeholder-Gruppen verpflichtet sieht (Handy 1994, S. 141 ff.). Unternehmen müssen sich innerhalb der Leitplanken dieses Kontrakts bewegen und entwickeln, um überleben zu können. Sie sind für Handy daher nicht mehr nur ein rein ökonomisches Instrument in Händen der Eigentümerinnen.

Dieser Kontrakt wurde in der Bankenkrise seit 2007 oft als »**Licence to operate**« bezeichnet. Damit wurde zum Ausdruck gebracht, dass Banken eine Reihe spezifischer volkswirtschaftlicher und gesellschaftlicher Funktionen zu erfüllen haben und sich an gesellschaftliche Normen und Werte zu halten hätten, um von Politik und Gesellschaft akzeptiert zu werden. Das reine Verfolgen egoistischer Profitinteressen auf Kosten der Allgemeinheit würde zum Entzug der gesellschaftlichen Akzeptanz und »Betriebserlaubnis« führen. Auch wenn dieser Forderung zumindest in den USA relativ scharfe gesetzliche Regulierungen des Banksektors folgten und in Europa eine Bankenunion geschaffen wurde, ist doch klar, dass mit dem Kontrakt in der Regel keine präzisen Regelungen, Erwartungen oder gar schriftlich fixierten Verträge gemeint sind. Vielmehr sind es weiche, unscharfe und sich immer wieder verändernde **Erwartungen** von Stakeholdern an die Organisation – was sie leisten und bewirken soll und welches Verhalten von ihr erwartet wird. Sie entstehen im Lauf eines kontinuierlichen Diskurses im Rahmen der strukturellen Kopplung mit verschiedenen Stakeholder-Gruppen.

Das gilt umso mehr, als viele Branchen eher von Business-Ökosystemen und Netzwerken von Organisationen geprägt werden als von quasi alleinstehenden Organisationen. So wird das Geschäft mit Smartphones mehr vom Wettbewerb des iOS-Ökosystems mit dem Android-Ökosystem geprägt als allein von Apple und Google®. Zu viele andere Player wie Softwareentwickelnde oder Hardwareherstellende spielen hier eine erfolgskritische Rolle. Programme integrieren daher insbesondere auf der Ebene von Purpose und Oberzwecken die Perspektiven und Interessen verschiedener, relevanter Stakeholder-Gruppen.

Eine strukturelle Kopplung wird zu denen aufrechterhalten, die als relevant für das Überleben und die Entwicklung der Organisation betrachtet werden. Im Lauf der Zeit entsteht so nicht nur eine Beziehung und ein mehr oder weniger diffuser Kontrakt, sondern auch eine gemeinsame Entwicklungsgeschichte, eine nicht gerichtete **Co-Evolution** (»natürliches Driften«). In dieser entwickelt sich auch der Purpose weiter. Organisationen müssen sich daher immer wieder aus den Perspektiven ihrer Umwelten betrachten, um die strukturelle Kopplung mit den Umwelten aufrechtzuerhalten. Dabei geht es um Fragen wie:

- Welche Umfelder, Stakeholder, Märkte sind für uns relevant?
- Wofür sind wir aus Sicht der jeweiligen Umfelder da? Was sollen wir für sie leisten und welche Wirkung sollen wir erzielen?
- Welche Informationen und Erwartungen nehmen wir wahr und machen sie zum relevanten Entscheidungsbestandteil? Was blenden wir aus bzw. beachten wir nicht?
- Was ergibt sich damit als Purpose, als Oberzwecke der Organisation?

Purpose Driven Organizations dienen aber eben nie allein den Zwecken einer Gruppe. Die unvermeidlichen **Zielkonflikte** zwischen diesen Gruppen sind daher im Rahmen der Prozesse der Purpose-Findung und Purpose-Weiterentwicklung offen und regelmäßig zu thematisieren. Im Sinn eines **Multi-Stakeholder-Managements** stellen sich weitere Fragen:

- Wie passen die Erwartungen der Umfelder zusammen? Wo harmonieren sie oder ergänzen sich? Wo stehen sie miteinander in Konflikt?
- Inwieweit ist die Organisation (nur) ein Instrument für diese Interessen oder ist sie mehr als das?
- Welchen Zweckerwartungen muss die Organisation folgen bzw. darf ihnen zumindest nicht widersprechen?
- Und letztlich: Für wen und wofür ist die Organisation primär da?

Jede Organisation sollte sich unseres Erachtens diesen Fragen stellen. Purpose Driven Organizations tun dies ganz bewusst, offen und regelmäßig. Darüber explorieren sie ihren Platz und ihre Bedeutung in der Gesellschaft. Für wen und wofür sind wir da? Was ist unser Purpose? Ausgangspunkt dafür ist die Haltung oder Erkenntnis, dass auch Unternehmen kein bloßes Instrument zur Gewinnerzielung sind, sondern aufgrund ihres sozialen und ökologischen Impacts eine größere Verantwortung haben.

Wie Organisationen dieses Multi-Stakeholder-Management, die Co-Evolution mit ihren relevanten Umwelten gestalten und welche Methoden und Werkzeuge sie dafür nutzen, werden wir im Rahmen der »Fünften Disziplin« (Co-Evolution im Ökosystem) noch genauer betrachten. Wenn Kundinnen anregen, die Organisation solle mehr auf ökologische Nachhaltigkeit ihrer Produkte achten oder statt reiner Softwareprodukte Lösungen für spezifische Kundinnenprobleme anbieten, mag dies mit der Zeit auch einen Niederschlag in den Produktplänen, den Strategien und sogar im Purpose finden. So wurde aus Vaude, einem Familienunternehmen, das Outdoor-Bekleidung herstellt, Schritt für Schritt ein ganz auf Nachhaltigkeit ausgerichteter Outdoor-Ausrüster, der sich für eine lebenswerte Welt engagiert. »Wir verstehen Unternehmertum als Verpflichtung, einen Beitrag zum Gemeinwohl zu leisten«, erklärt Vaude in der Unternehmensphilosophie (Vaude 2017).

BEISPIELE

Purpose-Formulierungen

Airbnb®: »Provide hospitality, create a sense of belonging to wherever you go in the world.«

Apple: »We challenge the status quo, think differently and offer individuals simpler alternatives, so that they can challenge the status quo as well.«

Asana: »Help humanity thrive by enabling all teams to work together effortlessly.«

dm-drogerie markt: »Einen sozialen Organismus schaffen, in dem Menschen ihre Potentiale entfalten und einen Beitrag zur Gesellschaft leisten können.«

EMPAUA: »Creating a world where every individual is empowered to constantly grow, by disrupting the way organisations operate while creating the leaders of tomorrow.«

Google®: »To organize the world's information and make it universally accessible and useful.«

HolacracyOne: »Evolve humanity's relationship to power.«

Ökofrost: »Gesunde Entwicklung durch echte LEBENS-MITTEL.«

Patagonia®: »Build the best product, cause no unnecessary harm, use business to inspire and implement solutions to the environmental crisis.«

Purpose Stiftung: »Mehr Unternehmen in die Welt bringen, die sich selbst gehören, um gemeinsam eine Wirtschaft mitzugestalten, die für Menschen und Gesellschaft da ist.«

soulbottles: »Alle Menschen handeln gerne nachhaltig, konsumieren ohne den Planeten unnötig zu belasten und haben Zugang zu sauberem Trinkwasser.«

Southwest: »To compete against the car and the bus, so that everyone is now free to move around the country.«
Warby Parker: »To offer designer eyewear at a revolutionary price, while leading the way for socially-conscious businesses.«
Waschbär: »Ökologie und soziale Verantwortung im Alltag lebbar machen.«
Zappos: »Deliver happiness to the world.«

Aber ob und inwieweit die Organisation bei ihren Entscheidungen über den Purpose und andere Entscheidungsprogramme auf diese Umwelten hört, ist aufgrund ihrer operativen Geschlossenheit abhängig von ihren eigenen Operationsmustern und Entscheidungsprämissen. Sind diese darauf ausgerichtet, Stakeholdern Gehör zu schenken und sie auch in Purpose-Fragen intensiv einzubinden, steigt die Wahrscheinlichkeit, dass deren Zwecke auch für den Purpose der Organisation relevant werden und ihn mitprägen können.

Für die Formulierung des Purpose gibt es eine Reihe unterschiedlicher Formate. Hilfreich sind oft einfache und offene **Leitfragen** wie:

- Wofür sind wir da?
- Was wollen wir in die Welt bringen?
- Warum machen wir das, was wir tun?

Sie werden genutzt, um ein Purpose-Statement zu formulieren, das eine Antwort auf diese Leitfragen liefert.

Es gibt aber auch einige stärker strukturierte Formatvorlagen für die **Formulierung** eines Purpose. Der amerikanische Purpose-Forscher Aaron Hurst etwa schlägt mit dem »Purpose Statement Builder« vor, den Purpose entlang der Dimensionen »Who, Why and How« zu formulieren (Hurst 2016, S. 103):

- **Who**: Für wen bzw. wofür leiste ich einen Beitrag?
- **Why**:Welchen Beitrag leiste ich?
- **How**: Wie mache ich das?

Ein Purpose-Statement nach dieser Logik könnte dann etwa so lauten: Sinn und Zweck unserer Organisation ist es, mit Teams und anderen Organisationen zu arbeiten (Who), damit sie ein höheres Entwicklungs- und Leistungslevel erreichen (Why) durch die Gestaltung inspirierender Kontexte und Erfahrungen (How). Hurst bietet in dem Purpose Statement Builder eine Reihe prototypischer Alternativen für die jeweilige Dimension an. So kann als Zielgruppe, an die sich die Beiträge richten, zwischen Individuum, Organisation und Gesellschaft gewählt werden. Das Why fällt dabei entweder in die Kategorie Karma (die Chancen für

Erfolg und Potenzialentfaltung erhöhen) oder Harmony (für Gleichheit und Fairness in der Gesellschaft sorgen).

Der amerikanische Purpose-Autor Simon Sinek und seine Kollegen schlagen in »Find your Why« als Format für die Purpose-Formulierung vor, ihn als **Kombination von Beitrag und Wirkung** zu formulieren: [Unser Beitrag], um [diese Wirkung] zu erzielen. Purpose ist damit der einzigartige Beitrag, den eine Organisation leistet, um für andere eine bestimmte Wirkung zu erzielen. Simon Sineks persönlicher Purpose ist es, Menschen zu inspirieren (Beitrag), damit sie gemeinsam die Welt verändern können (Wirkung): »To inspire people to do the things that inspire them so that, together, we can change our world« (Sinek/Mead/Docker 2017, S. 91). Bei der Organisation »Purpose« lautet er: »Mehr Unternehmen in die Welt bringen, die sich selbst gehören, um gemeinsam eine Wirtschaft mitzugestalten, die für Menschen und Gesellschaft da ist.« Das Berliner IT-Unternehmen EMPAUA folgt dem Purpose: »Creating a world where every individual is empowered to constantly grow, by disrupting the way organisations operate while creating the leaders of tomorrow.«

Aus unserer Sicht ist der Purpose die Beschreibung der Beiträge und Wirkungen, die eine Organisation für andere leistet. Wir bevorzugen daher eine Kombination der beiden Formate von Hurst und Sinek. Ein gutes **Purpose-Statement** umfasst für uns:

- **Beitrag**: Welchen Beitrag oder Mehrwert liefert die Organisation?
- **Stakeholder**: Für wen oder welche Gruppe leistet sie diesen?
- **Wirkung**: Welche Wirkung soll damit erreicht werden?

[Unser Beitrag] für [diese Stakeholder], um [jene Wirkung] zu erzielen.

Der Purpose von Apple wäre in diesem Format: »We challenge the status quo, think differently and offer individuals simpler alternatives, so that they can challenge the status quo as well« und der von Microsoft: »A PC in every home and on every desk to help everyone being more efficient and productive and to empower the everyman.«

BEISPIEL

Formulierungstipps für Purpose-Statements

- Format: [Unser Beitrag] für [diese Stakeholder], um [jene Wirkung] zu erzielen,
- einfache, klare und handlungsorientierte Formulierung,
- Verben statt Substantive,
- positive, affirmative Formulierung, keine Negationen,
- Wortwahl stimmig für Mitglieder.

In jedem Fall sollte ein Purpose-Statement einfach und klar sein – ohne komplizierte Begriffe oder Sätze. Eine handlungsorientierte Formulierung hilft, Orientierung und Drive zu erzeugen. Verben sind wirkungsvoller als Substantive. Formulierungen wie »Wir inspirieren, bauen, helfen, erfinden…« sind kraftvoller, als »Wir sorgen für Inspiration, Produktion, Unterstützung und Innovation«. Idealerweise wird der Purpose affirmativ und positiv formuliert, in einer Wortwahl, die für die Mitglieder der Organisation passt. Sie sollen sich davon für ihre Handlungen und Entscheidungen angesprochen fühlen. Es geht nicht um einen »knackigen« Claim für das externe Marketing.

6.2 Sinn finden und geben

Der Purpose definiert die angestrebte Wirkung und welchen Beitrag die Organisation für wen leisten will, um diese Wirkung zu erzielen. Alles andere wird daran ausgerichtet. Aber wie kommt eine Organisation zu einem dafür tauglichen, ausreichend klaren Verständnis ihres Purpose? Wie gelangt sie zu einem Purpose-Statement, das klar, glaubwürdig und wirkungsvoll genug ist, damit sich Entscheidungen tatsächlich daran orientieren?

In Forschung und Praxis finden sich zwei unterschiedliche Sichtweisen, wie Sinn entsteht. Die eine Richtung betrachtet Purpose als Teil dessen, wer wir sind: als Kernelement der eigenen Natur oder Persönlichkeit. So gesehen wird Purpose in der Vergangenheit geprägt – bei Menschen in der Kindheit und Jugend, bei Organisationen in der Gründungsphase. Bei Individuen bleibt er oft unbewusst, bei Organisationen wird er mit den Jahren seltener thematisiert. Wird Sinn in dieser Bedeutung als Teil der menschlichen oder organisationalen Natur gesehen, bedeutet das für die Praxis, dass Sinn nur gefunden, aber nicht erfunden werden kann. Organisationen, die sich purpose-orientiert ausrichten wollen, müssen also ihren **Sinn finden**. So sehen es auch Simon Sinek und seine Kollegen, die in ihrem Buch »Find your Why« einen solchen Sinnfindungsprozess, den WHY-Prozess für Individuen und Teams, beschreiben. »Why is an origin story. […] Source of our WHY are specific memories and experiences that affected our life and shaped who we are« (Sinek/Mead/Docker 2017, S. 31).

Die andere Sicht auf Sinn besteht darin, Sinn nicht als etwas aufgrund der eigenen Geschichte Festgelegtes zu betrachten, sondern als die Antwort auf die Fragen, die das Leben stellt (»ad personam et situationem«). Der österreichische Psychiater Viktor Frankl bezeichnete Sinn als individuelle Werteverwirklichung in einer konkreten Situation. Aus seiner Sicht gibt es immer Möglichkeiten und den Bedarf, dem Dasein **Sinn** zu **geben**. Von Hermann Hesse stammt der Satz:

»Das Leben hat genau so viel Sinn, wie wir selbst ihm zu geben im Stande sind.« In einem solchen Sinngebungsprozess entwickelt sich Sinn kontinuierlich weiter.

Aus unserer Sicht tragen beide Formen zum Purpose einer Organisation oder einer Person bei. **Sinn entwickelt sich** wie alle Entscheidungsprämissen einer Organisation in einem evolutionären Prozess und verändert sich darin kontinuierlich. Er kommt vermutlich meist als Gründungszweck in die Organisation und entwickelt sich dann über die Jahre in den Kommunikations- und Entscheidungsprozessen mehr oder weniger stark weiter. Oder er gerät in Vergessenheit, ist immer weniger sichtbar und verschwindet hinter anderen Entscheidungsprämissen, weil über lange Zeit nur noch wenige Entscheidungen direkt auf ihn Bezug genommen haben. Insofern ist Purpose ein Teil der aktuellen »Natur« einer Organisation, auch dann, wenn er nur wenig explizite Bedeutung in den aktuellen Entscheidungsprozessen hat. Er ist grundsätzlich jederzeit vorhanden und kann entdeckt werden.

Aber es kann eben, weil er in Organisationen **durch Entscheidung** entsteht, jederzeit auch neu über den Purpose entschieden und einer Organisation ein (veränderter) Purpose gegeben werden. Andernfalls wären solche zwar seltenen, aber eben doch auftretenden radikalen Änderungen des Geschäftszwecks von Unternehmen wie Nokia (vom Gummistiefelhersteller zum Elektronikkonzern) oder Mannesmann (vom Stahlkonzern zum Mobilfunkanbieter) kaum möglich. Je nachdem, welchen Herausforderungen sich eine Organisation auf ihrem Lebensweg stellt und welche Aspekte und Sichtweisen in der Entscheidungskommunikation zum Tragen kommen, wird er gegebenenfalls neu formuliert oder interpretiert werden. Aber da Organisationen in all ihren Entscheidungen immer Bezug auf ihre vorherigen Entscheidungen nehmen müssen, geschieht dies eben nicht völlig beliebig.

DEFINITION

Sinn finden und geben – beide Zugänge sind relevant

- Purpose ist in jeder Organisation entdeckbar, da er mit der Gründung etabliert wurde und sich ab dann evolutionär weiterentwickelt.
- Purpose kann jederzeit neu gegeben und entschieden werden, sofern ausreichend auf bisherige Sinn-Entscheidungen Bezug genommen und Anschlusskommunikation sichergestellt wird.

In Summe sind also beide Zugänge zur Sinnentstehung für Organisationen relevant. Sinn und Zweck sind in jeder Organisation entdeckbar, da sie mit der Gründung etabliert wurden und sich ab dann evolutionär weiterentwickeln. Wenn sie im Lauf der Zeit nicht mehr explizit erkennbar sind, können sie durch Purpose

Quests, einen WHY-Prozess oder andere Methoden wiedergefunden werden. Purpose kann aber jederzeit auch neu gegeben und entschieden werden, sofern es gelingt, in diesem Sinngebungsprozess ausreichend auf bisherige Sinn-Entscheidungen Bezug zu nehmen und vor allem Anschlusskommunikation (evolutionär: Selektion und Retention) sicherzustellen. Das heißt, dass sich darauf folgende Entscheidungen, zum Beispiel strategische Ziele oder Umsetzungsprojekte, tatsächlich auf diesen veränderten Purpose beziehen.

Das ist anspruchsvoll! Dafür und für Sinnfindung und Sinngebung haben Purpose Driven Organizations ein vielfältiges Repertoire an Purpose-Routinen und Werkzeugen entwickelt. Es gibt für Purpose-Findung und Purpose-Weiterentwicklung viele unterschiedliche **Praktiken**, um Purpose immer wieder zu thematisieren, zu schärfen, neu zu interpretieren oder auch, um einen vergessenen Purpose wieder ans Tageslicht zu befördern. Eine ganze Reihe dieser Werkzeuge beschreiben wir im letzten Teil 4 dieses Buchs (siehe Kapitel 12). Daher stellen wir an dieser Stellte nur zwei zur Veranschaulichung dar.

WHY-Prozess

In dem von Sinek und Kollegen entwickelten WHY-Prozess können Individuen, Teams und Organisationen ihren **Purpose finden**, indem sie ihre bisherige Geschichte sorgfältig auswerten und darin versteckte Sinn-Muster herausarbeiten (Sinek/Docker/Mead 2017). In einem ersten Schritt dazu werden Storys darüber gesammelt, was die Organisation stark beeinflusst und geprägt hat.

Mit der Leitfrage »Erzählt Geschichten darüber, wann ihr besonders stolz darauf wart, für diese Organisation zu arbeiten« werden Geschichten gesammelt und geteilt: Über Erfahrungen, prägende Ereignisse, wichtige Personen und Weichenstellungen, Höhe- und Tiefpunkte der Firmenentwicklung, aber auch Anekdoten aus dem Alltag, die prägend waren oder die exemplarisch zum Ausdruck bringen, wer und wie die Organisation wirklich ist und worum es in ihr geht. Diese Storys werden in einen Workshop in Kleingruppen zunächst gesammelt und mit allen Teilnehmenden geteilt. Anschließend werden in denselben Kleingruppen diese Geschichten analysiert und ausgewertet: im ersten Schritt mit Fokus auf die Muster, die bezüglich der von der Organisation oder dem Team geleisteten Beiträge sichtbar werden, im zweiten Schritt mit Fokus auf die angestrebten Wirkungen, die in diesen Storys vorkommen. Aus diesen Bestandteilen – Beiträge und Wirkungen – werden dann in einem letzten Schritt Entwürfe von Purpose-Statements ausgearbeitett, die im Anschluss an den Workshop im Alltag erprobt und weiterentwickelt werden.

Wir haben dieses Vorgehen in der letzten Zeit für Individuen, für Teams oder auch in Großgruppenveranstaltungen für ganze Organisationen eingesetzt und sehr gute Erfahrungen damit gemacht. Es lassen sich authentische Purpose-Statements entwickeln, die mit den Mitgliedern einer Organisation resonieren. So haben wir den WHY-Prozess zum **Beispiel** in einer Großveranstaltung mit 180 internationalen Führungskräften eines deutschen Industriekonzerns genutzt.

Der Purpose ihrer Führungsarbeit sollte exploriert werden. In Kleingruppen von acht bis neun Personen wurden zunächst Geschichten gesammelt und ausgetauscht, in denen es darum ging, wann sie besonders stolz darauf waren, als Führungskräfte in dieser Organisation zu arbeiten. Jede erzählte eine Geschichte, die zeigte, wofür »Leadership at its best« steht – keine Allgemeinplätze, sondern konkrete, erlebte Situationen mit realen Personen und Ereignissen. Wir baten dann jede Gruppe, ihre Top Story auszuwählen, mit der die Gruppenmitglieder am meisten in Resonanz gingen, um sie mit den anderen Gruppen im Plenum zu teilen. Was da zutage trat, war überwältigend. Mehr als ein Dutzend faszinierender, berührender und kurzweiliger Geschichten wurden im Plenum vorgestellt. Am Ende der für den Austausch vorgesehenen Zeit waren immer noch einige Geschichten unerzählt, aber der Raum aufgeladen mit Inspiration und Stolz über die eigene Organisation.

Danach ging es wieder zurück in die Gruppen. Sie hatten nun zehn Minuten Zeit, aus ihren Geschichten die spezifischen Beiträge herauszufiltern, die Führung für andere geleistet hatte. Diese wurden als Verben und »Action Phrases« festgehalten, die jeweils die Essenz der Beiträge erfassten. Die fünf wichtigsten wurden von jeder Gruppe in ein Moderationstool eingegeben und von diesem als Word Cloud der Beiträge aller Gruppen auf eine Leinwand projiziert. Trust, Purpose, Inspire, Team und People wurden am häufigsten genannt und kurz im Plenum reflektiert.

In der nächsten Runde gingen die Führungskräfte dann auf die Suche nach den in den Geschichten verborgenen Aussagen über ihre Wirkungen: Was waren die Wirkungen auf andere? Was erlaubten die geleisteten Beiträge der Führung den anderen (z. B. Mitarbeitenden) zu tun oder zu werden? Welchen Unterschied machte Leadership für die Mitarbeitenden und Teams in den Geschichten? Wieder wurden die jeweils fünf wichtigsten Wirkungen jeder Gruppe in einer Word Cloud gesammelt. Satisfaction, Autonomy und Trust, aber auch Engagement, Performance, Pride und Empowerment kamen häufig vor.

Aus den beiden Vorrunden und den gefundenen Begriffen konnten die Gruppen dann in weiteren 20 Minuten ein WHY-Statement entwerfen und anschließend in 15 Minuten auf einem Purpose Board in Form eines Papier-Banners mit farbigem Karton visualisieren. Auf diese Weise hingen nach rund vier Workshopstunden auf einmal 21 WHY-Statements im Raum. Sie wurden von den Teilnehmenden via Moderationstool bewertet. Jede Führungskraft konnte maximal drei Statements auswählen, die für sie besonders stimmig wirkten und die größte positive Resonanz auslösten. Ganz vorne landeten dabei: »Inspiring people to create a better tomorrow« und »Empower teams for inspired solutions«.

Purpose Quest
Eine Purpose Quest ist eine weitere Methode, den Purpose einer Organisation (wieder) zu **entdecken**. Dabei wird versucht, ins Unbewusste und die Geschichte des Kollektivs vorzudringen. Eine Purpose Quest benötigt Zeit und die Bereitschaft für »unkonventionelle Methoden«. In einem drei- oder viertägigen Workshop wird im Kreis repräsentativ ausgewählter Organisationsmitglieder zunächst eine gemeinsame Bestandsaufnahme von Vergangenheit, Gegenwart und Zukunftsszenarien vorgenommen: Wo kommen wir her? Wo stehen wir jetzt? Wie entwickeln sich künftig unser Umfeld und die Herausforderungen? Auf dieser Basis steht dann die Frage im Fokus: Was wollen wir in die Welt bringen?

Purpose Quests versuchen dafür vor allem, Zugang zu Emotionen und Intuition der Teilnehmenden und dem, was sie verbindet, zu finden, etwa durch einen Intuition Walk in der Abenddämmerung, durch Austausch über Erlebnisse und Wahrnehmungen in Kleingruppen und einen assoziativen Dialogprozess, in dem die Assoziationen um eine leere Mitte herum gelegt werden, bis sich der Purpose herauskristallisiert und ausgesprochen werden kann (siehe Kapitel 12.2.1).

6.3 Purpose thematisieren und operationalisieren

Damit Purpose für die täglichen Entscheidungen und das Handeln in Organisationen wirksam werden kann, sollte er noch weiter **konkretisiert** werden. Der zum Beispiel im Rahmen eines WHY-Prozesses entdeckte Purpose ist noch relativ abstrakt und allgemein formuliert. Das ist insofern sinnvoll, da er so stärker als Trigger und Inspirationsquelle für die evolutionäre Weiterentwicklung der Organisation wirken kann, als wenn er ganz konkret und eng formuliert wäre. Allerdings führt das auch dazu, dass sich konkrete Entscheidungen, etwa darüber, welche Anbietende bei einer Beschaffung bevorzugt werden soll, welche neuen Features in der nächsten Produktgeneration integriert werden oder ob einer Mitarbeitenden eine Gehaltserhöhung gewährt werden soll, nur bedingt daran orientieren und damit begründen lassen.

Handhabbarer Purpose
Vielmehr muss **Purpose** durch ein Herunterbrechen auf Unterzwecke **operationalisiert und damit handhabbar gemacht werden**, wodurch er für einzelne Themen, Aufgabenstellungen und Bereiche konkretisiert und greifbarer wird. Darüber hinaus sollten immer wieder Gelegenheiten geschaffen werden, sich mit dem Purpose auseinanderzusetzen. Dafür werden **Purpose-Routinen** etabliert und genutzt, die den Purpose in den Fokus der Aufmerksamkeit rücken.

Der nächste Schritt nach einem WHY-Prozess oder einer Purpose Quest ist daher, den gefundenen Purpose auf die verschiedenen Bereiche und Aktivitäten der Organisation herunterzubrechen und zu **operationalisieren**. Was können zum Beispiel Produktion, Einkauf oder Vertrieb beitragen, wenn der Purpose darin besteht, den Status quo zu hinterfragen, anders zu denken und einfachere Lösungen zu entwickeln, wie etwa bei Apple? Was bedeutet es für die verschiedenen Rollen und Teams, wenn es wie beim Start-up soulbottles darum geht, Menschen zu nachhaltigem Handeln und Konsum zu motivieren? Die Deutsche Kammerphilharmonie Bremen operationalisiert ihren Purpose »Klassische Musik so lebendig wie möglich spielen« auf überraschende Weise. Das Profiorchester probt in der Aula einer Gesamtschule mitten im sozialen Brennpunkt der Stadt. Die Auseinandersetzung mit sozialer Benachteiligung, Armut und Gewaltbereitschaft bringt die Musikerinnen näher an biografische Erfahrungen der Komponisten, die in deren Werke einflossen. So kann lebendiges Spiel entstehen.

Organisationssysteme wie Holacracy versuchen, für die Operationalisierung des Purpose einen Rahmen zu schaffen, indem für jede Rolle und jeden Kreis ein Purpose definiert wird, der beschreibt, wie diese Rolle zum Gesamt-Purpose beiträgt und welche Wirkung oder welches ultimative Ziel sie anstreben sollte (siehe Kapitel 12.1.2). In Purpose Driven Organizations gehen Programme bei der Steuerung des Entscheidungsflusses und der Entwicklung der Organisationsstrukturen auf Dauer in Führung. Sie werden zur dominanten Prämissenart, indem Purpose als **Treiber, Orientierungs- und Richtungsgeber** für die Selbststeuerung im Fokus der Aufmerksamkeit gehalten wird. Purpose wird zudem als Ausgangs- und Orientierungspunkt für andere Prämissenarten festgelegt, etwa im Rahmen von Prozessen und Regeln für Entscheidungen über diese Prämissen. So wird der Purpose einer Rolle oder Stelle zu einem wesentlichen Element für die Definition dieser Rolle. Bei Holacracy zum Beispiel sind Personen, die Rollen energetisieren, grundsätzlich autorisiert, alle Entscheidungen zu treffen, die dem Purpose ihrer Rolle dienen. Rollen-Fit wird primär daran gemessen, wie gut eine Person den Purpose der Rolle energetisiert.

Aber so klar und logisch sich das auch anhört: Purpose Driven Organizations richten sich zwar an Zwecken aus und brechen sie auf Unterzwecke herunter. Sie sind sich aber auch bewusst, dass diese im Organisationsleben nie eindeutig sein können. Es gilt immer, eine Reihe verschiedener Zwecke der unterschiedlichen Umwelten und Stakeholder – intern und extern – zu befriedigen. Zwecke und Mittel lassen sich nie eindeutig aufeinander beziehen. Mittel können zu (Selbst-)Zwecken werden und auch Oberzwecke (Purpose) entwickeln sich evolutionär weiter. Statt mit absoluter Stringenz und Zweckmäßigkeit zu rechnen, werden Beobachtungs- und Reflexionsprozesse eingerichtet und Unschärfe toleriert. So dient Purpose gerade durch ein gewisses Maß an Unschärfe und Unbestimmtheit als Trigger für Variationen (z. B. neue Geschäfts- oder Produktideen), die die evolutionäre Weiterentwicklung stimulieren.

Purpose-Routinen

Purpose Driven Organizations etablieren eine ganze Reihe unterschiedlicher Praktiken, mit deren Hilfe Purpose regelmäßig zum Thema gemacht, in der **Aufmerksamkeit** gehalten und weiterentwickelt wird. Wir nennen diese Praktiken Purpose-Routinen. Sie dienen der Sinnpflege, indem Purpose und Entscheidungen über ihn immer wieder zum Thema werden, statt einfach zu unterstellen, dass der in der Gründungsphase der Organisation festgelegte Zweck noch ausreichend Orientierung bietet.

Purpose-Routinen **beobachten und reflektieren** die Sinnorientierung operativer Entscheidungen. Im Wesentlichen werden dabei Kommunikationswege, soziale Räume und **Settings** geschaffen, in denen über Purpose gesprochen werden kann. Einfache Purpose-Routinen sind zum Beispiel eine regelmäßige Onlinebefragung aller Organisationsmitglieder (Wie gut ist die Organisation bezüglich ihres Purpose unterwegs?) oder die Check-out-Frage an alle Teilnehmenden am Ende eines Meetings: Inwieweit hat das Meeting unserem Purpose gedient? (siehe Kapitel 12.2.2.1). Aber auch Workshops, in denen mittels WHY-Prozess oder Purpose Quest an der Konkretisierung oder Neuformulierung des Purpose gearbeitet wird, gehören streng genommen zu den Purpose-Routinen. Diese aufwendigen Purpose-Workshops allein reichen aber nicht aus, um Purpose in der Aufmerksamkeit zu halten und ihn in der Organisation als Entscheidungsprämisse nutzbar zu machen. Dazu dient vielmehr eine Reihe von Tools und Praktiken, die in den Alltag einer Organisation eingebaut werden.

Häufig wird dabei von »**Sensing**« und »Purpose Fit« gesprochen. Es geht darum, die Aufmerksamkeit und Kommunikation auf Abweichungen zu lenken, um die evolutionäre Weiterentwicklung zu fördern. Schon kleine Abweichungen können in komplexen Systemen besonderen Signalcharakter haben, da sie auf den Beginn von Turbulenzen hinweisen. Daher müssen Einrichtungen für die Unterscheidung zwischen Normalverlauf und alarmierenden Zeichen geschaffen werden (Luhmann 2000, S. 318). Widersprüche und Abweichungen von Erwartungen (z. B. vom Purpose) werden damit scharf gestellt, anstatt sie durch Maßnahmen schnell ausgleichen zu wollen. Das können negative Auffälligkeiten sein, etwa wenn ein Plan nicht aufgeht oder die Kundinnenbeschwerden zunehmen. Es geht aber genauso um bislang wenig erkannte Chancen und Potenziale, etwa ungenutzte Verbesserungsmöglichkeiten durch Digitalisierung oder innovative Ideen für neue Produkte und Geschäftsfelder.

Bei negativen wie positiven Auffälligkeiten steht die Frage im Mittelpunkt, worauf sich die Aufmerksamkeit und Kommunikation in der Organisation richtet und was prozessiert wird – nur das normal Erwartbare oder auch das andere Neue. Holacracy bezeichnet das als **Prozessieren von Spannungen** (Tensions) und legt eine hohe Aufmerksamkeit darauf, dies zu fördern. Die Stimmigkeit von Entscheidungen und Prämissen bezüglich des Purpose wird zum wesentlichen Kriterium im Erspüren von (Entwicklungs-)Spannungen: »Does it serve the purpose?«. Aber auch **Kennzahlen**, die regelmäßig darüber informieren, wie gut die Zwecke erreicht werden, sind hilfreich.

Allerdings fällt es leichter, für konkrete Ziele, deren Erreichung quantifiziert werden kann, wie Kundinnenzufriedenheit, Produktqualität oder Krankheitstage von Mitarbeitenden, Kennzahlen zu formulieren, als für den Purpose selbst, der meist nur qualitativ erfassbar ist. Eine Ausnahme ist die Firma Ökofrost (siehe Kapitel 11.4.2). Auf der Suche nach einer Kennzahl für das Erreichen des Purpose wurde Ökofrost in der Gemeinwohlökonomie fündig: Die gemessenen Werte einer **Gemeinwohlbilanz** decken sich mit den Werten, die hinter dem Purpose »Gesunde Entwicklung« stecken. Seither erstellt Ökofrost regelmäßig eine Gemeinwohlbilanz, um das Erreichen des Purpose zu messen (siehe Kapitel 12.2.2.1).

Alternativ zu einer quantitativen Kennzahl kann über Befragung von Mitarbeitenden und anderen Stakeholdern mittels Skalenfragen eine Kennzahl formuliert und deren Entwicklung beobachtet werden. So kann die oben beschriebene monatliche Befragung aller Mitarbeitenden »Wie gut ist die Organisation bezüglich ihres Purpose unterwegs – auf einer Skala von 1 (schlecht) bis 10 (sehr gut)?« den Einstieg in eine fundiertere Bestandsaufnahme bezüglich Abweichungen ermöglichen. Ähnliches gilt auch für die genannte **Check-out-Frage** am Ende eines Meetings, wenn alle Beteiligten eine Einschätzung abgeben, wie gut das Meeting dem Purpose gedient hat. Solche Reflexionsschleifen dienen nicht nur der Situationsdiagnose und dem Aufspüren von Entwicklungspotenzialen. Sie sorgen auch unmittelbar dafür, dass der Purpose thematisiert und seine Bedeutung aktualisiert und interpretiert wird.

6.4 Raum für Purpose schaffen

Purpose Driven Organizations arbeiten aber nicht nur am und mit Purpose. Sie richten auch die anderen Entscheidungsprogramme in spezifischer Weise aus, damit Purpose als dominantes Programm seine Wirkung entfalten kann. Am stärksten tun sie das, indem sie vor allem auf Zweckprogramme setzen und auf Konditionalprogramme weitgehend verzichten. Bis auf wenige Ausnahmen (z. B. die Kodifizierung der Prozesse der Selbstorganisation) werden Konditionalprogramme vermieden, da sie den Handlungsspielraum der Personen deutlich stärker einschränken.

Zweckprogramme definieren das erwartete Ergebnis, lassen aber die Wahl der Mittel und Wege zur Erreichung offen. Sie erhöhen damit die organisationale Flexibilität und rücken den Purpose in den Mittelpunkt der Aufmerksamkeit. Dabei wird, was die Unbestimmtheit und Offenheit betrifft, über konventionelle Zielvereinbarungen deutlich hinausgegangen. Es werden **allgemeine Formulierungen** verwendet anstatt rigide oder enge Zweck- und Zielfestlegungen (à la SMART-Regel, die fordert, dass Ziele stets spezifisch, messbar, akzeptierbar, realistisch und terminbezogen formuliert werden sollen). So mag der Zweck eines Projekts oder einer Stelle mit »Markenbekanntheit steigern« für eine Purpose Driven Organization völlig hinreichend formuliert sein. In klassischen Bürokratien wäre das geradezu unprofessionell. Stellen bzw. Rollen werden beispielsweise in einer holakratischen Organisation durch ihren Purpose definiert und durch (wenige) Zuständigkeiten und (sehr wenige) exklusive Entscheidungsrechte ergänzt. Das lässt den Rolleninhaberinnen große Entscheidungsspielräume, sinnorientiert zu agieren.

Eine zweite Praktik, um Raum für Purpose zu schaffen, ist die **Zwei-Horizonte-Programmierung**. Entscheidungsprogramme dienen primär dazu, einen **Sense of Direction** in der Organisation zu entfalten. Es geht um Orientierung und Ausrichtung, nicht um Planung und Kontrolle der Planumsetzung. Programme fokussieren daher vor allem auf langfristige und grundsätzliche Aspekte und Erwartungen im Sinn ultimativer, übergeordneter und für längere Zeit gültiger Ziele und Zwecke. Dieser langfristige und abstrakte Horizont wird durch kurzfristige Aktivitäten und Initiativen ergänzt, die im Sinn von gangbaren nächsten Schritten eine Entwicklung in Richtung des Purpose und des Lernens fördern sollen.

Mittelfristige Programme wie Dreijahresstrategien oder Businesspläne, die zeitlich und vom Abstraktionsgrad her zwischen diesen beiden Horizonten angesiedelt sind, verlieren weitgehend an Bedeutung. Purpose Driven Organizations planen wenig. Stattdessen lenken sie die Aufmerksamkeit auf den Sinn und Zweck und auf das konkrete Handeln. Statt ausgefeilte Strategien und strategische Planungsprozesse werden Experimente gestartet und mit Mitteln ausgestattet, um neue Produkte oder Geschäftsmodelle im Marktumfeld zu erproben und Marktchancen zu explorieren.

Purpose Driven Organizations setzen zudem auf **Transparenz,** auch in ökonomischen Fragen, und **verzichten weitgehend auf Budgets**. So plant auch dm-drogerie markt bewusst nicht mit Budgets. Damit soll vermieden werden, dass Sinnvolles unterbleibt, nur weil das Budget nicht reicht. Stattdessen wird bei neuen Ideen abgeklopft, ob die wirtschaftliche Situation eine Weiterverfolgung ermöglicht. Das heißt, dass in jedem Einzelfall neu geprüft wird, was jetzt sinnvoll erscheint. Damit dies gelingt, sorgen Purpose Driven Organizations für ein hohes Maß an Transparenz, auch was die wirtschaftlichen Kennzahlen betrifft. Bei dm-drogerie markt weiß jede Filiale und jede Mitarbeitende, wo sie ökonomisch stehen und wie sich das Geschäft in der letzten Zeit entwickelt hat.

Letztlich wird auch durch **entwicklungsförderliche Entscheidungsregeln** Raum für Purpose geschaffen. Dabei handelt es sich um (konditionale) Entscheidungsprogramme, die (dauerhaft) Entscheidungsregeln für spezifische Kontexte und Situationen festlegen. Dazu gehören insbesondere (siehe auch Kapitel 12.2.3):

- **Entscheidungskriterien**, die Innovation und Weiterentwicklung favorisieren und irreparable Schäden vermeiden sollen (z. B. »Safe enough to try« als dominantes Entscheidungskriterium),
- Anforderungen für das **Zustandekommen** von Entscheidungen, zum Beispiel die Bedingung, bei divergierenden Meinungen, Konsens (Zustimmung aller) zu erzielen oder Konsent (keine berechtigten Einwände) als ausreichend zu betrachten,
- Entscheidungsverfahren für **Team- oder Gruppenentscheidungen**, die als Konditionalprogramme den Ablauf von Entscheidungsprozessen festlegen (z. B. der Integrative-Decision-Making-Prozess im Holacracy Governance Meeting oder der soziokratische Drei-Runden-Prozess),
- Entscheidungsverfahren für **Entscheidungen durch Einzelne**, die vorschreiben, Meinung und Rat anderer Rollen- oder Know-how-Trägerinnen einzuholen, bevor eine Entscheidung getroffen wird.

Letzteres wurde als Advice Process bekannt, da Unternehmen wie der französische Automobilzulieferer FAVI oder der amerikanische Energiekonzern AES solche Entscheidungsregeln für alle Arten von zu treffenden Entscheidungen vorgeben und so für maximale Autonomie und Verteilung von Autorität sorgen (Laloux 2014, S. 99 ff.). Aber auch andere Organisationen nutzen sie für ausgewählte Entscheidungssituationen, etwa indem sie für schwierig zu revidierende Entscheidungen die Konsultation aller Rollen vorschreiben, von denen relevanter oder hilfreicher Input zu erwarten ist.

7 Zweite Disziplin: Kodifizierte Selbstorganisation

Damit sich der Purpose in der Organisation entfalten kann, gehen Purpose Driven Organizations auch bei der Ausgestaltung von Hierarchieebenen und Rollen sowie in der Gestaltung von Kommunikationswegen neue Wege. Dabei scheint es zunächst einmal weniger wichtig, woher die Organisation kommt. Egal ob es sich um große, etablierte Industrieunternehmen wie die Bosch Power Tools handelt, um kleine bis mittelgroße Firmen, die seit mehr als einem Jahrzehnt bestehen, wie Ökofrost und Traum-Ferienwohnungen oder Start-ups wie EMPAUA oder soulbottles: Sie alle beschreiten ähnliche Wege, um sich zu organisieren, und kommen zu vergleichbaren Lösungen.

In der konkreten Ausgestaltung und im Detail mögen sie sich unterscheiden, aber die Muster sind gleich: Sie setzen konsequent auf **Autonomie** und **verteilte Autorität**, ohne dabei zu vernachlässigen, die Erwartungen an das Entscheidungsverhalten und Handeln der Mitarbeitenden klar zu machen. Damit verzichten sie – wenn auch in unterschiedlichem Ausmaß – auf Hierarchie und bringen unterschiedliche Fachkompetenzen in weitgehend autonom und selbstorganisiert arbeitenden **Teams** zusammen. Sie achten sorgsam darauf, Motivation und Engagement durch Freiräume und sinnstiftende Tätigkeiten zu fördern. Und gleichzeitig lenken sie die alltäglichen Entscheidungen und Handlungen der Führenden und Mitarbeitenden durch permanentes **Klären der Erwartungen** und Weiterentwickeln von **Rollen und Spielregeln** konsequent Richtung Purpose.

Wie sich eine Organisation organisiert, ist für viele Unternehmen, Verwaltungen, Schulen und Non-Profit-Organisationen zu einer Schlüsselfrage geworden. Unter Schlagworten wie Kundinnenorientierung, Selbstorganisation oder Lean Management sind in den letzten Jahren zahlreiche Methoden und Ansätze entwickelt und erprobt worden, die für mehr Kundinnen- und Zielorientierung, höhere Flexibilität und Geschwindigkeit und für eine Verschlankung von Strukturen und Kosten sorgen sollen.

Eine Organisation muss nicht von vornherein purpose-orientiert sein, um sich damit auseinanderzusetzen. Viele Organisationen treiben Agilisierungsprogramme voran und experimentieren mit Methoden wie Scrum, Design Thinking, Kanban oder Lean Management, die bei der operativen Organisation von Projekten, Produktentwicklung, Produktionsprozessen oder dem Tagesgeschäft ansetzen. Besondere Aufmerksamkeit haben in den letzten Jahren außerdem Selbstorganisationssysteme wie Holacracy oder Soziokratie erfahren. Sie liefern Rahmenbedingungen und Spielregeln für den Prozess des Organisierens und die Gestaltung der Kommunikationswege und Entscheidungsprozesse (siehe Kapitel 12.1).

Egal ob Organisationen an der Agilisierung der Anwendungs- und Softwareentwicklung oder der organisationalen Betriebsmodelle arbeiten, stets versuchen sie,

Organisationspraktiken	Ausgestaltung
Autonomie ermöglichen und Autorität verteilen	• Mitglieder und Teams sind weitgehend autonom und autorisiert, ihre Arbeit selbst zu strukturieren. • Autorität liegt dort, wo der Bedarf zu entscheiden entsteht.
Hochfrequenz-organisieren und Lernen	• Ständig laufender Prozess des Organisierens (z. B. Governance-Prozess in Holacracy), • Stabiler Prozess des Organisierens ersetzt Stabilität der Struktur, iteratives Vorgehen mit Fokus auf *nächsten* Schritt zur Lösung *einer* Spannung.
Selbstorganisations-prozess nach fixen Regeln	• Erwartungen an Rollen und Mitglieder werden in Selbstorganisation koordiniert. • Modelle für den Prozess des Organisierens sind im Fokus. • Ablauf, Entscheidungsregeln und Rahmen für Selbstorganisation werden rigide und klar geregelt.
Teams und Kreise als Nukleus	• Selbstorganisierte Teams werden als Grundbaustein der Organisation betrachtet. • Hierarchische Überlappung von Teams ermöglicht Herunterbrechen des Purpose. • Unterschiedlich: Was wird im Team gemeinsam und was durch Einzelne entschieden? • Hohe Besprechungsqualität durch offene, intensive und kritische Diskussion vor einer Entscheidung sowie vollständiges Commitement und Engagement aller nach einer Entscheidung (»Fight & Unite«).
Koordination ohne Hierarchien	• Teamübergreifende Koordination durch Vorgesetzte wird ersetzt durch: – Autonomie und Verteilung von Autorität, – Teamarbeit und informelle Teamprozesse, – digitale Informations- und Kommunikationssysteme.
Räume für Kontakt und Beziehung schaffen	• Förderung des informalen Austauschs (Community Space). • Beziehungen und persönliche Konflikte werden geklärt (z. B. Personal Relation Meeting).

Abb. 10: Kodifizierte Selbstorganisation – Praktiken und Ausgestaltung

folgende **Prinzipien agilen Arbeitens** zu implementieren: iterative Entwicklung, häufige Releases, Fokus auf die Kundinnen und das Empowerment interdisziplinärer Teams, die funktionsübergreifend zusammenarbeiten, sowie das Experimentieren mithilfe von Prototypen, wo Erproben und Lernen vor detaillierter Planung geht (Handscomb et al. 2018, S. 2).

Die Beispiele aus verschiedenen Organisationen und unsere eigenen Erfahrungen zeigen, dass diese Prinzipien auch auf dem Weg zur Purpose Driven Organization relevant sind. Damit sich Purpose in einer Organisation entfalten kann und damit der evolutionäre Entwicklungsprozess dahin unterstützt wird, braucht es iterative Entwicklungszyklen, häufige Lernexperimente mit Prototypen, die »safe enough to try« sind, cross-funktionale Teams, Gestaltungsfreiräume für die Mitarbeitenden sowie einen klaren Fokus auf die Kundinnen oder Stakeholder, zu deren Leben die Organisation einen Beitrag liefern will. Das gilt für die Entwicklung der Leistungen und Produkte genauso wie für die Entwicklung der Organisationsstrukturen und ihrer Entscheidungsprämissen.

Build-Measure-Learn, das Motto der Lean-Start-up-Bewegung, erscheint uns hier passend – für junge wie für etablierte Purpose Driven Organizations. Fast immer bedeutet dies auch die Abkehr von etablierten und in der Vergangenheit bewährten Arbeitsweisen und Strukturen. Dabei führt sicherlich nicht ein einziger richtiger Weg weiter. Dazu sind die Lebenswege und Situationen von Organisationen zu unterschiedlich und zu prägend dafür, wie die jeweilige Reise weitergehen und Veränderung gestaltet werden kann. Dennoch sind eine ganze Reihe von Praktiken vorhanden, die sich bewährt haben und die in nahezu allen Purpose Driven Organizations mehr oder weniger leicht erkennbar gelebt werden, wie Abbildung 10 zeigt.

7.1 Autonomie ermöglichen und Autorität verteilen

Die erste dieser Praktiken war für viele der Organisationen ein wesentlicher Beweggrund, sich mit neuen Organisationsansätzen zu befassen: Das Ermöglichen von mehr **Autonomie** und **Entscheidungsfreiräumen** für die Mitarbeitenden.

So startete Bosch Power Tools die Suche nach anpassungsfähigeren Organisationsformen, weil sie die bisherige funktionale Silostruktur aufbrechen und für mehr Autonomie der Mitarbeitenden sorgen wollte. Ein anspruchsvolles Vorhaben in einer Hierarchie mit sieben Ebenen und zugleich keine Ausnahme, da die meisten unserer Konzernkundinnen an dieser Frage experimentieren. Auch die Firma dm-drogerie markt sah in der Verteilung von Entscheidungskompetenzen an die Filialteams einen wesentlichen Hebel, um den sozialen Organismus zu entwickeln, der Mitarbeitenden Selbstverantwortung und Selbstentfaltung ermöglicht. So soll Raum für Ideen, persönlichen Purpose und besondere Fähigkeiten der Mitarbeitenden geschaffen werden. Der Purpose liefert dafür eine grobe Orientierung und Ausrichtung, ohne allzu sehr einzuengen. Die autonome Selbstorganisation ermöglicht damit, zwei Bezugspunkte miteinander zu verknüpfen: Den Purpose und die vorhandenen Potenziale, die ihm dienen könnten. So entsteht für die Mitglieder auch die Möglichkeit, ihre Arbeit stärker an die eigenen Bedürfnisse und Wünsche anzupassen.

Autonomie und **verteilte Autorität** bedeuten dabei letztlich nichts anderes, als Entscheidungskompetenzen möglichst dorthin zu verlagern, wo der Bedarf zu entscheiden entsteht, statt eine Entscheidung oder die Freigabe einer Entscheidung durch Vorgesetzte vorzuschreiben. Wenn Organisationen modernisiert werden sollen, ist Autonomie seit Jahrzehnten eine der Schlüsselforderungen. Flache Hierarchien, Dezentralisierung von Entscheidungskompetenzen und Empowerment sind übliche Schlagworte in Reformprogrammen von Organisationen. Damit zum Beispiel kundinnen- und serviceorientierter gehandelt werden kann, sollen Mitarbeitende ausreichend Freiräume haben, um kundinnenorientiert entscheiden und sich serviceorientiert verhalten zu können. Wenn bei der Beschwerdehotline eine wütende Kundin einen raschen Ersatz für ihr nichtfunktionierendes Gerät fordert, wird die Mitarbeitende im Callcenter sie kaum damit besänftigen können, dass sie erst ihre Vorgesetzte oder deren Chefin um die Freigabe für eine kostenlose Ersatzlieferung bitten müsse. Auch im Vertrieb wird es schwierig, rasch auf Anfragen zu reagieren, wenn Mitarbeitende den Kundinnen nur nach Rücksprache individuelle Angebote machen können, die von den Standardleistungen und -preisen abweichen. Oder wenn sie in Preisverhandlungen keine ausreichenden Entscheidungskompetenzen haben, um entsprechende Vorschläge und Zugeständnisse machen zu können. »Von diesen Überlegungen ausgehend macht es Sinn, Kompetenzen möglichst dort hinzubringen, wo sie im Entscheidungsprozess benötigt werden«, meint Niklas Luhmann (Luhmann 2000, S. 319).

Das Verteilen von Autorität auf niedrigere Hierarchieebenen ist eine seit Langem propagierte, unserer Erfahrung nach aber nicht im gleichen Ausmaß praktizierte Empfehlung. Es geht darum, »die Kommunikationswege zu verkürzen und zugleich vorhandene (oder animierbare) Kompetenzen besser zu nutzen« (Luhmann 2000, S. 319). Die Mitarbeitenden werden autorisiert, selbst zu entscheiden, ohne Rücksprache mit Vorgesetzten oder einem Entscheidungsgremium.

Es gibt dabei einen großen Unterschied zur Delegation durch die Vorgesetzte oder zu Empowerment-Ansätzen: Autonomie und die Verteilung von Autorität im Sinn unserer zweiten Disziplin bedeutet, dass die Entscheidungskompetenz **dauerhaft und verbindlich** zu den Mitarbeitenden wandert. Sie wird Teil der Rolle und kann nicht von der Chefin wieder an sich gezogen werden. Mitarbeitende zu empowern bedeutet hingegen immer auch, dass ihnen die Kompetenz ohne langes Prozedere wieder entzogen werden kann.

Purpose Driven Organizations gehen hier einen radikalen Schritt weiter. Besonders deutlich wird das an Beispielen wie Bosch Power Tools. Dort wurden mit der Verteilung von Autorität und der Schaffung von mehr Autonomie auch Führungsebenen abgeschafft, bei denen vorher die Entscheidungskompetenzen lagen. Kommunikationswege werden enorm verkürzt, wenn eine Entscheidung nicht mehr mit der Chefin abgestimmt oder durch mehrere Gremien abgesegnet werden muss. Der Dienstweg wird kürzer oder er entfällt ganz, wenn fachliche und hierarchische Entscheidungskompetenz nicht mehr getrennt werden.

Holacracy macht das zu einer Basis des organisationalen Betriebssystems: Distributed Authority, die Verteilung von Entscheidungskompetenzen an die Stellen, wo der Bedarf zu entscheiden entsteht. Im Callcenter an die Agents, im Vertrieb an die Außendienstlerinnen und in allen anderen Teilen der Organisation an die Rollen an der Frontline. Wer für etwas zuständig ist, also dessen Rolle eine entsprechende Accountability oder Purpose hat, ist autorisiert, die dafür notwendigen Entscheidungen zu treffen. Wenn die Rolle beispielsweise für den Firmennewsletter zuständig ist, ist sie nicht nur für ihn verantwortlich und muss die damit verbundenen Arbeiten erledigen. Sie kann auch entscheiden, wie der Newsletter aussieht, wann und wie oft er verschickt wird und was drinnen steht – zumindest solange, wie diese Entscheidungskompetenzen nicht durch weitere Regelungen wieder beschränkt werden.

Dadurch werden die für Entscheidungen erforderlichen Kommunikationswege durch die Instanzen maximal verkürzt. **Fachliche und hierarchische Entscheidungskompetenz** fallen weitgehend zusammen. Auf eine Trennung von Aufgaben, Kompetenzen und Verantwortung, wie sie oft in klassischen Stellenbeschreibungen zu finden ist, wird verzichtet. Die Gestaltung der Aufbauorganisation folgt dem **Subsidiaritätsprinzip** als systemischem Ordnungsprinzip: Eine hierarchisch höhere und größere Organisationseinheit zieht keinerlei Funktionen und Kompetenzen an sich, die auch von niedrigeren oder kleineren Organisationseinheiten effizient ausgeführt werden können.

Die Beispiele zeigen aber auch, dass Autonomie nicht zwangsläufig den Verzicht auf Struktur bedeutet. Gerade Organisationssysteme wie Holacracy versuchen, der Enthierarchisierung und Verteilung von Autorität **Struktur zu geben**. Sie entmachten nicht nur bisherige Führungskräfte und -ebenen, sondern spezifizieren auch, wohin die Entscheidungsautorität wandert und wer stattdessen künftig in der Organisation (z. B. über den Newsletter) entscheiden kann. Bei Bosch Power Tools oder Traum-Ferienwohnungen sind es operative Teams, die autorisiert werden, Entscheidungen zu treffen, die bislang der Hierarchie vorbehalten waren.

In holakratischen Organisationen wird im Organisationsprozess konkretisiert, welche Rolle die Autorität zu entscheiden hat, indem einer Rolle durch entsprechenden Purpose oder Zuständigkeiten ein bestimmtes Entscheidungsprogramm zugeordnet wird. Wie detailliert sie das tun, ist eine Frage der Zweckmäßigkeit und der Organisationskultur. Nicht jede Kleinigkeit, die zu entscheiden wäre, wird sinnvollerweise auch genau geregelt. Auch in der hierarchischen Organisation ist in der Regel nicht jede Einzelheit explizit spezifiziert, die eine Vorgesetzte entscheiden kann.

Zugleich geht es bei Autonomie nicht um den völligen Verzicht auf die Regelung von Kompetenzen. Sie werden zwar top-down verteilt, aber es muss klar sein, welche der Rollen oder Teams auf einer Ebene worüber entscheiden kann. Die Arbeitsteilung und Koordination der Zusammenarbeit bleibt nach wie vor ein Thema und lebt von **Klarheit** über die Zuständigkeiten, Spielregeln und wechselseitigen Erwartungen.

Organisationen, die auf Autonomie setzen und Entscheidungskompetenzen weiträumig in der Organisation verteilen, sorgen für eine klare Ausdifferenzierung der **Zuständigkeiten**. Sie ersetzen dadurch zumindest teilweise Kommunikationswege und hierarchische Entscheidungsrollen durch Entscheidungsprogramme für Rollen. Darin wird klarer definiert, welche Zwecke und Ziele zu erreichen sind und was von der Rolle erwartet wird. Eine andere Form, für die **Koordination** von Entscheidungen zu sorgen, sind Konsultationsverfahren. Hier schreiben (konditionale) Entscheidungsprogramme vor, dass vor dem Treffen einer Entscheidung die Meinungen anderer Rollen einzuholen und in der Entscheidungsfindung zu berücksichtigen sind (siehe Kapitel 12.2.3.4).

Die verschiedenen Entscheidungsprämissen können sich also wechselseitig **substituieren** (Kühl 2011, S. 112 f.). So werden im Zuge der Verteilung von Autorität Kommunikationswege nicht nur durch Entscheidungsprogramme ersetzt, sondern teilweise auch durch die Entscheidungsprämissen Personal und Kultur. Denn Subsidiarität und Autonomie stellen hohe Anforderungen an die Personen und die Kultur: Die Organisation muss den einzelnen **Personen** vertrauen und Vertrauen wird zu einem notwendigen Kernwert der Organisationskultur. So legen Purpose Driven Organizations nicht nur beim Recruiting eine große Aufmerksamkeit auf den Purpose Fit zwischen Person und Organisation. Auch bei der Besetzung von Rollen und der Bewertung ihrer Performance liegt darauf hohes Augenmerk. **Kultur** kommt insofern ins Spiel, als die weitreichende Verteilung von Autorität an Mitarbeitende nur in einer von Vertrauen getragenen Kultur als realistisch und sinnvoll erscheint.

Ein wesentliches Mittel, um mit der hohen Autonomie organisatorisch umzugehen, ist die rasche und iterative Anpassung von Arbeitsteilung und Rollen, falls Abweichungen sichtbar oder neue Möglichkeiten erkannt werden oder sich die Situation verändert hat. Damit kommen wir zu einer weiteren Praktik: Purpose Driven Organizations organisieren mit hoher Frequenz und passen Strukturen ständig an.

7.2 Hochfrequenzorganisieren und Lernen

Iterative Weiterentwicklung, das rasche Lernen und Anpassen von Lösungen im Prototyping-Modus und damit häufige Releases und Veränderungen von Zuständigkeiten, Rollen und Kommunikationswegen sind nicht nur für Agilität, sondern auch für eine nachhaltige Orientierung am Purpose relevant. Eine hilfreiche und von uns häufig genutzte Definition von Agilität macht deutlich, wie viel Agilität mit Purpose zu tun hat.

DEFINITION

Agilität
Agilität bedeutet in wechselnden Kontexten rasch und angemessen zu agieren, ohne Sinn und Zweck aus den Augen zu verlieren.

Das hohe Tempo der Veränderungen in einer zunehmend digitalisierten Wirtschaft und die enorme Vielfalt einer globalisierten und hochgradig individualisierten Welt führen dazu, dass sich Organisationen in immer kürzerer Zeit auf immer mehr unterschiedliche Gegebenheiten einstellen müssen. Der schon seit Jahrzehnten spürbare Bedarf, sich kontextgerecht aufzustellen und situativ anzupassen, wird damit nochmal erhöht.

Das rasche Lernen aus Erfahrungen und frühzeitiges Verbessern (**Adaptabilität**) wird in einem solchen Umfeld zu einem zentralen Erfolgsfaktor, um die Bedürfnisse von Kundinnen und anderen Stakeholdern befriedigen zu können. »Das mag vor allem eine stärker situationsbezogene Arbeitsweise nahelegen […]. Die Anforderungen an vorausschauende Festlegung werden abgeschwächt, die Anforderungen an sofortige Transparenz und entsprechende Korrekturmöglichkeiten werden erhöht« (Luhmann 2000, S. 318).

Schnelle Anpassung
Um flexibler und agiler zu werden, müssen Rollen und die Erwartungen an sie oder auch Kommunikationswege zeitnah an veränderte Bedarfe angepasst werden können: Immer dann, wenn **Abweichungen** zwischen dem realen Geschehen und den Zwecken festgestellt werden, sei es in Form ungenutzter Potenziale und Chan-

cen, sei es in Form von Problemen. Letztlich legt das nahe, die **Frequenz des Organisierens zu erhöhen**, anstatt alle paar Jahre einen Reorganisationsprozess aufzusetzen, um damit die Organisation auf die veränderten Gegebenheiten auszurichten. In turbulenten Umfeldern wäre vielmehr eine Reorganisation im Monats- oder Wochenrhythmus nötig: häufige Releases in schnellen, iterativen Lern- und Anpassungszyklen, die die Organisation **in kleinen Schritten aber permanent, evolutionär weiterentwickeln**.

Genau das streben Organisationen wie Bosch Power Tools oder dm-drogerie markt auf der Ebene der Purpose-Teams und Filialen an. Sie geben den Teams weitgehende Entscheidungsfreiräume, nicht nur bezogen darauf, was sie tun, um Kundinnen zu befriedigen und ihren Purpose zu realisieren. Sie lassen sie auch selbst entscheiden, wie sie sich dafür organisieren, um situative Gegebenheiten und Zwecke bestmöglich unter einen Hut zu bringen. Auch EMPAUA, entwickelt nach dem **Build-Measure-Learn**-Modell nicht nur Produkte und Kundinnenanwendungen in raschen, iterativen Zyklen, sondern auch die eigene Organisation. Sämtliche Personalprozesse vom Recruiting über das Onboarding bis zur Gehaltsfindung werden dort auf diese Weise kontinuierlich weiterentwickelt. Neue Ideen werden ausprobiert und auf EMPAUA angepasst und auftauchende Probleme und Spannungen gelöst.

Für traditionelle Organisationen mag es ambitioniert und ungewohnt erscheinen, regelmäßig das Gehaltsmodell und die zugehörigen Prozesse anzupassen, wie es zum Beispiel Traum-Ferienwohnungen getan hat. Für eine Purpose Driven Organization hingegen wäre es unpassend und undenkbar, bis zur nächsten großen Reorganisation zu warten, um eine Lösung zu erproben, die dem Purpose besser dient. Stattdessen wird jederzeit entsprechend dem Prinzip »**Sense and respond**« Entwicklungsspannungen nachgegangen und versucht, sie mit einem kleinen, gangbaren Anpassungsschritt zu lösen.

Purpose und Struktur

Eine hohe Frequenz des Organisierens und eine raschere Anpassung sind gefragt, allerdings ohne Sinn und Zweck aus den Augen zu verlieren (**Agilität**) und ohne die Organisation durch permanente Reorganisation ins Chaos zu stürzen. Zwischen den **Effektivitätsvorteilen** einer laufend an den aktuellen Bedarf angepassten Organisation und den **Effizienzvorteilen** eingespielter und stabiler Prozesse und Arbeitsweisen besteht natürlich ein Trade-off.

Wo sich laufend alles ändert, von den Zuständigkeiten der eigenen Rolle über die Aufteilung der Arbeit zwischen verschiedenen Rollen und Teams bis hin dazu, welche Rollen und Teams es überhaupt gibt, muss nicht nur viel Zeit und Energie fürs Organisieren investiert werden, sondern auch für das Sich-Orientieren in der Organisation.

Unsere eigenen Erfahrungen und die unserer Kundinnen zeigen, dass das laufende Anpassen der Organisation als zeitraubend und belastend erlebt werden kann (z. B. Zoller 2018). Gleichwohl ist es unter Umfeldbedingungen hoher Komplexität, wodurch sich laufend die Anforderungen an die Organisation ändern, unverzichtbar, diese entsprechend zeitnah anzupassen, um effektiv arbeiten zu können. Besonders effizient darin zu werden, die falschen Dinge zu tun, erscheint wenig zielführend.

Governance Meetings

Der Purpose hilft, eine gute Balance zu finden: Geändert wird nicht um der Änderung willen, sondern, um mit Blick auf den Purpose rasch und angemessen auf veränderte Kontexte zu reagieren. Dafür mag ein fixer Rhythmus, wie es Holacracy mit monatlichen Governance Meetings vorsieht, nicht immer passend sein. In diesen Meetings (siehe Kapitel 12.3.2.3) werden **Vorschläge** für die Veränderung von **Rollen** und organisatorischen **Regeln** eingebracht und entschieden. In manchen Situationen ist ein Monatsrhythmus zu viel, weil wenig Veränderungsbedarf besteht. In anderen braucht es eine organisatorische Anpassung zeitnäher, damit Arbeiten weitergehen können. Das wird bei Holacracy dadurch berücksichtigt, dass Governance Meetings von jedem Teammitglied zusätzlich nach Bedarf einberufen werden können und ein Team ebenso beschließen kann, Vorschläge auch schriftlich außerhalb von Meetings zu prozessieren.

In jedem Fall gibt die holakratische Praxis in vielen Organisationen einen Hinweis darauf, was Hochfrequenz bedeutet: Purpose Driven Organizations investieren deutlich mehr **Zeit und Aufmerksamkeit** in einen ständig laufenden Prozess des Organisierens und halten Organisationstrukturen auf diese Art flexibel. Der Organisationsprozess und damit die evolutionäre Weiterentwicklung und Anpassung geht vor Etablierung und Bewahrung fixer Zuständigkeiten und Abläufe. Damit dieser jedoch effizient und effektiv verlaufen kann, werden Leitplanken benötigt, die regeln, wie der Organisationsprozess abläuft. Das führt uns zur dritten Praktik, der kodifizierten Selbstorganisation.

7.3 Selbstorganisationsprozess nach fixen Regeln

Hochfrequenzorganisieren in einer auf Autonomie und verteilte Autorität ausgerichteten Organisation bedeutet zweierlei:

- Zum einen wird die **Kompetenz zu organisieren**, also etwa Rollen, Zuständigkeiten und Kommunikationswege festzulegen, ebenfalls verteilt. Teams organisieren sich selbst, wechselseitige Erwartungen von Rolleninhaberinnen

und die Anforderungen an Rollen und Mitglieder werden durch Selbstorganisationsprozesse im Team, der Abteilung oder der Gesamtorganisation geklärt.
- Zum anderen muss der enorme Freiraum, der mit der Selbstorganisationskompetenz in die Organisation gegeben wird, ausbalanciert werden. Dazu sind Regelungen erforderlich, die zumindest auf der Prozessebene für Ausrichtung und Struktur sorgen. Ohne verbindliche **Regeln, wie organisiert wird**, wären sowohl Ablauf als auch Ergebnis des Organisierens völlig offen und damit der Gruppendynamik innerhalb der Teams ausgeliefert.

Purpose Driven Organizations ziehen hierfür klare Leitplanken ein. Mitglieder und Teams werden zwar weitgehend autorisiert, sich und ihre Arbeit selbst zu strukturieren, aber die Art und Weise, wie sie zu diesen Strukturen kommen, wird geregelt und damit eingeschränkt. Wir nennen das **kodifizierte Selbstorganisation**. Dem Prozess des Organisierens werden Spielregeln verpasst. Das ist ganz anders als in klassischen Organisationen: Hier sind Organisationsstrukturen, Rollen, Zuständigkeiten und Kommunikationswege klar und für längere Zeit stabil geregelt. Die Reorganisationsprojekte und -prozesse, aus denen sie hervorgehen, werden meist je nach Projektverantwortlichen und aktueller Situation gestaltet – mal top-down, mal stark partizipativ, mal sachbetont, mal stark auf Emotionen und Bedürfnisse der Betroffenen eingehend. Das kann man so machen, wenn lediglich alle paar Jahre reorganisiert wird und die Strukturen in der Zwischenzeit weitgehend unverändert bleiben.

Selbstorganisation in Purpose Driven Organizations dreht den Spieß um: Der **Organisationsprozess** ist klar und für längere Zeit **stabil geregelt**, während sich die Strukturen als Ergebnis dieses Prozesses laufend verändern. So kann Selbstorganisation möglichst effektiv und effizient geschehen und in der gesamten Organisation dauerhaft funktionieren.

Der Organisationsprozess im Fokus

Diese Refokussierung auf den **Prozess des Organisierens** statt auf seine Ergebnisse macht es Organisationen durchaus schwer. Zwar existieren hunderte von Organisationsmodellen und Erklärungen ihrer Vor- und Nachteile, aber bislang nur wenige Modelle für den Organisationsprozess. Erst recht, soweit es nicht um lineare Vorgehensmodelle des Organisationsdesigns für Reorganisationsprojekte geht, sondern um Prozessmodelle, die einen evolutionären Selbstorganisationsprozess dauerhaft anleiten.

Manche Organisationen, die auf Selbstorganisation setzen, entwickeln daher ihre eigenen **Prozessspielregeln**. Der Getränkeproduzent PREMIUM zum Beispiel hat für die Trennung von Mitgliedern festgelegt, dass jede jede andere zum »Rauswurf« nominieren kann. Legt niemand dagegen ein Veto ein, ist die Trennung beschlossen. Eine andere Prozessspielregel ist die »Notstandsregelung für Entscheidungen«. Sie gilt für jene Rollen, von deren Aufgaben die Produktion der Getränke abhängt. Wenn es im Konsensverfahren zu keiner Entscheidung kommt, aber die Zeit drängt, weil produziert werden muss, dürfen diese Rollen eine kurzfristige Einzelentscheidung treffen.

Auch wir bei der Beratergruppe Neuwaldegg haben über längere Zeit erwogen, unser eigenes Regelwerk zu entwickeln. Der Vorteil liegt darin, dass das Regelwerk für die Selbstorganisation an die Gegebenheiten der eigenen Organisation angepasst werden kann. Größter Nachteil ist, dass man dann alle Lernschleifen selbst durchlaufen muss, die andere vielleicht schon durchlaufen haben: Wann und wie sollten Entscheidungen über Rollen und organisatorische Regeln getroffen werden und wer ist dabei einzubeziehen? Nach welchen Spielregeln und in welchen Schritten werden Vorschläge prozessiert? Welche Einwände dagegen sollten besser beachtet werden und welche besser nicht, um überhaupt im Team zu Entscheidungen zu kommen? Was geschieht bei Uneinigkeit, wenn alle involvierten Personen gute Argumente für ihre höchst unterschiedlichen Positionen haben? Welche Aspekte sind überhaupt in Rollenbeschreibungen zu erfassen und wie stellt man sicher, dass alle Beteiligten davon ein einheitliches Verständnis haben?

Damit Selbstorganisation funktionieren kann, braucht eine Organisation eindeutige Antworten auf diese und andere Prozessfragen. Sie werden dann als kodifiziertes Regelwerk für Selbstorganisation beschlossen. Damit entstehen **Entscheidungsprämissen für den Selbstorganisationsprozess**, etwa entsprechende Entscheidungsprogramme (z. B. Definitionen für Rollenbeschreibungen oder Entscheidungsverfahren und -regeln) und Kommunikationswege (z. B. regelmäßige Governance Meetings für organisatorische Entscheidungen über Rollen und Zuständigkeiten).

Regelwerke

Immer mehr Organisationen greifen daher zu einem »fertigen« Regelwerk für Selbstorganisation. Besonders bekannt wurden in den letzten Jahren die Soziokratie und das zum Teil darauf aufbauende Holacracy (siehe Kapitel 12.1). Bei **Holacracy** schreibt die sogenannte »Constitution« Regeln für den Governance-Prozess vor. In der **Soziokratie** finden sich vergleichbar wirkende Regeln, wenngleich weniger umfassend und detailliert vorgegeben.

Der Vorteil liegt darin, dass ein solches Regelwerk direkt verfügbar ist und die darin geronnene Erfahrung vieler Organisationen genutzt werden kann. So wird die Holacracy-Verfassung regelmäßig auf Basis der Erfahrungen aus mittlerweile hunderten Implementierungen weiterentwickelt. Der Nachteil für die Nutzung solcher Regelwerke besteht darin, dass sie nicht auf die eigene Organisation maßgeschneidert sind und erhöhten Aufwand erfordern, um sie zu verstehen und zu erlernen. Diese Erfahrung haben wir selbst gemacht oder auch Organisationen wie EMPAUA und Ökofrost. Ohne externe Unterstützung in der Einführungsphase und interne Expertinnen im weiteren Betrieb lassen sich Systeme wie Holacracy nur mit viel Lehrgeld und Energieverlust einführen.

So unterschiedlich diese Regelwerke für die Selbstorganisation auch sein mögen, im Kern bedeuten sie immer: Teams werden autorisiert, ihre Arbeit und Entscheidungsbefugnisse sowie deren Aufteilung selbst zu organisieren. Die **Prozesse und Spielregeln des Selbstorganisierens**, zum Beispiel wie Entscheidungen über Rollen und Zuständigkeiten zustande kommen, werden jedoch im Gegenzug sehr strikt und klar vorgegeben und nicht dem freien Spiel der Kräfte überlassen.

Fast immer handelt es sich dabei um **Konditionalprogramme** für den Prozess des Organisierens. Wenn eine Rolleninhaberin eine Abweichung zwischen Organisationsrealität und Organisationsmöglichkeiten feststellt, also eine Spannung spürt, kann sie einen Änderungsvorschlag bezüglich Rollen und Regeln im Team einbringen und dieser wird dann (regelgerecht) in einen Reorganisationsoutput verwandelt. Dabei dient in Purpose Driven Organizations der Purpose der Organisation, des Funktionsbereichs, des Teams oder der Rolle als zentraler Bezugspunkt für organisatorische Entscheidungen: »Does it serve the purpose?« wird im Entscheidungsprozess zu einem Schlüsselkriterium.

7.4 Teams als Nukleus

Teams und Gruppen wurden schon früh, etwa bei der Einführung teilautonomer Gruppen, als Proberäume für Selbstorganisation betrachtet. In den vergangenen Jahrzehnten haben dann nahezu alle Organisationen Projektteams genutzt, um komplexere, befristete Aufgabenstellungen in interdisziplinären Teams über Bereichsgrenzen hinweg und außerhalb der etablierten Hierarchien zu bearbeiten.

Teams als Grundbausteine der Organisation

Purpose Driven Organizations gehen noch einen Schritt weiter: Teams oder Gruppen werden als Grundbausteine der Organisation betrachtet. Die gesamte Organisation wird in Form von über-, unter- und nebeneinander stehenden Teams strukturiert. So hat Bosch Power Tools seine Aufbauorganisation in kleinere **Purpose-Teams** aufgebrochen, die jeweils auf einen bestimmten Markt und ein Kundinnenbedürfnis fokussieren. Der damit verbundene Purpose wird von einem interdisziplinären Team in Selbstorganisation verwirklicht. Auch Traum-Ferienwohnungen kam nach einigen Jahren zu dem Schluss, dass eine Weiterentwicklung der Organisation und eine bessere Realisierung des Purpose nur gelingen kann, wenn die funktionalen Silos aufgebrochen und autonome Teams für die Betreuung von Urlauberinnen, Privatvermietenden und gewerblich Anbietenden gebildet werden, die jeweils in direktem Kundinnenkontakt stehen und diese ganzheitlich mit IT-, Marketing- und Supportleistungen betreuen können.

Teams sind in Purpose Driven Organizations der Nukleus der Organisation. Meist sind sie interdisziplinär besetzt, in jedem Fall aber verfolgen sie einen **gemeinsamen Purpose** und organisieren sich für dessen Erreichung selbstständig. In vielen Fällen wird es jedoch sinnvoll sein, auch innerhalb des Teams eine stärkere Ausdifferenzierung der Aufgaben vorzunehmen und sie einzelnen Rollen zuzuordnen. Damit entsteht wiederum die Frage, was durch diese Rollen allein und was gemeinsam im Team entschieden werden soll.

Holacracy zieht dafür eine klare Unterscheidung ein: Operative, strategische und personelle **Entscheidungen** liegen grundsätzlich in der Kompetenz einzelner Rollen und ihrer Trägerinnen. So werden Aushandlungsprozesse minimiert, die Entscheidungsgeschwindigkeit erhöht und die Selbstverantwortung der Rollenträgerinnen gewährleistet. Lediglich organisatorische Entscheidungen (Rollen und Policies) und wenige personelle Entscheidungen (Wahl des Rep Link, Facilitators und Secretary des Kreises) werden gemeinsam im Governance-Prozess des Teams getroffen.

In anderen Organisationsmodellen wie der Soziokratie, wird mehr Wert auf gemeinsame Entscheidungen im Team gelegt. Die Erörterung von Entscheidungen im Diskurs mit allen Betroffenen kann zu mehr Commitment und besseren Entscheidungen führen. Allerdings wird meist mehr Zeit benötigt, um so zu einer Entscheidung zu kommen.

Relation der Teams und Purpose-Hierarchie

Unterschiedlich gestaltet wird auch die Relation der Teams zueinander. In Organisationen, die Holacracy nutzen, wie Ökofrost, soulbottles oder EMPAUA überlappen sich die Teams bzw. Kreise, wie sie dort genannt werden. Es sind nicht alle Kreise auf einer Ebene, sondern es gibt eine Hierarchie der Über- und Unterordnung. Der jeweils übergeordnete Kreis kann Purpose und Zuständigkeiten des untergeordneten definieren. Wie dieser sich dafür organisiert, bleibt seiner Selbstorganisation überlassen. Diese hierarchische Verknüpfung ermöglicht in selbstorganisierten Teams zumindest in gewissen Grenzen eine Top-down-Steuerung und ein Herunterbrechen des Purpose.

Im Kern ist es eine **Hierarchie der Zwecke**. So könnte zum Beispiel ein »Produktkreis« genannter Kreis, der den Purpose verfolgt, Kundinnen mit einfach zu nutzenden Lösungen zu unterstützen, einem »Software-Tool-Kreis« übergeordnet sein, dessen Purpose darin liegt, einfach zu nutzende Software zu entwickeln. Die Softwaretools sind Teil der Gesamtlösungen und dienen zur Erreichung der Zwecke des Produktkreises, der wiederum zur Erreichung des Firmen-Purpose dient. Darüber hinaus wird in Holacracy durch zwei Rollen, die in beiden Kreisen vertreten sind (Lead Link und Rep Link) eine Verknüpfung und **Überlappung** der Kreise erreicht. Die Lead-Link-Rolle wird vom übergeordneten Kreis besetzt und eine Reihe klassischer (Führungs-)Aufgaben, wie Prioritätenfestlegung und Rollenbesetzung im Kreis. Die Rep-Link-Rolle wird von den Kreismitgliedern gewählt und vertritt Anliegen des eigenen Kreises im übergeordneten Kreis. Auch in der Soziokratie sind die Kreise immer doppelt verknüpft. So gibt es in jedem Kreis eine leitende Rolle, die vom übergeordneten Kreis gewählt ist und die den Kreis dort repräsentiert. Sie wirkt von oben nach unten (in Holacracy Lead-Link-Rolle). Darüber hinaus wählt jeder Kreis eine Delegierte, die den Kreis zu Beschlussfassungen im höheren Kreis vertritt. Sie wirkt von unten nach oben (in Holacracy Rep-Link-Rolle).

Produktive Meetings

Ein großer Teil der gemeinsamen Arbeit von Teams findet in Teammeetings statt. Die Leistung und Effektivität eines Teams hängt daher sehr stark von der **Qualität der Besprechungen** ab. Die Realität in den meisten Unternehmen sieht anders aus: Rund 69 Prozent der Mitarbeitenden weltweit erleben Meetings als unproduktiv (Microsoft 2005).

Der Managementprofessor Morton Hansen arbeitete in seiner Studie über Spitzenleistende zwei wesentliche Hebel und Qualitätsmerkmale für produktive Meetings heraus: Teams müssen zum einen vor einer Entscheidung eine **offene, intensive und kritische Diskussion** über die verschiedenen Meinungen, Ideen, Vor- und Nachteile verschiedener Vorschläge und die dahinterliegenden Annahmen führen. Dies ermöglicht, dass das Team die bestmöglichen Lösungen für ein Entscheidungsproblem entwickeln kann und dass das als Gruppendenken bekannte Phänomen verhindert, dass eine Gruppe aus kompetenten Personen gemeinsam zu schlechteren Entscheidungen als die Einzelpersonen gelangt.

Und zum zweiten ist es wesentlich, dass sich nach einer Entscheidung alle hinter die Entscheidung stellen, ihr (auch innerlich) zustimmen und sich persönlich zu 100 Prozent für deren Umsetzung verpflichten (**Commitment**) und engagieren, auch wenn sie vorher anderer Meinung waren. Andernfalls bleiben Entscheidungen bei der Umsetzung auf der Strecke und die Handlungsenergie geht verloren. Hansen nennt dieses Qualitätsprinzip für Besprechungen **»Fight and Unite«** (Hansen 2018, S. 140 ff.). Eine Reihe von Praktiken und Verhaltensweisen unterstützt diese beiden Prinzipien in Teams zu leben. Wir haben sie im Kasten zusammengefasst.

BEISPIEL

Praktiken für eine hohe Besprechungsqualität und Teamentscheidungen
Die produktive und intensive Diskussion über Themen wird gefördert durch:

- größtmögliche Vielfalt der Sichtweisen, Erfahrungen und Meinungen der Teilnehmenden,
- psychologische Sicherheit, alles äußern und ansprechen zu können, was jemand bezüglich des Themas beschäftigt, denkt, empfindet,
- ruhige und introvertierte Teilnehmende zur Äußerung ihrer Ansichten aktivieren,
- als Diskussionsteilnehmende eine Meinung vertreten, ohne die eigene feste Position anderen verkaufen und unbedingt durchsetzen zu wollen,
- offene, nicht-suggestive Fragen stellen, um Ideen, Meinungen und dahinterliegende Annahmen zu explorieren.

Das Commitment zu einer Teamentscheidung und deren Umsetzung wird gefördert durch:

- Sicherstellen, dass jedes Teammitglied vor der Entscheidung wirklich gehört wird,
- sich persönlich zur Entscheidung commiten, ihr innerlich zustimmen und sie umsetzen, insbesondere bei vorher abweichender Meinung (Selbstführung!),
- Primadonnen, die persönliche Interessen bei der Teamentscheidung nicht durchsetzen konnten und die sich daher in weiterer Folge zurückziehen, weniger beitragen oder die Umsetzung durch ihr Verhalten unterminieren, mit ihrem Verhalten und dessen Wirkung konfrontieren sowie diesbezügliche Erwartungen klären,
- gemeinsame Ziele des Teams, vor allem den Purpose, als ordnungs- und orientierungsstiftende Instanzen schärfen,
- Mikropolitik und das nachträgliche Anzweifeln, Hinterfragen oder Unterlaufen von Entscheidungen in informellen Gesprächen unterlassen (Selbstführung!) und durch offenes Ansprechen (z. B. Erwartungen in Selbstorganisationsprozess oder Irritationen in Personal Relation Meeting) unterbinden bzw. die kontraproduktive Wirkung nehmen.

7.5 Koordination ohne Hierarchien

Purpose Driven Organizations sind also nicht hierarchiefrei. Eine Orientierung an ultimativen Oberzielen führt in größeren Organisationen nahezu unvermeidlich zu einem **Herunterbrechen** in Unter- und Unter-Unter-Zwecke für einzelne Fachbereiche, Kreise, Teams oder Rollen. Dabei wird genauer spezifiziert, wie der Purpose der jeweiligen Rolle lautet, also wodurch die Rolle zur Erreichung des übergeordneten Purpose beiträgt. Dadurch entstehen mehr oder weniger plausible oder logische Zweck-Mittel-Ketten und damit eine Hierarchie der Zwecke und der zu ihnen gehörenden Rollen.

Purpose Driven Organizations versuchen, die Funktionen der Hierarchie zu reduzieren und zu vermeiden, dass sie sich im Lauf der Zeit verselbstständigt und zum Selbstzweck wird. Die eigentliche Kernfunktion von Hierarchie in Organisationen lag immer in der **Koordination** der ausdifferenzierten Aufgaben und Rollen. Diese Macht liegt in Purpose Driven Organizations im kodifizierten Selbstorganisationsprozess. Top-down wird nur grob durch Entscheidungen über die Ausdifferenzierung des Purpose in Kreise und Rollen der nächsten Ebene und deren jeweiligem Purpose und Zuständigkeiten koordiniert. Alles darunter obliegt der autonomen Entscheidung dieser Rollen und Kreise. Wie sie sich strukturieren, Aufgaben verteilen und erledigen oder welche spezifischen Regelungen sie dafür treffen, bleibt ihnen überlassen.

Hierarchien werden für horizontale Koordination überflüssig

Immer weniger gebraucht wird Hierarchie als Mittel, um die horizontale **Koordination der Aufgaben und Fachgebiete** in der Organisation vorzunehmen. Sie wird dabei, gerade was operative Entscheidungen im Alltag betrifft, größtenteils durch andere Mittel ersetzt. Vor allem durch die **Verteilung von Autorität** an die Stellen, wo der Bedarf zu entscheiden entsteht, wird Abstimmung im Alltag zu einem guten Teil überflüssig. Teamarbeit, die die hochgradige Arbeitsteilung und Spezialisierung teilweise reduziert und durch selbstorganisierte, informelle **Teamprozesse** ersetzt, macht weniger Koordinationsarbeit durch Hierarchien erforderlich.

Und nicht zuletzt sorgen immer mehr digitale **Informations- und Kommunikationssysteme** für Transparenz und einen leichteren Zugriff auf Informationen und Gesprächspartnerinnen. So werden Dienstwege und Abstimmungstermine zur Informationsbeschaffung unnötig. Verteilte Autorität, Teamarbeit und moderne Technik sorgen dafür, dass Hierarchie immer weniger zur Koordination des Entscheidungsgeschehens in Organisationen gebraucht wird.

Hierarchie als Konfliktlösungsmechanismus

Allerdings mag es sinnvoll sein, einige wenige, darüber hinausgehende Funktionen von Hierarchie weiterhin zu nutzen. Neben der Koordination diente Hierarchie in Organisationen auch als Konfliktlösungsmechanismus und für das Treffen von Mitgliedschaftsentscheidungen (vergleiche Luhmann 2000, S. 322 f.). Beides findet sich weiterhin in Purpose Driven Organizations, wenngleich in unterschiedlichen Formen.

Konflikte zwischen Rollen eines Kreises sind zwischen diesen bzw. im Kreis zu lösen. Sobald aber Konflikte zwischen Rollen verschiedener Kreise auftreten, wird Hierarchie als **Konfliktlösungsmechanismus** relevant. Die Konflikte werden in den übergeordneten Kreis hinauf eskaliert und dann nach dessen Regeln bearbeitet. Auch bei **Entscheidungen über Personen** wird Hierarchie weiterhin genutzt. So werden Rollenbesetzungen in Holacracy von der Rolle »Lead Link« des jeweiligen Kreises getroffen. Entscheidungskompetenzen über Einstellung, Entlassung oder Gehalt werden allerdings an spezifische Fachrollen wie Human Ressources (HR) gegeben (Details zu den Aufgaben und Entscheidungskompetenzen holakratischer Rollen siehe Kapitel 12.1.2).

Andere sinnorientierte Organisationen machen all diese Entscheidungen zu Entscheidungen des jeweiligen Kreises und legen dafür spezielle Prozessregeln fest (siehe Kapitel 8.2). Die konkreten Formen der Konfliktlösung und Personalentscheidung sind ganz verschieden, dennoch spielt in der einen oder anderen Art und Weise Hierarchie nach wie vor eine hilfreiche Rolle.

7.6 Räume für Kontakt und Beziehung schaffen

Selbstorganisationsmodelle leben von der **Trennung zwischen Person und Rolle**. Jedes Organisationsmitglied unterscheidet bewusst:

- In welcher Rolle oder Funktion bin ich gerade unterwegs?
- Was ist der Purpose der Rolle?
- Welche Handlungen sind von ihr zu erwarten?
- Was brauche ich in dieser Rolle von anderen Rollen?

Brian Robertson, der Entwickler von Holacracy, erfand dafür den Begriff der »**Rolation**«. Statt der »Relations« als persönliche Beziehungen zwischen Personen entstehen Beziehungen zwischen Rollen, die miteinander interagieren. Das Persönliche wird möglichst ausgeklammert. Die Besprechungsformate sind strikt getaktet und streng moderiert, denn es geht darum, dass sich Rolleninhaberinnen miteinander abstimmen und Spannungen lösen, die aus den Rollen heraus entstehen, um gut weiterarbeiten zu können.

Selbstorganisationsmodelle wie Holacracy liefern dafür ein Format. Ihr Anspruch ist es, **Formate** für die operative Zusammenarbeit sowie für die gemeinsame Festlegung von Spielregeln anzubieten. Mit diesem Verfahrensset für Selbstorganisation ist jedoch noch lange nicht alles abgedeckt. Was wir aus der eigenen Erfahrung holakratischer Praxis genauso wie in Begleitung unserer Kundinnen erlebt haben, ist die Erkenntnis, dass für den Bereich der Personen und der persönlichen Beziehungen weitere Formate notwendig sind, in denen das Persönliche adressiert wird. Ausklammern funktioniert nicht, solange es noch menschliche Mitarbeitende gibt. Die Trennung zwischen Person und Rolle ist hoch funktional, allerdings nur, wenn auch die Person in der Organisation Ausdrucksformen findet. Das Motto dafür: Sorge für echten Kontakt in Deiner Organisation!

Spagat zwischen Sach- und Personenorientierung

Purpose Driven Organizations müssen sich in gewisser Weise beidhändig organisieren. Früher sprach man einfach von Organisation ad rem (sachorientiert) und ad personam (personenorientiert). Dieses Spannungsfeld ist noch immer vorhanden, auch wenn es gelingt, die Kluft zwischen Sache und Personen durch einen hohen Purpose Fit bei der Personalauswahl und Rollenbesetzung zu reduzieren. Purpose Driven Organizations versuchen beides: Sie verstärken den **Fokus auf die Sache** durch eine starke Orientierung am Purpose. Der Purpose ist die dominante Entscheidungsprämisse. Gleichzeitig versuchen sie mehr als frühere Organisationsformen, **Mitarbeitende als Partnerinnen** zu sehen und ihre Bedürfnisse ganzheitlich zu integrieren. Beide Pole im Spannungsfeld zwischen Organisationszwecken und Personen werden betont. Ein anspruchsvoller Spagat!

Hinzu kommt, dass Purpose Driven Organizations gerade in der Gestaltung der Entscheidungsprogramme und der Kommunikationswege die Sachaspekte deutlich in den Vordergrund rücken. Der Blick geht stark auf den Purpose und was dienlich ist, um ihn zu erreichen. Die Freiräume für die Mitglieder werden größer, aber eben um den Preis, dass sie nun selbst verantwortlich sind, Mittel und Wege zu finden, um die Zwecke zu erfüllen.

Am deutlichsten wird dieser **Spagat zwischen Sach- und Personenorientierung** am Beispiel von Holacracy. Wir konnten in unserer eigenen Organisation genauso wie in vielen anderen beobachten, wie der Fokus der Aufmerksamkeit zunächst ganz auf die Sachseite schwenkt und auf die Arbeit, die zu organisieren ist. Brian Robertson drückt dies so aus: »Holacracy is fundamentally focused on the organization and its purpose — not the people and their desires and needs, however positive these may be« (Robertson 2013). Dieser Schwenk ereignet sich nicht nur in Organisationen, die Holacracy einführen. Er ist ein Phänomen, mit dem sich alle Purpose Driven Organizations bzw. alle Organisationen auseinandersetzen müssen, die auf Autonomie und Selbstorganisation setzen.

Der Einfluss von Personen als Entscheidungsprämisse steigt, während gleichzeitig Zweckprogramme dominant werden. Was bisher einengte und damit vermutlich auch unterschiedliche Sichtweisen und so manchen Konflikt kanalisierte, also etwa Konditionalprogramme, fixe Rollen und vorgeschriebene

Kommunikationswege, entfällt weitgehend und öffnet so die Arena für persönliche Freiräume, das Verfolgen eigener Ideen, aber eben auch für Konflikte und verstärkten Einfluss kultureller und persönlicher Prägungen. Das mag zunächst paradox erscheinen, aber Purpose Drive verstärkt eben auch den Einfluss von Personen. Und diese kommen mit ganz unterschiedlichen Prägungen, sozialen Hintergründen, Lebensphasen, Erwartungen, Haltungen und Kommunikationsstilen in die Organisationen.

Dies zeigte sich auch bei Traum-Ferienwohnungen, als sich das Unternehmen in selbstorganisierte Teams umstrukturierte. Innerhalb kürzester Zeit wurden in großer Zahl Konflikte sichtbar: »Sie kommen auf einen Schlag an die Oberfläche, als ob du nach 15 Jahren die Decke wegziehst«, wie Organisationsentwickler Achim Hensen im Rückblick feststellte.

Konfliktlösung durch Gewaltfreie Kommunikation

Georg Tarne, der Gründer von soulbottles, erkannte dies schon frühzeitig. Noch vor der Einführung von Holacracy hatte das Start-up den Ansatz der **Gewaltfreien Kommunikation** (GFK) nach Marshall B. Rosenberg implementiert. Die Kommunikationsmethode hilft, Gefühle und die dahinterliegenden Bedürfnisse zu erkennen und zu artikulieren, und durchbricht damit manche der Kommunikationsmuster, die konfliktverschärfend wirken (z. B. wechselseitige Unterstellungen, Vorwürfe oder Interpretationen der Motive der anderen Person).

Nach der Einführung von Holacracy stellte sich die GFK als perfekte Ergänzung zur formalen, durch Holacracy entwickelten Rollenstruktur heraus. Sie betont die Personen und deren Beziehungen und fördert so die Kommunikation in der Firma. Für Tarne ist die Gewaltfreie Kommunikation die »Seele der Organisation« und Holacracy das ausführende Werkzeug geworden, da diese achtsame Form der Kommunikation zu mehr Verständnis untereinander und dadurch zu mehr Vertrauen führt. Alle Mitarbeitenden werden daher bei soulbottles in Gewaltfreier Kommunikation ausgebildet.

Community Spaces schaffen

Ein wichtiger Teil der Regelkommunikation bei soulbottles ist das »Personal Relation Meeting«. Es dient ausschließlich der **Beziehungsarbeit** und der **Klärung von Konflikten** im Team.

Mit diesem Meeting wird ein Raum geschaffen, in dem informale Kommunikation zwischen einzelnen Teammitgliedern stattfinden kann. Wem etwas auf dem Herzen liegt, kann es dort ansprechen oder eine Kollegin, mit der es zuletzt zu Reibungen kam, auf einen Spaziergang zur Konflikt- oder Beziehungsklärung einladen. Aus Sicht von soulbottles hat sich dieses Vorgehen bewährt, gerade an Schlüsselstellen mit Konfliktpotenzial.

HolacracyOne Co-Gründer Tom Thomison hat zur Erklärung eine, offenbar auf Ken Wilbers Vier-Quadranten-Schema aufbauende **Differenzierung von vier Räumen** entwickelt, die sich in Organisationen unterscheiden lassen (Compagne 2014), wie Abbildung 11 veranschaulicht:

- Im **Organizational Space** geht es um die Entscheidungen über Strukturen und deren Ausrichtung auf den Purpose.
- Der **Role Space** umfasst den alltäglichen Fluss operativer Entscheidungen und der zugehörigen Kommunikation und Handlungen aus Rollen heraus.
- Beim **Personal Space** dreht sich alles um die einzelnen Personen, ihre Werte, Leidenschaften, Talente, Wünsche und Identität.
- Der **Tribe Space** ist der Raum, in dem die Personen miteinander interagieren und in Beziehung treten und in dem geteilte Werte, Kultur und Sprache sowie ein gemeinsames Sinnverständnis entstehen.

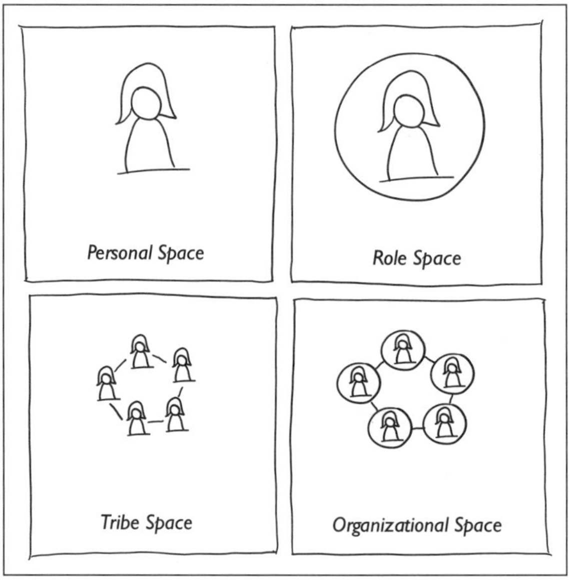

Abb. 11: Die vier Räume von Organisation (nach Robertson 2015, S. 200)

Der Tribe Space oder »**Community Space**«, wie wir ihn nennen, ist somit die informale Seite einer Organisation oder eines Teams, wo Gemeinschaftsgefühl und Kultur entstehen und geprägt werden. Purpose Driven Organizations schaffen explizit Räume für Community Space – für den Austausch zwischen Teammitgliedern, das Reflektieren und Klären von Beziehungen und persönlichen Konflikten und eine nicht auf Purpose und Aufgaben fokussierte Kommunikation. Dass es dabei nicht nur um Konflikte gehen muss, zeigen Formate wie »Family Summer«, ein gemeinsamer Arbeitsurlaub mit Kindern, ein internes »Airbnb«, für

Übernachtungen bei Kolleginnen oder »Grätzl in concert«, die gemeinsame Jam-Session (Details in Kapitel 12.6.2).

Dass gezielt **Räume für informale Kommunikation** geschaffen werden, weist auf die gestiegene Bedeutung von Personen in Purpose Driven Organizations hin. Und damit kommen wir zur dritten Disziplin.

8 Dritte Disziplin: Ganzheitliche Partnerschaft

Neben der Betonung von Sinn und Zweck als führende Entscheidungsprämisse ist die **Aufwertung von Personen** ein wesentliches Merkmal von Purpose Driven Organizations. Mitarbeitende sind von zentraler Bedeutung und in sie zu investieren wird zum Wachstumstreiber. So kommt eine Studie des Korn Ferry Institute zu dem Schluss: Die richtigen Personen einzustellen, sei entscheidend und der erfolgskritische Faktor für Purpose Driven Organizations (Korn Ferry Institute 2016a, S. 9). Über Trainings- und Entwicklungsmaßnahmen, Kommunikation und Verantwortung wird die Purpose-Orientierung verstärkt und verankert. Führende fördern das Engagement, indem sie Mitarbeitende dabei unterstützen, deren persönlichen Purpose und den Purpose der Organisation miteinander in Einklang zu bringen.

Personen kommt in Purpose Driven Organizations auch deswegen hohe Bedeutung zu, weil Kommunikationswege (z. B. durch Autonomie und Selbstorganisation) und Entscheidungsprogramme (z. B. durch Zweck- statt Konditionalprogramme) zumindest in Teilen als Entscheidungsprämisse substituiert werden. Wenn Mitarbeitenden großes Potenzial zugeschrieben wird, weil sie über hochwertige Qualifikationen und Erfahrungen verfügen, und auf Purpose- und Werteebene ein Fit zwischen Person und Organisation gesehen wird, fällt es leicht, ihnen Freiräume und Entscheidungskompetenzen einzuräumen. In solchen Fällen kann dann auf umfassende und präzise Anweisungen und Programmierung der jeweiligen Stellen verzichtet werden. Auch eine enge »Führung« durch Vorschriften bezüglich der Einbindung anderer Stellen oder durch hierarchische Weisungen oder Kontrolle ist verzichtbar.

Während in vielen traditionellen Organisationen Personalthemen den strategischen, operativen und organisatorischen Entscheidungen nachgelagert scheinen, erhalten diesbezügliche Fragen in Purpose Driven Organizations besondere Aufmerksamkeit:

- Welche Art von Personen brauchen wir?
- Auf welche Kriterien kommt es bei Personalentscheidungen an?

- Wo können wir zu uns passende Personen finden?
- Wie werden sie in der Einarbeitungsphase (Onboarding) und im weiteren Verlauf bestmöglich unterstützt?
- Worüber wird Motivation ermöglicht und Bindung erzeugt?
- Wie sehen Entwicklung und Karrierepfade in einer Purpose Driven Organization aus?
- Wie werden Leistung und Beiträge gemanagt?
- Wie wird mit Personen umgegangen, die mit den Anforderungen an Autonomie und Selbstmanagement überfordert sind?

Purpose Driven Organizations finden dafür teilweise neue Antworten und gehen im Personalmanagement eigene Wege. Der Startpunkt dafür ist eine Haltung, die Partnerschaft auf Augenhöhe und eine ganzheitliche Integration der menschlichen Bedürfnisse anstrebt. Ralph Carlton, Co-CEO und CFO des 1790 gegründeten amerikanischen Backwarenhändlers King Arthur Flour beschreibt diese Haltung so: »We employ the whole person. It's a deliberate approach to people management. We care about who people are and how people are« (Korn Ferry Institute 2016a, S. 9). Was ist, darf auch sein.

Die Organisation rechnet damit, dass mit den Fähigkeiten, Ideen, und Erfahrungen der ganze Mensch verbunden ist und dass in Zeiten, in denen die Grenze zwischen Arbeit und Privatleben immer mehr verschwimmt, die persönlichen Licht- und Schattenseiten, die Bedürfnisse, Lebensumstände und Probleme, die psychischen Dispositionen, Prägungen und letztlich die ganze Persönlichkeit des Menschen in der Organisation immer mehr wirksam werden können. Sie betrachtet das nicht als bloße Notwendigkeit oder Verantwortung, sondern als Chance und Potenzial, eine für beide Seiten entwicklungsförderliche und sinnstiftende Partnerschaft aufzubauen. Der Mensch dient der Organisation. Und die Organisation dient dem Menschen.

Sie inspirieren sich wechselseitig zur Entfaltung ihrer jeweiligen Potenziale – eine Co-Evolution zum Wohl beider Partnerinnen. Ökofrost-Gründer und Geschäftsführer Florian Gerull bezeichnet dies als »gesunde Entwicklung« und sieht darin auch den Purpose seiner Organisation.

In Abbildung 11 haben wir die Praktiken der Disziplin »Ganzheitliche Partnerschaft« zusammengefasst, die wir im Weiteren ausführlicher betrachten.

Personalpraktiken	Ausgestaltung
Personal ist einflussreiche Entscheidungsprämisse	• Personal substituiert als Entscheidungsprämisse teilweise Programme und Kommunikationswege. • Entscheidungsfreiräume erhöhen Einfluss der Personen und ihrer Einstellungen, Verhaltensdispositionen und Qualifikationen.
Partnerschaft auf Augenhöhe und ganzheitliche Integration menschlicher Bedürfnisse als Haltung	• Mensch als Mittel (zum Zweck/Purpose) und eigenständiger Zweck (Arbeit trägt zum guten Leben und persönlicher Entwicklung bei). • Sein dürfen, wie Mensch ist: Selbstentfaltung und Ausdrücken der Persönlichkeit sind erlaubt. • Entwicklungspartnerschaft zwischen Mensch und Organisation zur Entfaltung der jeweiligen Potenziale.
Purpose Fit & Cultural Fit	• Einstellung, Entlassung und Rollenbesetzungen erfordern eine Passung zu Purpose und Kultur. • Cultural Fit und Purpose Fit sowie Potenzial gehen vor aktuellen Erfahrungen, Fähigkeiten und Wissen. • Sorgfältige Entscheidungs- und Onboarding-Prozesse unter Einbindung der Teammitglieder.
partizipative Auswahl- und Besetzungsprozesse	• Teammitglieder entscheiden gemeinsam über Einstellung neuer Teammitglieder. • Rollen im Team und Führungsrollen werden durch Wahlverfahren (offen oder anonym) besetzt.
hohes Level von Fordern und Fördern	• hohe Anforderungen an soziale und emotionale Kompetenz, Selbstmanagement und Selbstführung, • permanente Weiterentwicklung gefordert, • Förderung der persönlichen Entwicklung durch vielfältige Herausforderungen, Feedback und Unterstützungsangebote.
intrinsische Motivation und angepasste Anreizsysteme	• Förderung intrinsischer Motivation (Sinn, Autonomie, Entwicklungs- und Lernmöglichkeiten), • Abgleich von individuellem und Rollen-Purpose, • auf Teamfokus und Rollenvielfalt angepasste Gehalts- und Anreizsysteme.
PERMA nähren	• PERMA: Positive Emotionen, Engagement, tragfähige Beziehungen (Relationships), Sinnstiftung (Meaning) und Erfolge (Accomplishment) werden gefördert. • Organisation schafft passende Rahmenbedingungen und gibt Anstöße, um PERMA zu stärken. • Führung und Personalpolitik orientieren sich an Stärken und Potenzialen.

Abb. 12: Ganzheitliche Partnerschaft – Praktiken und Ausgestaltung

8.1 Purpose Fit & Cultural Fit

Wer wird eigentlich für sinnorientiertes Organisieren gebraucht? Können alle mitmachen oder gibt es Persönlichkeits- und Verhaltensmerkmale, die dafür hilfreich oder hinderlich sind? Gibt es Menschen, die sich in einer »Sinn-Organisation« wie der Fisch im Wasser fühlen und andere, die sagen »Hier bin ich fehl am Platz«? Unsere Erfahrung sagt: Ja! Und unsere Diskussion dreht sich häufig um diesen Punkt.

Wir gehen davon aus, dass jeder Mensch auf Entwicklung angelegt ist und dass Entwicklungschancen im Umfeld liegen – »Auf mich wirkt, womit ich mich umgebe«. Jedes Mitglied einer Organisation, die sich für Sinnorientierung entscheidet, kann sich dahin mitentwickeln. Aber die Personen werden sich bezüglich ihrer Werte, Haltungen und ihres Sinnverständnisses unterscheiden – und damit an unterschiedlicher Stelle abzuholen sein und sich auch unterschiedlich rasch persönlich weiterentwickeln können. Die Frage ist daher, wo die Organisation in ihrer Entwicklung zur Purpose Driven Organization steht und wie viel Unterschiedlichkeit in Mindset, Werten und Purpose-Orientierung sie bewältigen und akzeptieren kann.

Sorgfältige Personalauswahl

In einer frühen Phase einer Second Curve (siehe Abb. 1) und der Entwicklung zur Purpose Driven Organization wird sie Abweichungen wenig bis gar nicht tolerieren können. Sie benötigt für diesen Zeitraum bis zur Stabilisierung des nächsten Reifegrads eine Auswahl an Mitgliedern, die den Sprung unterstützen. Verhaltensauffälligkeiten einzelner Personen wie ein besonders ausgeprägtes Kontrollbedürfnis bis hin zu Kontrollsucht, manipulatives Verhalten und ein großes Maß an Narzissmus können für ein ganzes Team zu Entwicklungshemmnissen werden. Bezogen auf Holacracy formuliert es Antoinette Weibel, Professorin für Personalmanagement in St. Gallen, so: »Wen es nicht verträgt im Holacracy-Modell sind Egoisten, Karrieristen und Narzissten« (Sarpong 2018). Studien zeigen, dass sogar große selbstorganisierte Teams von 20 und mehr Mitgliedern eine einzige Person, die solches Verhalten an den Tag legt, nicht tolerieren können. Die Selbstorganisation bricht zusammen.

Benötigt wird eine bestimmte Art von Verhalten, damit Purpose Driven Organizations überhaupt funktionieren. Dafür lässt sich zum Beispiel die Unterscheidung der primären Arbeitsmotive einer Person nutzen: Ist jemand primär purpose-, geld- oder statusorientiert (Imperative/LinkedIn 2016, S. 10)? Um eine Transformation zur Purpose Driven Organization zu unterstützen, helfen Mitglieder in Steuerungsfunktionen (und das sind in der Selbstorganisation alle), die primär purpose-orientiert sind und ein agiles Mindset teilen. Ist die Heterogenität der Mitglieder zu groß, geht viel Energie in einem Glaubenskrieg über Werte und Weltbild verloren.

Brian Robertson, der Erfinder von Holacracy, hat für erfolgreiche Transformation den Satz geprägt: »In, out or throw it out!« Entscheidet sich eine Organisation für ein Selbstorganisationsmodell wie Holacracy, braucht es entweder 100 Prozent Buy-in der bisherigen Entscheidenden (»in«) oder die Person, die dagegen ist, verlässt das Unternehmen (»out«) oder das Selbstorganisationsmodell fliegt raus (»throw it out«). Als »halbe Sache« scheitert der Übergang. Sobald die Transformation geschafft ist, kann sich die Organisation wieder für ein breiteres Spektrum von Mitgliedern öffnen.

Nach der Entwicklungstheorie der Spiral Dynamics (siehe Kapitel 4.1) führt Entwicklung nicht von A nach B. Entwicklung entfaltet vielmehr vorhandene Potenziale, nimmt also nichts weg, sondern sorgt insofern für eine Annäherung an eine Ganzheit: die vollständige Entfaltung aller Potenziale. Ist der Entwicklungssprung geschafft, bietet die Organisation auch wieder Andockstellen für Mitglieder, die primär geld- oder statusorientiert sind oder sich mehr in hierarchischen Organisationsstrukturen zu Hause fühlen. Sie kann sie tragen, ohne ihre Ausrichtung zu verlieren, und benötigt auch die Vielfalt für eine gesunde Entwicklung der Organisation.

Die Frage ist, ob sich jene »Anderen« dann noch dorthin gezogen fühlen. Beim Blick auf Personen in der sinnorientierten Organisation muss also die Frage beantwortet werden, wo die Organisation steht. Wenn es darum geht, Entwicklung zu gestalten, heißt es, bewusst auszuwählen: Wer passt dazu und wer nicht? Sobald sich die Organisation im Neuen stabilisiert hat, geht es darum, Angebote für individuelle Entwicklung zu schaffen (siehe Kapitel 12.4.1).

Generell haben Personen in Purpose Driven Organizations große Freiräume und daher auch starken Einfluss. Die Organisationen legen deshalb sowohl im Recruiting als auch bei der Besetzung von Rollen großen Wert auf eine sorgfältige Auswahl von Mitarbeitenden. Anders als in traditionellen Organisationen liegt das Hauptaugenmerk weniger auf den Fähigkeiten, Erfahrungen und dem Know-how der Personen. Wichtiger ist eine Übereinstimmung zwischen Person und Organisation auf der Sinn- und Werteebene. Das zeigt sich auch in der Studie des Korn Ferry Institutes: »Purpose-driven organizations [...] aim to hire people who connect with the organization's purpose and values, rather than focusing exclusively on business skills and prior experience« (Korn Ferry Institute 2016a, S. 9).

In der Betonung von Purpose und Werten spiegelt sich die Erwartung, damit anziehender für Toptalente zu sein. Das gelang offenbar auch allen in der Studie untersuchten Purpose Driven Organizations. Der Workforce Purpose Index von Imperative und LinkedIn empfiehlt, den Purpose auch ins Branding und

Personalmarketing zu integrieren, um auf dem Arbeitsmarkt eine entsprechende Aufmerksamkeit bei Talenten zu schaffen. Bewerbungsgespräche sollten darauf ausgerichtet sein, einen Fit von Purpose und Motivationsfaktoren zu prüfen und nach Purpose Fit einzustellen (Imperative/LinkedIn 2016, S. 26). Daneben kommt in der Ausrichtung auf Sinn und Werte die Erwartung zum Ausdruck, damit höhere Motivation und Bindung bei Mitarbeitenden zu erreichen, wenn diese für die gleiche Sache brennen und ähnliche Werte wie das Unternehmen leben.

Und letztlich geht es bei der konsequenten Suche nach Übereinstimmung auch um Steuerung: Wenn Personen einflussreiche Prämissen für spätere Entscheidungen in der Organisation sein werden, ist es sinnvoll, deren vergleichsweise hohe Autonomie dadurch zu balancieren, dass sie aufgrund ihrer Persönlichkeit und Haltung mit hoher Wahrscheinlichkeit zu Entscheidungen tendieren, die dem Purpose und den Werten der Organisation entsprechen. »We interview for values and connection to our mission. We want to ensure we have alignment«, so Joey Bergstein, General Manager und Chief Marketing Officer von Seventh Generation, einem zum Unilever-Konzern gehörenden amerikanischen Hersteller umweltverträglicher Reinigungs- und Waschmittel (Korn Ferry Institute 2016a, S. 9). Eine typische Frage in Bewerbungsgesprächen bei Seventh Generation ist daher, wie es den Bewerbenden gelingt, ihre Werte mit Leben zu erfüllen: »How are you making your values come to life where you are?«

Wesentliches Kriterium: Fit für Purpose & Culture

Fit for Purpose & Culture wird zum wesentlichen Kriterium bei allen Arten von Mitgliedschafts- und Besetzungsentscheidungen – nicht nur im Recruiting, sondern auch bei Beförderungen, Besetzung von Rollen oder beim Beenden der Zusammenarbeit. Erfahrungen, Wissen und Fähigkeiten, die jemand mitbringt, werden weniger gewichtet, stattdessen wird mehr auf Entwicklungspotenziale geachtet, die man in der Person vermutet.

Auf diese Weise suchen Purpose Driven Organizations nach Mitarbeitenden, die möglichst gut an die Organisation und ihre Art, sich selbst zu organisieren, andocken können. So hat Traum-Ferienwohnungen aus der Erfahrung, dass bestimmte Persönlichkeitsmerkmale bei der Selbstorganisation hilfreich sind, Offenheit für Feedback, Toleranz für Unsicherheit und Reflexionsfähigkeit zu Recruiting-Kriterien erklärt. Auch bei EMPAUA ist man überzeugt, dass unternehmerische Haltung, Bereitschaft zur Selbstverantwortung und persönliche Verbundenheit mit dem Purpose nicht erlernt werden können. Sie müssen Auswahlkriterium sein. Bewerbende, die diese Eigenschaften mitbringen, haben gute Chancen auf einen Job beim Berliner IT-Dienstleister, auch wenn sie keinerlei Expertise bezüglich der von EMPAUA vertriebenen Softwareplattform Salesforce mitbringen.

Viel Energie und Sorgfalt stecken Purpose Driven Organizations auch in die Gestaltung der Onboarding-Phase für neue Mitglieder. So werden neue Mitarbeitende aus allen EMPAUA-Büros zur Onboarding Week nach Berlin eingeladen, um Purpose, Kultur und Prozesse des Unternehmens kennenzulernen und persönliche Beziehungen aufzubauen. Purpose Driven Organizations streben danach, Mitarbeitenden in der Onboarding-Phase die Geschichte, Werte und den Purpose der Organisation so gut wie möglich zu vermitteln, damit die Neuen in der Organisation bessere und zur Organisation passende Entscheidungen treffen können.

8.2 Partizipative Auswahl- und Besetzungsprozesse

Viele Purpose Driven Organizations entwickeln spezifische Prozesse für Einstellungs- und Besetzungsentscheidungen. So hat soulbottles eine verpflichtende Probezeit etabliert, um ein wechselseitiges Kennenlernen im Arbeitsalltag zu ermöglichen. Am Ende der Probezeit wird in einem gemeinsamen Meeting aller Teammitglieder mit der potenziellen Kollegin über die dauerhafte Einstellung entschieden. Die Entscheidung fällt anhand von zwei Kriterien: Wollen die Teammitglieder die nächsten zehn Jahre mit der Person zusammenarbeiten und glauben sie, dass sie zum Unternehmen und seinem Purpose beitragen wird? Nur wenn mindestens die Hälfte der Teammitglieder diese Fragen mit Ja beantworten und niemand ein Veto gegen die Einstellungsentscheidung erhebt, kommt die Person an Bord.

Rollenbesetzung als Wahlprozess

Aber auch die Besetzung einzelner Rollen ist in Purpose Driven Organizations teilweise ein partizipativer Prozess, um vielfältige Sichtweisen bei der Bewertung des Purpose Fit einer Person bezogen auf eine Rolle zu nutzen. In der Soziokratie werden mit der Methode einer offenen Wahl (siehe Kapitel 12.4.1.5) wichtige Rollen besetzt. Dahinter steht die Idee, dass die Vertreterinnen eines Kreises von diesem selbst bevollmächtigt werden.

Eine integrative Wahl kann auch für Führungsrollen in klassischen Organisationsformen genutzt werden. Der demokratisch geführte Softwarehersteller Haufe-umantis, ein Unternehmen der Haufe Group, nutzt sie für die Wahl der Führungskräfte durch die Belegschaft. Die Chance dieses Prozesses liegt in der Auseinandersetzung aller mit der zu besetzenden Rolle (Was sind die Anforderungen an die Rolle, bezogen auf unseren Purpose und unsere Strategie? Wer kann sie derzeit am besten ausfüllen?) und im Feedback, das ein Wahlprozess für die zur Wahl Stehenden bereithält. Eine gewählte Führung genießt das Commitment der Belegschaft. Die Amtszeit ist begrenzt, wodurch Rollenwechsel in Führungsaufgaben zum Kulturelement wird. Wichtiger Unterschied bei Haufe-umantis: Die Wahl ist anonym. Jährlich werden alle Stellen des mittleren Managements und C-Levels von den rund 130 Mitarbeitenden gewählt. Bei der Abstimmung können die Wählenden auch Empfehlungen und Erwartungen an ihre neuen Vorgesetzten abgeben.

Idee der Führungswahl bei Haufe-umantis ist, dass Zurücktreten zum natürlichen Vorgang werden soll. Dies ist der Bruch mit den »Schornsteinkarrieren«, wie sie in vielen Unternehmen noch üblich sind: Man ist gut und wird befördert, bis man an der Spitze der eigenen Entwicklung angekommen ist. Entweder man stagniert dort oder man wird eine Stufe zu weit befördert, ist überfordert, bringt die erwartete Leistung nicht und muss gehen (Peter-Prinzip). Stattdessen entstehen »spiralförmige Karrieren«: Ich werde Führungskraft, mache Erfahrungen, trete zurück und lerne, gehe in die nächste Erfahrung.

Aus den Wahlergebnissen und den Feedbacks werden gemeinsam Schlüsse gezogen: Welche Erwartungen hat das Team, welche Rolle kommt der Führungskraft zu, welches Verständnis hat sie selbst davon? Was heißt das für Führungskräfteentwicklung? Das unmittelbare Feedback des Wahlergebnisses und die Kommentare auf den digitalen Wahlzetteln verlangen den Kandidatinnen aber auch einiges ab. Es kommt zu Enttäuschungen und schwierigen Situationen. »Auch starke Persönlichkeiten müssen meist erst lernen, mit offener Kritik umzugehen. Das habe ich am eigenen Leib erfahren«, sagt Haufe-umantis CEO Marc Stoffel, der selbst per Wahl ins Amt kam. »Die größte Herausforderung besteht darin, diejenigen, die nicht gewählt oder abgewählt wurden, in ihrer Rollenfindung zu unterstützen«, sagt Stoffel. Ob eine Führungskraft nach einem enttäuschenden Wahlausgang erfolgreich mit ihren Kolleginnen zusammenarbeiten kann, hinge entscheidend davon ab, auf welche Art sie Rückmeldung bekommen hat. Die Entwicklung der Feedbackkompetenzen sieht Stoffel deshalb als ausschlaggebend für die Zusammenarbeit an.

8.3 Hohes Level von Fordern und Fördern

Chance und Risiko sind oft zwei Seiten derselben Medaille. So sind die großen Freiheitsgrade und Gestaltungsmöglichkeiten durch Autonomie und Selbstorganisation für die Mitglieder in Purpose Driven Organizations Geschenk und Herausforderung zugleich. Sie schaffen einen Organisationskontext, der Selbstmanagement und Selbstentwicklung ermöglicht, aber auch einfordert.

Selbstentwicklung

Diese Entwicklungsaufgabe beginnt schon bei der sozialen und emotionalen Kompetenz der Mitarbeitenden. Auch traditionelle Organisationen sind schon seit Jahren dabei, sie zum Auswahlkriterium bei Personalentscheidungen und zum Gegenstand von Kommunikations- und Führungstrainings zu machen. In selbstorganisierenden, auf Teamarbeit basierenden Organisationen werden die diesbezüglichen Anforderungen noch einmal größer und für alle Personen relevant, unabhängig davon, in welchen Rollen sie unterwegs sind. Daher macht soulbottles die Ausbildung in Gewaltfreier Kommunikation für alle auf Dauer committeten Mitarbeitenden zur Pflicht.

Selbstmanagement

Eine zweite wesentliche Forderung von Purpose Driven Organizations an die Mitarbeitenden liegt in der Fähigkeit, sich selbst zu managen. Einerseits operativ, bezogen auf die eigene Arbeit und Produktivität, das Priorisieren von Aufgaben und das persönliche Zeitmanagement. Andererseits aber auch allgemein, bezogen auf die individuellen Ziele und die eigene Motivation und Leistungsfähigkeit. Wo Mitarbeitende ihre Arbeit weitgehend selbst gestalten können und befreit sind von Anweisungen und »Mikro-Management« durch Vorgesetzte, gibt es niemanden mehr, der einem diese Arbeiten abnimmt und Prioritäten klärt, Abläufe vorstrukturiert oder auf einen effektiven Einsatz der eigenen Zeit und der Ressourcen achtet.

Die persönliche Freiheit hat den Preis der größeren Selbstverantwortung und der Notwendigkeit, sich selbst zu organisieren. Dies ist Möglichkeit und Herausforderung zugleich: Alle sind gezwungen zu überdenken, was die Arbeit und Zeit für sie bedeutet, wann und wo sie arbeiten, wie sie arbeiten und auch warum. Verbunden mit der Flut an Aufgaben und Optionen in der heutigen Arbeitswelt erleben das viele Menschen unserer Erfahrung nach zumindest zeitweise auch als Belastung und Überforderung. Selbstmanagementansätze wie David Allen's »Getting Things Done« (Allen 2015) erleben daher im Kontext der Selbstorganisation einen Boom und wurden auch in Managementsysteme wie Holacracy integriert.

Selbsterkenntnis und Persönlichkeitsentwicklung

Selbsterkenntnis im Sinne der Fähigkeit, sich selbst zu beobachten, die eigenen Fähigkeiten, das eigene Verhalten und dessen Wirkungen einschätzen zu können, wird in einem hochkomplexen und dynamischen Umfeld, wie es Purpose Driven Organizations sind, ebenfalls zu einer zentralen Kompetenz von Personen. Um mit der klaren Trennung von Rolle und Person und der Vieldeutigkeit und Widersprüchlichkeit der Anforderungen in komplexen Situationen umgehen zu können, ist permanente Selbstreflexion und ein hohes Maß persönlicher Reife unabdingbar. Ohne diese wird es auch schwierig, ausreichende Konfliktlösungskompetenz zu entwickeln, sich in die unterschiedlichen Perspektiven verschiedener Stakeholder und Partnerinnen hineinzuversetzen und mit ihnen auch in schwierigen Situationen achtsam umzugehen.

Purpose Driven Organizations fordern viel. Mitarbeitende müssen bereit und motiviert sein, sich permanent weiterzuentwickeln, Neues zu lernen und Altes zu verlernen: Nicht nur auf fachlicher, sondern auch auf emotionaler und sozialer Ebene; nicht nur bezogen auf ihre Fähigkeiten und Kompetenzen, sondern auch bezüglich ihrer Persönlichkeit und ihres Mindsets. Sie erwarten – und benötigen – von ihren Mitgliedern, was Standford-Professorin Carol Dweck in ihrer Forschung als **Growth Mindset** identifizierte (Dweck 2006).

Die Psychologin fand heraus, dass sich Menschen nicht nur bezüglich ihrer Fähigkeiten unterscheiden, sondern auch dahingehend, welche Annahmen sie darüber haben, warum dies so ist. Diese Annahmen lassen sich auf einem Kontinuum positionieren, dessen einen Pol Carol Dweck als »Fixed Mindset« und dessen anderen Pol sie als »Growth Mindset« bezeichnet. Wer stark zum Fixed Mindset tendiert, glaubt daran, dass grundlegende Fähigkeiten, Intelligenz und Talente angeborene Eigenschaften und damit unveränderlich seien. Personen mit einem ausgeprägten Growth Mindset hingegen vermuten dahinter harte Arbeit, Lernen, Training und Beharrlichkeit und halten sie damit für veränder- und entwickelbar.

Carol Dweck erforschte unter anderem, dass sich die jeweilige Ausprägung deutlich auf das Verhalten, die Wahrnehmung und letztlich den Erfolg in Leben und Beruf auswirkt, beispielsweise auch auf den Umgang mit Fehlern und Rückschlägen. Während Personen mit ausgeprägtem Fixed Mindset Fehler fürchten, sehen Personen mit Growth Mindset Fehler als Möglichkeit, besser zu werden und zu lernen. Letztere bleiben deshalb mit deutlich höherer Wahrscheinlichkeit an einer verfolgten Sache dran, auch und gerade, wenn es zu Rückschlägen kommt. Genau das ist in dem auf Purpose und Weiterentwicklung ausgerichteten Organisationskontext von Purpose Driven Organizations von großer Bedeutung: Mit Neuem experimentieren, Abweichungen wahrnehmen und in einer nächsten Iteration eine Weiterentwicklung erproben, ohne sich durch Rückschläge davon abbringen zu lassen, weiterhin den Purpose zu verfolgen.

Personalentwicklungsmaßnahmen

Aber nicht nur bei ihren Anforderungen sind Purpose Driven Organizations wählerisch und anspruchsvoll. Sie bieten ihren Partnerinnen auch viele Entwicklungsmöglichkeiten in Form von Herausforderungen sowie Feedback und Unterstützung dafür. Die Palette an Förderungsmaßnahmen reicht von regelmäßigem, kollegialen Feedback über Instrumente der Persönlichkeitsdiagnostik (z. B. SIZE, CAPTain Agility, PERMA Lead, siehe Kapitel 12.4.3) bis hin zu begleitendem Coaching, individuellen Purpose Quests sowie Trainingsangeboten wie Gewaltfreie Kommunikation, Selbstmanagement oder Achtsamkeitspraktiken. Solche Maßnahmen unterstützen Selbstreflexion, Erkenntnis und persönliches Wachstum.

Führungskompetenz für alle

Führungskräfteentwicklung muss sich in Purpose Driven Organizations neu erfinden. Wo Führung nicht mehr an Positionen gebunden ist, sondern zwischen den Rollen je nach Sachfrage häufig wechselt, und wo hierarchische Kommunikationswege durch Autonomie ersetzt werden, fallen die Führungspositionen oft ganz weg. Karriere muss neu gedacht werden. Sie kann nicht mehr bedeuten, die nächste Stufe in der Hierarchie zu erklimmen. Große Egos oder ein starkes Streben nach Macht und Status werden hier wenig Befriedigung finden. Und zugleich gehen der Führungskräfteentwicklung die Kräfte aus.

Andererseits wird Führung eine wichtige Funktion in Organisationen bleiben. Und je größer die Autonomie und je mehr Selbstorganisation praktiziert wird, desto mehr wird jede Mitarbeitende zur Führenden: für sich selbst, aber auch im Team, zumindest temporär und aufgabenbezogen. So benötigt Selbstorganisation bei Personen und im System auch Führungskompetenz. Reife Mitglieder mit Kompetenzen wie Selbstverantwortung und Selbstführung, der Fähigkeit zwischen verschiedenen Rollen zu wechseln und je nach Rollen-Purpose in Führung zu gehen, werden gebraucht. So müssen HR-Expertinnen, die sich in der klassischen Organisationsform mit Assessmentcentern, Leadership-Pipelines oder Top-Executive-Programmen auseinandergesetzt haben, dennoch nicht um ihren Job fürchten. Sie stehen vor einer neuen Aufgabe: Führungskompetenz im System zu entwickeln – allerdings nicht mehr an Hierarchie und Karriereschritte gebunden.

Die Inhalte der Führungstrainings ändern sich. Vermittelt werden Skills wie Organisation von Zusammenarbeit, Koordination von Teams, Gestaltung von Purpose Quests und Purpose-Routinen, Selbstorganisationspraktiken, Facilitation und Visualisierung, Methoden wie Scrum oder Kanban, Kommunikations- und Konfliktlösungstechniken, Gruppendynamik, Selbstführung oder Selbstmanagement.

Die fünf Disziplinen und die in Kapitel 12 gesammelten Tools und Methoden können für ein solches Curriculum mit dem Titel »Sinn, Selbstorganisation und Agilität fördern« eine Basis bilden und gute Anregungen bieten.

8.4 Intrinsische Motivation und angepasste Anreizsysteme

Um die Anziehungskraft für Talente und die Bindung an die Organisation in einer Purpose Economy zu stärken, sollten Arbeitgebende dafür sorgen, dass Mitarbeitende Sinn in ihrer Arbeit erleben, Autonomie und Einfluss haben bei gleichzeitig fairer Bezahlung und ausreichender Verfügbarkeit der für die Arbeit notwendigen Ressourcen (Imperative/LinkedIn 2016, S. 26). Diese Empfehlung von Imperative und LinkedIn knüpft an die Erkenntnisse der Motivationsforschung der letzten 40 Jahre an, die der amerikanische Autor Daniel Pink in seinem Bestseller »Drive – The surprising truth about what motivates us« pointiert zusammenfasste (Pink 2009).

Motivationsfaktoren

Während nach wie vor noch viele glaubten, dass Menschen am besten durch materielle Belohnungen zu motivieren seien, tragen laut Pink in Wirklichkeit vor allem drei ganz andere Faktoren zu hoher Leistung und Zufriedenheit bei:

- Möglichkeiten, sein Leben selbst zu gestalten (Autonomie),
- zu lernen und Neues zu entwickeln (Mastery) und
- etwas zu einem über die eigene Person hinausgehenden Ganzen beitragen zu können (Purpose).

Diese intrinsischen Motivationsfaktoren, bei denen der Mensch aus der Sache und dem eigenen Handeln heraus Motivation schöpft, haben in Purpose Driven Organizations große Bedeutung. Sie setzen in noch viel höherem Maß als traditionelle Organisationen darauf, ihre Mitglieder durch das Angebot von Sinn, Freiräumen und Lernmöglichkeiten zu gewinnen und zu binden.

Gleichzeitig sind in ihnen extrinsische Motivationsfaktoren wie Geld, Status oder die Aussicht auf eine Karriere in der Hierarchie nur von geringer Bedeutung. Letzteres ist vielleicht sogar unmöglich. Extrinsische Faktoren werden dennoch nicht völlig außer Acht gelassen, da Geld und die Verfügbarkeit adäquater Arbeitsbedingungen und Arbeitsmittel als Hygienefaktoren betrachtet werden, die in ausreichendem Maß gegeben sein müssen, um nicht zur Demotivation zu führen.

Ausdifferenzierte Rollenstruktur

Durch das Verteilen von Autorität in der Organisation und das Gewähren großer Gestaltungs- und Entscheidungsfreiräume für die einzelnen Rollenträgerinnen sorgen Purpose Driven Organizations unmittelbar für die Autonomie-Bedürfnisse ihrer Mitglieder. Das hohe Level von Fordern und Fördern ermöglicht den Rollenträgerinnen außerdem, sich kontinuierlich weiterzuentwickeln, auch in Form von Rollenwechseln oder zusätzlichen Aufgaben in der Organisation.

Typischerweise entsteht im Zuge der Selbstorganisation eine stark nach Aufgaben und Zwecken ausdifferenzierte Rollenstruktur, in der eine Person meist mehrere Rollen übernimmt. In unserer eigenen wie auch in anderen Organisationen konnten wir bei der Einführung von Holacracy beobachten, dass aus einer traditionellen Stelle mehrere Rollen wurden, die zugleich klarer auf einen Zweck und die zugehörigen Zuständigkeiten fokussierten. So wurden aus der Funktion »Beraterin« die Rollen Beratung, Projektmanagement und Account-Management. Aus der Funktion »Assistentin« wurden so unterschiedliche Rollen wie Projektassistenz, Beraterinnensupport, Büroorganisation und technische Betreuung. Es ist nicht untypisch, dass eine Person fünf bis zehn Rollen energetisiert, statt wie früher eine Stelle Vollzeit zu besetzen.

Angepasste Gehalts- und Anreizsysteme

Die Rollen haben einen fokussierten Zuschnitt und stellen begrenztere Kapazitätsanforderungen. So wird die Übernahme einer zusätzlichen Rolle erleichtert, was wiederum das Angebot an Entwicklungsmöglichkeiten und -herausforderungen für Personen erhöht. Menschliches Potenzial findet so leichter zu neuen Adressen, wie es Niklas Luhmann ausdrücken würde.

Die permanente Reorganisation und hochgradige Ausdifferenzierung von Rollen, das Setzen auf Teams und Zusammenarbeit und der Umstand, dass eine Person oft mehrere Rollen hält, führt häufig zu einem Anpassungsbedarf von Gehalts- und Anreizsystemen. Sie sind typischerweise darauf ausgerichtet, dass eine Person eine konkrete Funktion wie Vertriebsingenieurin, Assistentin, Produktentwicklerin oder Controllerin innehat und entsprechend entlohnt wird. Werden Funktionen aber in Rollen aufgespalten, zwischen denen Mitglieder häufiger wechseln, und wird zudem die Zusammenarbeit und Purpose-Erreichung des gesamten Vertriebs- oder Produktentwicklungsteams als entscheidend betrachtet, ändert sich auf einmal der individuelle Bezugspunkt für Gehälter oder Prämienzahlungen. Der Fokus von Gehalts- und Anreizsystemen verschiebt sich.

Soweit überhaupt noch finanzielle Anreize über Prämien oder andere Belohnungen gesetzt werden, legen Purpose Driven Organizations sie nicht mehr für Personen, sondern für Teams fest. Das Getränkeunternehmen PREMIUM zum Beispiel erhöht den Einheitslohn, sobald alle Kosten gedeckt sind, und verteilt damit Gewinne sofort unter allen Mitarbeitenden. Die Lieferbäckerei MÄRKISCHES LANDBROT kann in guten Geschäftsjahren einen Teil des Gewinns direkt an die 60 Mitarbeitenden weitergeben. Andere Purpose Driven Organizations geben materiellen Belohnungen (z. B. einem von der Firma finanzierten Teamausflug oder -event) den Vorzug vor Geldzahlungen.

Gehälter richten sich nicht mehr an Stellenbewertungen, Tariftabellen oder der individuellen Leistung der Person aus, sondern primär an einer umfassenderen Betrachtung dessen, was die Personen ins Team einbringen und beitragen. In eine solche Bewertung der Beiträge zum Ganzen fließen dann einerseits erbrachte Leistungen, aber auch das gezeigte Engagement und für das Team nutzbar gemachte Fähigkeiten, Wissen oder Kontakte ein. So wird ein Teil der Gehälter der Beratergruppe Neuwaldegg seit einigen Jahren in einem halbjährlichen Peer-to-Peer-Review festgelegt, in dem alle Beraterinnen ihre Peers mithilfe von Paarvergleichen bezüglich ihrer Beiträge zum Ganzen einschätzen. Aus den Paarvergleichen werden dann individuelle Prämien errechnet.

Neben dieser Bewertung des In- und Outputs einer Person werden in einigen Purpose Driven Organizations auch die aktuellen Bedürfnisse und Lebensumstände der Mitglieder bei der Gehaltsfindung berücksichtigt. In den Filialen von dm-drogerie markt findet die Gehaltsverteilung im Team auch nach solchen Kriterien statt: Eine Frau, die das dritte Kind bekommen hat, braucht mehr als der Kollege, dessen jüngstes Kind gerade ausgezogen ist.

Für die Festlegung von Gehältern werden in Purpose Driven Organizations auf Transparenz und Fairness zielende Verfahren etabliert, mit denen das Team in einem gemeinsamen Prozess die Gehälter der Einzelnen immer wieder neu festlegt. Beim Trinkflaschen-Start-up soulbottles entscheiden die dauerhaft committeten Mitarbeitenden in einem Gehaltsmeeting gemeinsam über die Gehaltsstruktur. Dazu wird ein Vorschlag erarbeitet und in einem Integrative-Decision-Making-Prozess im Meeting entschieden (siehe Kapitel 12.2.3.1 und 12.4.4). Durch die gemeinsame Entscheidung im Konsent werden dabei Buy-in und völlige Transparenz der Gehälter sichergestellt.

Die Eigentumsfrage

Eine Form der Kopplung von Person und Organisation ist auch das Eigentum. Wie passen eigentlich Purpose-Orientierung und Eigentum zusammen? Wo viele Anteilseignerinnen von der Organisation erwarten, dass sie ihren Shareholder-Value vermehrt, wird es schwer, Purpose zum dominanten Programm zu erklären. Wo an Eigentum Stimmrechte hängen, können Fremdeigentümerinnen, die die Firma von innen nicht kennen, wichtige Entscheidungen treffen. Jene, die im Unternehmen tätig sind und Rollen ausfüllen, werden im Zweifel überstimmt von Macht durch Eigentum. Wo ein Unternehmen anderen Menschen gehört als jenen, die darin arbeiten, beginnt die ganzheitliche Partnerschaft zu hinken. Jene Beträge, die über die Honorierung von unternehmerischem Risiko hinausgehen, fließen wie selbstverständlich auch in die Taschen der Eigentümerinnen, anstatt zumindest einen Teil des erwirtschafteten Gewinns fair unter den Erwirtschaftenden aufzuteilen.

Purpose Driven Organizations beschäftigen sich mit der Eigentumsfrage und finden unterschiedliche Lösungen. Viele beteiligen alle Mitarbeitenden – entweder zu gleich großen Anteilen oder zu unterschiedlichen – Hauptsache alle sind Miteigentümerinnen. Manche nutzen dafür die Rechtsform einer Genossenschaft, in der alle Genossinnen sind. Andere Organisationen heben die Funktionen von Eigentum durch eine Stiftungsgründung auf. Ihr Ziel ist es, dass die Organisation sich selbst gehört und dass jene Mitarbeitenden, die aktuell im Unternehmen tätig sind, treuhänderisch die Stimmrechte des Eigentums halten – als Verantwortungseigentümerinnen. Eine Organisation mit dem Namen »Purpose« hat sich zu dieser Frage gegründet. Die Purpose Stiftung begleitet Unternehmen auf dem Weg, sich selbst zu gehören (siehe Kapitel 11.1.3).

8.5 PERMA nähren

Purpose Driven Organizations sehen sich dem Menschen verpflichtet. Sie wollen im Sinn einer partnerschaftlichen Co-Evolution Beiträge zum Leben und der Entwicklung ihrer Mitglieder leisten. Was das konkret bedeutet, wird im Einzelfall situativ zu klären sein.

Erkenntnisse der Positiven Psychologie
Eine allgemeine Orientierung ziehen viele Purpose Driven Organizations jedoch aus der **Positiven Psychologie**. Dieser vom amerikanischen Psychologen Martin Seligman Ende der 1990er-Jahre begründete Zweig der Psychologie befasst sich mit der Frage, was menschliches Wohlbefinden und ein gelungenes Leben ausmachen – als Gegenpol zur klassischen Psychologie, die sich seit dem Zweiten Weltkrieg hauptsächlich mit psychischen Krankheitsbildern und deren Linderung auseinandersetzte (Blickhan 2017, S. 98). Die Positive Psychologie dagegen erforschte in den vergangenen 20 Jahren, welche Faktoren für ein Aufblühen und die Entfaltung des Potenzials von Bedeutung sind. Was stärkt den Menschen allgemein und macht das Leben lebenswerter?

Seligman fasste die fünf Faktoren mit der größten wissenschaftlichen Evidenz unter dem Akronym **PERMA** zusammen (Seligman 2014):

- positive Emotionen,
- Engagement,
- Relationships (positive Beziehungen),
- Meaning (Sinn),
- Accomplishment (Erfolge).

Für Purpose Driven Organizations sind diese aktuellen Ergebnisse der psychologischen Forschung aus mehreren Gründen relevant und handlungsleitend im Umgang mit ihren Mitgliedern. Zum einen mag es für viele Organisationen selbstverständlich sein, dass sie einen Beitrag und eine positive Wirkung auf das Wohlbefinden ihrer Mitarbeitenden anstreben. Sie betrachten sie als Partnerinnen statt nur als Mittel zum Zweck. Zum anderen setzen sie aber auch gezielt auf die Ideen, das Engagement und die Entfaltung der Potenziale ihrer Mitarbeitenden und sorgen entsprechend für große Freiräume und Gestaltungsmöglichkeiten.

Mitarbeitende sollen in Purpose Driven Organizations nicht lediglich einen Job finden und Karriere machen können. Es geht um Arbeit, die für sie persönlich Sinn und Bedeutung hat, um Tätigkeiten, die sie als erfüllend erleben und die einem größeren Ganzen dienen, »das als wertvoll erlebt wird und mit dem sich der Arbeitende innerlich identifiziert« (Blickhan 2017, S. 101). Purpose Driven Organizations setzen sich daher intensiv mit der Frage auseinander, welche »Rahmenbedingungen« und »Zutaten« erforderlich sind, damit Menschen aufblühen und ihr Potenzial in der Organisation entfalten können.

Purpose Driven Organizations bieten ihren Partnerinnen Sinn: nicht nur in Form des übergeordneten Purpose der Organisation, sondern auch in Form eines konkreten Purpose der jeweiligen Rollen. Dieser wird im Zuge der Selbstorganisation aus dem übergeordneten Purpose des Teams oder der Gesamtorganisation abgeleitet. Er bleibt in der Regel ausreichend offen formuliert, so dass sich genügend Interpretationsspielräume bieten, ihn als Rolleninhaberin auszugestalten. So lassen sich in der Regel, je nach eigenen Bedürfnissen und Wünschen, Schwerpunkte setzen, wie dieser Purpose mit Leben erfüllt wird. Dies ist sicherlich nicht allein nach eigenem Ermessen möglich, da den Interessen und Aufgaben des Teams und anderer Rollen ebenfalls Rechnung getragen werden muss. Dennoch bieten sich Möglichkeiten für **Job Crafting**, indem individuelle Spielräume für die Ausgestaltung der eigenen Rollen genutzt und so der individuelle Purpose der Person und der Rollen-Purpose stärker zur Deckung gebracht werden. Was, mit wem und wie gearbeitet wird und wie die eigene Arbeit und Rolle gesehen wird, kann von den Mitarbeitenden gestaltet werden (Blickhan 2017, S. 101). Zudem können sie im Zuge der Selbstorganisationsprozesse auch eine aus ihrer Sicht sinnvolle Weiterentwicklung ihrer Rollen vorantreiben.

Umsetzung in Purpose Driven Organizations

Durch Purpose, Autonomie und Selbstorganisation schaffen Purpose Driven Organizations Rahmenbedingungen, die menschliches Wohlbefinden ermöglichen. Sie bleiben dabei nicht stehen und versuchen auch aktiv, Mitarbeitende anzuregen und zu befähigen, das eigene PERMA und das ihrer Kolleginnen zu nähren. Einige aus unserer Erfahrung hilfreiche Ansatzpunkte:

- Diagnostische Verfahren wie **PERMA Lead** ermöglichen eine Bestandsaufnahme in Form einer Selbstauskunft oder auch eines 360-Grad-Feedbacks, wie sehr eine Führungskraft stärkenorientiert führt und zu den PERMA-Faktoren im Team beiträgt (siehe Kapitel 12.4.3.4).
- **Reflexions- und Feedback-Übungen** oder Meeting-Check-outs werden gezielt genutzt, den Blick auf positive Emotionen zu lenken. Hintergrund sind empirische Forschungen, die zeigen, dass die tägliche Reflexion (Was hat mir heute Freude gemacht und ist gut gelaufen? Warum ist es gut gelaufen?) innerhalb von 30 Tagen zu einer messbaren Verbesserung des Wohlbefindens führt (Seligman 2014, S. 57 ff.).
- Engagement wird vor allem in sogenannten **Flow-Erlebnissen** spürbar. Das sind die Momente, in denen Menschen vollkonzentriert in eine Tätigkeit eintauchen und ganz in ihr aufgehen. Dazu werden Aufgaben, die fordern, aber nicht überfordern, und ein Arbeitsumfeld, das ungestörte Konzentration zumindest für eine gewisse Zeit ermöglicht, benötigt. Purpose Driven Organizations versuchen daher, ein solches Arbeitsumfeld zu schaffen und entsprechende Aufgaben zu übertragen.
- Positive und tragfähige Beziehungen zu fördern, gelingt unter anderem durch **Community-Space**-Formate (siehe Kapitel 12.6.2), **Personal Relation Meetings** (siehe Kapitel 12.3.3.4) oder die Förderung **Gewaltfreier Kommunikation,** wie sie bei soulbottles oder beim Aluminiumhersteller Gutmann praktiziert werden (siehe Kapitel 12.3.3.3). Durch das bessere Kennenlernen, aber vor allem durch das wertschätzende Klären von Konflikten wird das Vertrauen zueinander gestärkt.
- Erreichtes sichtbar zu machen und die **Aufmerksamkeit auf eigene Erfolge** und Wirksamkeit zu lenken, statt sofort zu den nächsten Aufgaben und Problemen zu springen, ist ein weiterer, wesentlicher Hebel für Wohlbefinden. Purpose Driven Organizations lenken daher bewusst die persönliche und kollektive Aufmerksamkeit auf Gelungenes und sorgen für ein Innehalten und wertschätzende Anerkennung. So wird beim US-Schuhversand Zappos das »WOW!« einer begeisterten Kundin am Telefon auch mal mit einer Polonaise der Mitarbeitenden durchs Callcenter gefeiert.

Stärkenorientierung, der Blick auf Positives, Ressourcen und Erfolge und die Pflege vertrauensvoller Beziehungen sind wesentliche Faktoren, wie Purpose Driven Organizations die Beziehung zwischen Personen und zwischen Personen und Organisation ganzheitlich und partnerschaftlich gestalten. Sie geben aber auch schon erste Einblicke, welche Art von Kultur in diesen Organisationen gelebt und gefördert wird.

9 Vierte Disziplin: Superflexible Vertrauenskultur

Es ist ein Irrtum zu glauben, als wichtigster Hebel auf dem Weg zur Purpose Driven Organization könne man für eine bestimmte Art von Kultur sorgen. »Culture eats strategy for breakfast!« Dieses Zitat wird dem amerikanischen Ökonomen Peter Drucker zugeschrieben und deutet an, dass die Organisationskultur von entscheidender Bedeutung dafür ist, welche Strategien und Pläne in einer Organisation umgesetzt werden und welche versanden.

Organisationskultur nur indirekt beeinflussbar

Als latente normative Struktur und unentscheidbare Entscheidungsprämisse hat die Kultur großen Einfluss darauf, welche Entscheidungen in Organisationen getroffen und wirksam werden. Nur leider wird umgekehrt kein Schuh daraus: Als unentscheidbare Entscheidungsprämisse lässt sich Kultur nicht direkt gestalten oder verändern. Sie entsteht und entwickelt sich im Lauf der Zeit auf Basis der Gründungsgeschichte, der in der Organisation getroffenen Entscheidungen, der anderen Entscheidungsprämissen (Programme, Kommunikationswege und Personal), Gewohnheiten und Trampelpfade, die sich im Alltag einspielen. Wenn klassische Managementberatende also zu dem Schluss kommen, die Einführung einer agilen Organisation erfordere in erster Linie die Schaffung einer agilen Kultur (Handscomp 2018), beißt sich die Katze in den Schwanz.

Kultur lässt sich nur indirekt beeinflussen, indem Trigger in den Programmen, Kommunikationswegen oder im Personal gesetzt werden. Wenn es zum Beispiel gelingt, die Elemente einer Purpose Driven Organization schrittweise und in verträglichem Tempo einzuführen, können sich tiefliegende Grundannahmen und Glaubenssätze sukzessive anhand der neuen Erfahrungen mit Kooperation, Selbstverantwortung oder Transparenz verändern. So kann die Einführung von Selbstorganisationsprozessen und die Verteilung von Autorität deutlich auf die Kultur einwirken, wie auch Selbstmanagement-Guru David Allen feststellte, nachdem er in seiner Firma Holacracy einführte: »As we've distributed accountability down and through the organization, I've had much less of my attention on the culture. In an operating system that's dysfunctional, you need to focus on things like values in order to make that somewhat tolerable, but if we're all willing to pay attention to the higher purpose, and do what we do and do it well, the culture just emerges. You don't have to force it« (zitiert nach Robertson 2013).

Kultur beeinflusst Entscheidungen

Dennoch sind Annahmen und Vorstellungen über die Welt und das, was darin wertvoll und wichtig ist, natürlich auch für das Entscheiden und Handeln in Purpose Driven Organizations von Bedeutung. Gerade in den hochkomplexen Umfeldern, in denen sie unterwegs sind, hat Kultur größeren Einfluss auf Entscheidungen. Aufgrund der hohen Veränderungsgeschwindigkeit und Vielfalt der relevanten Faktoren bestehen zumindest für einige Zeit noch keine (formellen) Regeln für den Umgang mit diesen neuen Situationen. Die grundlegenden **Überzeugungen, Annahmen, Glaubenssätze und Wertvorstellungen**, die sich als Kultur entwickelt haben, werden dann als Orientierungspunkte für Entscheidungen relevanter. Trotz oder gerade wegen ihres hohen Abstraktionsgrads, der es erlaubt, sie trotz allen Interpretationsbedarfs auf vielfältige und noch diffuse Entscheidungssituationen anzuwenden. Kultur kann somit unter hoher Komplexität zumindest teilweise das Fehlen formaler Entscheidungsprämissen kompensieren.

Zudem beeinflussen Glaubenssätze über die Welt den individuellen Denkprozess von Personen, indem sie einerseits bereits darauf einwirken, was wir überhaupt selektiv wahrnehmen (vor allem, was wir für wichtig und für relevant halten). Andererseits kommen wir zu unseren Schlussfolgerungen im Denkprozess, indem wir interpretieren, was das Wahrgenommene bedeutet (Sense Making) und es mit unseren Annahmen abgleichen. Die von dem Organisationspsychologen Chris Argyris entwickelte **Abstraktionsleiter** veranschaulicht diesen Ablauf menschlicher Denkprozesse (vergleiche Abb. 13) und lädt damit auch ein, sie bewusst zu reflektieren (Argyris 1993, S. 57). Mit ihrer Hilfe können einzelne Handlungen und Entscheidungen bezüglich der dahinterliegenden Annahmen und Glaubenssätze reflektiert werden (siehe Kapitel 9.2 und Kapitel 12.5.2).

Super-Flexibility

Purpose Driven Organizations haben unserer Erfahrung nach eine Organisationskultur, die in vielem dem entspricht, was die beiden Organisationsforscher Homa Bahrami und Stuart Evans als Super-Flexibility bezeichnet haben (Bahrami/Evans 2010, S. 7 f.). Super-Flexibility

- bietet ein hohes Maß an Widerstandsfähigkeit gegenüber Druck und Turbulenzen (Resilienz),
- ermöglicht neue Lösungen und die Anpassung an veränderte Umstände (Agilität und Vielseitigkeit).

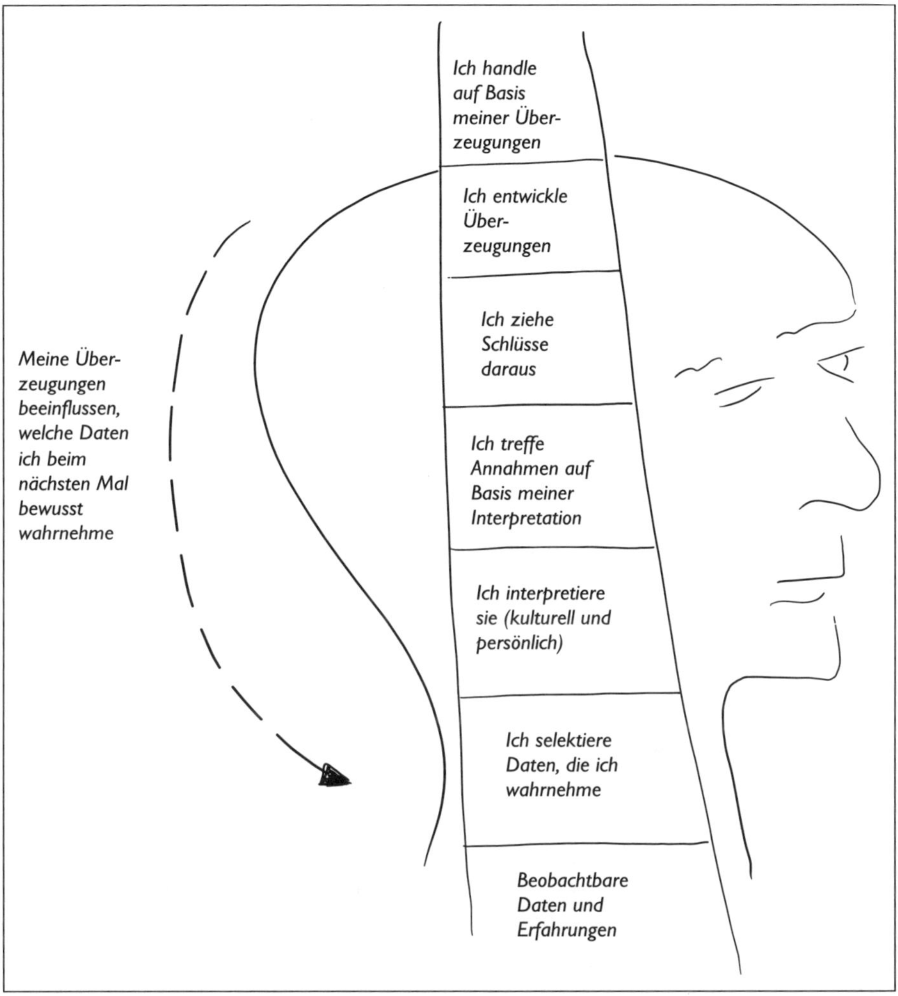

Abb. 13: Die Abstraktionsleiter menschlichen Denkens (nach Senge et al. 1994, S. 243)

Bahrami und Evans definieren Super-Flexibility allerdings als eine organisationale Fähigkeit. Sie bildet sich heraus, wenn in einem hochflexiblen Ökosystem auf explorative Strategien ein iteratives Vorgehen, verteilte Autorität, organisatorische Anpassungsfähigkeit und eine vertrauensvolle Führung auf Augenhöhe gesetzt wird. Diese Faktoren sorgen auch für Purpose Drive und lassen mit der Zeit nicht nur die Fähigkeit zur Superflexibilität, sondern auch eine dementsprechende Kultur entstehen.

Superflexible Vertrauenskultur

Aus unserer Sicht kreisen Kulturen in Purpose Driven Organizations um zwei Größen:

- Sie favorisieren Werte, Normen und Haltungen, die superflexibles Entscheiden und Handeln ermöglichen: **Superflexibilität** im Sinn der gleichzeitigen Vorsorge für Resilienz und für agile Weiterentwicklung. Dahinter steckt die Überzeugung, dass beides erforderlich ist, um langfristig zu überleben und erfolgreich den Purpose entfalten zu können: Zum Beispiel auch in schwierigen Zeiten am Purpose oder an Selbstorganisationsprinzipien festzuhalten und gleichzeitig jederzeit zur Disposition zu stellen, wie der Purpose verfolgt wird und wie sich die Organisation dafür organisiert.
- Purpose Driven Organizations sind getragen von einem Menschenbild, das hohes **Vertrauen** in Personen für selbstverständlich hält: In ihre Bereitschaft und Fähigkeit zur Entwicklung, in ihr Bestreben, mit ihrer Arbeit einen sinnvollen Beitrag zu leisten, und in ihr verlässliches Engagement zur Erfüllung getroffener Vereinbarungen. Daher sorgen Purpose Driven Organizations für ein hohes Maß an Autonomie und Selbstorganisation und etablieren gleichzeitig Strukturen, die es ermöglichen, bei Bedarf ein hohes Maß an Erwartungsklarheit herzustellen.

Wir nennen die vierte Disziplin daher superflexible Vertrauenskultur. Auch wenn sich Kultur nicht direkt gestalten und entscheiden lässt (»Ab morgen haben wir eine superflexible Vertrauenskultur!«), lohnt sich die Auseinandersetzung mit ihr.

Dass eine neue Kultur nicht verordnet werden kann, bedeutet nicht, dass sie sich nicht verändern kann. Sie verändert sich im Zuge der evolutionären Entwicklung der Organisation, für die entwicklungsförderliche Impulse gesetzt werden können. Das ist vor allem durch Entscheidungen über die anderen Entscheidungsprämissen möglich. Wenn eine Organisation Programme anders gestaltet, sich anders organisiert und wenn Schlüsselpersonen wechseln, wird sich die Organisationskultur mit der Zeit mitverändern. Wenn man die Möglichkeiten, auf die Kultur einzuwirken, nicht überschätzt, macht eine bewusste Auseinandersetzung mit ihr großen Sinn. Dazu dienen folgende Praktiken:

- **Kulturelle Präferenzen klären:** Purpose Driven Organizations weisen eine Reihe typischer Kulturmerkmale auf. Und sie haben ein klares und explizites Bild davon, welche Kultur sie anstreben und brauchen.
- **Beobachtung und Reflektion der Kultur**: Purpose Driven Organizations setzten sich bewusst und regelmäßig mit der gelebten Kultur und den Annahmen, Glaubenssätzen und Werten auseinander, die das Denken der Entscheidungsträgerinnen und die getroffenen Entscheidungen beeinflussen.

Kulturpraktiken	Ausgestaltung
Kultur wird als wichtiger Einflussfaktor auf Denken und Entscheidungen gesehen	• Überzeugungen, Glaubenssätze und Werte beeinflussen Denken und Entscheidungen. • Kultur kann das Fehlen von formalen Entscheidungsprämissen teilweise kompensieren. • Kultur lässt sich aber kaum zielgerichtet beeinflussen und bildet sich im Lauf der Zeit von selbst.
Superflexibilität und Vertrauen sind kulturelle Kernelemente	• Superflexibilität bedeutet gleichzeitige Vorsorge für Resilienz und für agile Weiterentwicklung. • Es wird ein Menschenbild verfolgt, das ein hohes Vertrauen in Personen für selbstverständlich hält.
kulturelle Präferenzen klären	• Folgende Präferenzen bestimmen Wertvorstellungen, Haltungen und Glaubenssätze: – Vertrauen vor Macht, – Kooperation vor Wettbewerb, – Lernen und Agilität vor Effizienz und Perfektion, – Handlungs- vor Lageorientierung, – kreatives Erproben vor analytischer Planung, – Augenhöhe vor Eltern-Kind-Relationen, – Achtsamkeit vor sachlicher Distanziertheit. • Leitbildprozesse können die Klärung kultureller Präferenzen fördern und Impulse für andere Entscheidungsprämissen liefern. • Kulturelle Präferenzen werden durch Geschichten veranschaulicht.
Beobachtung und Reflexion der Kultur	• Werte, Prinzipien, Normen und Glaubenssätze werden regelmäßig thematisiert und reflektiert. • Konkrete Ereignisse und Geschichten über Personen oder Ereignisse werden genutzt, um die gelebte Kultur zu verstehen. • Spezielle Tools (z. B. Abstraktionsleiter, Glaubenssätze-Quiz), aber auch Rollen (z. B. Achtgeberin) können dabei unterstützen.

Abb. 14: Superflexible Vertrauenskultur – Praktiken und Ausgestaltung

9.1 Kulturelle Präferenzen klären

Obwohl sich Purpose Driven Organizations in ganz unterschiedlichen Wirtschaftsbranchen und Gesellschaftsbereichen finden lassen, scheint sie kulturell teilweise mehr zu verbinden als zu trennen. Wir vermuten, dass eine Reihe von Werten und organisationalen Glaubenssätzen vorhanden sind, die sich im Zuge der Entwicklungsgeschichte dieser Organisationen bewährt und als passend zu Purpose-

Orientierung, Selbstorganisation und ganzheitlicher Partnerschaft erwiesen haben. In den von uns betrachteten Organisationen scheinen sich wie von selbst ähnliche Werte und teils auch ähnliche Glaubenssätze ausgeprägt zu haben, die mit der Zeit eine superflexible Vertrauenskultur entstehen ließen. So finden sich in Purpose Driven Organizations häufig folgende kulturelle Präferenzen:

- **Vertrauen vor Macht:** In Purpose Driven Organizations wird davon ausgegangen, dass die Personen das Sinnvolle und Angemessene tun und ihnen wird etwas zugetraut. Einfluss gewinnt, wem andere vertrauen und wer dieses Vertrauen rechtfertigt. Allen Versuchen, Macht zu nutzen oder auszubauen, wird dagegen mit Misstrauen und Ablehnung begegnet, da Purpose Driven Organizations Macht ja gerade verteilen und für Autonomie sorgen wollen.
- **Kooperation vor Wettbewerb:** Beide Koordinationsmechanismen haben sich in unterschiedlichen Kontexten bewährt. Purpose Driven Organizations geben nach innen wie nach außen der Kooperation den Vorzug. Statt Informationsvorteile zu schaffen und zum eigenen Vorteil zu nutzen, sorgen sie für größtmögliche Transparenz gegenüber Mitarbeitenden, Kundinnen und Liefernden. Eine langfristige Win-Win-Partnerschaft ist ihnen wichtiger als kurzfristige ökonomische Vorteile. Wechselseitiges Vertrauen der Partnerinnen ist wiederum eine wesentliche Voraussetzung und ein Nebenprodukt einer guten Kooperation.
- **Lernen und Agilität vor Effizienz und Perfektion:** In einem komplexen Umfeld kommt es nicht primär auf Produktivität und Effizienz an, sondern darauf, laufend neue Lösungen für sich rasch ändernde Situationen zu finden. Entsprechend gilt Lernen als die wesentliche Einheit von Fortschritt. Purpose Driven Organizations sind »Lernmaximierer«. Sie messen agiler Anpassung höchsten Wert bei. Das Erproben und Ausloten neuer Möglichkeiten ist für sie wertvoller als die Steigerung von Effizienz und die Perfektion des Bekannten. Fehlversuche verstehen sie als Lernchance. Sie helfen, neue Produkte und Lösungen zu entwickeln, Kundinnen zu gewinnen und dem Purpose näher zu kommen. Lösungsideen und Prototypen müssen nicht perfekt sein, sondern »good enough« und »safe enough to try«. Das Motto dazu wäre wohl: »Done is better than perfect«. All das erfordert ein kooperatives Miteinander, Zutrauen in die eigenen Fähigkeiten und das Vertrauen, mit Fehlern offen umgehen zu können. Nur dann werden Mitarbeitende wagen, Dinge zu erproben, die noch nicht perfekt durchgeplant wurden.
- **Handlungs- vor Lageorientierung:** Eine ausgeprägte Lageorientierung führt dazu, bei Erfolgen und vor allem bei Misserfolgen genau zu analysieren, welche Entscheidungen und Handlungen zu welchen Folgen geführt haben und wer welche persönlichen Anteile oder Schuld daran trägt. Die Lage soll erst einmal in allen Facetten verstanden werden, bevor es weitergeht (Blick zurück). Während das auch in Purpose Driven Organizations für das Lernen

von gewisser Bedeutung ist, tendieren sie dennoch stärker zu einer handlungsorientierten Kultur. Bevorzugt wird, rasch zu klären, was die nächsten, gangbaren Schritte sind, um ins Handeln zu kommen (Blick nach vorne).

- **Kreatives Erproben vor analytischer Planung:** Die Inspiration und Ausrichtung durch einen abstrakten Purpose und die hohe Handlungsorientierung sind Kernelemente, wie Purpose Driven Organizations ihre Programme gestalten. Planung und das analytische Vordenken von Abläufen, Projekten und Strukturen wäre aus ihrer Sicht für evolutionäre Entwicklung in einem turbulenten Umfeld wenig hilfreich. Wertvoller sind Neugier, kreative Ideen und das iterative Erproben.
- **Augenhöhe vor Eltern-Kind-Relationen:** Personen begegnen sich in Purpose Driven Organizations auf Augenhöhe. Sie betrachten sich wechselseitig als gleichwertige, aber unterschiedliche Peers und Partnerinnen. Wo alle verschieden sind, ist niemand anders. Ein hierarchisches oder statusbezogenes Oben und Unten von Personen aufgrund von Ausbildung, Erfahrung, längerer Zugehörigkeit, höherem Gehalt oder Rolle wird abgelehnt. Vielmehr gelten alle als gleichwertige Partnerinnen. Sie können in unterschiedlichen Situationen und Rollen jeweils unterschiedlich zum Ganzen beitragen, aber dennoch sind alle gleichwertig. So hat etwa bei der Firma Gutmann das Prinzip Augenhöhe geholfen, die starre hierarchische Struktur durch eine Arbeitshierarchie abzulösen, bei der je nach Situation jeweils verschiedene Personen Führungsrollen übernehmen.
- **Achtsamkeit vor sachlicher Distanziertheit:** Der achtsame Umgang mit Personen, seien es Kolleginnen, Kundinnen, Liefernde oder andere Stakeholder ist für viele Purpose Driven Organizations ein wichtiger Wert und eine zentrale Haltung. Sehr deutlich wird auch das beim Aludrahthersteller Gutmann. Achtsamkeit ist ein wesentlicher Bestandteil der Unternehmensvision und ein zentraler Wert, der für den internen Umgang miteinander leitend ist und auch ins gesamte Umfeld der Organisation und ihrer Mitglieder ausstrahlt.

Diese Übersicht kultureller Präferenzen entstand aus unseren Beobachtungen in einer Vielzahl von Organisationen. Sie ließe sich sicherlich auch noch erweitern oder etwas anders strukturieren. Im Kern erscheinen uns jedenfalls die Faktoren Superflexibilität und Vertrauen als Schlüsselelemente einer Organisationskultur, wie sie sich in Purpose Driven Organizations entwickelt und wie diese sie benötigen, um die Wirksamkeit der anderen Entscheidungsprämissen zu unterstützen. Dabei wird Superflexibilität beispielsweise durch kulturelle Präferenzen für Lernen, Agilität, Handlungsorientierung und kreatives Erproben genährt, während Vertrauen durch das Leben und Erleben von Kooperation, Augenhöhe und Achtsamkeit im Alltag wächst.

Bedeutung von Leitbildprozessen

Wenn das Klären von Werten als organisationale Praktik vor allem implizit im Alltag geschieht und sich damit im Lauf der Zeit die Kultur der Organisation herausbildet oder verändert, welche Bedeutung haben dann Leitbildprozesse in Purpose Driven Organizations?

Die Organisationsforschung steht solchen Methoden eher skeptisch gegenüber, da sie in der Regel mehr für die Darstellung einer schönen und wünschenswerten Schauseite sorgen und nur in geringem Maß die in der Organisation gelebten Werte, Haltungen und Glaubenssätze und die Entscheidungen und Handlungen im Tagesgeschäft beeinflussen. So würde das »Zelebrieren von Werten« vor allem der Sicherung der Legitimität dienen: Organisationen könnten durch den »Talk« über Werte die vielfältigen Ansprüche ihrer Stakeholder befriedigen, ohne dass dies sofort eine unmittelbare Auswirkung auf die eigentlichen Entscheidungsprozesse hat (Kühl 2017b, S. 37).

Unsere Erfahrungen mit Leitbildprozessen gehen in eine ähnliche Richtung und sind zugleich differenzierter. Werden sie nicht als Top-down-Erklärung der Werte, sondern als partizipativer Prozess unter hoher Einbindung der Mitarbeitenden gestaltet, können sie sehr wohl hilfreich sein, um kulturelle Präferenzen zu schärfen. Durch die Diskussion und Entwicklung konkreter Verhaltensanker können sie deutlich handlungsleitender werden, etwa wenn anhand konkreter Beispiele anschaulich wird, welches Verhalten mit einer Vertrauens- oder Fehlerkultur korrespondiert und welches nicht.

Gerade dem Erzählen von Geschichten, dem Storytelling, kommt eine große Bedeutung zu. Geschichten von konkreten Situationen, Personen und Ereignissen veranschaulichen, was in der Organisation besonders wertgeschätzt wird, und berichten darüber, was die Organisation geprägt hat oder was besonders wichtig ist. Sie sind damit nicht nur eine Fundgrube für die Kulturbeobachtung, sondern auch ein Mittel der Kulturbildung. Gute Geschichten können dazu beitragen, kulturelle Präferenzen verständlich zu machen und zu transportieren, vor allem wenn sie nicht nur die Köpfe, sondern auch die Herzen der Zuhörenden erreichen und wenn sie als glaubwürdig und authentisch erlebt werden.

Wesentlich wirksamer ist es allerdings unserer Erfahrung nach zu konkretisieren, wie die anderen Entscheidungsprämissen (Programme, Kommunikationswege und Personal) zu gestalten sind, um den angestrebten Werten Rechnung zu tragen. In diesem Sinn können Leitbildprozesse ein hilfreiches Element auf dem Weg zur Purpose Driven Organization sein.

So hatte Bodo Janssen, Geschäftsführer der Upstalsboom-Hotels, angeregt durch die Klostererfahrung, einen kollektiven Werte- und Verhaltensleitbildprozess angestoßen. Gemeinsam mit Mitarbeitenden fragte er, welches Verhalten hilfreich wäre, um die Werte, die für Upstalsboom wichtig sind, mit Leben zu füllen. Damit wurde letztlich ein Prozess gestartet, der die gesamte Organisation veränderte.

Beim Tiefkühl-Großhändler Ökofrost in Berlin führte der Weg zu einem neuen Gehaltsmodell ebenfalls über die Auseinandersetzung mit Werten und Kultur. Gemeinsam mit allen Mitarbeitenden wurden Fragen gestellt wie: Was ist uns wichtiger: Transparenz oder Vertraulichkeit und Geheimhaltung? Aus dieser Schärfung der Wertvorstellungen entstanden dann konkrete Vorschläge für die Gestaltung des neuen Gehaltssystems.

Auch wenn Verhalten bzw. Entscheidungen und Werte nicht kausal miteinander gekoppelt sind, so dass man vom einem auf das andere schließen könnte: Die Klärung kultureller Präferenzen kann durchaus wirksame Impulse für die Gesamtentwicklung der Organisation geben, vor allem über die Gestaltung anderer Entscheidungsprämissen, aber auch, indem die Praktik des Klärens kultureller Präferenzen durch eine regelmäßige Beobachtung und Reflektion der gelebten Kultur ergänzt wird.

9.2 Beobachtung und Reflexion der Kultur

Die regelmäßige Auseinandersetzung mit Kultur ist hilfreich, vor allem wenn sie darauf zielt, die gelebten Werte, Haltungen und Glaubenssätze explizit und bewusst zu machen und damit auch einen Abgleich mit den kulturellen Präferenzen zu ermöglichen. Die Beobachtung und Reflexion der gelebten Kultur kann damit zu einem Trigger für deren evolutionäre Weiterentwicklung werden – wissend, dass Werte, Haltungen und Glaubenssätze nicht direkt verändert werden können. Eine superflexible Vertrauenskultur kann nicht verordnet werden. Aber eine Reflexion, welche Annahmen und Werte bei konkreten Entscheidungen handlungsleitend waren, kann einen Ansatzpunkt für Weiterentwicklung liefern.

Die Abstraktionsleiter (siehe Kapitel 12.5.2) bietet dafür einen Rahmen, indem zum Beispiel eine konkrete Aktivität oder Entscheidung Schritt für Schritt reflektiert und gefragt wird: Welche Daten wurden überhaupt im Entscheidungsprozess wahrgenommen und welche ausgeblendet? Welche Annahmen liegen hinter dieser Selektion? Welche Interpretationen und Schlussfolgerungen sind daraus entstanden und warum? Welche Annahmen lagen dem zugrunde und welche wurden durch die beobachteten Wirkungen bestätigt oder infrage gestellt? Und letztlich: Warum kommen wir oder ich überhaupt zu diesen Annahmen? Welche tieferliegenden Wertvorstellungen, Überzeugungen und Glaubenssätze kommen darin zum Ausdruck?

Gelebte Werte, Prinzipien oder Normen können natürlich auch auf andere Weise reflektiert werden: Etwa spielerisch im Team durch eine Art Quiz, in dem die Mitarbeitenden einschätzen, welche Glaubenssätze hinter den typischen Verhaltensweisen und Entscheidungen wirksam werden (siehe Kapitel 12.5.1).

Wesentlich erscheint uns, dass durch das regelmäßige Thematisieren und Reflektieren der gelebten Organisationskultur Impulse gesetzt werden, um sie bewusst zu machen und damit evolutionäre Veränderung zu erzielen. In dieser Hinsicht wirkt beispielsweise auch die Rolle der Achtgebenden in den Meetings beim Aludrahtproduzenten Gutmann: Wenn die Kommunikation zwischen den Teilnehmenden die Grenzen dessen überschreitet, was noch als achtsamer Umgang miteinander gilt, läutet sie eine Glocke und unterbricht so augenblicklich die Kommunikation, bis der Klang der Glocke verhallt. Das bewirkt eine Unterbrechung der eskalierenden Dynamik und ruft allen den Wert der Achtsamkeit in Erinnerung.

Kultur kann allerdings auch expliziter und intensiver in dafür gestalteten Settings beobachtet und reflektiert werden. Eines davon setzt unmittelbar bei den im Unternehmen erzählten Geschichten an: Sie werden gesammelt und in einem Workshop mit Mitarbeitenden ausgewertet: Was wird in den Geschichten erzählt und welche Werte, Normen, Haltungen oder Glaubenssätze werden damit transportiert? In ähnlicher Weise kann man mit besonderen Ereignissen, sogenannten Critical Incidents verfahren.

Critical Incidents sind zum Beispiel eine schwierige Projektsituation, der Gewinn oder Verlust einer Schlüsselkundin oder ein Engpass bei der Verfügbarkeit dringend benötigter Materialien und Rohstoffe. Wurde dann immer noch auf Transparenz, Kooperation und Lernen Wert gelegt oder zeigten sich im Ernstfall und unter Druck andere Präferenzen? Ähnlich einer Retrospektive wird in einem Kurzworkshop untersucht, was geschah und wie mit der Situation umgegangen wurde, um dann auf dieser Basis zu erkunden, was darin über die gelebten kulturellen Präferenzen und Muster deutlich wird.

10 Fünfte Disziplin: Co-Evolution im Ökosystem

Viele Branchen, aber auch andere Teile der Gesellschaft agieren heutzutage wie Ökosysteme hochgradig miteinander vernetzter Organisationen, Einzelpersonen und Stakeholder-Gruppen. Sichtbarstes Beispiel dafür ist vermutlich die IT- und Internetbranche, die sich aus einer noch in den 1970er-Jahren stark vertikal integrierten Industrie in eine Vielzahl von Segmenten spezialisierter Produkte, Technologien und Services ausdifferenziert hat. In einigen dieser Segmente ist die Vernetzung derart hoch, dass in die Entwicklung, Produktion, Distribution und Implementierung eines einzigen Produkts oft hunderte verschiedener Organisationen involviert sind.

Beispiele aus der Praxis

Ein anderes Beispiel in diesem Feld sind die Ökosysteme der Smartphone-Betriebssysteme Android und iOS. Hunderttausende Entwicklerinnen haben über die Jahre ein inzwischen kaum noch zu überblickendes Spektrum von Anwendungsprogrammen, Softwaretools und Spielen entwickelt und stellen diese über die AppStores von Google® und Apple zum Download zur Verfügung. Durch einige Designrichtlinien, technische und ökonomische Anforderungen der Betriebssytemhersteller und AppStore-Anbieter Google® und Apple in Bahnen gelenkt, entfaltet sich hier jeweils ein buntes und lebendiges Ökosystem von Softwarefirmen, Einzelunternehmern und Entwicklergruppen, deren Programme zwar miteinander um die Gunst der Nutzerinnen des jeweiligen Betriebssystems konkurrieren. Gleichzeitig konkurrieren sie aber als Android- oder iOS-Ökosystem auch gemeinsam gegen das jeweils andere um die Vorherrschaft im Smartphone-Business.

Und einige der Apps haben wiederum eigene Ökosysteme geschaffen. Man denke etwa an die Add-ons und InApp-Erweiterungen, die Programme wie der Browser Firefox oder Facebook® ermöglichen. Wiederum haben vom Softwarehersteller unabhängige Entwicklerinnen solche Zusatzsoftware konstruiert und so mit der Zeit ein neues Ökosystem geschaffen, etwa das der Facebook®-Spiele-Apps wie Farmville. Dadurch verschiebt sich für Anbieter wie Google®, Apple oder Facebook® zumindest in Teilen der Fokus vom Management der internen Ressourcen hin zur Beeinflussung und Steuerung von Ressourcen, die nicht zur Organisation gehören und nicht direkt ihrer Kontrolle unterliegen (Iansiti/Levien 2004, S. 2). Silicon Valley ist vermutlich der Inbegriff eines Business-Ökosystems.

Ein anderes Beispiel hochgradiger Vernetzung ist Hollywood: Dutzende Organisationen und Einzelunternehmen arbeiten in unterschiedlicher Zusammensetzung von Projekt zu Projekt für einen gemeinsamen Purpose. Um gemeinsam einen Film oder eine Fernsehserie entstehen zu lassen, schließen sich Studios, Produzentinnen, Filmverleih, Regisseurinnen, Drehbuchschreibende, Kameraleute, Beleuchterinnen, Cutter, Musikerinnen, Special-Effects-Profis, Location Scouts, Schauspielende und viele andere Einzelunternehmerinnen und kleine Organisationen zusammen. In einem Projekt kooperieren sie, danach stehen sie vielleicht wieder im Wettbewerb miteinander, um den nächsten, vielversprechenden Filmstoff oder eine Rolle im nächsten Blockbuster zu ergattern. Immer bleiben sie jedoch Teil einer größeren Community, einer Lebens- und Arbeitsgemeinschaft namens Hollywood.

Ein solches Ökosystem ist auch rund um »Premium-Cola« entstanden (siehe Kapitel 11.5.2). Oder besser gesagt entsteht »Premium-Cola« aus einer Gemeinschaft, die sich zu diesem Zweck zusammengefunden hat. Rund 240 Personen und kleine Organisationen bilden ein Kollektiv, das allen Kollektivistinnen ein Mitspracherecht bei unternehmerischen Entscheidungen und der Produktgestaltung einräumt. Sie wollen ein ökologisches und sozial faires und tragfähiges Wirtschaftsmodell vorleben. Gemeinsam organisieren sie die Herstellung, Abfüllung, Distribution und Vermarktung der PREMIUM-Getränke. Das PREMIUM-Kollektiv ist damit sehr nah an einem Organisationsmodell, das der Wirtschaftsphilosoph Charles Handy als Membership Business bezeichnete (Handy 1994, S. 157 f.): Im Mittelpunkt steht nicht mehr das Eigentum an einer Organisation, sondern im Mittelpunkt stehen Personen, die als professionelle Begleiterinnen und Gefährtinnen (»Companions«) gemeinsam etwas in die Welt bringen.

Auch die Berliner Bio-Bäckerei MÄRKISCHES LANDBROT hat ein Ökosystem rund um die eigene Organisation geschaffen, um ihrem Purpose folgend ökologisch wirtschaften und gesunde Lebensmittel zu fairen Preisen anbieten zu können (siehe Kapitel 11.5.1). Die Lieferbäckerei produziert Brot für den regionalen ökologischen Fachhandel und hat dabei konsequent alle Bewohnerinnen ihres Ökosystems im Blick: Landwirtschaftende, die langfristige Verträge mit festem Abnahmepreis erhalten, den sie selbst bestimmen können, und die darüber hinaus auch beim Rekultivieren alter Getreidesorten unterstützt werden. Mitarbeitenden und Kundinnen wird faires, soziales und transparentes Wirtschaften nahegebracht und vorgelebt. Wichtige Informationen von Inhaltsstoffen über Produktionsverfahren bis hin zu Kalkulationen werden offengelegt. Und selbst Wettbewerberinnen und Zuliefernde wurden schon finanziell unterstützt, als sie von Banken keinen Kredit bekamen. Das Ergebnis sind vertrauensvolle und langfristig stabile Beziehungen zu den verschiedenen Playern im Business-Ökosystem.

Gemeinsame Wertschöpfung im »Business Ecosystem«

Der Begriff »Business Ecosystem« wurde vom amerikanischen Organisations- und Strategieforscher James F. Moore geprägt, der Unternehmen nicht mehr als alleinstehende und -agierende Wettbewerberinnen innerhalb einer Branche betrachtete. Vielmehr stellte er fest, dass in vielen Wirtschaftszweigen Organisationen ihre Fähigkeiten im Zuge von Innovationsvorhaben co-evolutionär weiterentwickeln. Dabei wird – häufig über Branchengrenzen hinweg – abwechselnd kooperiert und konkurriert, um neue Produkte zu entwickeln oder Kundinnenbedürfnisse zu befriedigen (Moore 1993, S. 76). Moore rückte damit Netzwerke und Ökosysteme in den Fokus strategischer Analysen und Planungen.

Ein Business Ecosystem definiert er als wirtschaftliche Community aus Organisationen und Individuen. Diese schöpft mit Gütern und Dienstleistungen Wert für Kundinnen, die selbst Teil der Community sind (Moore 1996, S. 26).

Zu einem solchen Ökosystem gehören Produzierende, Zuliefernde, Wettbewerberinnen und andere Stakeholder, deren Fähigkeiten und Rollen sich im Lauf der Zeit weiterentwickeln. Häufig richten sie ihre Strategien und Aktivitäten an einer oder mehreren Kernorganisationen aus. So etwa die PC-Industrie, die sich über Jahrzehnte am Gespann Microsoft (Betriebssysteme DOS und Windows) und Intel (Mikroprozessoren und Hardwarearchitektur) orientierte. Die in einem Ökosystem interagierenden Organisationen sind hinsichtlich ihrer Weiterentwicklung und ihrem Lebensweg miteinander verbunden: eine Art Entwicklungsgemeinschaft, die durch eine Reihe von Praktiken aufgebaut, entwickelt und gepflegt wird. In Abbildung 15 (S. 160) sind die verschiedenen Praktiken und deren Ausgestaltung zusammengefasst, die wir in den nächsten Abschnitten noch genauer betrachten werden.

10.1 Integration unter einem Shared Purpose

Die Funktion von Business-Ökosystemen ist für James F. Moore einfach erklärt: »The goal is to get a lot of people to bring their creativity together and accomplish something more important than they can do on their own. In general, a business ecosystem tries to be wildly inclusive, and in its extreme tries to catalyze the productivity of a swarm« (Moore 2013, S. 1). Business-Ökosysteme garantieren aus seiner Sicht disruptive Ergebnisse, da sie bislang integrierte Produktdesigns aufbrechen, Eintrittsbarrieren für neue Player reduzieren und dazu animieren, neue Personen, Ideen, Methoden, Technologien und Ressourcen in die Zusammenarbeit und Schaffung von Neuem einzubinden.

Umfeldpraktiken	Ausgestaltung
Aufbau und Pflege von Business-Ökosystemen	• Community aus Organisationen und Individuen, die für Kundinnen Wert schöpft, die selbst Teil der Community sind. • Hochgradige Vernetzung und Zusammenarbeit mit Partnerinnen im Ökosystem.
Integration unter einem Shared Purpose	• Gemeinsame Zwecke und Anliegen als Ausgangspunkt: etwas in die Welt bringen, was alleine nicht möglich wäre. • Werte sind Offenheit, Integrationsbereitschaft, achtsamer Umgang sowie faire Aufteilung von Erträgen und Risiken.
strukturelle Kopplung 4.0	• Aus den lose gekoppelten Kontakten in der Community werden vertiefte und enge strukturelle Kopplungen zur Realisierung eines gemeinsamen Purpose geformt. • Digitalisierung unterstützt Vernetzung und Zusammenarbeit. • Ökosystem organisiert sich selbst.
Co-Evolution und Auswahl	• Abstufung der Zugehörigkeit nach Interaktionsgrad und -dichte und Arten der Zusammenarbeit. • Purpose bestimmt, was als zum Ökosystem zugehörig betrachtet wird. • Mit der Zeit entsteht eine gemeinsame Entwicklungsgeschichte, eine nicht gerichtete Co-Evolution.
Exploration über Grenzen hinaus	• intensive Exploration der realen Bedürfnisse, Anliegen und Probleme von Kundinnen und anderen Stakeholdern, • Offenheit für Randgruppen, Wettbewerberinnen, Branchenfremde, • interaktive Produktentwicklung und frühestmögliche Interaktion mit Kundinnen und Userinnen, • konkrete Ziele und Kennzahlen für die Wirksamkeit der Beiträge etablieren.
Haltung des »Just enough«	• Gier und Fokus auf den eigenen Vorteil ruinieren Ökosysteme. • Philosophie des »Just enough«: Selbstbeschränkung, Achtsamkeit und Großzügigkeit gehen vor eigenem Profit und Nutzung von Verhandlungsmacht. • Community schützende Maßnahmen, z. B. Sanktionierung oder Ausschluss von Mitgliedern. • Statt Ich-Es-Beziehungen Ich-Du-Beziehungen pflegen.

Abb. 15: Co-Evolution im Ökosystem – Praktiken und Ausgestaltung

Bedeutung von Shared Purpose

Wenn sich Menschen entscheiden, gemeinsam konkrete Ideen und Werte zu verfolgen und umzusetzen, leitet sie ein gemeinsamer Purpose. Dieser Shared Purpose bedeutet aus Sicht von Moore zudem, das ökonomische Leben nicht mehr wertfrei zu betrachten. Aus Sicht der klassischen Wirtschaftslehre sorge bei einer marktmäßigen Beziehung der vereinbarte Preis für eine reibungsarme Abstimmung zwischen Angebot und Nachfrage. Dafür sei es nicht erforderlich, dass die Geschäftspartnerinnen ein gemeinsames Bild bezüglich Sinn und Werten haben. Der Preismechanismus allein regle den Ausgleich von Angebot und Nachfrage.

Business-Ökosysteme basieren jedoch auf einer anderen Form der Koordination. In einem Business-Ökosystem ist es der gemeinsame Purpose, der alle verbindet, koordiniert und zueinander ausrichtet. »At its heart, a business ecosystem is an initiative based on shared purpose, with open communication and peer-oriented relationships, where the participants share and grow together. And as a general rule, most initiatives can be made stronger with an ecosystem perspective« (Moore 2013, S. 48).

Organisationsforscher Moore beobachtete dabei im Lauf der Zeit die Entwicklung von **drei Generationen** von Business-Ökosystemen (Moore 2013, S. 3 ff.):

- Die erste Generation wurde von Beinahe-Monopolisten (z. B. Microsoft, Intel, IBM oder Apple) dominiert, um mithilfe firmenübergreifender Zusammenarbeit große **Investitionen in Technologieentwicklung** zu koordinieren und Skaleneffekte durch Wachstum zu erzielen. Diese Art von Ökosystemen findet sich heute auch im Mobilfunk- und Internetbereich.
- Die zweite Generation von Business-Ökosystemen wurde vor allem von Freiwilligen vorangetrieben, die gemeinsam Open-Source-Software wie Linux oder Apache entwickeln oder Sharing-Plattformen für Wissen (z. B. Wikipedia), Übernachtungsmöglichkeiten (z. B. Wimdu.de), Autos (z. B. drivy.de, blablacar.com), aber auch Nachbarschaftshilfe (z. B. nebenan.de) und vieles andere mehr aufbauen. Netzwerke wie Quishare oder Sharable.net unterstützen die Errichtung und Verbreitung dieser **sozialen Bewegungen** und das Verzeichnis thepeoplewhoshare.com berichtet bereits von über 10.000 solcher Ökosystem-Initiativen weltweit (Thepeoplewhoshare 2018). Bei ihnen wird nicht nur Zusammenarbeit initiiert, sondern auch sozialer Wandel gefördert. In diesen durch gemeinsame Ideen und Werte getragenen Communitys geht Verbreitung und Teilhabe vor Profit. Offenheit, gemeinsames Lernen und Problemlösen und der Tausch von Ressourcen stehen im Mittelpunkt der Peer Production und Sharing Economy.
- Die dritte Ökosystem-Generation verbindet nun die ersten beiden in einem **Hybrid**: mit ausreichend Kapital ausgestattete, flexible Plattformen, die durch eine soziale Bewegung ermöglicht werden. Eine engvernetzte, informale Com-

munity aus Personen und Organisationen, die ein **gemeinsamer Purpose** verbindet, bildet die Basis. Dieser Purpose kann sich beispielsweise auf die gemeinsame Entwicklung von Technologie oder von Standards beziehen. Die Zusammenarbeit im Ökosystem zielt darauf ab, sich wechselseitig zu unterstützen und zum Erfolg zu verhelfen, indem Kapital, Wissen und Ideen gebündelt und sozialer Wandel beschleunigt werden.

Die Connected Community

Moore hat die dritte Generation genauer anhand der »Connected Community« im Smartphone-Bereich untersucht (Moore 2013, S. 7 ff.). Zu diesem Ökosystem gehören tausende Unternehmen, die mithilfe einiger weniger technischer Standards und Kerntechnologien kooperieren. Die Basis dafür geschaffen haben vor allem die Hardwaredesigns der britischen Firma ARM, die Architekturen und Mikroprozessoren designt und an tausende andere Unternehmen lizensiert. Sie haben sich zum Standard für Smartphones und Tablets entwickelt und gerade begonnen, den Notebook- und Serverbereich zu erobern. Zum Ökosystem zählen neben den größeren Smartphone-Herstellenden wie Apple und Samsung, fabriklose Chip-Produzierende wie Qualcomm und Nvidia und Produktionsunternehmen wie Taiwan Semiconductor Manufacturing Company und GlobalFoundries, die wiederum mit einer Vielzahl von Fabs (Fabriken), den eigentlichen Produktionsbetrieben, zusammenarbeiten. Hinzu kommen Entwicklerinnen und Herstellende von Smart Devices und Komponenten des Internet of Things (z. B. Heizungs-, Licht-, Feuerschutz- und Sicherheitssysteme für das Smarthome, für Unterhaltungselektronik, Motorsteuerungen oder Navigationssysteme).

Obwohl alle Organisationen und Personen eines Ökosystems auch im Wettbewerb miteinander stehen, gelingt der offene Austausch von Ideen und Technologien. Der Grund ist ein gemeinsames Werteverständnis, das fordert, einander stets gut zu behandeln und faire Wege für die Verteilung von Erträgen und Risiken zu finden, so dass jede Partnerin aufblühen kann. Moore identifizierte bei seinen empirischen Studien im Smartphone-Ökosystem »a sub-culture of socially sophisticated, highly networked people, many of whom partook of the social values – the sharing and collaborating – of the open source movement« (Moore 2013, S. 9). Sie agieren inspiriert durch die Ideale und Überzeugungen der Sharing Economy: **gemeinsames Lernen, geteilte Arbeit und geteilte Nutzung** von Produkten. Moore hält sie für prototypisch für eine bereits in Gang befindliche Revolution der Geschäftswelt: In der »Connected Community« bilden sich eine Vielzahl sich überlappender, einander durchdringender und wachsender Ökosysteme.

Jede Organisation und Person ist zumindest Teil eines Ökosystems, viele jedoch gleich in mehreren. »Business ecosystems are a widely understood social and business tool, applied at any scale for almost any shared purpose« (Moore 2013, S. 10).

In einer digitalisierten und globalisierten Welt wird die Vernetzung und Zusammenarbeit in Ökosystemen damit zu einer immer weiter verbreiteten Form, an der Realisierung vielfältigster sozialer und geschäftlicher Zwecke zu arbeiten.

10.2 Strukturelle Kopplung 4.0

Nicht immer werden die besten Ideen und Ressourcen in der eigenen Organisation zu finden sein, sondern können besser über ein externes Netzwerk erschlossen werden. Business-Ökosysteme fördern und leben daher eine neue Kultur der Zusammenarbeit. Ideen, Probleme und Lösungen werden offen geteilt und die Kompetenzen einer ganzen Population von Individuen und Organisationen genutzt. Die Open-Source-Communitys der Linux- oder 3D-Maker-Szene mit ihrer Transparenz, Wissensteilung und dem gemeinsamen Experimentieren sind Vorläufer für diese Art von Ökosystemen, die versuchen, das Wissen der Massen zu nutzen und zu mehren.

Beschleunigung durch Digitalisierung

Die Digitalisierung unterstützt dabei die engere Vernetzung und Zusammenarbeit. Softwareentwickelnde nutzen Codesharing-Plattformen wie Github und Online-Communitys für den Austausch. Organisationen wie PREMIUM könnten ohne entsprechende **Onlineplattformen** den Diskurs ihrer Mitglieder nicht so leicht in der angestrebten Breite ermöglichen und zu Entscheidungen kommen. Professional Social Networks wie LinkedIn und Slideshare, Blogging-Netzwerke wie Medium und Tumblr und dutzende Open-Innovation- und Crowdsourcing-Plattformen wie IdeaScale und Iovoto ermöglichen es Organisationen und Personen, miteinander in Kontakt zu kommen und gemeinsame Aktivitäten zu initiieren.

Die losen Kopplungen in solchen Netzwerken werden anlassbezogen zur Realisierung eines gemeinsamen Purpose vertieft. Dabei entstehen enge und tiefgehende **strukturelle Kopplungen** der eigenen Organisation mit anderen Organisationen und mit selbstständig agierenden Einzelunternehmerinnen. Geht es wie bei MÄRKISCHES LANDBROT oder PREMIUM nicht nur um die Entwicklung eines gemeinsamen Produkts oder die Umsetzung eines zeitlich begrenzten Projekts, entstehen daraus langfristige, enge Partnerschaften. So etwa zwischen den Landwirtinnen und der Bäckerei, die gemeinsam ökologische Prinzipien umsetzen. Oder zwischen den 240 Kollektivistinnen, die gemeinsam Getränke herstellen, abfüllen, ausliefern und vermarkten.

Im Extremfall wie bei PREMIUM geht die Kopplung so weit, dass die Partnerinnen wesentliche Fragen nur gemeinsam entscheiden können. Alle Kollektivistinnen können bei den Entscheidungen der Organisation intensiv mitreden oder sie per Veto blockieren. Jede zusätzliche Schnittstelle nach außen und jede Öffnung hin zu mehr Kollaboration im Ökosystem erzeugt damit auch mehr Komplexität innerhalb der Organisation. Informationen, Anliegen und Rückmeldungen einer immer größeren Zahl von Stakeholdern müssen verarbeitet werden. Neue und divergierende Ansprüche sind zu integrieren. Das zeigt sich auch bei PREMIUM. Die Vielzahl der Stakeholder, die an **Entscheidungsprozessen** beteiligt sind, erhöht zwar die Qualität und Tragfähigkeit der Entscheidungen, erfordert aber auch mehr Zeit und eine hochqualifizierte Moderation der Entscheidungsprozesse.

Verschwimmende Grenzen und Selbstorganisation

Je durchlässiger die Grenzen der Organisation, umso mehr beginnen sie zu verschwimmen. Was gehört noch zur eigenen Organisation und was ist schon außerhalb, im Ökosystem? Eine Abfüllerin von Premium-Cola ist selbstständige Unternehmerin bzw. eine eigenständige Organisation. Gleichzeitig ist sie als Kollektivistin bei Organisationsentscheidungen von PREMIUM stimmberechtigt. Welche Kommunikation rund um Abfüllthemen gehört dann zu welcher Organisation? Das ist insofern relevant, als das Aufrechterhalten der Organisationsgrenzen eine Voraussetzung dafür ist, dass diese ihre **Identität** wahren und Komplexität reduzieren kann. Nicht jede operative Abwicklungsfrage im Abfüllprozess wird sinnvollerweise im Kreis aller Kollektivistinnen behandelt, wenn sie die Abfüllung an eine andere Organisation im Ökosystem outsourcen. Andererseits erfordert die transparente und superflexible Vertrauenskultur die Thematisierung relevanter Fragen. Ein im Alltag eines Business-Ökosystems nicht immer einfach und klar zu entscheidender Balanceakt. Spannungen, die dadurch auftreten, und wechselseitige Erwartungen werden dann im Zuge der Selbstorganisationsprozesse geklärt.

Selbstorganisation ist aber nicht nur in den Purpose Driven Organizations eine der wesentlichen Gestaltungsdisziplinen. Auch die Ökosysteme selbst strukturieren sich nach Selbstorganisationsprinzipien, die allerdings meist weniger explizit und kodifiziert sind als in den einzelnen Organisationen. Während in den Business Ecosystems der ersten Generation starke und große Keyplayer wie Intel oder Microsoft massiven Durchgriff darauf hatten, wie sich das Ökosystem organisiert und welche Regeln darin gelten, findet sich so etwas in den neueren Generationen kaum noch. Stattdessen beobachten die Organisationen und Individuen, was sich im Ökosystem und erweiterten Netzwerk an Bedürfnissen, Ideen und Kooperationsmöglichkeiten zeigt – und formen immer wieder neue Partnerschaften. Sie gehen immer wieder mit unterschiedlichen Organisationen und Individuen engere Kopplungen ein, um jeweils einen spezifischen gemeinsamen Purpose zu verfolgen (Moore 2013, S. 11).

10.3 Co-Evolution und Auswahl

Purpose Driven Organizations sind durch ihren Purpose immer stark umfeld-orientiert. Sie streben danach, einen wertvollen Beitrag zu leisten und damit Wirkung für ihre Stakeholder zu erzielen. Zappos und Disney wollen für Glück und Freude sorgen. Soulbottles will erreichen, dass alle Menschen gerne sozial und ökologisch nachhaltig konsumieren, ohne den Planeten unnötig zu belasten. Google® sieht seinen Beitrag darin, die Informationen der Welt zu organisieren und zugänglich zu machen, während HolacracyOne danach strebt, die Beziehung der Menschen zum Faktor Macht weiterzuentwickeln.

Relevante Umwelt der Organisation

Damit dies gelingen kann, müssen sich die Organisationen laufend mit ihren Umfeldern auseinandersetzen und konkreter verstehen, was notwendig und hilfreich ist, damit Menschen Freude empfinden, gerne sozial und ökologisch konsumieren oder wie sie Informationen suchen und nutzen. Dabei geht es nicht nur um eine Konkretisierung des Purpose, die ihn handhabbar und handlungsorientiert macht. Die Organisation muss sich auch immer wieder aus den **Perspektiven der Umwelten** betrachten: Wie wird sie von ihnen erlebt? Wie sehr passen die Beiträge der Organisation zu dem, was Kundeninnen und andere Stakeholder wünschen? Worin könnte ein noch größerer Mehrwert für sie bestehen? Und welche Wirkungen und Nebenwirkungen entstehen durch die Leistungen der Organisation tatsächlich für diese Umfeldgruppen?

Nicht nur in Business-Ökosystemen, sondern ganz grundsätzlich sind Organisationen immer Teil eines **größeren Ganzen**. Die Umwelt und das System bilden eine Einheit. Was allerdings zur relevanten Umwelt gehört, ist eine Frage der Betrachtung. Die Grenzen eines Ökosystems sind daher in der Regel auch kaum eindeutig zu ziehen. Statt fixer und klarer Grenzen wird man als Beobachtende leichter eine graduelle Abstufung nach Interaktionsgrad und -dichte zwischen verschiedenen Organisationen im Ökosystem erkennen und auch verschiedene Arten von Interaktionen und Kopplungen unterscheiden können wie Marktbeziehung, Technologie- oder Know-how-Austausch und Lizenzvereinbarungen (Iansiti/Levien 2004, S. 21).

Was zu einem Ökosystem dazugehört oder nicht, bleibt letztlich eine Konstruktion der Betrachtenden. Das Ökosystem ist das, was die Organisation als solches in den Blick nimmt. Sie selektiert im Rahmen ihrer Entscheidungen und Kommunikationen. Purpose Driven Organizations tun dies vor allem auch anhand ihres Purpose: Was dient unserem Purpose? Wer kann uns dabei unterstützen, ihn zu entfalten? Wer verfolgt ähnliche Ziele und Werte?

Co-Evolution und vernetzte Wertschöpfung

Im Lauf der Zeit entsteht im Ökosystem eine gemeinsame Entwicklungsgeschichte, eine **Co-Evolution**. Sie ist zwar nicht gerichtet, aber weit mehr als nur eine Beziehung oder ein mehr oder weniger diffuser Kontrakt. In ihr entwickeln sich die einzelnen Organisationen und auch ihr Purpose weiter. Es entsteht mehr Öffnung nach außen, die Grenzen der Organisation werden durchlässiger für Ereignisse und Kommunikationen aus dem eigenen Ökosystem. Denn was die Nachbarinnen und Mitbewohnerinnen im eigenen Ökosystem anbieten, fordern oder tun, ist mit hoher Wahrscheinlichkeit auch für die eigene Entwicklung von Bedeutung.

Je größer der **Wertschöpfungsanteil**, der außerhalb der Grenzen der Organisation entsteht, desto relevanter wird dies auch für andere Wirtschafts- und Gesellschaftszweige. So hat sich beispielweise auch die Automobilindustrie im Laufe des 20. Jahrhunderts von der hochgradigen vertikalen Integration, bei der ein großer Teil der Fahrzeugteile, aber auch der Maschinen, auf denen sie produziert werden, vom Autohersteller selbst entwickelt und erzeugt wurde, entfernt. So liegt der Wertschöpfungsanteil von Firmen wie VW, Daimler oder BMW in der Automobilproduktion laut einer Studie des Verbands der Deutschen Automobilindustrie (VDA) und der Unternehmensberatung Oliver Wyman bei nur noch 35 Prozent (2012) und wird bis 2025 auf 29 Prozent sinken (Oliver Wyman/VDA 2012). Und sogar in der Forschung und Entwicklung sinkt der Anteil der Automobilhersteller laut Studie im gleichen Zeitraum von 60 Prozent auf 47 Prozent.

Man sieht daran: Auch in dieser reifen Branche geht ohne Ökosystem nicht mehr viel. Ähnlich scheint es uns aber auch in der Zivilgesellschaft zu sein. Organisationen wie Greenpeace oder Attac kann nur durch die intensive Vernetzung und Zusammenarbeit mit ihren Supportern, einer Community von Aktivisten und interessierten Journalistinnen, Medien und Politikerinnen gelingen, Themen auf die öffentliche und politische Agenda zu bringen und Politik und Gesellschaft für diese zu aktivieren.

In der Community bzw. dem Ökosystem tauscht man sich intensiv miteinander aus, hält sich wechselseitig auf dem Laufenden, teilt Sichtweisen und Ideen miteinander, diskutiert viel und schmiedet dabei Pläne für gemeinsame Aktionen. Dabei entwickeln sich aber nicht nur Ideen und Aktivitäten. Auch das Wissen, die Einstellungen und Kompetenzen der Beteiligten wachsen und verändern sich im Laufe der Zeit. So entsteht eine Art **co-evolutionärer Entwicklungsgemeinschaft**, in der sich die Organisation eng mit anderen Organisationen, Personen und Stakeholdern in ihrem Ökosystem koppelt – ganz gleich, ob der Purpose in der Entwicklung von Software, der Produktion von Autos oder dem Schutz der Umwelt gesehen wird.

10.4 Exploration über Grenzen hinaus

Purpose Driven Organizations und ihre Ökosysteme dienen einem gemeinsamen Purpose. Stets geht es darum, einen Beitrag zu einem größeren Ganzen zu leisten, um dort eine bestimmte Wirkung zu erzielen. MÄRKISCHES LANDBROT und die Partnerinnen im Ökosystem wollen mit regionalen, sozial fairen und ökologisch nachhaltigen Produkten zu Gesundheit und Wohlbefinden der Menschen und der Erde beitragen. PREMIUM will mit seiner Community durch die Art und Weise, wie sie Getränke herstellen und vermarkten, ein faires, ökologisches und sozial tragfähiges Wirtschaftsmodell vorleben und verbreiten. Dafür gehen beide Organisationen über die bekannten Grenzen hinaus. Sie rekultivieren von der Nahrungsmittelindustrie längst vergessene Getreidesorten und Produktionsverfahren oder sie hören auf Konsumentinnen, denen eine andere Produktzusammensetzung und Geschmacksrichtung ihrer Cola mehr zusagt, als die gängigen Angebote bieten.

Oder sie finden ganz neue Wege und Technologien, um den Energieverbrauch in Rechenzentren zu reduzieren, wie das von Facebook®-CTO Frank Frankovsky initiierte Open Compute Project. Es führt miteinander im Wettbewerb stehende Server-, Halbleiter- und Komponentenherstellende in einem Ökosystem zusammen, in dem versucht wird, die aus dem Smartphone-Bereich stammende, energieeffiziente ARM-Technologie für Server und Rechenzentren einer ganz neuen Generation nutzbar zu machen (Moore 2013, S. 16 ff.).

Der Fokus liegt ganz auf der **Exploration** der wirklichen Bedürfnisse und Anliegen von Kundinnen und anderen Stakeholdern sowie dem gemeinsamen **Entwickeln** neuer Lösungen. Dafür kann, wie im Beispiel der Open Compute Initiative, anhand einer Schlüsselkundin wie Facebook® eine Co-Evolution getriggert werden, um ein komplexes Kundinnenproblem zu lösen. Gemeinsam werden dabei ganz neue Fähigkeiten entwickelt und neue Märkte geschaffen. Startpunkt kann aber auch das intensive Erkunden der realen Probleme und Bedürfnisse einer ganz neuen Kundinnen- oder Stakeholder-Gruppe sein, die bislang keine oder wenig Aufmerksamkeit bekam. Dies ist etwa für FairTrade-Organisationen typisch, die auch darauf abzielen, die Lebens- und Arbeitsbedingungen der Landwirtinnen in fernen Ländern zu verbessern, sei es durch faire Abnahmepreise oder durch Beratung, Schulung und Vernetzungsinitiativen.

Die Exploration über bisherige Grenzen hinaus beginnt schon mit einer **interaktiven Produktentwicklung**, in die interessierte Nutzerinnen in Form einer Community eingebunden werden. So hat zum Beispiel der Spielzeughersteller LEGO Kundinnen eingeladen, neue Modellvarianten vorzuschlagen und gemeinsam zu erarbeiten. Entwicklungen, die am Markt erfolgreich waren, wurden finanziell belohnt (Bughin/Chui/Johnson 2008, S. 1). Intensiver wird der Grenzübertritt, wenn in der Produktentwicklung für eine **frühestmögliche Interaktion** mit Kundinnen und Userinnen gesorgt wird, wie im Design Thinking oder im Lean-Start-up-Ansatz. Statt Lösungen erst einmal intern weitestgehend fertig zu entwickeln, werden schon möglichst früh **Prototypen** angefertigt und von potenziellen Kundinnen erprobt. Die Entwickelnden beobachten diesen ersten Zielgruppentest, um ein möglichst reichhaltiges Bild über den Kontext, in dem das Produkt genutzt wird, und die dabei auftretenden positiven und negativen Erfahrungen zu bekommen. Diese Exploration kann sogar schon einen Schritt früher vor oder bei der Generierung neuer Produktideen beginnen. So kann die **Beobachtung** von Konsumentinnen in ihrem Familienalltag, etwa beim Wäschewaschen, ganz neue Ideen und Ansätze inspirieren, wie ihnen Hausarbeit erleichtert werden könnte.

Ein wesentlicher Trigger für die grenzüberschreitende Exploration ist dabei der Purpose, vor allem dann, wenn er in **konkrete Ziele und Maßstäbe** gefasst wird, auch wenn die zunächst außerhalb der Reichweite der einzelnen Player zu liegen scheinen. Ein Beispiel dafür beschreibt Bill Gates (Gates 2013). So habe das Milleniumsziel der UNO, die Kindersterblichkeit nachhaltig zu reduzieren, ein breites Ökosystem unterschiedlicher Player zu gemeinsamen Aktivitäten inspiriert, um diesen Purpose zu erreichen. Ärztinnen, Nichtregierungsorganisationen (NGOs), Stiftungen, Pharmaherstellenden, Regierungen und Entwicklungshilfeorganisationen ist es gemeinsam gelungen, die Kindersterblichkeit in den letzten 25 Jahren deutlich zu senken. Wesentlich dazu beigetragen hat eine einfache Kennzahl: Die Zahl der gestorbenen Kinder pro Jahr wurde zum orientierungsstiftenden Indikator für die Wirksamkeit der Beiträge einer Vielzahl von Initiativen.

Purpose Driven Organizations und ihre Ökosysteme konkretisieren daher, woran sie erkennen können, dass sie ihrem Purpose näherkommen. Moore sieht das ebenfalls als wesentlichen Hebel in der Entwicklung von Business Ecosystems und beobachtet ein entsprechendes Vorgehen bei der Reduktion des Energieverbrauchs in der IT: »Business ecosystems seem to work best when they are chartered and measured by broad important goals. And once these goals have been set, there is nothing like the field of practice for figuring out how to proceed« (Moore 2013, S. 29).

10.5 Haltung des »Just enough«

Shared Purpose, eine digital unterstützte Vernetzung in selbstorganisierten Communitys, die sich co-evolutionär entwickeln, und eine Grenzen überschreitende Exploration sind wesentliche Praktiken in Ökosystemen. Sie gedeihen aber nur, solange alle Beteiligten einige **Grundprinzipien** beherzigen. Ökosysteme sind auf wechselseitige Fürsorge und Achtsamkeit angewiesen. Jede Situation ist von allen Seiten her zu betrachten. Gier und der reine Fokus auf den eigenen Vorteil ruinieren jedes Ökosystem.

Haltung der Genügsamkeit und Selbstbeschränkung

Für den Organisationsforscher Moore stehen daher alle Beteiligten eines Ökosystems vor einer grundlegenden **Haltungsfrage**: »You can grow your business by growing the ecosystem and advancing the opportunities for your customer. You can also grow a business — at least in terms of revenues and profits — by taking from your ecosystem and from your customers« (Moore 2013, S. 13).

Organisationen und Individuen können sowohl durch eine großzügige und gebende Haltung von Ökosystemen und Kundinnen profitieren als auch durch eine primär auf eigenen Profit und Nutzen gerichtete, nehmende Haltung. Letztere führt auf Dauer zur Zerstörung des Systems und seiner wechselseitig förderlichen Beziehungen. Akteurinnen, die ihre Verhandlungsmacht gegenüber anderen ausnutzen, untergraben die Basis, auf der Partnerschaften und Ökosysteme aufblühen können. Sie besteht im gemeinsamen Schaffen von Sicherheit, Freude und Erfolg im Sinn einer Philosophie des **»Just enough«**, der Genügsamkeit, Selbstbeschränkung und Achtsamkeit (Moore 2013, S. 13). Die Berliner Bäckerei MÄRKISCHES LANDBROT zum Beispiel überlässt ihren Bäuerinnen, gemeinsam den Getreidepreis festzulegen, den die Bäckerei zahlt. Sie sollen sich nicht an die Marktpreise halten, sondern das verlangen, was sie brauchen, um gut leben und wirtschaften zu können. Die Bäuerinnen danken es der Bäckerei mit achtsam gesetzten Preisen, da umgekehrt auch sie ein Interesse daran haben, dass die Bäckerei wirtschaftlich stabil bleibt.

Das Forschungsteam Laura Nash und Howard Stevenson an der Harvard University hatte die Haltung des »Just enough« als prägende Einstellung in den Lebenswegen und Karrieren einer zunehmenden Zahl von Harvard-Alumni identifiziert (Nash/Stevenson 2004). Statt nach immer mehr (z. B. Geld) und einer Sache (z. B. beruflicher Erfolg) zu streben, zeigte sich, dass Lebensglück vor allem jene empfinden, die persönliches Erfolgsstreben und Erwartungen auf ein für sie ausreichendes Maß beschränkten und die darüber hinaus aktiv zum Leben in der Familie und in Communitys beitrugen. Vor allem die Vielfalt, Fürsorge und der soziale Reichtum dieser Gemeinschaften halfen ihnen, ihre Talente zu entwickeln und ein aus ihrer Sicht gutes Leben zu führen.

Schutzmaßnahmen und achtsamer Umgang

Wenn durch Einzelne gegen diese Kultur des »Just enough« nachhaltig verstoßen und das Funktionieren und Überleben des Ökosystems bedroht wird, müssen Ökosysteme in der Lage sein, **vorbeugende** oder im Notfall die Community **schüt-**

zende Maßnahmen zu ergreifen. Patent-Trolle oder feindliche Übernahmen können in Hightech-Communitys zu massiven Bedrohungen des Ökosystems werden. Aber auch andere Verhaltensweisen und Einstellungen können die Entwicklung eines Ökosystems nachhaltig stören. Bei PREMIUM können daher Kollektivistinnen notfalls ausgeschlossen werden, was das Kollektiv bisher allerdings nur zweimal für nötig hielt.

Eine weitere Praktik aus Purpose Driven Organizations begegnet uns in Ökosystemen wieder: Professionelle Expertise ist wichtig, aber nicht hinreichend. Es braucht auch die Reife und **Achtsamkeit**, sie kommunikativ angemessen einzubringen. Ohne vertrauensvolle und enge Beziehungen können sich Ökosysteme und Zusammenarbeit nicht voll entfalten. Emotionale Intelligenz, die Fähigkeit und Bereitschaft, sich in andere einzufühlen, und Gewaltfreie Kommunikation sind dafür hilfreiche Kompetenzen und Mittel.

Darüber hinaus ist es vor allem eine Haltungsfrage. James F. Moore sieht sie versinnbildlicht in der Dialogphilosophie des Wiener Religions- und Sozialphilosophen Martin Buber: Statt die Mitmenschen distanziert wie ein Objekt, ein »Es«, zu betrachten, zu behandeln und zu benutzen, gehe es in jeder Begegnung und Beziehung um eine **partnerschaftliche Haltung**, die den Menschen mit seinem gesamten Wesen, seinen Werten, Talenten und Bedürfnissen einbezieht und mit ihm als ein »Du« umgeht: respektvoll, fürsorglich, neugierig und auf Augenhöhe.

Teil 3:

Purpose Driven Organizations

11 Inspirierende Beispiele

Am spannendsten sind doch Geschichten, wie andere vorgegangen sind, welche Lösungen sie gefunden haben und an welchen Hürden sie gestolpert sind. Es war gar nicht so leicht, gute Unternehmensbeispiele zu finden – so viele gibt es nämlich noch nicht. Wir erzählen hier zwölf Geschichten von Organisationen, die jeweils aus Sicht einer der fünf Disziplinen besonders interessant sind. Ein Unternehmen sagt zum Beispiel, Sinnorientierung geht nur, wenn eine Firma sich selbst gehört. Ein anderes hat den mühsamen Weg in die Selbstorganisation gemeistert und wurde von einem klassisch organisierten Branchenriesen gekauft. Ein drittes stellt das Glück der Mitarbeitenden in den Mittelpunkt. Ein viertes entwickelt mitten in einem deutschen Konzern eine agile Arbeitskultur und ein fünftes hat aus der Wertschöpfungskette die Wertschätzungskette gemacht.

Wir wollen einen umfassenden Einblick und durch viele Details Anregung geben, wie die Umsetzung der fünf Disziplinen gelingen kann. Eine Zuordnung zu den Disziplinen ist gar nicht so leicht, weil in jedem Unternehmen alle fünf relevant sind. Wir haben uns jetzt für diese Zuordnung entschieden, weil die Unternehmen in der jeweiligen Disziplin besonders interessant sind.

Wir erzählen die Geschichten aus unserer Sicht – wissend, dass es Ausnahmen geben kann und manche Mitarbeitende die Geschichte vielleicht anders erzählen würden. Und wir erzählen sie zum heutigen Zeitpunkt, wissend, wie schnell sich agile Organisationen weiterentwickeln. Es ist also ein spannender Ausschnitt des Jetzt aus unserer Brille als systemisch Beratende.

11.1 Dominanter Purpose – inspirierende Beispiele in der 1. Disziplin

11.1.1 dm-drogerie markt

KURZPORTRÄT

Besonderheit: Ein konsequent sinnorientierter Handelskonzern
Organisation: dm-drogerie markt GmbH & Co. KG
Gründungsjahr: 1973
Unternehmenssitz: Karlsruhe
Anzahl der Mitarbeitenden: mehr als 59.000 (2016/17), davon rund 40.000 in Deutschland
Umsatz: 10,3 Milliarden Euro, davon 7,9 Milliarden Euro in Deutschland
Website: www.dm.de

»Was ich Ihnen jetzt erzähle, werden Sie anfangs vielleicht nicht glauben, aber ich kann Ihnen beweisen, dass es funktioniert!«, so eröffnet Martin Dallmeier, als dm-Geschäftsführer verantwortlich für das Ressort Finanzen und Controlling in Deutschland, seine Vorträge für Managende anderer Unternehmen. Hokuspokus? Dallmeier lacht: »Nein, das ist seit vielen Jahren gelebte Praxis bei uns. Nur sind wir damit leider noch ziemlich allein unter den Handelsunternehmen. Unsere Pyramide steht Kopf«, sagt Dallmeier und beschreibt, wie die mehr als 40.000 Mitarbeitenden in Deutschland daran arbeiten, statt eines gewinnmaximierenden Handelskonzerns einen sozialen Organismus zu entwickeln (Dietz/Kracht 2011).

»dm-drogerie markt« wurde im Jahr 1973 von Götz W. Werner gegründet und hat heute (2018) 59.400 Mitarbeitende in Europa. Von Kosmetik über Haushaltsartikel und Bio-Lebensmittel bis zur Zahnpasta wird in den 3.512 Filialen (davon 1.920 in Deutschland) alles verkauft. Heute ist dm-drogerie markt vor Rossmann und Müller die größte deutsche Drogeriemarktkette.

Ein »sozialer Organismus« ist das Anliegen des Gründers. Er will einen Ort schaffen, an dem sich Menschen weiterentwickeln und ihre Potenziale entfalten können, indem sie ein Stück ihrer Lebensbiografie aktiv schreiben. In Anlehnung an den Künstler Joseph Beuys ist die Aufgabe des Managements daher, diese »soziale Plastik« zu gestalten. Management als Kunstform? »Genau wie die Architektur oder die Malerei ist auch diese Aufgabe eine künstlerische«, sagt Dallmeier. Dass sie Zahnpasta verkaufen, um den sozialen Organismus zu schaffen, sei nebensächlich. »Wir könnten auch mit Schuhen handeln. Nur ist Drogerie eben das, was wir am besten können.«

Sinnorientierung statt Gewinnmaximierung
Das Unternehmen wächst seit Jahren und ist bei den Kundinnen sehr beliebt. Vielleicht liegt das Geheimnis des Erfolgs in der Paradoxie, dass finanzieller Erfolg nicht das primäre Ziel ist. »Der Sinn unserer Arbeitsgemeinschaft steht im Mittelpunkt der Zusammenarbeit! Das Know-why kommt vor dem Know-how«, so beschreibt Dallmeier eines der Leitprinzipien. Wer den Sinn seines Tuns versteht und vor allem, wie er damit zu einem Gesamtsinn beiträgt, braucht kein strenges Regelkorsett der Kontrolle und auch keine finanziellen Boni-Versprechen, um motiviert zu sein. Die Orientierung am Sinn ist auch ein Grund, warum die Organisation »von vorn nach hinten« denkt, erklärt Dallmeier. Vorn sind die Kundin und damit das Augenmerk des Unternehmens. Die Filialen »vorn an der Kundin« werden vom Rest der Organisation unterstützt. Die Mitarbeitenden werden unterstützt von den Filialverantwortlichen, diese wiederum von den Gebietsverantwortlichen, den Regionsverantwortlichen und den Servicebereichen wie Marketing, Beschaffung, Mitarbeitenden-Management, Finanzen und Controlling oder IT.

Flache Hierarchien und Dialog auf Augenhöhe prägen die Zusammenarbeit. Eine »Gebietsverantwortliche« soll nicht steuern oder kontrollieren, sondern optimale Rahmenbedingungen schaffen, damit die Filialen selbstbestimmt arbeiten können. Ihre bewusst gesetzte Verantwortungsspanne für 20 bis 35 Filialen würde es ihr ohnehin unmöglich machen, die einzelnen Märkte zu kontrollieren.

»Das war am Anfang ein großer Unterschied«, beschreibt Isabell Scheiffele ihren Start im Jahr 2005 beim neuen Arbeitgeber dm-drogerie markt. Bei ihrem vorherigen Arbeitgeber war sie es gewohnt, sich an Vorgaben zu halten: Aufbau der Produkte, Preise, Arbeitszeiten. Plötzlich war sie eingeladen, selbst zu entscheiden, was sie für sinnvoll hielt. Sie hat ihre Freiheit in der Gestaltung schnell schätzen gelernt und ist heute Filialverantwortliche eines dm-Markts in Erlangen: »Ich würde nicht mehr woanders arbeiten wollen.« Gemeinsam mit ihren Mitarbeitenden gestaltet sie die Arbeitszeiten (im Rahmen der Gesetze und geltenden Tarifverträge) ganz frei nach Sinn und Bedarf der Filiale. Es gibt keine Schichtpläne, sondern einen Plan, was zu tun ist, in dem jede eintragen kann, was sie übernimmt. Die zweifache Mutter genießt diese Flexibilität und das Vertrauen in sie und ihr Team. »Uns kontrolliert keiner. Durch die transparenten Zahlen treffen wir selbstverantwortlich Entscheidungen, die Sinn machen.«

Auch beim Preisgefüge bestimmen die Filialverantwortlichen mit. Bei Investitionen und beim Einkommen hat auch das Filialteam Mitsprachemöglichkeiten. In einem »Einkommensfindungsprozess« berät das Team, welche Einkommen für die jeweilige Lebenssituation angemessen und gerecht sind. Je nach Bedürfnissen und Potenzial – welche Perspektiven kann jemand aufgrund seiner Fähigkeiten einnehmen? – entsteht so eine gemeinsame Empfehlung des Teams an die Verantwortlichen. Die Bedingungen sind: Der geltende Tariflohn darf nicht unterschritten werden, es muss wirtschaftlich leistbar sein und benötigt die Akzeptanz der Arbeitsgemeinschaft. »Die Teams achten darauf, ob eine oder mehrere im Team besondere Bedürfnisse haben. Eine Frau, die das dritte Kind bekommen hat, braucht mehr als der Kollege, dessen jüngstes Kind gerade ausgezogen ist. Ideal wäre, dass die zur Verfügung stehenden Einkommen so verteilt werden, dass es den Bedürfnissen aller gerecht wird. Damit meine ich die menschlichen Bedürfnisse, nicht die Luxusbedürfnisse«, sagt Dallmeier.

Auch das Geschäftsführungskollegium setzt sich in regelmäßigen Abständen zum Einkommensfindungsprozess zusammen. Das Ergebnis ist transparent nachvollziehbar. Isabell Scheiffele macht den gleichen Prozess mit ihrem Team in der Filiale. Sie beschreibt: »Für die neuen Mitarbeiter ist es anfangs sehr ungewohnt. Sie sind es gewohnt, dass alles verdeckt und versteckt ist und Geld durch Sympathie und Antipathie verteilt wird. Wir zeigen ihnen, dass es auch anders geht und dass es gelingt, den Prozess so zu gestalten, dass jeder zufrieden rausgeht.«

Wirtschaftliche Transparenz auf allen Ebenen

Auch unüblich für ein Handelsunternehmen ist, dass nicht ein Bereich, sondern alle Mitarbeitenden auf die Ergebnisse schauen. In einer »Wertbildungsrechnung« wird das Unternehmen jeden Monat komplett und für alle transparent durchgerechnet. »Das kommt aus unserem Verständnis der Arbeitsgemeinschaft. Die Filialen müssen wissen, wie sie wirtschaften, damit sie gute Entscheidungen treffen können«, sagt Dallmeier.

Die Arbeitsgemeinschaft hat ein eigenes Wörterbuch, um mit achtsamer Sprache diese Kultur zu stützen. Geschäftsführende heißen intern »Regionsverantwortliche«, statt Unternehmen sagt man »Arbeitsgemeinschaft«. »Wir sprechen nicht von Personalkosten. Wenn ich jemandem vermittle ›Du kostest Geld‹, könnte der sich als Belastung empfinden. Das wollen wir nicht«, erklärt die junge Filialverantwortliche Nadine Litt, Filialleiterin in Kulmbach. Der Begriff Personalkosten wurde ersetzt durch »Mitarbeitereinkommen«. Dallmeier begründet dies so: »In der klassischen Gewinn- und Verlustrechnung betrachtet man Personalkosten als Aufwand, der den Gewinn schmälert. Sie stehen immer im Gegensatz zum Gewinn.« Bei dm-drogerie markt wird stattdessen das »Mitarbeitereinkommen« als Teil der Ergebnisverwendung betrachtet.

Auch die Idee des Lohns stellt die Arbeitsgemeinschaft auf den Kopf. Einkommen ist nicht die Belohnung für die Tätigkeit des vergangenen Monats, sondern die Voraussetzung, dass die Mitarbeitende im nächsten Monat wiederkommen kann. Mitarbeitende sollen in ihrer Tätigkeit einen Arbeitsplatz sehen, nicht nur einen Einkommensplatz.

Der Fokus auf sinnhaftes Tun hat auch den Begriff »Budget« zu einem »Tabu-Wort« gemacht, wie Martin Dallmeier es nennt. Die Arbeitsgemeinschaft plant bewusst nicht mit Budgets, um zu verhindern, dass Sinnvolles nicht getan wird, weil das Budget nicht reicht. »Ein Budget würde uns in unserer Sinnfindung massiv einschränken. Natürlich müssen wir bei neuen Ideen abklopfen, ob die wirtschaftliche Situation es ermöglicht, aber das muss immer wieder neu gedacht werden.«

Die Bewusstseinsarbeit wirkt sich auch auf die Haltung gegenüber den Kundinnen aus. Statt wöchentlichen Aktionspreisen, um Menschen anzulocken, verfolgt dm-drogerie markt ein Dauerpreiskonzept für eine bewusst einkaufende Stammkundschaft. »Wir wollen, dass die Kundinnen ihren Bedarf mit einem guten Preisgefühl decken können und zwar dann, wenn sie den Bedarf haben, und nicht, wenn wir gerade eine paar Lkw-Ladungen Shampoo mehr verkaufen wollen.« Martin Dallmeier beschreibt das Unternehmen als systematischen »Gewinn-Minimierer«. »Wir achten auf Angemessenheit. Wenn man gesellschaftliches Engagement ernst nimmt, heißt das auch, sich nicht an der Gesellschaft zu bereichern.« Das Anliegen lautet, über die Strategie der günstigsten Dauerpreise für die Kundinnen und über das Entfaltungsangebot für die Mitarbeitenden einen gesellschaftlichen Beitrag zu leisten.

Das LIDA-Prinzip

Voraussetzung für die Entfaltung der Mitarbeitenden ist das Zutrauen, dass sich jemand in die Arbeitsgemeinschaft einbringen möchte. Diesen Vorschuss bekommt jede neue Mitarbeitende. Aus dem Zutrauen soll das Vertrauen entstehen. »Zutrauen und Vertrauen sind die Grundpfeiler unserer Kultur. Wenn ich sie pflege, kann ich mir Kontrollen ersparen, das erlebe ich jeden Tag.« Das Zutrauen führt zu einer großen Zahl junger Filialverantwortlicher – der jüngste ist aktuell 22 Jahre –, die Filialen mit 1.000 Kundinnen am Tag und mehr als 20 Mitarbeitenden verantworten. Auch Nadine Litt erzählt von ihrem Staunen, als sie bei dm-drogerie markt begann: »Es war ganz anders! Die Kollegen haben mir das Gefühl gegeben, als arbeite ich schon immer hier. Jeder kommt, zeigt einem etwas, unterstützt einen. Jeder hat mich behandelt, als würde er mich schon lang kennen. Bis heute erlebe ich, dass neue Kolleginnen und Kollegen so empfangen werden.«

Ein Aspekt des Zutrauens ist auch das »LIDA-Prinzip«. LIDA bedeutet »Lernen In Der Arbeit«. Nadine Litt beschreibt LIDA so: »Wir ermutigen unsere Lernlinge (das dm-Wort für Auszubildende) zu selbstständigem Lernen. Durch Erkundungsaufgaben und selbstständige Arbeit lernen sie eigenständiges Denken und Handeln und erkennen, dass sie ein gleichwertiges Mitglied im Team sind.«

Schwieriger werde es mit Mitarbeitenden, die vorher in anderen Unternehmen gearbeitet haben. Nadine Litt erzählt, dass ihr da eine ganz andere Erwartung an Führung begegne. »Eine neue Mitarbeiterin war ganz irritiert, warum ich ihr nicht einfach sagen könne, was sie tun soll. Ich fragte dann zurück: Schau dich mal im Laden um, was würdest du jetzt tun?«

Nadine Litt verantwortet seit 2012 eine Filiale. Sie bezeichnet sich als dm-Gewächs und kann sich nicht vorstellen, das Unternehmen zu wechseln. Sie ist nebenbei Betriebsrätin und hat so Einblick in viele Filialen. »Es wird wirklich überall auf Augenhöhe miteinander gesprochen. Ich komme jetzt viel herum und sehe, dass es nicht nur in meinem Bereich so ist, sondern gelebte Unternehmenspraxis.« Sie schätzt das hierarchiefreie Unternehmen. »Von oben diktiert wird bei uns gar nichts. Wenn ich mit meinem Gebiets- oder Regionsverantwortlichen spreche und wir unterschiedlicher Meinung sind, tauschen wir die Argumente aus und suchen dann gemeinsam eine funktionierende Lösung.«

Ihr zuständiger Regionsverantwortlicher Martin Dallmeier schaut mindestens einmal im Jahr in jedem der rund 200 Märkte vorbei, für die er mitverantwortlich ist und sucht den persönlichen Kontakt. Er lacht, als er ein Beispiel beschreibt, wie die umgekehrte Pyramide funktioniert: »Ich war im Gespräch mit der Filialverantwortlichen, als sie mich plötzlich mitten im Satz stehen ließ, weil zwei Mitarbeiter ein Problem hatten. Genau so soll es sein! Erst kommen die Kunden und die Mitarbeiter und dann erst komme ich.«

11.1.2 Deutsche Kammerphilharmonie Bremen

KURZPORTRÄT

Besonderheit: Ein selbstorganisiertes Profi-Orchester
Organisation: Die Deutsche Kammerphilharmonie Bremen gGmbH
Studentische Gründungsinitiative:: 1980, Gründung als GbR 1987, Neugründung als gGmbH 2002
Unternehmenssitz: Bremen
Anzahl der Gesellschafter: 41 Orchestermusikerinnen
Anzahl der Mitarbeitenden in Management und Verwaltung: 25
Umsatz: 7,6 Millionen Euro
Website: www.kammerphilharmonie.com

Ein deutsches Orchester, das den Musikerinnen selbst gehört. Der Probenraum befindet sich in einer sozialen Brennpunktschule. Das Orchester rangiert unter den Top Ten der Welt und gespielt wird auch ohne Dirigentin.

Eine ungewöhnliche Geschichte, die 1980 mit einem Spin-off begann. Damals gab es in Deutschland 160 Orchester, die alle von öffentlichen Subventionen lebten. Orchester waren streng hierarchisch organisiert. Die Dirigentin gab den Ton an und die angestellten Musikerinnen hatten spätestens nach den ersten Jahren ihr Feuer und ihre Begeisterung für den Beruf verloren.

Eine Studie des Organisationspsychologen Richard Hackman in Harvard zeigte, dass die durchschnittliche Arbeitszufriedenheit bei Orchestermusizierenden auf dem gleichen Niveau lag wie bei Gefängniswärtern und Fabrikarbeitern (Hackmann et al. 1996). Die Unzufriedenheit war darin begründet, dass sich die Musizierenden kaum kreativ und gestalterisch einbringen konnten.

Eine Gruppe von jungen Musizierenden hatte wenig Lust auf den vorgezeichneten Weg. Sie starteten 1980 als »Kammerorchester der Jungen Deutschen Philharmonie« ein Experiment – ein Orchester, das den Musizierenden selbst gehört. Ihr Purpose war: »klassische Musik so lebendig wie möglich spielen«. Wichtige Werte waren Kreativität, Hochleistung und Selbstbestimmung. Sie gründeten eine Gesellschaft bürgerlichen Rechts (GbR), in der alle mit ihrem Privatvermögen haften. Welche Organisationsform passte nun, um diesen Purpose zu erfüllen? Sie wählten die Basisdemokratie, damit jede sich maximal einbringen konnte.

Bis heute ist das Orchester im Privatbesitz der 41 Musikerinnen, die mit ihm einige Krisen durchgestanden haben. 1998 hatte das Orchester 1,5 Millionen Euro Schulden und die Gesellschafterinnen bekamen langsam kalte Füße. Dank der GbR musste keine Insolvenz beantragt werden und ein wichtiger Schritt verbesserte die Lage. Statt wieder einen Manager von außen zu holen, wechselte Albert Schmitt als einer der Musiker ins Amt des Geschäftsführers. Er wollte das Orchester zu einem Unternehmen machen und als Marke entwickeln.

Auch die Organisationsform änderte sich. Die Basisdemokratie hatte sich nicht bewährt. »Endlose Diskussionen, um einen Konsens zu erreichen! Es war nervenzehrend und kostete auch wahnsinnig viel Kraft«, erzählt Schmitt. Heute organisiert sich das Orchester in der Balance aus Hierarchie und Demokratie. Die Erfahrung der Jahrzehnte hatte gezeigt, dass das Orchester Höchstleistungen schafft, wenn demokratische Strukturen und funktionale Führung ineinanderwirken. Alle zwei bis drei Monate treffen sich die 41 Gesellschafterinnen in der Vollversammlung. Hier werden Delegierte gewählt für den Programmausschuss, der über Repertoire, Stücke und künstlerische Ausrichtung entscheidet, und für den Orchestervorstand, der mit dem Geschäftsführer die Geschäftsführung bildet. Nach Bedarf werden Gremien für besondere Themen geschaffen, die Entscheidungsbefugnis bekommen oder einen Entscheidungsvorschlag in die nächste Vollversammlung einbringen können.

Entschieden wird per einfacher Mehrheit. Sensible Themen wie Neuaufnahmen oder Ausschluss von Gesellschafterinnen benötigen eine Zweidrittelmehrheit. Die Balance aus Hierarchie und Demokratie führe zu bewusstem Austarieren je nach Bedarf. »Wir justieren permanent die Stellschrauben: Reden wir genug oder zu viel miteinander? Treffen wir uns zu selten oder zu häufig?«, sagt Albert Schmitt. Konflikte im Team werden in regelmäßigen Nachbesprechungen und Supervisionen gelöst. »Das machen mal alle gemeinsam und mal Gruppen, je nach Bedarf. Zum Beispiel wenn sich die Streicher festgefahren haben oder wenn die Bläser einen Konflikt haben, der schon länger in Gang ist und sich verfestigen könnte«, so Schmitt.

Orchester ohne Dirigentin

Das Orchester lebt die Selbstbestimmung auch musikalisch. Als eines von ganz wenigen Orchestern weltweit kommen sie auch ohne Dirigentin aus. Sie wollen zurück zu den Wurzeln im 17. Jahrhundert, als Barockorchester ohne Dirigent spielten. Es war ein musikalisches Miteinander, das erst durch eine »Führungskraft« ersetzt wurde, als in der Romantik die Orchester deutlich größer wurden. Bei den Bremerinnen lesen alle Musizierenden vorab die Partitur, die sonst nur die Dirigentin in Gänze studiert. So hat jede ein Bild des Ganzen und kann ihre Rolle und ihren Beitrag besser einordnen. Zugleich werden Rollen wie Konzertmeisterin und Stimmführende der Instrumentengruppen genutzt, um Führung zu übernehmen, wo es hilfreich ist. Auch eine Dirigentin ist dabei, wenn es darum geht, sich musikalische Inspiration zu holen oder neue Stücke einzustudieren. Das wäre ohne Dirigentin weit aufwendiger. Der aktuelle Bremer Maestro Paavo Järvi nennt seine Rolle daher »musikalischer Kollaborateur« oder »Kammermusiker unter Kammermusikern«.

Gemeinsam haben die Musikerinnen zehn Werte entdeckt, die den außergewöhnlichen Erfolg des Kammerorchesters ausmachen: Notwendigkeit und Sinn, Hierarchie und Demokratie, Perfektion und Abenteuer, Energie und Konzentration, Erfolg und Spaß. Es geht darum, bewusst den spannungsvollen Gegensatz der Paare aufrechtzuerhalten. Aus den Werten entwickelte das Orchester zusammen mit einem Wirtschaftswissenschaftler ein Managementtraining für andere Unternehmen, die mit den Musikerinnen arbeiten, um auch in ihrer Organisation Höchstleistungsteams hervorzubringen (Scholz/Schmitt 2010).

Auch durch diese Initiative stabilisierte sich die finanzielle Situation. Heute schaffen es die Bremerinnen, 75 Prozent ihres Umsatzes selbst zu erwirtschaften. Nur 25 Prozent Subvention kommen von außen. Im Vergleich dazu leben die deutschen Orchester bis heute zu durchschnittlich 90 Prozent von Subventionen.

Damit ist die Kammerphilharmonie Vorreiterin einer neuen Finanzierung klassischer Musikbetriebe. Von den damals 160 deutschen Klassikorchestern gibt es heute nur noch 125. Grund sind schrumpfende Subventionstöpfe. »In Zukunft wird es für alle Orchester einen Mix geben aus Geldern von öffentlicher Hand, NGOs, von privat und aus selbst Erwirtschaftetem«, prognostiziert Schmitt. Steuerliche Rahmengesetzgebung könne Sponsoring und Mäzenatentum mehr fördern. Vielleicht entstünden auch Modelle wie das »Planned Giving« in den USA, wo Steuerzahlende vom Fiskus zu Lebzeiten deutliche Steuervorteile erhalten, wenn sie ihr Erbe einer gemeinnützigen Organisation überschreiben.

Auch in der Organisationsform und Purpose-Orientierung ist das Orchester anderen ein Vorbild. »Der Klassikbetrieb ist seit Jahrzehnten in der Krise, auf die Antwort zu finden er sich schwer tut. Was wir machen, ist Teil einer Antwort«, so der Geschäftsführer. Orchester in Freiburg, Potsdam, Hamburg oder Frankfurt haben sich beispielsweise schon inspirieren lassen und Impulse aus Bremen umgesetzt. Aus Oman, Hongkong, London oder Texas kommen Gäste zur Hospitationsakademie, um von den Bremerinnen zu lernen. Aktuell begleitet das Orchester den Aufbau eines Zukunftslabors in Nordafrika, das dort die demokratische Entwicklung unterstützen soll.

Das selbstbestimmte Bremer Orchester hat es auf Weltrangniveau gebracht. Namhafte Solistinnen und Dirigierende wollen mit den Bremerinnen auftreten und das, obwohl sie hier für ihr Engagement weit weniger verdienen als anderswo. Im Orchester wird einheitlich und leistungsabhängig bezahlt – wer mehr Tage arbeitet, verdient auch mehr. Die Externen kommen trotzdem gern – für sie ist es eine Chance, musikalisch zu wachsen.

Orchester im sozialen Brennpunkt

Und das Orchester bietet die Möglichkeit, eine Erfahrung zu machen, die in der klassischen Musikszene selten ist: Der Probenraum des Orchesters liegt an einem ungewöhnlichen Ort. Die Deutsche Kammerphilharmonie residiert in der Gesamtschule Bremen in Osterholz Tenever – einem Stadtteil, der mit 90 verschiedenen Nationen als sozialer Brennpunkt gilt. Die ehemalige Aula der Schule erwies sich als akustisch perfekt für Proben und Tonaufnahmen. Und so arbeiten die Profimusikerinnen mitten im Schulbetrieb. Bei jeder Probe sitzen Schülerinnen im Publikum. Die Musikerinnen bereiten sie auf die Proben vor und reflektieren anschließend mit ihnen die Erfahrungen. So gelingt es selbst Zappelphilipps, bis zu einer Stunde aufmerksam zuzuhören. Die Lehrerinnen staunen – die Konzentration der Musizierenden scheint sich auf die Kinder zu übertragen.

Einen gewissen Prozentsatz ihrer Arbeitszeit widmen die Musizierenden der Arbeit mit den Kindern. Die Bremerinnen glauben an das Veränderungspotenzial klassischer Musik. Als ständige Mitbewohnerinnen der Schule laden sie die Schülerinnen ein, mit ihnen nicht nur durch das aktive oder passive Zuhören bei den Proben in Beziehung zu treten. Die Musikerinnen übernehmen auch Patenschaften für die Klassen. Sie berichten beispielsweise den Schülerinnen via soziale Medien, was gerade auf der Tournee passiert, und erzählen nach der Rückkehr, was sie rund um den Globus erlebt haben. Projekte bieten den Kindern die Möglichkeit, ihre eigenen Erfahrungen mit der Musik zu machen.

Ein Format heißt »Melodie des Lebens« und gibt den Schülerinnen zwei Mal jährlich den Raum, emotionale Erlebnisse in einem Lied zu verarbeiten. Der Tod der Mutter, Gewalterfahrungen oder schwerer Liebeskummer werden zu einem

Lied, das vom Orchester begleitet wird. In der »Stadtteiloper« wird jedes Jahr neben den Schülerinnen auch die Osterholzer Nachbarschaft eingeladen, gemeinsam mit den Profis ein Stück auf die Bühne zu bringen.

»Uns geht es um Verlässlichkeit!«, sagt Albert Schmitt. Die Forschung zeige, dass ein musikalisches Projekt allein nicht wirksam ist, um die Lebenssituation von Kindern nachhaltig zu verbessern. »Die Kinder brauchen die Erfahrung, dass wir als Konstante in ihrem Leben sind, zumindest bis sie die Schule abschließen.« So hat das Orchester gleich zu Beginn einen Mietvertrag für 20 Jahre unterschrieben und schon drei Jahrgänge durchs Schulleben begleitet. »Das Spektakuläre ist das Unspektakuläre – dass wir im Alltag der Schüler immer da sind. Wir teilen uns die Fahrradständer und essen zusammen in der Mensa.« So kommt es, dass die Jugendlichen mit Stars der Klassikszene wie Hélène Grimaud oder Sir Roger Norrington zusammen Mittagessen.

»Das selbstverständliche Miteinander auf Augenhöhe und die gemeinsamen Projekte geben Kindern, für die in der Familie Gewalt, Alkoholismus oder Drogen mitunter zum Alltag gehören, die Chance, ihr Selbstbild zu erweitern, sich weniger als Opfer und mehr als Schöpfer zu erleben.« Die Musikerinnen vernetzen sich eng mit Lehrerinnen, Eltern, Sozialpädagoginnen und der Polizei. »Wir sind Musiker, keine ausgebildeten Sozialarbeiter. Nur in diesem Netzwerk kann das Projekt Wirkung entfalten«, sagt Albert Schmitt.

Nicht nur das Orchester wirkt auf die Schule. Auch umgekehrt beeinflusst die Schule das Orchester. Schmitt beschreibt dies als »Erdung«. »Wir sind in Kontakt mit einem Lebensbereich, den man normal nicht betritt – soziale Benachteiligung, Armut, Gewaltbereitschaft.« Studiere man die Biografien der großen Komponisten, finde man das aber als Normalfall. Schuberts gewaltbereiter Vater, Mozart, der schon in jungen Jahren quer durch Europa gezerrt wird, Beethoven, der früh die Mutter verliert und seine Geschwister großzieht, weil der Vater trinkt und schlägt. All diese Erfahrungen – Sehnsucht, Ohnmacht, Hoffnung, Schmerz – seien in die Werke dieser großen Komponisten eingeflossen. »Wer das nicht versteht, kann die Musik nicht spielen, nicht zum Ausdruck bringen, was den Komponisten bewegt hat. Dann wird klassische Musik zum Mobiliar.« Und damit wäre der Purpose verfehlt – Musik so lebendig wie möglich zu spielen. Schmitt bedauert. »Ich gerate oft in Konzerte, wo ich in der Pause wieder weg bin, weil ich das Gefühl habe, die Leute auf der Bühne schieben Dienst, aber sind nicht mit Begeisterung bei der Sache.«

Die Bremerinnen achten darauf, dass ihr Purpose wach bleibt, dass sie Musik so lebendig wie möglich spielen. Sie nehmen sich Zeit, um sich ganz in Werke und Komponisten zu vertiefen und laden sich externe Impulsgebende ein, damit der Beruf Berufung bleibt. Schmitt formuliert dazu: »Wir haben keine Berufsmusiker, sondern berufene Musiker. Sie wollen ihre Berufung leben und die Kongruenz mit der inneren Stimme maximieren. Und wir wollen es auch den Zuhörern ermöglichen, im Konzert diese zutiefst erfüllende Erfahrung zu machen. Dass die eigenen Sinnkräfte gestärkt werden, wenn Sinn in der Musik erlebbar wird.«

Schmitt ist stolz auf das Orchester, das so vieles anders macht als der eingefahrene Klassikbetrieb. Er zitiert den amerikanischen Science-Fiction-Autor William Gibson: »Die Zukunft ist schon längst da, sie ist nur ungleichmäßig verteilt«. Und schließt gleich mit dem berühmten Neurobiologen Gerald Hüther an, der in seiner Laudatio zur Verleihung des »Vision Award« an die Kammerphilharmonie gesagt hat: »Das Orchester wirkt, als sei es direkt aus der Zukunft zu uns gekommen.«

11.1.3 Purpose Stiftung

KURZPORTRÄT

Besonderheit: Purpose Driven Organizations, die sich selbst gehören
Organisation: Purpose (Purpose Stiftung, Purpose Ventures e. G. und Purpose Network gGmbH)
Gründungsjahr: 2015
Unternehmenssitz: Basel, Berlin, San Francisco
Anzahl der Mitarbeitenden: 9
Umsatz: k.A.
Website: www.purpose-economy.org

Was wäre, wenn alle Firmen selbstbestimmt agieren und einen Sinn statt »Shareholder-Gewinn« verfolgen könnten? Wenn Gewinn nur noch zugunsten des Unternehmens reinvestiert würde? Was wäre, wenn die Entscheidungsmacht bei jenen liegt, die in der Firma arbeiten? Wenn Firmen also immer den Menschen gehören, die tatsächlich in ihnen Verantwortung übernehmen? Was wäre, wenn Unabhängigkeit und »Sinn-Orientierung« nachhaltig sichergestellt wären? Wenn »Sinn-Maximierung« die Shareholder-Value-Maximierung ersetzen würde?

Um diese Vision zu verwirklichen, begleitet die Organisation Purpose (als Stiftung, als e. G. und als gGmbH) andere Unternehmerinnen auf dem Weg zur »sich selbst gehörenden Organisation«. »Eigentum ist der Kern unseres Wirtschaftssystems und prägt das Verhalten von Unternehmen. Konkrete Lösungen für alternative Eigentümerstrukturen haben enormes Veränderungspotenzial – für das Unternehmen und die Gesellschaft«, so Adrian Hensen, einer der vier Gründer, zum Kern der Arbeit von »Purpose«. Das Ziel sind unabhängige und sinnorientierte Unternehmen, die nicht mehr zum Spekulationsobjekt der Finanzmärkte werden können. So wollen die vier Macher von »Purpose« Achim und Adrian Hensen, Armin Steuernagel und Alexander Kühl eine Wirtschaft mitgestalten, die Mensch und Gesellschaft dient – von der Gewinnmaximierung zur Sinnmaximierung.

Treuhänderisches Eigentum

»Das Wort Eigentum sagt es schon: es ist etwas, was man wirklich sein Eigen nennen kann, mit dem man sich identifiziert und verbindet. Doch was wir heute bei vielen Unternehmen, die an den Märkten gehandelt werden, beobachten, ist eher die Machtübernahme durch abwesende Fremdeigentümer«, beschreibt Achim Hensen das Problem. Das Unternehmen werde von Personen gesteuert, die tausende Kilometer entfernt sitzen. »Der Fremdeigentümer bekommt selten mit, was seine Renditevorgaben wirklich für Mensch und Umwelt bedeuten.«

Purpose begleitet Unternehmen dabei, zwei Prinzipien umzusetzen: Unabhängigkeit und Sinnorientierung. Als Eigentümerin hält man dann noch die Stimmrechte, aber Eigentum dient nicht mehr hauptsächlich der Vermögensanlage. Gewinne werden nicht mehr privatisiert, sondern für die Zukunft der Organisation größtenteils reinvestiert. Sie bleiben Mittel zum Zweck und ersetzen diesen nicht. Entscheidungen können nicht mehr von fernen Investorinnen getroffen werden, sondern nur noch von Menschen, die sich mit dem Unternehmen innerlich verbunden fühlen, weil sie in ihm arbeiten – von wirklichen Eigentümerinnen.

Auch in alten Familienunternehmen gilt die Regel, dass die Generation, die aktuell im Unternehmen ist, treuhänderisch für die ganze Familie agiert. »Purpose« denkt diesen Ansatz weiter: »Von der Blutsverwandtschaft zu einer Werte- und Fähigkeitenverwandtschaft – ein Familienunternehmen 2.0«, beschreibt Alexander Kühl die Idee. Nur jene, die gerade eine Organisation gestalten, haben dann das Recht, das Eigentum treuhänderisch zu verwalten.

Prominente Vorbilder gibt es schon heute. Es sind alte Unternehmen wie Zeiss aus Jena, die seit 120 Jahren durch Stiftungseigentum sicherstellen, dass das Unternehmen »sich selbst gehört«. Konzerne wie BOSCH, die Hempel Stiftung aus Dänemark oder die Warenhauskette John Lewis, mittelständische Unternehmen wie Dr. Hauschka Naturkosmetik, Playmobil oder der Schweizer Uhrenhersteller Rolex, aber auch Start-ups wie Jolocom oder Sharetribe haben alle gemein, dass sie sich selbst gehören.

Das Konzept Verantwortungseigentum

An Eigentum hängen insbesondere drei Rechte: Das Fruchtziehungsrecht, das Entscheidungsrecht und das Zerstörungsrecht. Rechtlich dürfen Eigentümerinnen ihre Organisation zur privaten Gewinnmaximierung nutzen, Entscheidungen über Programme, Kommunikationswege und Personal treffen und können sich auch entscheiden, das Unternehmen zu verkaufen. »Purpose« verteilt diese Rechte anders (Purpose o.J.):

- Das Fruchtziehungsrecht gehört der Organisation – Gewinne werden für ihr Gedeihen reinvestiert, gespendet oder genutzt, um Kapitalkosten zu bezahlen. Unternehmerinnen und Mitarbeitende können sich ein angemessenes Gehalt auszahlen, das auch das unternehmerische Risiko berücksichtigt. Sie sollen sehr gut leben können, aber eben nicht auf Kosten eines Verkaufs.
- Das Entscheidungsrecht gehört jenen Menschen, die aktuell im Unternehmen arbeiten.
- Das Zerstörungsrecht ist ausgeschlossen – durch die Beteiligung der »Purpose Stiftung« hält sie ein Vetorecht, mit dem sie einen Verkauf an Meistbietende verhindert. So kann die Organisation aus eigener Kraft und langfristig ihrem Sinn dienen.

»Purpose« informiert Unternehmerinnen, die diesen Weg auch gehen wollen, über die rechtlichen Möglichkeiten, wie sich »Verantwortungseigentum« umsetzen lässt. »Wir wollen Menschen, die in ihrem Unternehmen mehr sehen als ein Werkzeug zur privaten Gewinnmaximierung, umsetzbare Lösungen an die Hand geben, wie sie diese Überzeugung auch in der Eigentümerstruktur verankern können.«

Was heute aus der Sicht von »Purpose« fehlt, sind Rechtsformen, die zu so einer Organisation passen. Armin Steuernagel hat selbst zwei nachhaltige Unternehmen gegründet, den Handel für Kinder-Naturkost Mogli und den Waldorfshop für ökologisches Spielzeug. Im Unternehmen wurde er von seinen Mitarbeitenden mit der Eigentumsfrage konfrontiert: »Du sagst immer, wir arbeiten alle dafür, Kinder für gutes Essen zu begeistern, aber arbeiten wir nicht eigentlich für dich und deinen Mitgründer? Du kannst das Unternehmen monetarisieren und vererben als Eigentümer und wenn morgen ein Investor kommen sollte und ein paar Millionen bietet, kannst du das Unternehmen verkaufen.« Steuernagel wurde klar, dass sein Unternehmen rechtlich etwas anders war als in seinem Kopf. Für ihn, so sagt er, ist das Unternehmen »ein lebendiger Organismus von zusammenarbeitenden Menschen« – jetzt zeigten ihm die Kollegen: Rechtlich war es eine Sache, über die er als Eigentümer verfügen konnte.

Dank der neuen Eigentumsform »Verantwortungseigentum«, die er dann einrichtete, kann er jetzt mit Fug und Recht sagen, dass das Unternehmen seinem Sinn dient und keine Ware mehr ist. »Erst mit Verantwortungseigentum wird dieses Versprechen gegenüber Kunden, Partnern, Investoren und Mitarbeitern glaubwürdig und bindend«, sagt Steuernagel.

Als Krücke zu diesem Verantwortungseigentum helfen Unternehmensstiftungen. Häufig sind diese Lösungen aber zu aufwendig oder nicht flexibel genug für kleinere und mittelständische Unternehmen. »Purpose« hat dafür die »Purpose Stiftung« gegründet. Sie beteiligt sich am Unternehmen und stellt damit sicher, dass die Prinzipien der Unabhängigkeit und Gewinnverwendung im Gesellschaftsvertrag fixiert werden. Dabei beschränkt sich der Einfluss der Stiftung ausschließlich auf diese beiden Aspekte, die Prinzipien der Selbstbestimmung und unternehmerischen Eigenverantwortung bleiben gewahrt.

Beispiel für Eigentumstransformation

Gerade hat der Öko-Versandhandel Waschbär begleitet von »Purpose« die Eigentumstransformation geschafft. Der scheidende Eigentümer Ernst Schütz wollte die Firma nicht an jene verkaufen, die schon lange angeklopft und zweistellige Millionenbeträge für seine Triaz-Unternehmensgruppe geboten hatten. Auch seine vier Kinder waren auf eigenen beruflichen Wegen unterwegs. Schütz wollte sicherstellen, dass die Organisation auch in Zukunft ihrem Purpose verpflichtet bleibt: »Ökologie und soziale Verantwortung im Alltag lebbar machen«. Fremdinvestorinnen hätten es vielleicht auf die Rendite abgesehen und langfristig die ökologische und soziale Ausrichtung verraten.

Der Unternehmer beobachtete seit einiger Zeit, wie profitorientierte Konzerne wie Nestlé, Danone oder Amazon bekannte Biounternehmen aufkaufen. Gemeinsam mit Armin Steuernagel entwickelte Schütz ein Modell, wie er das Unternehmen an sein Geschäftsführungsduo übergeben konnte. Die beiden halten jeweils 49,5 Prozent der Stimmrechtsanteile. Das letzte Prozent hält die »Purpose Stiftung«, die per Vetorecht über die Einhaltung der Leitprinzipien wacht. Ernst Schütz hat mit seinen Nachfolgerinnen eine Ablösung verhandelt, die ihm eine gute Pension sichert. Damit sind sie die Verantwortungseigentümerinnen, allerdings nur so lange sie im Unternehmen tätig sind. Sobald eine geht, fallen ihre Stimmrechtsanteile an die Organisation zurück und gehen an die nächste »Werte- und Fähigkeitenverwandte«, die die Führungsverantwortung übernimmt. Aktuell begleitet »Purpose« übrigens auch soulbottles (siehe Kapitel 11.2.2) auf dem Weg, sich selbst zu gehören.

Neben dieser Begleitung bei der Eigentumstransformation ist die zweite Säule der Arbeit von »Purpose« das Entwickeln von »Verantwortungseigentum« als offizielle Rechtsform in Europa. Zusammen mit Partnerinnen arbeiten sie an dieser gesellschaftlichen Veränderung mit dem Ziel, dass sich Unternehmerinnen in Zukunft direkt für die passende Rechtsform entscheiden können. »Für Kunden, Mitarbeiter, Investoren, aber auch Politik und Gesellschaft sehe ich viel Potenzial darin, sicher sein zu können, dass ein Unternehmen sich nachhaltig zu den Prinzipien von Verantwortungseigentum bekennt«, sagt Alexander Kühl.

Als dritte Säule arbeitet »Purpose« an alternativen Finanzierungsmöglichkeiten. Start-ups genauso wie etablierte Unternehmen brauchen für die Eigentumstransformation häufig alternatives Kapital. »Purpose« vernetzt sie dafür mit Impact Investorinnen (Investorinnen, die bestimmte ökologische und soziale Ziele verfolgen), Family Offices (Gesellschaften, die das private Großvermögen von Eigentümerfamilien verwalten) und privaten Investorinnen. Mit der Purpose Ventures e. G. investiert »Purpose« auch direkt in sich selbst gehörende Unternehmen und unterstützt so die Eigentumstransformation. Auch »Purpose Ventures« gehört sich selbst und kann nicht der privaten Gewinnmaximierung der Gründer dienen.

Die Purpose-Macher

Im »Purpose Beirat« sitzen Unternehmerinnen, Wissenschaftlerinnen und Initiatorinnen wie der Grundeinkommenspionier Daniel Häni oder Ex-Telekom-Vorstand Thomas Sattelberger. Gemeinsam mit den Purpose-Machern arbeiten sie daran, den Gedanken des Eigentums neu zu denken und praktisch umsetzbar zu machen. Im Kernteam von »Purpose« sind sie derzeit zu neunt – gearbeitet wird dort, wo jede gerade ist – Berlin, Basel, Bremen, San Francisco, Witten. Das Team organisiert sich remote mit täglichen Web-Stand-up-Meetings und wöchentlichen Web-Team-Meetings. Entschieden wird meist per konsultativem Einzelentscheid – aber je nach Situation auch per Konsent, Konsens, Abstimmung. »Die Devise ist: Einfach machen, aus der Rolle heraus.« Die Organisation ist im Pioniermodus der Start-up-Phase – mit wenig fixen Prozessen, um der hohen Dynamik gerecht zu werden. Einmal im Monat treffen sie sich zum Strategy Check, vierteljährlich zu Retrospektiven und zwei Mal im Jahr zu einer Woche Team Retreat. Dazwischen gibt es wenn nötig auch »Sprintwochen«, um fokussiert zusammen an einem Thema zu arbeiten. Auch Peer Feedback gehört zu den fixen Elementen ihrer Selbstorganisation.

Zur Hauptaufgabe von »Purpose« gehört im Moment noch viel Informations- und Kommunikationsarbeit. Der Gedanke, Eigentum anders zu denken und zu gestalten, ist vielen ganz neu. »Uns begeistert, dass wir unglaublich viele positive Rückmeldungen bekommen!« Bei Bewegungen wie New Work oder nachhaltige Wirtschaft, in Branchen wie der Biobranche und bei Familienunternehmen, die sich mit Nachfolge beschäftigen, hat die Organisation offenbar einen Nerv getroffen.

Die Zielgruppe wird vermutlich noch wachsen, denn die Forschung gibt »Purpose« recht. Untersuchungen von Stiftungsunternehmen in Dänemark (Thomsen 2017) zeigen, dass sich selbst gehörende Unternehmen klare Vorteile haben. Sie haben eine höhere Überlebenswahrscheinlichkeit, treuere Mitarbeitende und sind krisensicherer.

Während für die Purpose-Macher der neue Blick auf Eigentum schon völlig normal ist, stoßen sie bei Gesprächspartnerinnen oft noch auf Vorurteile. »Sobald man über Eigentum redet, gilt man gleich als Kommunist. Aber tatsächlich ist das, was wir tun, im tiefsten Sinn unternehmerisch. Wir möchten weg von dieser bipolaren Betrachtungsweise. Uns geht es um echtes Unternehmertum in voller Verantwortung«, sagt Adrian Hensen. Sein Zwillingsbruder Achim beobachtet:

»Wenn das Thema Eigentum zur Sprache kommt, ist zugleich auch immer Angriff und Verteidigung im Raum. Wer hat Recht? Plötzlich entsteht eine Stimmung des Gegeneinanders – Meins! – Deins! Selbst in Runden, wo die Teilnehmer einander wohlgesonnen sind, passiert das, als treibe es die Einzelnen in diese Rollen.«

Eigentum scheint ein sensibles Thema. Aus Sicht der Purpose-Macher kommen Purpose Driven Organizations aber nicht daran vorbei: »Es wird Zeit, dass Unternehmen sich selbst gehören, damit sie nicht für die Vermögensmaximierung Einzelner, sondern für die Mitarbeiter und für einen echten Purpose arbeiten. Wozu haben wir die Wirtschaft denn geschaffen, wenn nicht für den Menschen.«

11.2 Kodifizierte Selbstorganisation – inspirierende Beispiele in der 2. Disziplin

11.2.1 BOSCH Power Tools

KURZPORTRÄT

Besonderheit: Purpose, Mastery und Autonomy im Weltkonzern
Organisation: Robert Bosch Power Tools GmbH
Gründungsjahr: 1886
Unternehmenssitz: Leinfelden-Echterdingen
Anzahl der Mitarbeitenden (2018): 20.000
Umsatz (2017): 4,7 Milliarden Euro
Website: www.bosch-pt.com

Wer kennt Bosch nicht? Bohrmaschinen, Handrührgeräte, Spülmaschinen – viele von uns begleitet der schwäbische Hersteller von Elektrowerkzeugen und Haushaltsgeräten seit unserer Kindheit. Für die meisten bedeutet die Marke deutsche Qualitätsarbeit. Weniger bekannt sind die anderen Geschäftsfelder der Bosch-Gruppe: Industrie-, Gebäude- und Verpackungstechnik und Automobilzulieferung. Aus der Stuttgarter »Werkstätte für Feinmechanik und Elektrotechnik« von 1886 wurde ein Großunternehmen mit (2017) weltweit 402.000 Mitarbeitenden (137.500 in Deutschland). Die Bosch-Gruppe umfasst die Robert Bosch GmbH und 440 Tochter- und Regionalgesellschaften in 60 Ländern mit einem Umsatz von (2017) 78,1 Milliarden Euro (15,2 Milliarden Euro in Deutschland). Der Purpose ist »Technik fürs Leben« – mit innovativen Produkten und Dienstleistungen will Bosch weltweit die Lebensqualität der Menschen verbessern.

Interessant sind die Eigentumsverhältnisse bei Bosch: Die Robert Bosch GmbH gehört zu 92 Prozent der Robert Bosch Stiftung. Die restlichen acht Prozent halten die Nachkommen des Firmengründers. Entscheidungsrecht haben weder Stiftung noch Familie. Dieses liegt allein bei der Robert Bosch Industrietreuhand KG, die zwar nur ein Promille der Anteile am Unternehmen hält, zugleich aber 93 Prozent der Stimmrechte. Derzeit hat die Kommanditgesellschaft acht Gesellschafterinnen – aktuelle und ehemalige Mitglieder der Geschäftsführung, Vertreterinnen der Familie Bosch und Persönlichkeiten des Wirtschaftslebens.

Aufgrund dieser Konstruktion zwischen Beteiligung und Stimmrecht sowie der – für ein Unternehmen dieser Größe untypischen – Gesellschaftsform der GmbH bleiben die Unternehmensgewinne in der Robert Bosch GmbH oder fließen an die Stiftung, die sie in gemeinnützige Zwecke investiert.

Der etwas andere Geschäftsbereich

Die Organisation ist weltweit hauptsächlich funktional nach Einheiten gegliedert. Ein wichtiger Geschäftsbereich mit 20.000 Mitarbeitenden macht es anders – »Bosch Power Tools« ist dabei, sich neu zu organisieren. Und das nicht – wie bei vielen Konzernen üblich – mit einem Reorganisationsprozess, der in der entsprechenden »Reorg-Abteilung« geplant und dann per neuem Organigramm umgesetzt wird. Der weltweite Anbieter von Elektrowerkzeugen, Messtechnik und Gartengeräten hat den Komplettumbau seiner Geschäftseinheiten gemeinsam mit den Mitarbeitenden entwickelt.

Anlass waren gravierende Veränderungen im Umfeld: Die demografische Entwicklung in Europa lässt die Zielgruppe altern und schrumpfen. Die Aufwertung des US-Dollar machte den Materialeinkauf teurer. Der generationsbedingte Wertewandel und die Digitalisierung veränderten das Verhalten der Kundinnen und die Vertriebskanäle drastisch. Handwerkerinnen kaufen nicht mehr nur im Fachhandel, Heimwerkerinnen nicht ausschließlich im Baumarkt. Amazon ist heute einer der größten europäischen Kunden von Bosch Power Tools und erfordert ganz andere Formen von Vertrieb und Marketing. Die getrennten Power-Tools-Produktlinien für Handwerker (blaue Geräte im Fachhandel) und Heimwerker (grüne Geräte im Baumarkt) waren im Internet plötzlich auf derselben Plattform erhältlich. Die Kundinnen wunderten sich über die Preisschwankungen im Onlinehandel und interessierten sich plötzlich genauso für die anderen Geräte. Customer Ratings (Kundinnenbewertungen) im Internet sorgen dafür, dass nicht wie früher nur die eine Verbraucherin enttäuscht ist und im schlechtesten Fall kein zweites Mal kauft. Heute lesen Tausende eine gute oder schlechte Bewertung und entscheiden daraufhin, wo sie bestellen.

All das stellte Bosch Power Tools vor die Herausforderung, neue Wege zu gehen und Lösungen zu finden. Weder die übliche mittelfristige noch langfriste Planung passten zu dem sich schnell ändernden Geschäft. Wo die Zielgruppe demografisch schrumpft, gelingt Wachstum nur mit ganz neuen Ideen. Ziel war es, eine »verwenderorientierte« Organisation zu bauen und Produkte dort anzubieten, wo die Verwenderinnen sie suchen. Da die Kundinnen nicht mehr nach einzelnen Kanälen zu trennen sind, geht der Fokus dahin, auf allen Kanälen passende Angebote bereitzuhalten.

Die neue Organisation sollte nach agilen Prinzipien funktionieren und schnell innovative Ideen generieren. Auch die Transformation dorthin sollte agil gestaltet werden – transparent und iterativ mit Beteiligung von Mitarbeitenden aller Fachbereiche, Funktionen und Hierarchieebenen. Ziel ist es, bis Mitte 2019 alle Geschäftseinheiten der Power Tools in multidisziplinären Teams mit flachen Hierarchien und unternehmerischer Verantwortung entlang der ganzen Wertschöpfungskette zu organisieren.

Der erste Schritt war das Aufbrechen der funktional organisierten Bereiche (Entwicklung, Fertigung, Verkauf, Controlling und Marketing), die klar hierarchisch organisiert bis dahin sogar in verschiedenen Gebäuden gesessen hatten. Stattdessen wurden zehn Geschäftseinheiten geschaffen, die jeweils eine Markt-Kundinnen-Kombination abbilden (z. B. »Heimwerker in Europa« oder »Handwerker in Europa«).

Drei Leitbegriffe

Leitend dabei waren drei Begriffe: Purpose, Autonomy, Mastery. Sie stammen aus dem Buch »Drive« des amerikanischen Schriftstellers Daniel Pink (Pink 2009). Das Buch hatte die Geschäftsführung inspiriert, als sie in einem Prozess der Frage nachging: Was motiviert eigentlich unsere Mitarbeitenden und wie sind wir auch in Zukunft als Arbeitgeber attraktiv?

DEFINITION

Die Idee von »Drive«

Daniel Pink erforscht in seinem Buch »Drive«, was Menschen zu Leistung motiviert. Seine These: Bestrafung und Belohnung sind es nicht. Laut Studien, so der Autor, führe mehr Gehalt oder Bonuszahlung nur bei einfachen Aufgaben zu mehr Leistung der Mitarbeitenden. Wenn Menschen, die komplexere Aufgaben erfüllen, dafür mit mehr Geld belohnt werden, mindere das ihre Leistung. Ausreichendes und faires Gehalt sei natürlich immer Voraussetzung, Motivation allerdings lasse sich nicht monetär erzeugen. Was Menschen motiviert und damit ihre Leistung und ihre Zufriedenheit steigert, sind nach Pink drei Faktoren: Autonomy (das Bedürfnis nach Selbstbestimmheit), Mastery (der Drang zu lernen und die eigenen Kompetenzen weiterzuentwickeln) und Purpose (der Wunsch etwas zu tun, das Bedeutung und Sinn hat).

Den Führungskräften war deutlich geworden, dass ihre Belegschaft weniger durch Ergebniszahlen oder Gehaltshöhe motiviert war. Wichtiger war vor allem für die jüngere Generation die Frage: Was trage ich durch mein Tun zur Verbesserung der Welt und der Lebensbedingungen von Menschen bei? Es zeichnete sich ab, dass das Thema Purpose für die Gewinnung und Bindung von Mitarbeitenden relevant wird.

- **Purpose** hatte Bosch von jeher zu bieten. Das Leben der Kundinnen zu verbessern und deren tägliche Probleme zu lösen, war immer Anliegen der Organisation. Dieser Seinszweck sollte wieder mehr in den Mittelpunkt der Arbeit rücken.
- **Mastery** (Meisterschaft) bedeutete für Power Tools, die Mitarbeitenden mit Aufgaben herauszufordern, an denen sie wachsen können. Wie ließ sich also ein Arbeitsumfeld schaffen, das Innovation und Potenzialentfaltung unterstützt?
- **Autonomy** schien der schwierigste Begriff. Die funktionale Organisationsstruktur mit komplexer Hierarchie auf sieben Ebenen passte nicht zum Tempo und der Flexibilität, die das Umfeld erforderte.

Die neue Geschäftseinheit »Home & Garden« sollte den Anfang machen als Pilot für eine neue Form der Zusammenarbeit – eine verwenderorientierte Organisation, die nach den Prinzipien des Design Thinking (kreative Problemlösungsmethode siehe Kapitel 12.6.1.4) arbeitet. In einem Kick-off mit allen 2.000 Mitarbeitenden beschrieb die Geschäftsführung die Herausforderung und gab erste Impulse. Wie könnten Purpose, Mastery und Autonomy in einer Organisationsform aussehen? In Kleingruppen und Interviews begann ein Diskurs der Belegschaft. In dem für alle transparenten Prozess wurde in vier Monaten gemeinsam eine Skizze der neuen Organisation entwickelt. Anschließend wurde jede Mitarbeitende gefragt, wo sie darin gern arbeiten will. So konnten sich alle auf die neuen Stellen bewerben.

Aus »Home & Garden« wurden zehn kleinere Geschäftseinheiten, die sich mit den unterschiedlichen Anwendungen für europäische Heimwerkerinnen befassen. Hier sitzen die Purpose-Teams crossfunktional zusammen – die Ingenieurinnen mit Controllerinnen und Marketingexpertinnen an einem Tisch. Nach der Methode des Design Thinking stehen die Probleme der Nutzerinnen im Mittelpunkt ihres Tuns.

Die Purpose-Teams haben sich die Gebäude selbst eingerichtet. Die Räume sind hell und bunt ausgestattet, es herrscht kreative und arbeitssame Stimmung. Büros für Führungskräfte wurden abgeschafft. Neben den Entwicklungszonen, wo diskutiert und gebaut wird, gibt es ruhige Bereiche für konzeptionelles Arbeiten. Die Purpose-Teams sind selbstorganisiert und nicht mehr an Berichts- und

Abstimmungslinien gebunden. Drei Hierarchieebenen wurden entfernt. Neben der Leitung der Geschäftseinheit gibt es ein mittleres Management und Mitarbeitende. Auch die Kommunikationswege haben sich geändert. Früher hätte eine Führungskraft, wenn sie eine Frage hatte, ein Reporting angefordert, das sorgfältig erstellt wurde. Heute erübrigen sich viele Reportings und Statusmeetings. Die multifunktionalen Teams haben eine einheitliche Arbeitsmethode und einen gemeinsamen Arbeitsrhythmus. Das unterstützt den Austausch – jede weiß immer, woran gerade gearbeitet wird. Probleme werden schneller gelöst und Entscheidungen gemeinsam getroffen. Auch die Verteilung von Wissen hat sich geändert. Funktionale Exzellenzcluster sorgen heute dafür, dass Wissen von außen in den eigenen Bereich kommt und dort verteilt wird.

Herausfordernd beschreiben die Mitarbeitenden sei die Unterschiedlichkeit in den crossfunktionalen Teams. Früher waren Controllerinnen unter sich – man sprach dieselbe Sprache. Heute gilt es, Verständnis zu entwickeln für ganz andere Blickwinkel und Sichtweisen, und in die Haltung hineinzuwachsen, dass Vielfalt bessere Lösungen bringt. Tatsächlich arbeiten die Teams heute kreativer und effizienter.

Organisational ist ein großer Schritt gelungen. Der Geschäftsführer nennt es die »anpassungsfähige Organisation«. Was früher bei den Ingenieurinnen als Nachbesserung (»wohl schlecht geplant!«) verpönt war, ist heute normal und erwünscht: laufende Anpassung der Organisation an die sich ändernden Wünsche der Kundinnen, an sich ändernde Geschäftsmodelle und an die permanente Veränderung des Umfelds durch die Digitalisierung.

11.2.2 soulbottles

KURZPORTRÄT

Besonderheit: Selbstorganisation mit Formaten für echte Begegnung
Organisation: soulproducts GmbH
Gründungsjahr: 2012
Unternehmenssitz: Berlin
Anzahl der Mitarbeitenden (2018): 40
Umsatz (2017): 3 Millionen Euro
Website: www.soulbottles.de

»Alle Menschen handeln gerne nachhaltig, konsumieren, ohne den Planeten unnötig zu belasten, und haben Zugang zu sauberem Trinkwasser« – so lautet der Purpose des Berliner Start-ups »soulbottles«. Das selbsterklärte Ziel: »Wir wollen es Menschen erleichtern, sich nachhaltig zu verhalten – mit Trinkflaschen, die 100

Prozent plastikfrei, klimaneutral und fair in Deutschland produziert werden und gut aussehen.«

Seit 2012 produziert das soziale Start-up diese »soulbottles«. Die Idee dazu kam Georg Tarne und Paul Kupfer während ihrer Studienzeit in Wien, als sie nach umweltfreundlichen und optisch ansprechenden Trinkflaschen im Handel suchten – ohne Erfolg. Die beiden Studenten bastelten Prototypen, die Herstellung wurde aus eigener Tasche finanziert. Die ersten Produktionsläufe waren sofort ausverkauft – das war die Geburtsstunde des Unternehmens »soulbottles«.

Die Gründer wollen Bewusstsein schaffen für die Auswirkungen von Wegwerfverpackungen aus Plastik. Ihre zu 100 Prozent recycelbaren Glasflaschen sind eine Alternative zu handelsüblichen Plastikflaschen. Alle Bestandteile der Flasche stammen von Familienunternehmen in Deutschland. So werden unnötige Transportwege gespart und der ökologische Fußabdruck wird verkleinert.

DEFINITION

Ökologischer Fußabdruck
Der »ökologische Fußabdruck« bezeichnet die Fläche auf der Erde, die notwendig ist, um den Lebensstil und Lebensstandard eines Menschen (unter den heutigen Produktionsbedingungen) dauerhaft zu ermöglichen. Das schließt zum Beispiel Flächen ein, die zur Produktion von Kleidung und Nahrung, zur Bereitstellung von Energie, zur Entsorgung von Müll oder zum Binden des durch menschliche Aktivitäten freigesetzten Kohlenstoffdioxids benötigt werden. Die Maßeinheit ist »Globaler Hektar« (gha) pro Person und Jahr. Der Globale Hektar entspricht einem Hektar durchschnittlicher biologischer Produktivität weltweit. Der ökologische Fußabdruck gilt als Indikator für Nachhaltigkeit.

Nachhaltigkeit ist bei soulbottles Programm, nicht nur auf Produktionsebene. Für jede verkaufte Flasche spendet das Unternehmen einen Euro an »Viva Con Agua«, eine Hamburger Initiative, die mit der Welthungerhilfe weltweit Trinkwasserprojekte realisiert.

Soulbottles beschäftigt 40 Mitarbeitende, die das Produktportfolio und die Designs ständig erweitern. Vertrieben werden die Flaschen über Onlinehandel, ausgewählte Geschäftslokale und an Firmenkundinnen, die sich individualisierte Prints auf die soulbottles drucken können. Allein im letzten Jahr wurden mehr als 150.000 soulbottles verkauft, seit Unternehmensgründung sind schon über 350.000 Euro in Trinkwasserprojekte geflossen.

Organisation und Steuerung nach dem Vier-Quadranten-Modell

Soulbottles möchte eine positive »Triple Bottom Line« erreichen – also nicht nur ökonomischen, sondern auch ökologischen und sozialen Mehrwert schaffen. Der soziale Aspekt leitete die Frage nach der passenden Organisations- und Steuerungsform, die sich beide Gründer gleich zu Beginn stellten. Sie haben eigene und ganz persönliche Antworten gefunden. Inspiriert vom Vier-Quadranten-Modell nach Ken Wilber haben sie die Organisation gestaltet und dadurch »einen kraftvollen positiven Feedback-Loop« erreicht, wie Georg Tarne beschreibt.

DEFINITION

Das Vier-Quadranten-Modell

Das Vier-Quadranten-Modell des amerikanischen Autors und Philosophen Ken Wilber (Wilber 2001) dient dazu, Themen unterschiedlichster Art (z. B. Wissenschaft, Kunst, Organisation, Ökologie, Medizin) aus vier Perspektiven zu betrachten. Dazu trifft Wilber zwei Grundunterscheidungen: innerlich/äußerlich und individuell/kollektiv. Nach Wilber existiert kein Innerliches ohne ein Äußerliches, kein Äußerliches ohne ein Innerliches, kein Singular ohne ein Plural und kein Plural ohne ein Singular.

Bringt man diese zwei Grundunterscheidungen in eine Matrix ergeben sich vier Quadranten (vergleiche Abb. 16):

- innerlich individuell (intentional),
- äußerlich individuell (verhaltensmäßig),
- innerlich kollektiv (kulturell),
- äußerlich kollektiv (sozial/System).

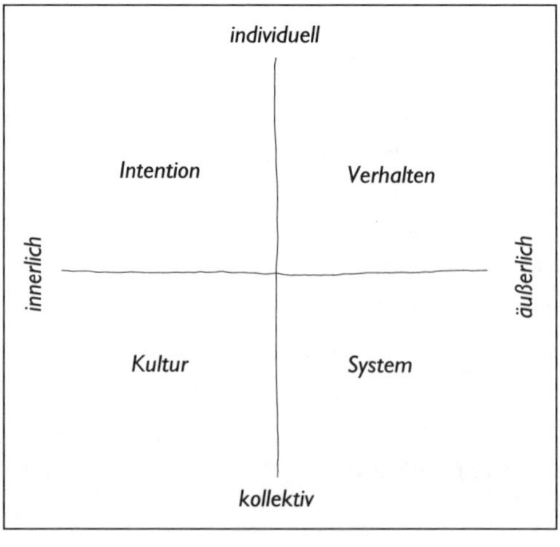

Abb. 16: Das Vier-Quadranten-Modell (nach Wilber 2001, S. 127)

Jedes Ereignis hat mindestens diese vier Dimensionen. Die Entstehung eines Kunstwerks zum Beispiel beginnt mit der Vorstellung oder Intention der Künstlerin (oberer linker Quadrant). Sie bringt ihr Werk auf die Leinwand (oberer rechter Quadrant). Es entsteht vor dem Hintergrund ihrer kulturellen Prägungen und ist von diesen geformt (unterer linker Quadrant). Gleichzeigt ist es geprägt und geformt von den sozialen und gesellschaftlichen Verhältnissen, die die Künstlerin umgeben (unterer rechter Quadrant).

Die vier soulbottles-Quadranten und ihre Wechselwirkungen sind:

- *Kultur:* Das Prinzip volle **Transparenz und die Einbeziehung der Herzebene** durch Gewaltfreie Kommunikation nach Marshall B. Rosenberg beschleunigen organisationales Lernen. Wo man sich ganz zeigen kann und keine Maske zu tragen braucht, steigen Wohlbefinden und Zufriedenheit der Mitarbeitenden. Das führt zu höheren Leistungen, besseren Kundinnenbeziehungen und mehr Profit.
- *Intention:* Die **Aufarbeitung von persönlichen Verletzungen und hinderlichen Glaubenssätzen** ermöglicht es den Mitarbeitenden, die eigenen Gefühle und Bedürfnisse besser zu erkennen und im Team zu benennen. Dadurch steigt die Motivation und der Fokus auf das Wesentliche in der Arbeit gelingt.
- *Verhalten:* Permanente **Entwicklung von Produktivität, Kommunikation und fachlichen Fähigkeiten** wirken direkt auf die Kundinnenbeziehung. Die individuelle Effizienz steigt, der Kommunikationsfluss im Team verbessert sich und damit wachsen Produktivität und das finanzielle Ergebnis der Organisation.
- *System:* Die **Soziale Mission und ein tragfähiges Geschäftsmodell** ermöglichen, dass die persönliche und professionelle Entwicklung der Mitarbeitenden unterstützt und finanziert wird. Das stärkt das Wir-Gefühl, »weil nichts geiler ist, als mit Menschen, denen man sich verbunden fühlt, gemeinsam etwas zu (er-)schaffen – ganz besonders wenn dieses etwas die Welt grüner, gerechter und glücklicher macht.«

Zur Umsetzung dieser Quadranten helfen zwei Methoden – Gewaltfreie Kommunikation (GFK) und Holacracy. Georg Tarne war schon vor der Gründung von soulbottles Trainer für Gewaltfreie Kommunikation (siehe Kapitel 12.3.3.3). GFK adressiert die Person und hilft mit einem Kommunikationsmodell, eigene Gefühle und Bedürfnisse zu erkennen und zu benennen. So entsteht tiefer Kontakt mit sich selbst und dadurch auch mit anderen. Dass diese achtsame Kommunikationsform tief in der Firma verankert sein sollte, stand für die Gründer von Anfang an fest. 2014 wurde als Ergänzung auf struktureller Seite Holacracy als Betriebssystem eingeführt – mit der Organisation in Rollen und Kreisen, dem klaren Regelwerk der »Constitution« und den Tactical und Governance Meetings (siehe Kapitel 12.1.2).

Damit gab es Formate, in denen die operative Zusammenarbeit geklärt und die Spielregeln dafür gemeinsam weiterentwickelt werden konnten. Da Holacracy keine »Gesamtlösung«, sondern nur eine neue Antwort auf einen Teil von Organisation ist, passte die GFK dazu – sie lieferte komplementär die Formate für die Anliegen der Menschen hinter den Rollen und für persönlichen Austausch der Mitarbeitenden. »Die perfekte Ergänzung!«, sagt Georg Tarne, der seine Erfahrungen mit den beiden Modellen weitergibt und mittlerweile auch anderen holakratischen Start-ups hilft, GFK zu implementieren.

Die etwas andere Personalentwicklung

Um aus der Kommunikationstechnik eine Haltung zu machen, gibt es für die Mitarbeitenden bei soulbottles mehrere Ausbildungsbausteine:

Das Introseminar besuchen Partnerinnen in ihren ersten Monaten bei soulbottles. Partnerinnen sind jene Mitarbeitenden, die sich längerfristig zu soulbottles committen und bereit sind, sich intensiver mit Holacracy und GFK auseinanderzusetzen. Im Introseminar wird wechselseitig geprüft, ob die Kultur der Organisation und die neue Mitarbeitende zusammenpassen.

Wenn sich Person und Organisation füreinander entscheiden, lernt die Mitarbeitende im Jahrestraining in 18 Ausbildungstagen GFK in der Tiefe. Dadurch soll langfristig die GFK-Kompetenz im Team wachsen. Das mache sich aus Erfahrung gerade an Schlüsselstellen mit Konfliktpotenzial wie der Bestellabwicklung bezahlt.

Zweimal jährlich vertieft die Belegschaft ihre GFK-Kenntnisse bei den Teamtagen. Zwei Tage verbringt das ganze soulbottles-Team dafür offsite. Es sollen also möglichst viele Mitarbeitende möglichst viel GFK lernen – nicht um eine Technik zu beherrschen, sondern um die Haltung zu verinnerlichen, die dem Konzept von Marshall B. Rosenberg zugrunde liegt.

So geschult fällt es dem Team leicht, ein ganz besonderes Regelmeeting abzuhalten. Neben den holakratischen Meetings gibt es bei soulbottles das »Personal Relation Meeting« (siehe Kapitel 12.3.3.4). Es dient ausschließlich der Beziehungsarbeit und der Klärung von Konflikten im Team. soulbottles-Mitarbeiter Marian Gutscher erzählt: »Fast jedes Mal gehe ich aus dem Personal Relation Meeting total gelöst und neu verbunden mit dem Team raus. Das hat Wirkung, gerade wenn die Konfliktthemen ehrlich und in der Tiefe angegangen werden.«

Auch für die Übernahme von Mitarbeitenden aus der Probezeit gibt es ein selbst entwickeltes Format, das persönliche Reife voraussetzt. Im Probezeit-Meeting wird in einem gemeinsamen Entscheidungsprozess festgelegt, ob eine Person übernommen wird. Die zwei Fragen »Möchtest du mit dieser Person die nächsten zehn Jahre zusammenarbeiten?« und »Bringt uns die Zusammenarbeit mit dieser Person der Unternehmensvision näher?« müssen mindestens 50 Prozent der Kreismitglieder mit Ja beantworten, damit die Betreffende aus der Probezeit übernommen wird. Zusätzlich wird gefragt, ob jemand der Partnerinnen ein Veto gegen die Übernahme hat. Spannend dabei ist, dass die betroffene Person im Meeting dabei ist. Herausfordernd für alle Beteiligten beschreibt Marian Gutscher »die Selbstverantwortung und Ehrlichkeit« im Prozess.

Auch die Festlegung der Gehälter ist bei soulbottles an die kulturellen Rahmenbedingungen angepasst. Im Gehaltsmeeting wird die Einkommensstruktur im Konsent beschlossen. Der Prozess findet im General Company Circle statt, zu dem gewählte Vertreterinnen aus jedem Mitarbeitenden-Level dazukommen. Ein Vorschlag zur Gehaltsstruktur wird ausgearbeitet, präsentiert, gemeinsam diskutiert und geht am Ende durch einen integrativen Entscheidungsprozess. »Die Gehaltsstruktur wird mitgetragen, einfach dadurch, dass alle beteiligt sind. Grundlage ist die vollkommene Transparenz«, erzählt Marian Gutscher.

Georg Tarne nennt die GFK das tragende Element – die »Seele, der Organisation« und Holacracy das ausführende Werkzeug. Es brauche beides gleichberechtigt, um auf den vier Ebenen nach Wilber Entwicklungen anzustoßen, die zu einer »grünen, gerechten und glücklichen Welt« beitragen. Dafür lohnt sich die Investition in die intensive Ausbildung des Teams. Die achtsame Form der Kommunikation führt zu mehr Verständnis untereinander und dadurch zu mehr Vertrauen. Konflikte werden schneller und leichter angesprochen, da der Umgang mit herausfordernden Situationen im Unternehmen einfach »gelernt« ist.

11.2.3 Traum-Ferienwohnungen

KURZPORTRÄT

Besonderheit: Ein Weg in die Selbstbestimmung und in den Konzern
Organisation: Traum-Ferienwohnungen GmbH
Gründungsjahr: 2001
Unternehmenssitz: Bremen
Anzahl der Mitarbeitenden (2018): 140
Umsatz (2016): 7,8 Mio Euro
Website: www.traum-ferienwohungen.de

Traum-Ferienwohnungen ist ein Onlineportal, das Ferienwohnungen in Deutschland und an beliebten internationalen Urlaubszielen vermittelt. Die Vermietenden zahlen eine Gebühr, um ihre Wohnung online zu stellen, die Gäste buchen ohne Provision. Das Unternehmen mit Sitz in Bremen hat heute über 140 Mitarbeitende und vermittelt über 100.000 Ferienwohnungen in 74 Ländern. Die Gründung im Jahr 2001 durch Nicolaj Armbrust und Sebastian Mastalka entstand aus Mastalkas Versuch, die Ferienwohnung seiner Mutter am Ammersee übers Internet zu vermieten.

Nach drei prekären Gründungsjahren noch ohne Büro und Mitarbeitende konnten die Gründer 2004 erstmals von ihrem Unternehmen leben. Nach und nach kamen Mitarbeitende dazu. Im ersten Büro 2008 saß das ganze Team noch am großen Tisch mit kurzen Kommunikationswegen. Mit dem Wachsen der Organisation wurde die Einführung von Abteilungen nötig. Als dann aus 40 schnell 80 Mitarbeitende wurden, beobachteten die Gründer die übliche fachliche Silobildung in der Ausdifferenzierung der Organisation. Die Entwicklungsabteilung hatte sich abgekoppelt und war für Marketing oder Support kaum zu erreichen. Die Organisation entfernte sich von den Kundinnenbedürfnissen und wurde langsamer. Zugleich war Traum-Ferienwohnungen immer noch sehr erfolgreich.

Radikale Transformation ohne finanziellen Druck

Der Mitarbeiter Achim Hensen, der als Wirtschaftspsychologe in die Firma gekommen war, lenkte den Blick immer wieder auf die Phänomene der Silobildung und Bürokratisierung. Das Credo von ihm und Armbrust war: »Wir müssen uns verändern, auch wenn es noch keinen echten Leidensdruck gibt!« Auch Sebastian Mastalka ließ sich anstecken. Beide vermissten die Dynamik und Flexibilität der ersten Jahre und fragten sich, ob so etwas in einer gewachsenen Organisation noch möglich sei.

2015 fiel die Entscheidung für einen Change. Ein externer Berater half Traum-Ferienwohnungen, die »Löcher im Traumschiff« zu finden, wie Armbrust formulierte. Mit einem von der ganzen Belegschaft gewählten Kernteam (zusammengesetzt aus verschiedenen Bereichen und Hierarchien), das den Auftrag hatte, über die zukünftige Zusammenarbeit zu entscheiden, gingen sie den Fragen auf den Grund: Wo hakt es eigentlich? Und wie kommt es dazu? Neben der Silobildung, der Entfernung von Kundinnenbedürfnissen und der mangelnden Kommunikation zeigte sich auch, dass 15 Jahre lang Konflikte verschleppt und nicht konstruktiv bearbeitet worden waren. Selbst zwischen Mitarbeitenden wurden Konflikte nicht geklärt, sondern in die Verantwortung der Führung geschoben.

Parallel machte sich das Kernteam auf die Suche nach dem Purpose der Organisation. Die Idee war: »Nur wenn wir verstehen, was uns treibt, können wir die passenden Entscheidungen treffen, Strategien wählen und Organisationsstrukturen bauen.« Mithilfe des WHY-Prozesses (siehe Kapitel 12.2.1.5) kam das Kernteam zu dem Purpose »Persönliche Verbindungen schaffen zwischen Menschen«. Sinn der Organisation war es einerseits, Urlauberinnen und Vermietende zu verbinden, aber auch in der Art der Zusammenarbeit intern und extern auf Verbindung zu achten. Der Satz wurde in Workshops und World Cafés mit der ganzen Belegschaft diskutiert. Im Zentrum stand die Frage: Wie stehst Du zu diesem Why und was tun wir als Firma, um ihn zu erfüllen? Aus den Ergebnissen und aus der Diagnose über Kommunikation und Konflikte entwickelte das Kernteam eine Organisationsform, die sich an den Kundinnenbedürfnissen orientiert und dafür auf formale Hierarchie verzichtet. Die neue Struktur sollte Kommunikation und Entscheidungen effektiver machen, Konflikte an die Oberfläche bringen und so eine agile Organisation erzeugen, die die Kundinnen im Fokus hat.

So entstanden vier Teams: die drei Teams »Gäste/Urlauber«, »Privatvermieter« und »Gewerbliche Anbieter« mit direktem Kundinnenbezug und das Team »Zentrum« als Zelle und Dienstleister für die anderen. Statt funktionshomogenen Abteilungen gibt es nun alle relevanten Funktionen in jedem Team (Entwicklung, Marketing, Support usw.). Das Zentrum soll möglichst klein und ohne Steuerungsfunktion bleiben. Anders als der »Wasserkopf« Zentrale in vielen Unternehmen sollen diese Zentralfunktionen reine Dienstleister sein.

Jede Mitarbeitende hat hohe Entscheidungsautorität. Schwierige und kritische Entscheidungen werden durch einen konsultativen Beratungsentscheid getroffen, der es ermöglicht, die Intelligenz der Gruppe zu nutzen und mit der Verantwortung und Geschwindigkeit einer Einzelentscheidung zu kombinieren (vergleiche auch konsultativer Einzelentscheid, Kapitel 12.2.3.4). Die Unternehmenskultur ermutigt auch zu ungewissen Entscheidungen, um Lernen zu ermöglichen. Die beiden Gründer unterstützen, wo sie können, und reflektieren mit den Teams innerhalb eines Gremiums kontinuierlich über die strategische Weiterentwicklung.

Die radikale Transformation auf Strategie-, Struktur- und Personenebene gelang. Alle ehemaligen Abteilungsleitenden blieben im Unternehmen, obwohl sie ihren formalen Führungstitel verloren hatten. Erfolgsfaktoren waren der intensive Diskurs, die Offenheit im Prozess, zu welcher Lösung man gemeinsam gelangen würde, und die Tatsache, dass die neue Organisationsform für die Situation von Traum-Ferienwohnungen maßgeschneidert wurde, anstatt vorhandene Modelle wie Holacracy einzuführen. Natürlich ermöglichte auch die wirtschaftlich gute Situation einen so tiefgreifenden Change ohne den Stress einer finanziellen Krise.

Konflikte werden sichtbar

Dennoch war die Transformation für alle herausfordernd. Entgegen der Prägung, die Mitarbeitende in der ehemals formalen Hierarchie erlebt hatten (»Mein Vorgesetzter ist für meine Probleme und Konflikte verantwortlich«) war nun ohne diese Hierarchie die Verantwortung bei jeder Einzelnen: Wo gehe ich jetzt mit meinen Konflikten hin? Wie und mit wem kann ich sie lösen? Für die eigenen Entscheidungen und für die eigene Entwicklung verantwortlich zu sein, erzeugte Druck.

Der Organisationsentwickler Achim Hensen erinnert sich an diese erste Phase: »Wir haben den Leuten nicht genug mitgegeben, aber viel probiert.« Es wurde die Rolle der KoKos (Kooperationskollegen) eingeführt, um mit Methoden und Prozessen die Konfliktklärung oder Entscheidungsfindung zu unterstützen.

Was auch Hensen überrascht hat, war, wie schnell beim Übergang in die Selbstorganisation Konflikte sichtbar werden. »Sie kommen auf einen Schlag an die Oberfläche, als ob du nach 15 Jahren die Decke wegziehst.« Jetzt hieß es, alle Konflikte zu bearbeiten und gleichzeitig selbst als Changetreiber dafür verantwortlich gemacht zu werden. »Seither haben wir drei Jahre lang mit interner Prozessbegleitung und Coaching unfassbar viele Konflikte gelöst und arbeiten gleichzeitig daran, die Fähigkeit aufzubauen, dass mit neuen Konflikten konstruktiv umgegangen wird.«

Manche Mitarbeitende kündigten, weil es ihnen zu viel war, weil sie der Idee nicht folgen konnten oder eine (formal-)hierarchielose Firma nicht zu ihrem persönlichen Karriere- und Aufstiegsplan passte. Auch den Gründern fiel die Umstellung anfangs schwer. Die eigene Entscheidungshoheit abzugeben und zu erleben, wie Mitarbeitende oder Teams plötzlich ganz andere Entscheidungen treffen, sei schwer gewesen. Erleichtert habe sie die Erinnerung, dass sie zuvor im Managementteam ja auch immer mal wieder falsche Entscheidungen getroffen hatten.

Die Tempi in der Organisation unterschieden sich deutlich: Manchen ging der Wandel zu schnell und zu tief. Sie verloren ihre Titel und ihre Sicherheit, ohne dass es zu Beginn einen für sie nachvollziehbaren »Case for Action« gegeben hatte (»Uns ging es doch gut!?«). Andere empfanden die Widerstände als lähmend. Sie wollten die Idee verfolgen und den Prozess treiben (»Ihr lähmt alles mit Euren Zweifeln!«).

Noch heute, so schätzt Hensen, halten manche Mitarbeitende die Idee für verrückt. Er vermutet, dass dahinter auch Verletzungen liegen, die ganz zu Beginn entstanden sind. Obwohl sie alles versucht hatten, um jede in die Veränderung einzubeziehen, hätten sie ein paar Leute und Rollen vergessen. »Vor allem jene, die damals verantwortlich waren für Prozesse, die das Unternehmen erfolgreich gemacht haben, kamen emotional unter die Räder. Stell Dir vor, Du bist extrem erfolgreich und dann kommt jemand und sagt, wir wollen es anders machen.« Die nicht ausreichend angekommene Wertschätzung für ihre Leistung und ihren Erfolg sieht Hensen rückblickend als einen Fehler.

»Marginalisierung der Herausforderung, die es für Einzelne bedeutet, sollten wir verhindern. Wir sollten einem Raum für Diskurs geben, selbst wenn es dazu führt, dass Kollegen dann kündigen. Das wäre sinnvoller für alle, als Themen nicht zuzulassen und dann trotzdem darunter zu leiden.« Ziel sei es für Traum-Ferienwohnungen, eine wirklich lernende Organisation zu werden, die in der

Lage ist, auch mit den inneren Gegenströmen umzugehen. Die wagt, sie anzuhören und die Funktionalität darin zu entdecken. »Aber nicht, um es mit Zwang jedem Recht zu machen oder sich in den Lösungen zu sehr auf die fünf Prozent zu konzentrieren, denen es nicht schmeckt.«

Zwei Jahre später hat die Organisation vieles gelernt. Der Organisationsentwickler beschreibt den Recruiting-Prozess als einen wichtigen Hebel. »Es gibt Persönlichkeitsmerkmale, die hilfreich sind in der Selbstorganisation: Die Offenheit für Feedback, der Umgang mit Unsicherheit genauso wie die Reflexionsfähigkeit, dass es mehrere Wahrheiten geben kann.« Der Recruiting-Prozess wird dementsprechend ständig weiterentwickelt, um Mitarbeitende zu finden, die in der neuen Organisationsform andocken können.

Auch am Gehaltsfindungsprozess wird immer noch geschraubt. Im ersten Jahr gab es Tendenzen zur Verlagerung des Themas in die Teams und die Aufforderung an jede Einzelne, ihre prozentuale Forderung nach Gehaltserhöhung vor den anderen zu begründen. Das hat Druck ausgelöst und hatte Vor- und Nachteile. Im zweiten Jahr gab es zwei Personen (nicht die Gründer), die die Verantwortung übernommen hatten, die Gehälter festzulegen. Sie hörten sich alle Anliegen an, wogen dann nach Potenzial, marktüblichen Gehältern und Bedürfnissen ab und verteilten den gesamten Gehaltstopf. Daraus haben die Mitarbeitenden für dieses Jahr mehre Optionen besprochen und entwickelt. Einige Teams haben sich entschieden, die Gehälter in kompletter Transparenz und in der Gruppe zu besprechen. Andere haben gewählt, das Thema durch die HR-Kolleginnen entscheiden zu lassen. »Wir sind hier sicher noch nicht am Ende der Reise. Wir bitten alle Kollegen regelmäßig zu einer Reflexion, um zu lernen, was gut und was nicht so gut war«, erzählt Achim Hensen.

Neuer Mehrheitsgesellschafter, neuer Change

Im April 2016 kaufte die @Leisure Group, ein Tochterunternehmen der Axel Springer AG, 50,01 Prozent des Unternehmens. Mastalka und Armbrust halten weiterhin die restlichen Anteile und blieben als Geschäftsführer im Unternehmen. Der teilweise Verkauf der Firma war herausfordernd für die Belegschaft. Basis der neuen Organisationsstruktur ist Vertrauen – das Vertrauen, dass jede zum Ganzen beitragen will, das Vertrauen in die Entscheidungen der anderen. Viele Mitarbeitende hatten am Erfolg und auch am anstrengenden Wandel mitgearbeitet. 15 Jahre lang waren sie stolz, kein Risikokapital aufnehmen zu müssen. Als die Gründer die Mehrheitsanteile der Firma an Axel Springer verkauften, gehörten sie plötzlich einem Mehrheitseigner, der in anderer Logik tickt, Quartalsberichte einfordert und trotz großer Faszination von der Selbstorganisation das Subsystem nicht komplett verstehen kann und die Versuchung besteht, das erworbene Unternehmen in die eigenen Prozesse zu integrieren.

Fragen, die die Mitarbeitenden bewegen, waren: Welchen Einfluss wird das klassisch organisierte Riesenverlagshaus langfristig auf die kleine Insel Traum-Ferienwohnungen nehmen und inwieweit hat Selbstorganisation in einem hierarchischen Muttersystem Zukunft? Zugleich könnte es umgekehrt spannend sein, ob auch die kleine Insel Eindruck im Muttersystem hinterlässt und dort Nachahmerinnen findet. »Es kommt darauf an, gleichzeitig an guter Selbstständigkeit sowie Eigenverantwortung zu arbeiten und gemeinsam die Schnittstellen zu gestalten, die man nutzen kann, um gemeinsam zu lernen und erfolgreich zu agieren, dort wo es wirklich Sinn macht«, beschreibt Achim Hensen die Situation.

Rückblickend ergeben sich für Hensen, der die Transformation mit angestoßen hat, drei Lernpunkte. So sei es als erster Lernpunkt hilfreich gewesen, in der Gruppe der Changetreibenden bewusster mit der eigenen Anspannung umzugehen. Gemeinsam mit den Gründern erlebte er das Team der Changetreiber in dem Spannungsfeld, auch nicht zu wissen, wo es genau hingeht und wie der Weg richtig zu gehen sei. Diese persönliche Spannung übertrug sich in die Organisation. »Beim nächsten Mal würde ich mehr Wege für uns entwickeln, wie wir persönlich Entspannung erreichen, um so auch die Organisation in dieser Zeit davon zu entlasten.«

Der zweite Lernpunkt ist die Anerkennung des Geleisteten zum Start der Transformation. Leistungs- und Erfolgsträgerinnen eines Systems brauchen Wertschätzung und einen ausführlichen Diskurs, wozu eine Veränderung trotz des Firmenerfolgs notwendig sei. Als nächsten Schritt hätte es mit jenen, die den Sinn des Change nicht teilen konnten, eine noch bewusstere Arbeit und eine bewusste Integration von Einwänden geben können, anstatt dem Wegschauen und Fokussieren auf die Unterstützenden sich jenen Kolleginnen zu widmen in der Haltung, dass darin eine wichtige Information für den Prozess enthalten sein kann, der der Transformation nicht schadet, sondern nutzt.

Den dritten Lernpunkt nennt Achim Hensen eine andere Voraussetzung zum Start. »In den Grundstrukturen hätten wir unsere Startversion etwas ›fertiger‹ haben können. Auf bestimmte Standardprozesse hätten wir in einer idealen Welt schon eine Antwort haben sollen, als wir gestartet sind: Wie werden Entscheidungen getroffen, wie geht strategischer Diskurs, wie geht Konflikt?« Er sieht auch Vorteile in der gemeinsamen Entwicklung dieser Antworten im Prozess, nimmt aber an, dass es den Change vereinfacht hätte, wenn zu Beginn schon mehr strukturelle Bauteile zur Verfügung gewesen wären. »Firmen, die sich heute auf diesen Weg machen, haben es da schon leichter, aus Erfahrungsberichten wie unserem zu lernen.«

11.3 Ganzheitliche Partnerschaft – inspirierende Beispiele in der 3. Disziplin

11.3.1 Upstalsboom

KURZPORTRÄT

Besonderheit: Glückliche Mitarbeitende als Purpose mit Nebenwirkungen
Organisation: Upstalsboom Hotel + Freizeit GmbH & Co. KG
Gründungsjahr: 1976
Unternehmenssitz: Emden
Anzahl der Mitarbeitenden (2018): 602
Umsatz (2017): 42,1 Millionen Euro
Website: www.upstalsboom.de

Der Upstalsboom war im 13. und 14. Jahrhundert eine Versammlungsstätte ostfriesischer Abgesandter. Ostfriesland war zurzeit der Friesischen Freiheit in autonome Landesgemeinden aufgeteilt. Ihnen standen nicht Adlige vor, sondern Vertreter, die die Land- und Hofbesitzer selbst gewählt hatten. Sie trafen sich jährlich am Upstalsboom, um Entscheidungen miteinander auszuhandeln.

Seit den 1970er-Jahren ist Upstalsboom auch der Name eines Unternehmens, das in Norddeutschland heute zehn Hotels und über 600 Ferienwohnungen betreibt. CEO Bodo Janssen hat den Betrieb 2005 von den Eltern übernommen und im vergangenen Jahrzehnt den demokratischen und autonomen Geist des Namens wiederbelebt (Janssen 2016). Purpose von Upstalsboom sind glückliche Mitarbeitende. Das hört sich im ersten Moment simpel an. Fällt dann noch der Begriff des »Corporate-Happiness-Beauftragten«, schütteln schon die ersten den Kopf. »Schon wieder so eine Businessmode?« Oder »Mittel zum Zweck – gib den Arbeitern Brot und Spiele und beute sie aus!« Die Tatsache, dass sich der Umsatz innerhalb von drei Jahren durch diesen Kulturwandel verdoppelt hat, könnte die These unterstützen, dass es sich um einen Schein-Purpose zum Zweck der Profitmaximierung handelt.

Wer genauer hinschaut, sieht, dass dieses Vorhaben tatsächlich zutiefst sinnorientiert ist. Durch Zufall erfuhr Janssen vor knapp zehn Jahren durch eine Mitarbeiterbefragung von der großen Unzufriedenheit seiner Belegschaft. Die direkten Führungskräfte, die Kommunikationskultur und der Umgang miteinander sorgten für großen Unmut – in Schulnoten ausgedrückt 4-5 (ausreichend bis mangelhaft). Janssen hatte gedacht, alles sei in Ordnung, doch die Diagnose zeigte ein erschreckendes Stimmungsbild seiner damals 350 Mitarbeitenden.

Der Weg zum Glück führte übers Kloster

Janssen zog sich zu Pater Anselm Grün in die Benediktinerabtei Münsterschwarzach zurück, um sich mit dem Thema Führung auseinanderzusetzen. Er meditierte, setzte sich mit dem Konzept »Inneres Kind« auseinander, mit seiner persönlichen Vision und mit dem Begriff des Glücks. Und er lernte: Wer führen will, muss sich selbst führen können. Für diese Selbstführung fehlten ihm entscheidende Antworten: Was ist mir wichtig im Leben? Was kann ich eigentlich gut? Was macht mir wirklich Freude?

Anderthalb Jahre war Janssen immer wieder im Kloster, um sich mit diesen Fragen eingehend zu beschäftigen und seinen eigenen inneren Kompass zu entwickeln. Die Einkehr und die Erfahrungen berührten den Unternehmer so tief, dass er alle 70 Führungskräfte ins Kloster einlud, um sich dort mit ihrem inneren Kompass auseinanderzusetzen. Aus diesem ungewöhnlichen Innehalten eines ganzen Führungssystems entwickelte sich der Anstoß zu einem tiefgreifenden Kulturwandel.

Heute fast zehn Jahre später steht das Glücksempfinden der Menschen im Vordergrund – Mitarbeitende, Gäste und aller anderen, die mit Upstalsboom in Kontakt kommen. Es brauche starke Persönlichkeiten und gelingende Beziehungen, um Glück zu verwirklichen, sagt Janssen. Also nicht der Mensch ist Mittel zum Zweck fürs Unternehmen, sondern Upstalsboom ist das Mittel zum Zweck für die Menschen. »Dabei ist eigentlich egal, was wir machen, um diesen Sinn zu erfüllen. Wir könnten genauso Autos bauen, Versicherungen verkaufen oder Holz verarbeiten. Das Hotelgeschäft liegt eben in meiner Familie und ist ja auch eine perfekte Voraussetzung. Im Kontakt mit Gästen und Kollegen gibt es da ganz viele Möglichkeiten für gelingende Beziehungen und glückliche Menschen«, stellt Janssen fest.

Entstanden ist dieser Purpose rekursiv. Janssen hatte durch die Klostererfahrung einen kollektiven Werte- und Verhaltensleitbildprozess angestoßen: Welches Verhalten ist notwendig, um die Werte, die uns wichtig sind, mit Leben zu erfüllen? Als dann viele Upstalsboomerinnen gemeinsam mit ihrem Chef nach Afrika fuhren, um dort Schulen zu bauen, wurden die Werte und die Bedeutung von sinnhaftem Tun plötzlich in der ganzen Tiefe spürbar. Die Mitarbeitenden kamen voller Überzeugung und Elan zurück, sinnhaftes Tun auch im eigenen Unternehmen zu kultivieren. Erst als Janssen seine Firma in einem Buch über sinnorientierte Führung als Beispiel angeführt sah, wurde ihm klar, dass es der Sinn war, der Upstalsboom leitete.

Und wie wird dieser Purpose im täglichen Geschäft operationalisiert? »Unser Bild ist, wie wir als alte Leute im Ohrensessel sitzen und unseren Enkeln Geschichten von glücklichen Menschen erzählen. Dafür sammeln wir jeden Tag Geschichten. Unsere Mitarbeiter gehen mit anderen Augen durchs Unternehmen. Sie fragen nicht »Wie kann ich Prozesse verbessern?«, sondern »Wo kann ich etwas initiieren, was unseren Sinn erfüllt, worüber ich einmal eine Geschichte erzählen kann?«

Bodo Janssen hat sich ganz der Erfüllung des Purpose gewidmet. 50 Tage pro Jahr verbringt er damit, im selbstentwickelten Persönlichkeitstraining für die mittlerweile über 600 Mitarbeitenden die Lehren aus dem Kloster zu vermitteln – angepasst an ihren beruflichen Alltag. Demnächst werden diese Workshops auch für die Familienangehörigen der Belegschaft geöffnet. Er und seine Mitarbeitenden drehen Filme und halten Vorträge und Workshops für andere Unternehmen, wie so ein Kulturwandel gelingen kann. Unternehmen wie Lufthansa und andere deutsche Konzerne haben die Upstalsboomer schon gebucht, um von ihnen zu lernen.

Kulturwandel und Corporate Happiness

Der Purpose hat auch die Struktur verändert. »Funktionen und Positionen werden immer weniger, weil wir die Organisation darauf ausrichten, dass Beziehung maximal gelingt.« Führungskräfte brauchen sie noch, sagt Janssen, allerdings haben sie jetzt die Aufgaben, »Verbundenheit unterstützen«, »Klarheit über den Purpose vermitteln« und »Potenziale fördern«. Je stärker der »innere Kompass« der Menschen und damit auch der Unternehmensbereiche, umso autonomer arbeiten sie. Der Bereich »Ferienwohnungen« – mit starkem innerem Kompass – ist praktisch selbstorganisiert. Hier werden auch die Gehälter selbst bestimmt. Auf der anderen Seite ist ein Hotel, das erst seit kurzem zum Unternehmen gehört mit vielen langjährigen Mitarbeitenden aus der ursprünglichen Kultur, das dadurch den Wandel in langsamerem Tempo vollzieht. »Solange Mitarbeiter noch fragen: ›Was soll ich tun?‹, braucht es noch mehr Führung«, sagt Janssen.

Besprechungen können mittlerweile von allen einberufen oder besucht werden. Sie beginnen immer mit der Frage: Warum bin ich heute hier? Auch die Workshops starten mit einem ähnlichen Purpose-Ritual. Anschließend werden mit Spielen, Dialog und Reflexion Themen weiterentwickelt. Statt Projektgruppen und To-do-Listen wird das Workshopergebnis mit einem Abschlussritual operationalisiert. Jede fragt sich, was sie daraus mitnimmt und ab jetzt anders macht. Controlling, Budgets und Ziele gibt es bei Upstalsboom nicht mehr, außer jene Ziele, die sich die Menschen selbst setzen, wenn sie es wollen.

15 Mitarbeitende nutzen 20 Prozent ihrer Arbeitszeit für die Rolle der »Corporate-Happiness-Beauftragten«. Sie wurden in einem Training ausgebildet, diesen Glücksansatz in der Organisation zu vermitteln. Einen Tag pro Woche nehmen sich die Corporate-Happiness-Beauftragten Zeit für ihre Kolleginnen, die mit persönlichen und beruflichen Anliegen zu ihnen kommen. In den Gesprächen geht es um lösungsorientierte Haltung – mit den zwei Fragen: Was kann ich daraus ler-

nen? Was kann ich selbst zur Lösung meines Problems tun? Selbstverantwortung und Unternehmertum sind hohe Werte bei Upstalsboom.

Woran der Kulturwandel noch spürbar wird? Ein Hoteldirektor erzählt: »Es hat sich seitdem Vieles bei uns geändert. Wir sind viel offener geworden. So kennt jeder Mitarbeiter die Unternehmenszahlen, die Wirtschaftlichkeit, die Monatsergebnisse.« Die Kommunikationskultur habe sich deutlich verbessert. Wertschätzung untereinander ist Usus, genauso der Humor im oft stressigen Berufsalltag. Achtsamkeit ist einer der zentralen Werte und es gelingt den Mitarbeitenden trotz des Widerspruchs eines hochgetakteten Hotelbetriebs, wo jede immer für den Gast da sein sollte, sich Zeiten des Innehaltens und In-Ruhe-Arbeitens zu schaffen.

Die Tatsache, dass die Zugehörigkeitsdauer der Mitarbeitenden mit durchschnittlich sechs Jahren weit über dem Branchendurchschnitt von anderthalb Jahren liegt, dass die Krankheitsquote deutlich gesenkt wurde, dass sich der Umsatz des Unternehmens innerhalb kurzer Zeit tatsächlich verdoppelt hat und dass Upstalsboom 60 Prozent Stammgäste hat, sind ungeplante und freudig begrüßte »Nebenwirkungen«.

Eine weitere Nebenwirkung sind Mitarbeitende, die gehen. Die intensive Persönlichkeitsentwicklung stellt die Frage nach dem persönlichen Purpose: Was will ich in die Welt bringen? Manche findet da heraus, dass sie im Hotel am falschen Platz ist. Janssen erzählt, dass er so schweren Herzens seinen Chef-Controller gehen lassen musste, weil er näher bei seiner Familie leben wollte. Ein Hoteldirektor kündigte, weil er merkte, dass Purpose und Kultur nicht zu seinen Vorstellungen passten. Er brauche einen Schreibtisch zwischen sich und den »Untergebenen«. Die offene und emotionale Kommunikationskultur war nichts für ihn. Zwei Führungskräfte wurden gekündigt, weil ihre Werthaltung nicht mehr mit dem neuen Upstalsboom vereinbar war. Insgesamt verließen zehn Prozent der Führungskräfte die Firma.

Projekt Persönlichtkeitsentwicklung

Janssen bedauert die Abgänge und setzt dennoch weiterhin auf die intensiven Angebote der Selbstreflexion und Auseinandersetzung mit persönlicher Biografie und Berufung. Es brauche die Passung der Mitarbeitenden zum Purpose und zur Kultur, damit sich der Organismus gut weiterentwickeln kann.

Bodo Janssen selbst scheint bei Upstalsboom mit seinem persönlichen Purpose am richtigen Platz. »Ich will zu einer Arbeitswelt mit mehr Sinn und Menschlichkeit beitragen!« Eines seiner Projekte ist die »Tour des Lebens«. Als Teil ihrer Ausbildung geht er mit zehn seiner Azubis auf eine zehntägige Wanderung zum Polarkreis. Im ersten Teil der Tour bestieg er zusammen mit den Azubis den Kilimandscharo, den höchsten Berg Afrikas in Tansania.

Jeden Monat fährt der CEO immer noch zur Einkehr ins Kloster. Seine Management-Agenden hat Bodo Janssen weitgehend an die Führungskräfte übergeben. »Wer loslässt, hat zwei Hände frei! Und meine Mitarbeiter können so vieles besser als ich«, sagt er und grinst.

Janssens aktuellste Geschichte für seine zukünftigen Enkel bringt er gerade aus einem Meeting mit. Die Firma wird in eine gemeinnützige Stiftung verwandelt. 85 Prozent des Eigentums hält die Stiftung, 15 Prozent bleiben bei der Familie, um deren Zukunft zu sichern. Der Stiftungszweck ist Bildung. Statt reiner Wissensvermittlung geht es um Persönlichkeitsbildung in verschiedensten Formen. Die Stiftung arbeitet mit Schulen zusammen und will gemeinsam mit Hochschulen einen Bachelorstudiengang in »Persönlichkeitsentwicklung« kreieren. Was Janssen in der Besprechung dazu heute überrascht hat: Die Stiftungsgründung hat sich herumgesprochen und plötzlich kommen von überall Angebote von Unternehmenden, die ihre Hotels zustiften wollen, weil sie von der Idee begeistert sind. So wächst Upstalsboom überraschend in diesem Jahr noch um 50 Prozent.

11.3.2 EMPAUA

KURZPORTRÄT

Besonderheit: So tickt ein Purpose Driven Start-up
Organisation: EMPAUA GmbH
Gründungsjahr: 2014
Unternehmenssitz: Berlin
Anzahl der Mitarbeitenden (2018): 55
Umsatz (2017): 4 Millionen Euro
Website: www.empaua.com

Welches Unternehmen vermuten Sie hinter dem Purpose: »Creating a world where every individual is empowered to constantly grow, by disrupting the way organisations operate while creating the leaders of tomorrow?« Es ist die Salesforce-Beratung EMPAUA. Das Start-up berät Organisationen bei der Einführung von salesforce.com (Cloud-Computing Lösungen) als CRM-Lösung. Zielgruppen sind Start-ups im agilen Umfeld und KMUs, die durch verschlankte und automatisierte Prozesse flexibler und zugleich skalierbar werden sollen.

Mittlerweile sind 55 Mitarbeitende an sechs Standorten (Berlin, München, London, Madrid, Barcelona & Zürich) für EMPAUA aktiv. Die Firma ist heute im Eigentum der sieben Gründer und zweier externer Investoren. Zwei Gründer sind noch operativ in EMPAUA tätig, die anderen Anteilseigner haben operativ kein

Mitspracherecht. 2016 hat EMPAUA das Selbstorganisationsmodell Holacracy eingeführt (siehe Kapitel 12.1.2).

DEFINITION

Salesforce.com
Salesforce.com ist ein internationaler Anbieter von Cloud-Computing-Lösungen für Unternehmen. Er stellt Geschäftsanwendungen über das Internet zur Verfügung. Salesforce.com ist vor allem auf Kundinnenbeziehungsmanagement (CRM) für Firmen jeder Größe spezialisiert. Die Produkte von salesforce.com sollen Unternehmen außerdem helfen, Mitarbeitende, Kundinnen und Produkte zu vernetzen.

Der Berliner Julian Teicke hatte 2014 die Idee, gemeinsam mit seinem Bruder Nicklas eine Salesforce-Beratung zu gründen. Wie Nicklas hatte auch Julian Betriebswirtschaftslehre studiert und bereits die ersten Start-up-Erfahrungen hinter sich. Zusammen mit fünf anderen gründeten die Brüder im Oktober 2014 EMPAUA. Fünf Wochen später verließen drei der Gründer die Firma, Julian gründete wefox (damals FinanceFox). Nicklas blieb bei EMPAUA und baute mit drei Kollegen das Start-up auf. Dazu gliederten sie die Firma nach ihren Interessen und Fähigkeiten in Verantwortungsbereiche, was schon in den ersten Monaten zu Auseinandersetzungen und Konflikten führte. »Wir waren egozentrierte Persönlichkeiten, die viel miteinander gekämpft haben«, erzählt Nicklas Teicke.

Holacracy im Start-up

2015 inspirierte sein Bruder ihn, mit zu einem Holacracy-Workshop nach Amsterdam zu fliegen, um mehr über das soziale Betriebsmodell zu lernen. Julian Teicke war überzeugt: »Das ist die Unternehmenszukunft!« Auch Nicklas war Feuer und Flamme und implementierte Holacracy bei EMPAUA. Die Firma war bereits auf 20 Mitarbeitende an mehreren Standorten gewachsen. Mithilfe der neuen Struktur gelang schnelles Wachstum und wirtschaftliche Stabilisierung der Organisation, so dass schon im Winter 2015 das Berliner Headquarter in größere Büroräume umsiedelte.

»Holacracy war anfangs holprig bei uns, aber es hat funktioniert, weil es uns eine Struktur und ein Regelwerk gegeben hat, die wir vorher nicht hatten«, beschreibt Nicklas Teicke die Implementierung. Da die Firma noch jung war und viele Mitarbeitende frisch dabei, wurde weniger Umlernen oder Verlernen traditioneller Steuerungsmuster nötig. Die Herausforderung bestand darin, das neue System und die Spielregeln zu verstehen. Die Brüder begannen, selbst eine »EMPAUA Constitution« zu schreiben. Die Holacracy-Verfassung deckte ihnen zu wenig ab. So entstand ein Fundament für die Steuerung der Firma, in dem Mindset, Kultur, Menschenbild, die Vorstellung von Zusammenarbeit und wichtige Prozesse beschrieben wurden.

Nicklas Teicke arbeitete mit anderen intensiv am gedanklichen Boden von EMPAUA. Sie schärften mit dem Purpose das Anliegen von EMPAUA: Eine Welt kreieren, in der jedes Individuum die Möglichkeit hat, sich kontinuierlich weiterzuentwickeln. Das heißt für die Firma, ein Setting zu schaffen, in dem Mitarbeitende und Kundinnen zur Weiterentwicklung ermuntert werden. Die Einladung an die Mitarbeitenden lautet, Unternehmen zu neuem Denken zu inspirieren, neue Unternehmen zu gründen oder aus EMPAUA auszugründen, um den Purpose zu verwirklichen. Holacracy als Modell, das Selbstverantwortung fordert und fördert, sollte diesen Purpose strukturell unterstützen.

Schnell wurde klar, dass dem Recruiting-Prozess bei EMPAUA große Bedeutung zukommt. Die Bereitschaft zu Selbstverantwortung, unternehmerischem Handeln und die persönliche Verbindung mit dem Purpose können nicht »gelernt« werden. Statt auf technische oder beraterische Fertigkeiten Wert zu legen, galt es, bei der Auswahl neuer Leute auf einen Cultural Fit zu achten.

Doch noch gab es keine Rolle, die sich darum kümmerte. Die ganze Firma war mit dem Feinjustieren der neuen Meetingformate und mit Rollenbeschreibungen beschäftigt. Dabei verlor man sich schnell im Detail der Accountabilities (von einer Rolle erwartbare Handlungen), anstatt auf den Purpose der Rolle zu fokussieren (was ist der ideale Beitrag der Rolle zum Ganzen). »Wir haben versucht, alles über Accountabilities abzubilden und landeten dann bei einem Detailgrad wie ›Bringt alle Belege in die Buchhaltung‹, das braucht es nicht, wenn der Rollen-Purpose klar ist«, erzählt Nicklas Teicke.

Auch die Sprachbarrieren zwischen den spanischen und deutschen Büros machten die Implementierung holprig. Mitarbeitende, die schlechtes Englisch sprechen, tun sich schwer mit dem Vokabular des Systems. So entstanden große Unterschiede zwischen den Büros im Verständnis der Regeln und der tieferliegenden Philosophie von Holacracy. Da EMPAUA zur Zeit der Einführung selbst noch in der Gründungsphase war, in der jeder Euro und jede Minute in Kundinnenprojekte investiert wird, um die Firma finanziell zu stabilisieren und Gehälter zahlen zu können, fehlten die Ressourcen, um sich diesem tieferen Verständnis zu widmen.

Erst ein Jahr später waren Zeit und Aufmerksamkeit vorhanden, Rollen für Implementierung, People und Culture aufzusetzen. Die Rolle »Holacracy Guru« wurde eingeführt, um Kolleginnen zu unterstützen und zu coachen. Mit Elena Lange kann eine neue Mitarbeiterin, die sich dem Thema HR und Kultur annahm. In der Rolle »People Lead Link« begann sie, den Recruiting- und den Onboarding-Prozess zu schärfen (siehe unten) und den Gehaltsfindungsprozess weiterzuentwickeln. Sie nutzte Holacracy, um die Struktur schnell weiterzuentwickeln und im Trial-and-Error-Verfahren Neues auszuprobieren und auf EMPAUA anzupassen. Dieser Lean-Start-up-Ansatz gilt in der ganzen Organisation. Nicht nur extern werden Prototypen anhand der Kundinnenresonanz weiterentwickelt. Auch intern tastet sich EMPAUA auf diese Weise vorwärts.

Die Mitarbeitenden genießen dabei hohe Entscheidungsautorität. »Wir haben das Vertrauen, dass jeder Mensch die richtige Entscheidung treffen kann, wenn er die dafür nötigen Informationen hat.« Dafür soll die volle Transparenz aller Daten der Firma sorgen. Mithilfe der Salesforce Dashboards kann jede die grafische Echtzeit-Darstellung aller Zahlen sehen: Gehälter, Kontostände, Zahlungsein- und -ausgänge, Status der Projekte, Performance der Entwickelnden usw. »Vertrauen ist die Basis für derartige Transparenz. Dann gelingt es, die Daten als Feedback fürs eigene Lernen zu nutzen, anstatt sie persönlich zu nehmen. Es geht uns nicht darum, Leute zu bewerten, sondern dass jeder das Gesamtgefüge sehen kann. So können wir Indikatoren finden und Planungssicherheit gewinnen, in welche Richtung wir uns weiterbewegen. Daher versuchen wir, so viele Daten wie möglich zu kommunizieren.« Vertrauen gibt es auch in die Urlaubsplanung der Mitarbeitenden. Jeder steht frei, so viel Urlaub zu nehmen wie sie will, es gibt keine Begrenzung der Tage pro Jahr. Wie bei der Gehaltsfindung (siehe Kapitel 12.4.4) gilt auch hier Selbstverantwortung.

Erfreuliche Zwischenbilanz

Drei Jahre nach Einführung der Selbstorganisation ist Gründer Nicklas Teike hochzufrieden mit der Entwicklung. Es gibt genügend Wissensträgerinnen in der Organisation, die andere coachen und dabei unterstützen können, Gedankengänge aus der »alten Welt« aufzugeben und neue Perspektiven einzunehmen. Bei den Mitarbeitenden sei erlebbar, dass sie den Purpose teilen. »EMPAUA hängt nicht mehr an uns Gründern. Ich habe das Grundvertrauen, dass der Organismus aus sich selbst heraus lebt. Selbst wenn morgen unser Produkt crasht, würden wir uns schnell umorientieren.« Nicht WAS sie tun sei entscheidend, sondern WARUM sie etwas tun.

Den Purpose beschreibt Nicklas als einziges Fixum in der Organisation. Wie EMPAUA ihn verwirklicht und was die Firma konkret produziert, kann sich verändern. Es gibt viele Ideen zum WAS: Ein Kindergarten, der das neue Mindset der Selbstverantwortung vermittelt, ein Netzwerk aus Organisationen mit ähnlichem Purpose oder die eigene Firma möglichst vielen Mitarbeitenden zugänglich zu machen, die sich darin weiterentwickeln können, sind mögliche Optionen auf dem Weg. Nicklas Teicke ist selbst gespannt, wo der Weg EMPAUA hinführt.

Dass Purpose und Gründungsidee stabil bleiben, wird in der Selbststeuerung vor allem durch das Auswahlverfahren und den Onboarding-Prozess gesichert.

»Wir nehmen viele Leute auf, die keine Salesforce-Expertise haben, um ihnen die Möglichkeit zu geben sich weiterzuentwickeln. Es ist wichtiger, dass ich dem Menschen vertraue, dass er sich als Person weiterentwickeln will.«

Zur Onboarding Week schicken alle Büros die neuen Mitarbeitenden nach Berlin, um EMPAUA im Tun spürbar und verständlich zu machen. Das Wochenprogramm sind je ein Tag zu den Themen Salesforce, Prozess, Purpose und Holacracy und viele Möglichkeiten zum persönlichen Kennenlernen. Auch unter den »älteren« Mitarbeitenden geht es darum, das persönliche Kennenlernen zu vertiefen. »Die persönliche Beziehung, die wir untereinander aufbauen, hilft uns spanungsfreier zu arbeiten.« Um die Standorte besser zu vernetzen, gibt es das »EMPAUA airbnb« (siehe Kapitel 12.6.2.5). Jedes Jahr treffen sich alle Büros beim Company Summit. Und wer auch den Urlaub mit den Kolleginnen verbringen will, kann bei »EMPAUA Vacation« eine Woche lang in einem großen Ferienhaus mit viel Programm die Peers besser kennenlernen.

Ergebnis der intensiven Arbeit an Purpose, Struktur und Kultur ist die für ein Start-up untypisch geringe Fluktuation. Selbst bei doppelt so hohen Gehaltsangeboten von anderen Start-ups bleiben die Mitarbeitenden bei EMPAUA. Nicklas Teicke beobachtet: »Im Unterschied zu anderen Start-ups gibt es bei uns eine gute Vertrauensbasis und ein hohes Engagement. Jeder bringt eigene Impulse als Samen in die Organisation. Mit jeder Person, die dazu kommt, entwickelt sich der Organismus weiter.«

Was sie rückblickend anders machen würden? Zeit und Geld ins Üben der Praxis und ins Vermitteln der Philosophie von Holacracy investieren, auch wenn es der Logik der Startphase eines Start-ups widerspricht. Schneller Rollen dafür aufsetzen und externe Trainerinnen einladen, um dafür zu sorgen, dass die verschiedenen Büros auf denselben Stand kommen. Was aktuell durch die Wissensdifferenzen entstanden ist, ist der Unterschied zwischen »Pracitioners« und »Philosophers« bei EMPAUA. »Holacracy Gurus, die sehr tief in das System hineinblicken, zu positionieren, erzeugt eine Art Wissens- und Erfahrungshierarchie«, beschreibt Nicklas. Sie achten nun darauf, dass Philosophers nicht ihr Wissen heraushängen lassen, sondern als Vorbilder in der Praxis da sind, an denen sich andere orientieren können. Ihre Aufgabe soll es sein, den Practitioners die Hand zu reichen, ihnen den Weg zu zeigen und sie den Weg allein gehen zu lassen.

11.4 Superflexible Vertrauenskultur – inspirierende Beispiele in der 4. Disziplin

11.4.1 Gutmann Aluminium Draht

KURZPORTRÄT

Besonderheit: Wie kommt ein Metallproduzent zur Achtsamkeitskultur?
Organisation: Gutmann Aluminium Draht GmbH
Gründungsjahr: 1937
Unternehmenssitz: Weißenburg
Anzahl der Mitarbeitenden (2018): 130
Umsatz (2017): 38 Millionen Euro
Website: www.gutmann-wire.com

Die Gutmann Aluminium Draht GmbH (GAD) mit Hauptsitz im bayrischen Weißenburg zieht seit 1937 Aluminimumdrähte und stellt Aluminiumprofile her. Das mittelständische Unternehmen produziert ausschließlich in Deutschland. Die Krise 2009 hatte das Unternehmen 45 Prozent des Umsatzes und viele Arbeitsplätze gekostet. Geschäftsführer Paul Habbel war sich sicher, dass ein Unternehmen langfristig nicht gesund bleiben könne, wenn der Druck weiterhin einfach von oben nach unten durchgereicht wird. Es müsse doch einen anderen Ansatz geben, wie ein Unternehmen funktioniert. Einen Ansatz, bei dem sich die Mitarbeitenden als Unternehmerinnen fühlen und handeln und ihre volle Intelligenz für die Organisation einbringen. So begann nach der Krise ein gemeinsamer Prozess mit der Belegschaft zur Frage: Wie wollen wir miteinander arbeiten?

Paul Habbel war deutlich geworden, dass eine grundlegende Veränderung in der Struktur und Kultur des Unternehmens nötig war. Er hatte die Vision einer sinngetriebenen und achtsamen Organisation – in der die Menschen achtsam sind mit sich selbst, mit anderen, mit dem gesamten Unternehmen und der Umwelt. Habbel fragte alle Mitarbeitenden, ob sie bereit seien, diesen Wandel mitzugehen. Alle 130 Angestellten stimmten prompt zu, wobei deutlich war, dass niemand, auch nicht der Geschäftsführer selbst wusste, wie ein solcher Prozess aussehen und gestaltet werden könnte.

Ein mühsamer Weg und Stunden stillstehender Maschinen folgten. Habbel brachte die Mitarbeitenden in Kreisen zusammen, um an Visionen und Vorschlägen für das Vorgehen zu arbeiten: Was wollen wir erreichen und wie wollen wir miteinander umgehen? Die Entwicklung brauchte Geduld und Vertrauen. Für die Suche nach ihrem Weg in das Neue haben die »Gutmänner« eine eigene Umschreibung gefunden: »Wir irren voran.« Nicht an der Gestaltung der »besten« Lösung zu verzweifeln, sondern für die bestehenden Probleme eine bessere Lösung zu finden und dann weiterzusehen, ist seither die Devise (Gutmann o.J).

Zwei Seinszwecke und das Prinzip Augenhöhe

Auf der Suche nach dem Purpose der Organisation hatten Habbel und seine Kolleginnen in einem dreitägigen Workshop Theorie-U-Methoden nach Otto Scharmer genutzt, um sich mit der Zukunft zu verbinden und aus diesen Gedanken und Gefühlen ein lebendiges Visionsbild zu entwickeln.

DEFINITION

Theorie U

Die »Theorie U« des deutschen MIT-Forschers und Beraters Otto Scharmer ist eine Lern- und Führungsmethode, die den Erfordernissen von Nachhaltigkeit und globaler Verantwortung in Politik, Gesellschaft und Management gerecht wird.

Scharmers zentraler Gedanke: Wie sich eine Situation entwickelt, hängt davon ab, wie man an sie herangeht, das heißt von der eigenen Aufmerksamkeit und Achtsamkeit. »Von der Zukunft her führen« bedeutet, Potenziale und Zukunftschancen zu erkennen und im Hinblick auf aktuelle Aufgaben zu erschließen. »Presencing« (aus »Presence« und »Sensing«) nennt Scharmer diese Fertigkeit zur Entwicklung, von der sowohl eine Organisation als Ganzes als auch die Mitarbeitenden persönlich profitieren.

Die Theorie U hilft, in Organisationen verbreitete, immergleiche Fehler zu vermeiden und Herausforderungen auf neue Art zu begegnen.

Heute ist bei GAD nichts mehr so, wie es einmal war. Die Firma verfolgt zwei Seinszwecke:

- zentraler Seinszweck: die Kundinnen mit gutem Aluminiumdraht und gezogenen Aluminiumprofilen begeistern,
- höherer Seinszweck: Wirtschaft und Gesellschaft verändern, indem GAD als »achtsame Organisation« Vorbild für andere Unternehmen ist.

GAD lädt Unternehmerinnen zu Vorträgen und Diskussionen ein und engagiert sich aktiv in der Region für eine Unternehmenskultur der »Augenhöhe«. Daraus hat sich bereits ein fester »Bewusstseinskreis« gebildet. 25 Unternehmerinnen arbeiten gemeinsam an den Themen Selbstverantwortung, Sinn und Ganzheit.

Auch in der eigenen Firma gilt das Prinzip der Augenhöhe. Das hierarchische Organigramm ist einer »Arbeitshierarchie« gewichen. Statt starrer Zuständigkeiten und Befehlsstrukturen gibt es flexible aufgabenbezogene Verantwortung. Die Mitarbeitenden haben Selbstverantwortung und Entscheidungsfreiheit für den eigenen Bereich. Funktionsbezeichnungen wurden abgeschafft, jetzt gelten klare Rollenbeschreibungen und Verantwortlichkeiten. Aufträge gehen heute aus dem Vertrieb ohne Umwege direkt in die Produktion, wo die Mitarbeitenden gemeinsam auf Basis von Art, Menge, Lieferdatum usw. entscheiden, welches Produkt wann und von wem gefertigt wird. Mitarbeitende legen ihre Schichtpläne selbst fest. Treten bei der Schichtplanung Spannungen auf, werden sie von den betroffenen Rolleninhaberinnen in einem Kreis gemeinsam gelöst. Werden Sonderschichten notwendig, wird gemeinsam entschieden, wer für eine Extraschicht zum Beispiel an einem Samstag zur Verfügung steht. Gleiches gilt für die Urlaubsplanung.

Der ehemalige Schichtführer Tahir Ljiko beschreibt, was sich seither für ihn verändert hat: »Als Schichtleiter habe ich mich in der Vergangenheit als Diener der Arbeiter gesehen. Als Ergebnis kamen alle mit ihren Schwierigkeiten und Problemen zu mir und haben erwartet, dass ich sie löse. Das war anstrengend und ermüdend. Heute haben die Mitarbeiter die Freiheit und die Verantwortung, ihre Probleme selbst zu lösen und die Lösungen sind meist viel besser!« Er gehört zu jenen Gutmännern, die durch den Wandel ihre »Chef«-Position verloren haben. Dennoch hat Lijko die Rolle der Führungskraft, die jetzt die Aufgabe hat, den Rahmen für Zusammenarbeit zu gestalten und Netzwerke zu entwickeln. Paul Habbel hat bis heute die Rolle »Geschäftsführer« inne. Den Titel braucht es laut GmbH-Gesetz noch nach außen. Seine tatsächliche Rolle sieht er darin, Räume für relevante Dialoge zu öffnen und zu halten. In der Rolle Geschäftsführer hat Habbel noch das Vetorecht, mit dem er Rollen oder Kreise auffordern kann, eine Entscheidung noch einmal zu überdenken.

Bei GAD hat jede Mitarbeitende das Recht und ist dazu aufgefordert, notwendige Änderungen im eigenen Bereich sofort umzusetzen. Sollten sich daraus Nachteile für andere Bereiche ergeben (z. B. entstehende Kosten), wird ein Kreis einberufen, um dort eine gemeinsame Lösung zu finden. So hat sich auch ein ehemals wunder Punkt gelöst: Aus dem »Oben-und-unten« zwischen Produktion und Vertrieb ist eine gut funktionierende Zusammenarbeit geworden. Via WhatsApp® wird rasch abgestimmt oder Delegierte werden als schnelle Botschafterinnen in den Nachbarbereich geschickt.

Bei GAD bestehen auch regelmäßige Kreise für wichtige Unternehmensfunktionen (z. B. Human Resources, Infrastruktur, Beschwerdemanagement). Entscheidungen in den Kreisen werden auf Basis des soziokratischen Konsent-Prinzips getroffen (grundsätzliche Zustimmung, keine wichtigen Gründe sprechen dagegen) und nicht auf Basis eines Konsens (eine Lösung zu finden, mit der jede glücklich ist, was meist zu einer Verwässerung von guten Vorschlägen führt). Innerhalb eines Kreises werden sämtliche Spannungen besprochen, egal wo sie herrühren (aus Rolle, Verantwortung, Aufgabe oder persönlichen Gründen). Die

Erfahrung bei GAD hat gezeigt, dass die Kreise über die Zeit ihre Dialogfähigkeit und Kommunikationskompetenz steigern. Bei Bedarf kann jeder Kreis den internen Organisationsentwickler Michael Wolf als Moderator dazu rufen, der den Prozess begleitet, aber keinerlei Entscheidung trifft.

Wertschätzende Kommunikation, Transparenz und Erfolg

In jedem Kreismeeting gibt es eine Gastgeberin, eine Schreiberin, eine Zeitnehmerin und eine Achtgebende. Die Achtgebende ist dafür verantwortlich, auf den achtsamen Umgang aller mit sich und anderen zu achten (zuhören, erkunden, ausreden lassen, wertschätzen etc.) und eine Glocke zu läuten, sollte dagegen verstoßen werden. Das Glockensignal bedeutet kurz innezuhalten, bis der Klang verhallt, um dann in einem achtsameren Modus fortzufahren.

GAD praktiziert wertschätzende Kommunikation nach dem Ansatz der Gewaltfreien Kommunikation (GFK) von Marshall B. Rosenberg (siehe Kapitel 12.3.3.3). Dazu gehört es zu »lauschen«, »absichtsvoll zu sprechen«, »zugewandt zu erkunden«, »mutig offenzulegen« oder »langsam zu sein«. Kraft gewinnen diese Gesprächsregeln dadurch, dass die Gutmänner sie für sich konkretisiert haben und täglich in den Kreisen praktizieren. So bedeutet »langsam sein« Folgendes: »Anderen den Raum geben, ganz zu Ende zu reden, kurz abzuwarten, um sicher zu gehen, dass sie wirklich fertig sind. Die Worte der anderen in die Stille fallen zu lassen. Gerade dann wieder langsam werden, wenn das Gespräch angespannt und schnell geworden ist. Besonders langsam werden, wenn es ganz neue Ideen braucht.«

Selbstreflexion und Achtsamkeit werden so zu Qualitäten des Alltags und nicht wie sonst üblich in Trainings geschult. So gelingt es, die neue Haltung wirklich zu verankern. Tahir Ljiko fasst zusammen: »Es geht um unterschiedliche Perspektiven und darum, diese unterschiedlichen Perspektiven wahrzunehmen und abzugleichen, es gibt nicht die eine Wahrheit!« Das wird auch im Ökosystem spürbar – viele Mitarbeiter berichten, dass ihren Frauen auffällt, dass sie ihnen besser zuhören als früher. Der ehemalige Schichtführer Markus Treiber hat die Erfahrungen aus der Firma in seine Vereine getragen. Schützenverein und Fußballklub fanden sich plötzlich im Stuhlkreis wieder und lernten, dass zuhören wichtiger sein kann als reden. Vertriebsmitarbeiter Rudi Ehrengruber schaffte es, in seinem Heimatdorf die erhitzte Flüchtlingsdiskussion in einen Stuhlkreis zu bringen. Wenn auch verwirrt von der neuen Methode, ließen sich die Gemeindemitglieder auf einen achtsamen Dialog ein, in dem konträre Meinungen plötzlich nebeneinander Platz fanden.

Die »Kraft der Kreise« im Unternehmen berücksichtigte Gutmann beim Fabrikneubau 2014. Hier wurden bewusst ein zentraler Begegnungsraum und Räume für kleine Entscheidungsrunden gebaut.

Nach dem Prinzip der Transparenz veröffentlicht das Unternehmen seine Umsatz-, Gewinn- und Verlustzahlen vierzehntägig, um allen unternehmerisches Mitdenken zu ermöglichen. »Transparenz schafft Vertrauen und Information schafft die Basis für eigenständige Entscheidungen«, sagt Paul Habbel. Wenn alle wissen, wie es um das Unternehmen steht, kann jede Verantwortung übernehmen, wenn es nicht gut läuft. Andererseits sieht jede auch ihren Anteil am Erfolg. Investmententscheidungen über 100.000 Euro werden gemeinsam mit den Mitarbeitenden diskutiert und getroffen. Goran Nikolic, der die Rolle Vertrieb innehat, beschreibt: »Es gibt kein Wegschauen mehr, hier sind alle verantwortlich für diese Firma!«

Bestätigung und Lohn für die Mühen, diese Veränderungen einzuführen, sind für Paul Habbel auch die Kennzahlen, die sich durch den Wandel sichtbar verbessert haben: Krankheits- und Arbeitsunfallquote sind deutlich gesunken, dagegen sind Liefertreue, Gewinn und Produktivität gestiegen. In einer Region, in der es schwierig ist, qualifizierte Mitarbeitende zu finden, kann GAD auf aufwendige Personalrekrutierung verzichten. Offene Stellen, auch mit besonderen Qualifikationsanforderungen kann das Unternehmen problemlos aus dem eigenen Netzwerk oder den Initiativbewerbungen besetzen.

Die achtsame Kommunikation und die Organisation in Kreisen machen GAD zu einem attraktiven Arbeitgeber, der zugleich von seinen Mitarbeitenden einiges verlangt: Verantwortung für sich, ihren Bereich und die gesamte Organisation zu übernehmen, nicht wegzuschauen, Spannungen anzusprechen (»Momente der Wahrheit«) und zu prozessieren. Das ist herausfordernd und fordert Entwicklung, deren Tempo und Tiefe jede Mitarbeitende selbst bestimmt. Tahir Ljiko erzählt, was er als herausfordernd empfand: »Wenn mich etwas ärgert, hat es oftmals mehr mit mir selbst zu tun als mit dem Anderen. Da muss ich erstmal bei mir schauen, warum ich mich jetzt ärgere!«

Die persönliche Entwicklung muss niemand allein bewältigen. Der Organisationsentwickler Michael Wolff wird bei GAD »der Medizinmann« genannt – er unterstützt die Belegschaft in der persönlichen Weiterentwicklung durch Sparring, Reflexion und Coaching.

85 Prozent der Mitarbeitenden sind sehr zufrieden mit dem Weg. Daneben gibt es noch einige Abwartende und jene, die mit der Organisation in Kreisen und der Kultur der Achtsamkeit ihre Schwierigkeiten haben. Seit der Umstellung 2010 hat aber keine Führungskraft die Organisation aufgrund dieses tiefgreifenden Wandels verlassen.

Doch eine ganz zentrale Person geht jetzt. Der Initiator des Wandels, Paul Habbel, verlässt nach 20 Jahren GAD. »Das Unternehmen kommt jetzt ohne mich aus.« Habbel will die nächsten zehn Jahre nutzen, um seiner Vision eines durch Unternehmen angestoßenen gesellschaftlichen Wandels auch an anderen Stellen zu dienen.

11.4.2 Ökofrost

KURZPORTRÄT

Besonderheit: Eine Organisation, die alle Entwicklungsstufen integriert
Organisation: Ökofrost GmbH
Gründungsjahr: 1996
Unternehmenssitz: Berlin
Anzahl der Mitarbeitenden (2018): 23
Umsatz (2017): 14,9 Millionen Euro
Website: www.oekofrost.de

Was ist »gesunde Entwicklung«? Und wie stellen Sie sich eine Organisation vor, in der er es um gesunde Entwicklung geht?

Entsprechend gespannt stehen wir in Berlin bei Ökofrost vor der Tür. Das Willkommen beim Großhändler für Biotiefkühlkost ist ein besonders herzliches. Wir freuen uns, dass sich mit dem Geschäftsführer Florian Gerull sowie Katharina Gerull und Harald Warschke in den Rollen Unternehmensstruktur und -kultur so spannende Gesprächspartnerinnen für uns Zeit nehmen.

Wir folgen ihnen durch ein klassisches Büro mit kleinen Räumen, auch die Küche ist nicht besonders groß. Stattdessen fallen uns die ersten Details auf: liebevolle Blumendeko in jedem Raum, die individuelle Farbgebung der Büros, ein Ruheraum, der Tisch zur gemeinsamen Produktverkostung und hochwertige Biomöbel. 23 Mitarbeitende sorgen hier dafür, dass die Ökofrost-Produkte an den Biogroß- und Einzelhandel gehen. Verpackungs- und Logistikdienstleistungen werden zugekauft. Das Unternehmen wurde 1996 gegründet, ist zu 51 Prozent im Eigentum von Florian Gerull, 49 Prozent der Anteile hält die SinnBIOse Netzwerk GmbH.

Gesunde Entwicklung – rundum

Handlungsleitend bei Ökofrost ist der Purpose »Gesunde Entwicklung durch echte LEBENS-MITTEL«. Er entstand aus einem gemeinsamen Entwicklungsprozess, an dessen Beginn Unzufriedenheit der Mitarbeitenden stand. Nach den Jahren des Unternehmensaufbaus mit noch roten Zahlen und notwendig niedrigen Gehältern kam das Unternehmen 2010 so langsam in die Gewinnzone und auch die Gehälter konnten steigen. Die Mitarbeitenden verhandelten ihre Löhne individuell und die Gehaltsunterschiede sorgten bei einigen für Unmut. Florian Gerull rätselte, wie er den nächsten Entwicklungsschritt angehen sollte. Er wollte eine neue Gehaltsstruktur und sein Ziel war dabei, diese im Diskurs mit allen zu entwickeln. Gerull initiierte einen Prozess, in dem die Unternehmenswerte geschärft und ein Leitbild entwickelt wurden. Das Gehaltssystem wurde von allen gemeinsam gebaut und wird seither regelmäßig überprüft, um es bei Bedarf anzupassen. Es setzt sich aus den Komponenten Basisgehalt, Betriebszugehörigkeit, Ausbildung, Erfahrung und Verantwortung zusammen.

Ein wichtiges Ergebnis des Werte-Prozesses war der Purpose »Gesunde Entwicklung« – gesunde Entwicklung der Organisation, der Mitarbeitenden, der Produkte, aber genauso des Ökosystems. Darunter verstehen der Geschäftsführer und die Unternehmensentwicklerinnen die Entwicklungslogik der Stufen nach Spiral Dynamics (siehe Kapitel 12.4.3.3). Auf dem Weg zu einer integralen Organisation gibt es für sie kein »besser« oder »weiter«. Als Organisationsgestaltende sehen sie ihre Aufgabe darin, alle Stufen gleichwertig anzuerkennen und zu integrieren. Entscheidend sei die Entwicklung entlang der Stufen, egal von welchem Punkt aus. Deshalb ist auch die Organisation so gestaltet, dass jede Person anschlussfähig ist – keine Gesamtlösungen, sondern maßschneidern für die jeweilige Situation – das heißt auch, für die Mitarbeitenden individuell passende Strukturelemente oder Entwicklungsmöglichkeiten anzubieten.

Holacracy und integrale Organisation

Ökofrost hat Holacracy eingeführt (siehe Kapitel 12.1.2) und die Organisation in Kreisen und Rollen strukturiert, um dem Purpose zu dienen. Doch nicht für alle Mitarbeitenden passt das hohe Maß an Selbstverantwortung, und auch der Purpose ist nicht für alle in gleicher Weise mit Zugkraft aufgeladen. So sorgen Florian, Katharina und Harald dafür, dass die »Gesunde Entwicklung« und die Unternehmenswerte kongruent in Ziele für die Kreise und in Handlungsanweisungen übersetzt werden, um alle mitzunehmen.

»Wenn eine Rolle grün besetzt ist, muss ich sie und die Anforderungen daran anders gestalten, als wenn der Rolleninhaber ein oranges Mindset (Entwicklungslogik der Spiral Dynamics) hat. Ihm würde ich Ziele geben, weil ihm Purpose vermutlich nicht reicht«, sagt Florian Gerull. Als rechtlicher Geschäftsführer vertritt er holakratisch den GCC (General Company Circle). Er erzählt, dass er die Rolle Lead Link (Details zu den holakratischen Rollen siehe Kapitel 12.1.2) mit einem starken Coaching-Aspekt ausfüllt. »Ich erlebe mich oft an der Grenze zur Rolle der Führungskraft und muss darauf achten, nicht hinüber zu rutschen.« Seine Frau Katharina beschreibt: »Wir machen nicht 100 Prozent Selbstorganisation. Es geht darum, die Struktur an uns anzupassen und vor allem dem Lernprozess Zeit zu lassen. Persönliche und organisationale Veränderung braucht Reifezeit. Ich kann sie nicht künstlich beschleunigen.«

Die Einführung von Holacracy ist für sie kein Widerspruch zu maßgeschneiderten Lösungen. »Grundlogik der dynamischen Steuerung ist es, in Etappen vorzugehen. So wachsen die Mitarbeitenden in ihrem Tempo.« Für die Unterstützung der 23 Mitarbeitenden beim Hineinwachsen in Holacracy, in die Energetisierung von Rollen, in die Wahrnehmung von Spannungen und die Entwicklung von Lösungsvorschlägen hat Ökofrost zwei Rollen »Unternehmensentwicklung«. Katharina und Harald, die sie derzeit innehaben, stehen als Coaches für alle bereit, um zwischen Menschen und Organisation zu vermitteln, anstatt Menschen an die Organisation anzupassen oder umgekehrt.

Integrale Organisation sieht als zentralen Wert den kontinuierlichen Entwicklungsprozess. Ziel ist nicht, das Unternehmen straff auf eine einheitliche Entwicklungsstufe zu bringen. »Da ist zum Beispiel ein neuer Mitarbeiter mit viel Potenzial auf der Stufe orange. Dann ist die Aufgabe der Organisation, dafür zu sorgen, dass er sich entwickeln kann. Wenn er noch Ziele und Incentives braucht, biete ich ihm das an, ohne die Weiterentwicklung aus dem Blick zu verlieren«, sagt Florian. Dass auf dem Weg in die integrale Organisation nie alle an derselben Stelle sind, sehen die drei nicht als Problem. »Die Blume ist nicht mehr wert als die Knospe«, sagen sie und freuen sich über jede beobachtbare Entwicklung.

Ein Meilenstein auf dem Firmenweg zur gesunden Entwicklung war die Trennung vom zweiten Ökofrost-Gründer. Als der Purpose sich herausschälte, wurde Florian Gerull klar, dass er mit seinem Partner, dem die Hälfte der Firma gehörte, diesen Purpose nicht würde erfüllen können. Der Mitgründer hatte ein anderes Mindset und andere Ziele für die Organisation. Auch er sah, dass der Weg, den Ökofrost einschlug, nicht seiner war. Florian unternahm den Kraftakt, seinen Partner auszuzahlen. Im Nachhinein ist er froh über den Schritt. »Auch wenn es unternehmerisch damals ein großes Risiko war, hätte es andersherum die Firma vermutlich den Kopf oder eher das Herz gekostet.«

Verbindung zur Gemeinwohlökonomie

Heute sind die Zahlen stabil, 2017 erwirtschaftete Ökofrost einen Umsatz von 14,9 Millionen Euro bei einem Gewinn von 300.000 Euro. Neben ökonomischen Leistungskennzahlen ist der Fokus bei Ökofrost genauso auf dem Erfüllen des Purpose. Fortschritte in gesunder Entwicklung misst Ökofrost mit einer besonderen Bilanz.

Bei der Suche nach einem Messinstrument, das anzeigt, wo die Firma in Bezug auf Purpose, Leitbild und Unternehmenswerte steht, kamen Florian Gerull und seine Kolleginnen darauf, dass sich ein Großteil ihrer Werte mit den Werten der Gemeinwohlökonomie deckt (Menschenwürde, Solidarität, ökologische Nachhaltigkeit, soziale Gerechtigkeit, demokratische Mitbestimmung und Transparenz, siehe Kapitel 12.2.2.1). Ökofrost lässt sich seither nach der Gemeinwohlökonomie bilanzieren und auditieren. Die Ergebnisse ihrer Gemeinwohlbilanzen sind im Detail auf der Website unter https://oekofrost.de/philosophie/ nachzulesen.

Erst vor kurzem hat Florian Gerull seine Vision der »SinnBIOse« umgesetzt – die Erweiterung der Organisation um eine darüberliegende Struktur, die das Zusammenspiel verschiedener Organisationen ermöglicht. Es soll ein Netzwerk aus nachhaltig und ökologisch orientierten Unternehmen entstehen, die stark synergetisch zusammenarbeiten. So sollen neue Wege menschlichen und kooperativen Wirtschaftens entwickelt werden. Teil der SinnBIOse Netzwerk GmbH ist auch eine Akademie. Florian und Katharina Gerull, die sich intensiv mit der Idee der Spiral Dynamics auseinandersetzen, Artikel schreiben und oft Gäste bei Podiumsdiskussionen sind, bieten interessierten Mitarbeitenden und Externen Vorträge und Workshops zur integralen Lehre an.

Wir verabschieden uns dankbar von den Dreien und tauschen auf dem Weg zur U-Bahn die ersten Resonanzen aus: Faszinierend, wie stringent der Blick auf Ressourcen und Weiterentwicklung liegt, anstatt auf »Was uns noch alles fehlt, bis wir so sind, wie wir sein sollten«! Und schön, wie viel Mut, Klarheit und Gelassenheit in dem Gespräch die ganze Zeit erlebbar war!

11.5 Co-Evolution im Ökosystem – inspirierende Beispiele in der 5. Disziplin

11.5.1 MÄRKISCHES LANDBROT

KURZPORTRÄT

Besonderheit: Brot als Produkt einer Wertschätzungskette
Organisation: MÄRKISCHES LANDBROT GmbH
Gründungsjahr: 1930, 1981 Eigentümerwechsel
Unternehmenssitz: Berlin
Anzahl der Mitarbeitenden (2018): 60
Umsatz (2017): 8,5 Millionen Euro
Website: www.landbrot.de

Purpose der Lieferbäckerei MÄRKISCHES LANDBROT ist es, ökologisch zu wirtschaften, um gesunde Lebensmittel zu fairen Preisen anbieten zu können. Seit 88 Jahren backt der Betrieb in Berlin-Neukölln Brote und liefert sie an den ökologischen Fachhandel. Die Produkte sollen regional, fair, transparent, sozial und ökologisch nachhaltig sein, um zur Gesundung der Erde und zur Gesundheit und dem Wohlbefinden der Menschen beizutragen. Diesen Purpose hat der Führungskreis schon 1993 entwickelt und die Firma daran ausgerichtet.

Alle(s) im Blick – von der Landwirtin bis zur Kundin

Das Besondere: die Organisation hat bei der Erfüllung ihres Purpose konsequent alle Beteiligten der Wertschöpfungskette im Blick. Mit den Landwirtinnen bestehen langfristige Lieferverträge und Fixpreiszusagen, unabhängig von den hoch volatilen Marktpreisen. Die Organisation unterstützt sie beim Rekultivieren alter Getreidesorten wie Emmer, Einkorn und Bergroggen, die weniger ertragreich sind als Hybridsaaten.

Seit 1992 backt die Brotbäckerei nach den strengen biologisch-dynamischen Demeter-Kriterien. Aus Überzeugung verzichtet MÄRKISCHES LANDBROT beim Saatgut auf Hybridzüchtungen, deren Verwendung die Souveränität der Bäuerinnen untergräbt. Kunstdünger ist im Demeter-Anbau untersagt, stattdessen wird auf natürliche Stickstoff-, Phosphat- und Kaliumkreisläufe gesetzt. Auch gentechnisch veränderte Produkte sind tabu.

MÄRKISCHES LANDBROT versucht, die Auswirkungen des eigenen Handelns auf Natur und Umwelt zu minimieren. Seit 1992 veröffentlicht die Firma ihre Ökobilanz und hat seit 1995 ein nach EMAS zertifiziertes Umweltmanagementsystem. EMAS steht für »Eco-Management und Audit Scheme«. Es ist ein freiwilliges Instrument der Europäischen Union, das Unternehmen und Organisationen jeder Größe und Branche dabei unterstützt, ihre Umweltleistung kontinuierlich zu verbessern. 2008 erarbeitete MÄRKISCHES LANDBROT als erste deutsche Bäckerei ein Corporate-Social-Responsibility-Konzept (CSR-Konzept), worunter die gesellschaftliche Verantwortung von Unternehmen im Sinne eines nachhaltigen Wirtschaftens zu verstehen ist. Seit 2010 gelingt es, emissionsneutral zu arbeiten. Für jedes Produkt wird der ökologische Fußabdruck angegeben. Die Berliner Bäckerei finanziert ein Wiederaufforstungsprojekt in Borneo, um den restlichen CO_2-Ausstoß auszugleichen.

Auch die Angestellten spüren die Sinnorientierung der Organisation – fair, sozial, transparent. Die Gehälter für die Mitarbeitenden im Betrieb sind überdurchschnittlich hoch, der Handwerksbetrieb zahlt nicht nach niedrigerem Handwerkstarif. Die Löhne liegen in der Mitte zwischen dem Handwerkstarif und dem höheren Tarif der Backwarenindustrie. Für gute Geschäftsjahre erhalten die 60 Mitarbeitenden eine Prämie. Im Jahr 2016 waren es 38.000 Euro, die unter der Belegschaft verteilt wurden.

»Wir streben kein ökonomisches Wachstum an. Wo wir wachsen wollen, sind Produktqualität und Nachhaltigkeit«, sagt Geschäftsführer Christoph Deinert. Sein Geschäftsführerkollege Joachim Weckmann ist der Eigentümer der Bäckerei. Er verzichtet auf Gewinnauszahlung. Neben einer Eigenkapitalverzinsung von sechs Prozent bekommt er für seine Arbeit nur den normalen Lohn. Die Gewinnüberschüsse werden als Prämie an die Belegschaft, in Form von sinkenden Brotpreise und Spenden verteilt.

Die Bäuerinnen bestimmen ihren Preis fürs Getreide selbst. Jedes Jahr kommen sie mit den Berliner Demeter-Bäckereien am »runden Tisch Getreide« zusammen. Früher war üblich, dass die Bäckerei für Getreide das obere Drittel des Marktpreises zahlte. Als Getreide an den Börsen gehandelt wurde und die Preise stark zu schwanken begannen, wurde diese Variante zu beliebig. Je nach Zeitpunkt der Preisermittlung kam etwas ganz anderes heraus. So baten die beiden Geschäftsführer die Bäuerinnen: »Sagt doch einfach, was ihr braucht, damit ihr gut leben und wirtschaften könnt.« Die Verwirrung war groß: »Wie sollen wir das rechnen?« Sie hatten sich immer am Marktpreis orientiert. Eine halbe Stunde heiße Diskussion an der frischen Luft und die Bäuerinnen kamen zurück. Sie hatten sich auf einen Preis geeinigt, den MÄRKISCHES LANDBROT ungefragt zahlte: »Die Bauern entscheiden und wir zahlen.« Das funktioniere wunderbar. »Mit dem Brot verkaufen wir auch das Getreide – deshalb liegt es im Sinne der Bäuerinnen, marktgängige Brotpreise zu ermöglichen«, sagt Christoph Deinert. »Das gelingt, weil wir schon seit 20 Jahren mit den Bauern befreundet sind. Wir sind ein Team mit gemeinsamem Interesse.« Die langfristige Beziehung trage und die Bäuerinnen laufen auch nicht weg, wenn die Marktpreise mal steigen.

Gesunde Personalpolitik nach innen – ganzheitlicher Blick aufs Ökosystem
Auch die Beziehung zu den Mitarbeitenden pflegt die Lieferbäckerei bewusst. Christoph Deinert nennt die Struktur »hierarchisch partizipativ«. In Gesprächsrunden wird gemeinsam entschieden. So treffen sich monatlich die »Verkaufsrunde« und die »Qualitätsrunde«. Jede Woche tagt die »Backstubenleiter-GF-Runde«. In diesen Kreisen sitzen Vertreterinnen der für das Thema relevanten Rollen mit den Geschäftsführern zusammen. Es wird besprochen, was anliegt, und gemeinsam entschieden. »Wir versuchen es konsensual zu machen und bringen alle Perspektiven und Argumente auf den Tisch. Wenn es gegensätzliche Meinungen gibt, braucht es manchmal die Entscheidung der Geschäftsführung. Aber es geht uns darum, dass jeder in der Runde die Entscheidung mittragen kann«, erklärt Deinert.

Gerade wurde bei der Produktionsleiterin der Backstube Bäckerasthma festgestellt. »Eigentlich müssten wir sie entlassen.« Stattdessen setzten sich die Produktionsleiterin, die Betriebsleiterin und die Geschäftsführer zusammen und klügelten aus, wie sie ihr einen neuen Job bauen könnten. Sie schafften eine volle Stelle mit der Organisation von Lager und Warenannahme, Rohstoffdisposition und Erstellung der Schichtpläne für die Backstube. Im Führungskreis soll sie bleiben. »Wir zahlen ihr natürlich den vollen Bäckerlohn weiter, nicht den niedrigeren Lagerlohn.«

Backen ist ein harter Job. Um den zu erleichtern, gibt es jede Nacht zur Geisterstunde, wenn die Backstube für den nächsten Morgen auf Hochtouren läuft, für alle Bäckerinnen das »Mitternachtsbuffet«. Mit heißen Getränken, Milch, Butterbroten, frischem Obst und Gemüse soll der Biorhythmus unterstützt werden, der um diese Uhrzeit am Tiefpunkt ist.

Den Kundinnen versucht die Bäckerei volle Transparenz zu schaffen. Sie können sich auf der Website über alles informieren: Von welchen Höfen und von welchen Feldern stammt das Brotgetreide? Wie wird es in den Getreidemühlen verarbeitet? Welche Inhaltsstoffe sind in welchem Brot? Dort finden sie sogar anonymisiert Informationen über die Krankentage der Mitarbeitenden oder die Preiskalkulationen der Bäckerei.

Auch den Dienstleistenden gilt die Aufmerksamkeit und Unterstützung der Organisation. Ein Müller stand mit seiner Mühle vor der Insolvenz. MÄRKISCHES LANDBROT unterstützte den Müller finanziell, um seine Privatinsolvenz zu verhindern und stellte ihn im Unternehmen ein, damit er wieder ausreichend Einkommen erwirtschaften konnte. Zu einem ganzheitlichen Blick aufs Ökosystem gehört auch die Konkurrenz – ein Mitbewerber bekam von den Banken kein Darlehen, um sich den benötigten neuen Ofen zu kaufen. MÄRKISCHES LANDBROT sprang ein und gab dem Biobäcker das Geld.

Die Lieferbäckerei sorgt für gute Vernetzung in ihrer Branche. Es gibt regen Austausch mit Demeter-Bäckereien, mit den Berliner Biobäckerinnen und mit der deutschen »Arbeitsgemeinschaft Gutes Brot (AGB)«. So ist die im Verhältnis kleine Bäckerei sehr bekannt geworden und empfängt jedes Jahr rund 8.000 Besucherinnen, die sich den Betrieb und die Backstube anschauen wollen, um sich Anregungen zu holen.

Auch das weitere Umfeld wird relevant, wenn es um ökologisches Wirtschaften geht. Die Brotbäckerei investiert mindestens zehn Prozent ihres Nettoprofits in die Unterstützung ökologischer und sozialer Projekte. Viele Initiativen werden gesponsert – von der Suppenküche nebenan im Kiez bis zu Biobäckern im Himalaya. Der Support soll sinnvoll und ausgewogen, lokal und international verteilt sein.

Seit 2011 ist MÄRKISCHES LANDBROT gemeinwohlbilanziert. Seitdem wird alle zwei Jahre eine Gemeinwohlbilanz veröffentlicht, die sämtliche Fragen zur Nachhaltigkeit beantwortet und mit einem Punktesystem bewertet (siehe Kapitel 12.2.2.1). Die Bäckerei gehört zu den Top Fünf der Gemeinwohlökonomie-Unternehmen.

All die Investitionen lohnen sich – der Betrieb brummt mit einem Jahresumsatz von 8,5 Millionen Euro. Die Wertschöpfungspartnerinnen und Kundinnen belohnen dies mit langfristigen Beziehungen, die Mitarbeitenden mit weit weniger Krankenständen oder Firmenwechseln als bei anderen Bäckereien.

11.5.2 PREMIUM

KURZPORTRÄT

Besonderheit: Cola von einem konsensdemokratischen Internetkollektiv
Organisation: PREMIUM
Gründungsjahr: 2001
Unternehmenssitz: Internet
Anzahl der Mitentscheidenden (2018): 240
Umsatz (2017): 650.000 Euro
Website: www.premium-kollektiv.de

Stellen Sie sich ein Getränkeunternehmen vor – ohne Angestellte, ohne Chef, ohne Bürogebäude, ohne Werbung, ohne Strategie, ohne Businessplan, ohne Wachstumsanspruch, ohne Profitstreben. Geht gar nicht? Doch! Es nennt sich PREMIUM und beweist seit 2001, dass faires und transparentes Wirtschaften funktioniert. Die Organisation nennt sich selbst »Kollektiv« und 220 Kollektivistinnen reden bei allen unternehmerischen Entscheidungen mit. Manche werden jetzt die Augen verdrehen und denken: ein Albtraum!

PREMIUM entstand aus dem Ärger eines »afri Cola«-Kunden. Die hoch koffeinhaltige Getränkemarke war 1999 von einem Getränkekonzern gekauft worden. Der neue Eigentümer reduzierte den Koffeingehalt der Cola, um die Zielgruppe zu vergrößern. Geschmack und Wirkung sollten gefälliger und der bekannten Coca-Cola® ähnlicher werden. Der Hamburger »afri Cola«-Fan Uwe Lübbermann protestierte: Wie konnte der Produzent einfach klammheimlich die Kundinnen bevormunden, die die Cola ja gerade für den hohen Koffeingehalt liebten?

Der Hersteller blieb unbeeindruckt und so gründete Lübbermann die »Interessensgruppe Premium«. Gemeinsam mit anderen wütenden Koffeinfans diskutierte er zwei Jahre mit dem Getränkekonzern. Ihr Anliegen war, dass auch Konsumentinnen Mitspracherecht bei grundlegenden Produktentscheidungen haben sollten. Der Konzern ging jedoch auf das Kundenfeedback nicht wirklich ein, brachte stattdessen noch ein Lightprodukt in Plastikflasche auf den Markt. Durch Zufall meldete sich ein Abfüller, der noch das Originalrezept hatte. Aus einem Experiment wurde ein Geschäftsmodell. Die Interessengruppe änderte eine Zutat und stellte 2001 ihre »Premium-Cola« selbst her. Die ersten tausend Flaschen waren schnell vergriffen und so kam die Idee, damit in Serie zu gehen.

Aus der Interessengruppe wurde eine Organisation mit dem Purpose, ein faires, ökologisches und sozial tragfähiges Wirtschaftsmodell vorzuleben und zu verbreiten. Nicht nur das Produkt sollte unter Einbeziehung aller Beteiligten fair hergestellt werden, auch die Organisation, die diese Herstellung organisiert, sollte Ausdruck von fairem, ökologisch und sozial nachhaltigem Wirtschaften sein.

Internetkollektiv mit Konsensdemokratie

Was sich seither daraus entwickelt hat, ist ein konsensdemokratisches Internetkollektiv. PREMIUM hat keine Angestellten, kein Büro und stellt selbst auch keine Getränke her. Alle Beteiligten arbeiten, wo sie wollen, und kommunizieren über Internet oder Handy. Produktion, Logistik und Handel erledigen jeweils selbstständige Profis als regelmäßige Auftragnehmende, die allerdings gleichberechtigt mitentscheiden können. Jede, die mit PREMIUM zu tun hat, ist eingeladen mitzubestimmen. Produzentinnen der Zutaten, Abfüllende, Spediteurinnen, Händlerinnen, Gastronominnen und natürlich alle Konsumentinnen können zu Kollektivistinnen werden. Voraussetzung sind: mindestens eine Flasche Premium getrunken haben, eine Kollektivistin persönlich kennen und ein Mail an PREMIUM schreiben mit Informationen zur eigenen Person und der Motivation. Als neue Kollektivistin erhält man dann Zugang zum PREMIUM-Board, einem Onlineforum, in dem alle Entscheidungen diskutiert und getroffen werden.

Die mittlerweile 1.700 gewerblichen Partnerinnen und 800 Verkaufsstellen ergeben zusammen mit den Kundinnen einen Organismus der Wechselwirkungen. Wird etwas am Produkt geändert, wirkt sich dies auf alle aus. Für Uwe Lübbermann war es daher von Anfang an logisch, dass alle im System mitentscheiden sollen. Es herrscht Konsensdemokratie, das heißt, im Diskurs zu einem Thema werden Vorschläge entwickelt. Sobald eine Kollektivistin gegen einen Vorschlag stimmt, ist er vom Tisch. Ziel sind Lösungen, die für alle Beteiligten passen. Eine Kollektivistin erzählt, dass die Entscheidungsprozesse dadurch manchmal sehr langwierig sind, bis der Konsens gefunden ist. Zugleich seien die Entscheidungen deutlich sozialer und intelligenter, weil alle Bedarfe und Meinungen einbezogen werden. Und so gleiche sich der höhere Zeitbedarf später aus, weil die getroffenen Entscheidungen lange von allen mitgetragen und nicht mehr infrage gestellt werden.

Hilfreiche Faktoren für die Konsensdemokratie bei PREMIUM sind ein Vorschussvertrauen in die positive Intention neuer Kollektivistinnen (anstatt der Idee, jemand müsse sich sein Vertrauen erst verdienen), Geduld und Sachlichkeit im Diskurs, eine Kontinuität von zentralen Kollektivistinnen (Premium hat im gesamten Netzwerk eine ungewöhnlich niedrige Fluktuation von nur zwei Prozent) und gute Moderationstechniken (zuhören, ausreden, deeskalieren). Das Kollektiv hat »Premium-OS« entwickelt, ein Organisationssystem, das auch für andere Unternehmen als Steuerungsmodell für ethisches Wirtschaften frei nutzbar ist. Für die drei Bereiche Ökologie, Ökonomie und Soziales gibt es Module mit Leitlinien zu Struktur und Prozessen.

Übermäßiges Gewinnstreben und Werbung sind bei PREMIUM tabu. Werbekosten würden an die Konsumentinnen weitergegeben und Gewinnorientierung würde in Kostendruck der Lieferantinnen und überzogenen Getränkepreisen münden. So kann es vorkommen, dass die Flaschenpreise gesenkt werden, wenn alle Kosten gedeckt sind. Ziel ist am Jahresende immer eine schwarze Null. Ein »Anti-Mengenrabatt« soll es auch Abnehmerinnen von Kleinstmengen ermöglichen, PREMIUM-Getränke zu verkaufen. Anstatt Großhändlerinnen den Preis zu reduzieren, wird auf jede Flasche ein Cent aufgeschlagen, um damit den Einkäuferinnen von kleinen Mengen einen Rabatt gewähren zu können. Fair für alle soll der Verkauf sein.

Gemeinsam wird jedes Jahr festgelegt, wie die Anteile am Flaschenverkauf gerecht verteilt werden. Das Kollektiv achtet auch darauf, dass die Speditionen den Lkw-Fahrerinnen Ruhezeiten zugestehen oder dass die Flaschensortiererinnen auf den Leerguthöfen einen fairen Lohn erhalten.

Mittlerweile sind zur Premium-Cola noch ein Bio-Bier, Sekt und Limonaden dazu gekommen. Der Vertrieb funktioniert über »Sprecherinnen«. Sprecherinnen sind Fans, die in ihren Lieblingslokalen oder -Bars nachfragen, ob Interesse besteht, die PREMIUM-Getränke ins Sortiment aufzunehmen. Es geht nicht um Expansion, sondern darum, mehr und mehr Menschen mit den PREMIUM-Grundsätzen und der Arbeitsweise in Kontakt zu bringen. Schriftliche Verträge mit Geschäftspartnerinnen werden nicht abgeschlossen – nach dem Motto: »Ohne Vertrauen hilft auch keine Kontrolle«. Beide Seiten wissen, dass die Partnerschaft vom gegenseitigen Vertrauen lebt und bemühen sich dementsprechend darum. Wenn es für eine Seite nicht mehr passt, wird neu gesprochen. Lübbermann vermutet, dass die Geschäftsbeziehungen auf diese Weise stabiler sind, als wenn sie mit Verträgen festgehalten wären.

Entscheidungsverfahren und Gehaltspolitik

Die Trennung von Kollektivistinnen wird auch im Konsens entschieden. Jede kann jede andere nominieren, ausgeschlossen zu werden, wenn es dafür einen schwerwiegenden Grund gibt, zum Beispiel Diebstahl. Außer der nominierten Person kann jede Kollektivistin Veto gegen diesen Vorschlag einlegen. So mussten seit Beginn des Kollektivs erst zwei Kollektivistinnen PREMIUM verlassen – ein im Vergleich mit anderen Unternehmen niedriger Wert.

Es herrscht das Prinzip der Gleichwertigkeit bei PREMIUM – jede Stimme zählt gleich viel. Mit einer Ausnahme – der Notstandsregelung für Entscheidungen. Sie gilt für jene Personen im Kollektiv, von deren Aufgaben die Produktion der Getränke abhängt. Wenn im Konsensverfahren keine Entscheidung zustande kommt, aber die Zeit drängt, weil produziert werden muss, dürfen diese Rollen eine kurzfristige Einzelentscheidung treffen. Anschließend muss sie gegenüber dem Kollektiv gerechtfertigt werden. Dann wird gemeinsam nach einer langfristigen Lösung gesucht.

Auch Uwe Lübbermann hat nicht mehr Macht als alle anderen. Der Gründer und offizielle Eigentümer der Marke verzichtet bewusst auf alle Rechte, die damit verbunden wären. Auch er verdient den PREMIUM-Einheitslohn. Dieser setzt sich zusammen aus dem Grundlohn von 15 Euro brutto pro Stunde und den Faktoren x, y, und z. Der Faktor x erhöht den Grundlohn aller Arbeitenden, sofern dies für Premium wirtschaftlich möglich ist. So lag der Grundlohn die vergangenen anderthalb Jahre bei 20 Euro brutto je Stunde. Der Faktor y kann für besondere finanzielle Belastungen beantragt werden, zum Beispiel für Kinder. Faktor z ist ein Arbeitsplatzzuschlag für jene, die regelmäßig für PREMIUM arbeiten, weil das Unternehmen keine Arbeitsplätze (Büros, Schreibtische) anbietet.

Lübbermann ist begeistert, wie sich das Kollektiv entwickelt hat – von wegen Albtraum. Aus dem Ärger mit der Lieblingscola ist die Erfüllung eines Traums geworden: Mit einem schuldenfreien Unternehmen und einem Verkauf von 1,5 Millionen Flaschen pro Jahr ist bewiesen, dass innerhalb des bestehenden Wirtschaftssystems faires, ökologisches und soziales Wirtschaften möglich ist.

Teil 4:

Tools und Methoden

12 Werkzeugkasten für Purpose Driven Organizations

Vielleicht sind Sie hier ins Buch eingestiegen, weil Sie am liebsten gleich ins Ausprobieren gehen. Vielleicht haben Sie bis hierher gelesen und freuen sich jetzt, die Theorie in eigene Praxis zu verwandeln. Sie finden hier einen Werkzeugkasten für Purpose Driven Organizations. Womit bringt man einen Purpose ans Licht? Welche Meetingstrukturen unterstützen Sinnorientierung und Selbstorganisation? Welche Formate bringen Personen schnell in echten Kontakt? Welche Kulturelemente unterstützen Agilität und Iteration?

Man kann sie als für sich stehende Tools oder Verfahren sehen, die einzeln anwendbar sind. Aus Sicht der Purpose Driven Organizations sind sie Elemente aus jeweils einer von fünf Disziplinen. Um wirklich Purpose Drive zu erreichen, werden alle fünf Disziplinen benötigt. Wir nutzen den Werkzeugkasten selbst bei unserer Arbeit, haben dafür Bestehendes weiterentwickelt oder Formate neu erfunden.

Probieren Sie aus, was Sie anspricht, und beachten Sie dabei: Nicht jede Methode ist für jede Organisation geeignet. Wählen Sie je nach Entwicklungsstand ihrer Organisation und ihrer Belegschaft die Methoden aus, die im Moment anschlussfähig sind.

12.1 Systemlösungen

Seit den 2000er-Jahren erproben Organisationen weltweit Organisationsmodelle für Sinnorientierung, verteilte Verantwortung und dynamische Steuerung. So haben sich einige kodifizierte Organisationssysteme entwickelt, die sich in vielen Unternehmen bewährt haben. Für jene, die ein Organisationssystem nicht von Grund auf selbst entwickeln wollen, stellen wir drei prominente Versionen kurz und knapp vor, die von Pionierinnen entwickelt und seither von vielen Organisationen in dieser Form implementiert wurden.

12.1.1 Soziokratie

Soziokratie ist ein Organisationssystem, mit dem Unternehmen verschiedenster Größe Selbstorganisation umsetzen können. Das Wort Soziokratie leitet sich ab von socius (lateinisch) für »Begleiter« und kratein (griechisch) für »regieren«. Die Idee der Soziokratie wurde 1851 vom französischen Philosophen Auguste Comte geboren. Der amerikanische Soziologe Lester Frank Ward griff sie 1881 auf – als natürliche Weiterentwicklung von Demokratie. Die praktische Implementierung in Organisationen kam erst in den 1950er-Jahren durch den niederländischen Reformpädagogen Kees Boeke, der den Ansatz Wards zu einer Managementform weiterentwickelte mit den Prinzipien: Gleichberechtigung der Individuen und Konsent. Sein Schüler Gerard Endenburg implementierte und erprobte das Modell in den 1970er-Jahren in seinem eigenen Elektrotechnik-Unternehmen. So entstand die Soziokratische Kreisorganisationsmethode (SKM) ein »Betriebssystem« für Organisationen mit vielen konkreten Tools und folgenden vier Grundprinzipien (Strauch/Reijmers 2018):

1. Konsent-Prinzip
Entscheidungen werden mithilfe von Moderation in drei Runden im Konsent getroffen (siehe Kapitel 12.2.3). Konsent heißt, dass eine Entscheidung nur getroffen werden kann, wenn keine der Anwesenden einen schwerwiegenden und begründeten Einwand vorbringt. Jede Teilnehmende kann schwerwiegende Einwände im Hinblick auf das gemeinsame Ziel äußern.

Die Frage der Moderation lautet: Welches Argument steckt dahinter? Mithilfe dieses Argumentes wird in der Gruppe eine neue Lösung gefunden, die das Argument auch berücksichtigt. Es gibt kein Vetorecht, sondern den Austausch und die Integration auf Basis von nachvollziehbaren Argumenten. Wenn für Probleme, die eine rasche Entscheidung erfordern, keine Lösung in einem Kreis gefunden wird, wird das Thema zur Lösung an den nächsthöheren Kreis delegiert.

2. Organisation in Kreisen
Soziokratische Organisationen sind durch Kreise strukturiert. Die ursprüngliche Fassung von Soziokratie ging dabei von hierarchisch zueinander stehenden Kreisen aus, ähnlich einer pyramidalen Organisation. Ein Kreis ist eine Gruppe, deren Mitglieder für die Verwirklichung eines gemeinsamen Ziels verantwortlich sind. Die Entscheidungen, wie dieses Ziel zu erreichen ist, werden im Konsent im Kreis getroffen. Innerhalb des Kreises sind alle gleichwertig. Jeder Kreis trifft innerhalb des festgesetzten Rahmens in der Organisation autonom seine Entscheidungen.

Getragen wird die Organisation von einem allgemeinen Kreis und einem Topkreis. Im allgemeinen Kreis sitzen die Repräsentantinnen und Delegierte aus den

Bereichskreisen (z. B. Marketing, Finanzen, Vertrieb). Im übergeordneten Topkreis gibt es eine Vorständin, Delegierte des allgemeinen Kreises und externe Expertinnen. Die soziokratische Organisation veranschaulicht Abbildung 17.

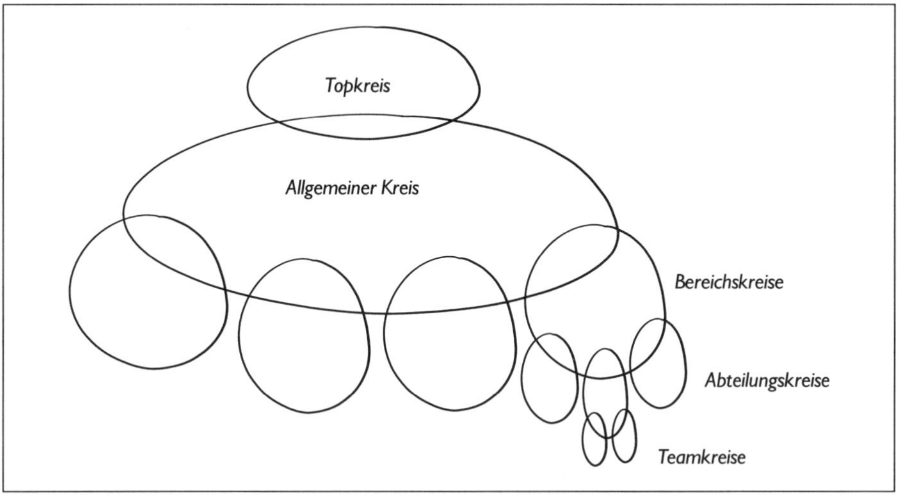

Abb. 17: Organisation in hierarchischen Kreisen (nach Rüther 2010, S. 31)

3. Doppelte Verknüpfung der Kreise
Jeder Kreis ist mit dem übergeordneten Kreis doppelt verknüpft. So gibt es in jedem Kreis eine leitende Rolle, die vom übergeordneten Kreis gewählt ist und die den Kreis dort repräsentiert. Sie wirkt von oben nach unten. Darüber hinaus wählt jeder Kreis eine Delegierte, die den Kreis zu Beschlussfassungen im höheren Kreis vertritt. Sie wirkt von unten nach oben.

4. Offene Wahl
Die Kreise besetzen die Rollen, die sie zur Verwirklichung ihres Ziels brauchen, in einem moderierten Prozess nach offenem Diskurs im Konsent.

Als **Prinzipien** der soziokratischen Kreisorganisation gelten:
- **dynamische Steuerung**,
- »**Safe enough to try**« statt perfekte Lösungen,
- konstruktive **Fehlerkultur**,
- hohe **Transparenz**,
- **Kreisversammlungen** für Rahmen und Regeln, **Linienform** für das Tagesgeschäft,
- Herrschaftshierarchien werden zu **funktionalen Hierarchien**,
- **Kombination** von wirtschaftlichem Erfolg und Menschlichkeit.

12.1.2 Holacracy

»Holacracy« leitet sich vom Begriff des Holons ab, einer in sich abgeschlossenen handlungsfähigen Einheit, die Teil einer größeren Einheit ist, mit der sie kommuniziert, ähnlich wie eine Zelle im menschlichen Körper. Der Erfinder Brian Robertson nutzt gern dieses Bild, wenn er Holacracy erklärt – sein »Betriebssystem für Organisationen«.

Auf der Suche nach einer passenden Organisationsform für seine Softwarefirma hat der Amerikaner 2007 das Organisationssystem entwickelt. Dazu hat er Teile der Soziokratie mit Elementen der agilen Softwareentwicklung und der Selbstmanagementmethode »Getting Things Done« kombiniert (Robertson 2016).

DEFINITION

Getting Things Done

Getting Things Done (GTD) ist eine Selbstmanagementmethode für effizientes und entspanntes Arbeiten. Das Prinzip: alle anstehenden Aufgaben in einem Verwaltungssystem notieren. Dabei wird geklärt, was konkret die nächste Handlung ist. So ist der Kopf frei für Wichtigeres, nämlich die Erledigung der aktuellen Aufgabe, ohne befürchten zu müssen, andere Aufgaben zu vergessen.
GTD trennt dabei nicht zwischen beruflichen und privaten Aufgaben – der gesamte Alltag wird in einer kontextbezogenen Aufgabenliste erfasst. Die Methode wurde von David Allen entwickelt (Allen 2007).

Der holakratische Modus basiert auf einem System verteilter Autorität, in dem jedes Organisationsmitglied als Sensor für die Organisation verstanden wird. Nur Personen in ihren spezifischen Rollen können Spannungen wahrnehmen, die auf Entwicklungspotenziale der Organisation verweisen. Es gibt keine zentrale Führungsrolle/Person, die entscheiden kann, welche Spannung bedeutsam genug ist, um prozessiert zu werden. Vielmehr regelt der Prozess auf rigide Weise, wie Spannungen eingebracht und in sinnvollen Output für die Organisation umgewandelt werden.

Sinnvoll bezieht sich dabei immer auf die Frage, ob es der Organisation in der Erfüllung ihres Purpose dient. Der Prozess soll sicherstellen, dass die Organisation nicht die informellen Beziehungen zwischen Personen benutzt, um Aufgaben erledigen zu können. Damit werden Menschen entlastet und Raum für echte Beziehung entsteht.

Die **Prinzipien** von Holacracy lauten:

- Die Organisation wird um **Rollen** (nicht Personen) aufgebaut, die klare Entscheidungskompetenzen erhalten.

- Mehrere Rollen bilden einen **Kreis** (eine Metarolle), in dem Entscheidungen getroffen werden. Dabei wird zwischen »**Governance**«-Themen (klären von Entscheidungskompetenzen, Erwartungen an Rollen) und »**Tactical**«-Themen (Koordination von inhaltlichen Themen) unterschieden.
- Die **Verbindung der Kreise** wird durch jeweils zwei **Repräsentantinnen** gewährleistet, den Lead Link und den Rep Link (Representation Link). Der Lead Link des Kreises achtet auf die Funktionalität, führt aber kein Personal. Der Rep Link wird von den Mitgliedern des Kreises gewählt, um dessen Interessen im übergeordneten Kreis zu vertreten.
- Jeder Kreis hat einen **Purpose** (Zweck, Beitrag zum Ganzen) und es gibt eine **Über- und Unterordnung** der Kreise.

DEFINITION

Lead Link und Rep Link

Purpose der Rolle »**Lead Link**« ist es, auf die Erfüllung des Kreis-Purpose zu achten. Die Rolle vertritt den Kreis im übergeordneten Kreis. Ihre Aufgaben sind außerdem das Übertragen der Rollen auf die Mitglieder des Kreises, das Beobachten der Passung von Person und Rolle und das Anbieten von hilfreichem Feedback oder wenn nötig das Neuübertragen der Rolle. Sie teilt Ressourcen den Projekten und Rollen des Kreises zu und entwickelt Prioritäten und Strategien für den Kreis. Außerdem definiert sie Metrics (Messgrößen) für den Kreis.

Purpose der Rolle »**Rep Link**« ist es, im übergeordneten Kreis den Purpose des eigenen Kreises zu übernehmen und im eigenen Kreis jene Spannungen, die im übergeordneten Kreis gelöst werden müssen, zu kanalisieren und aufzulösen. Ihre Aufgabe besteht darin, diese Spannungen zu identifizieren, zu verstehen und im übergeordneten Kreis einzubringen. Außerdem gibt sie im übergeordneten Kreis ein Update aus dem Subkreis (z. B. Berichte über Metrics oder Checklisten-Punkte, die dem Subkreis übertragen wurden).

Eine Mitarbeitende kann verschiedene Rollen übernehmen. Wenn eine Rolle zu komplex wird, bildet sich eine neue. Wenn mehrere Rollen zusammenkommen, entsteht ein neuer Kreis. Kontinuierlich werden die Rollen upgedatet, abhängig davon, wie sich die Herausforderungen eines Kreises entwickeln. Die Rollen und Kreise besitzen einen dynamischen Charakter. So findet permanent eine dezentrale evolutionäre Organisationsentwicklung statt, wie das Beispiel in Abbildung 18 auf der folgenden Seite verdeutlicht.

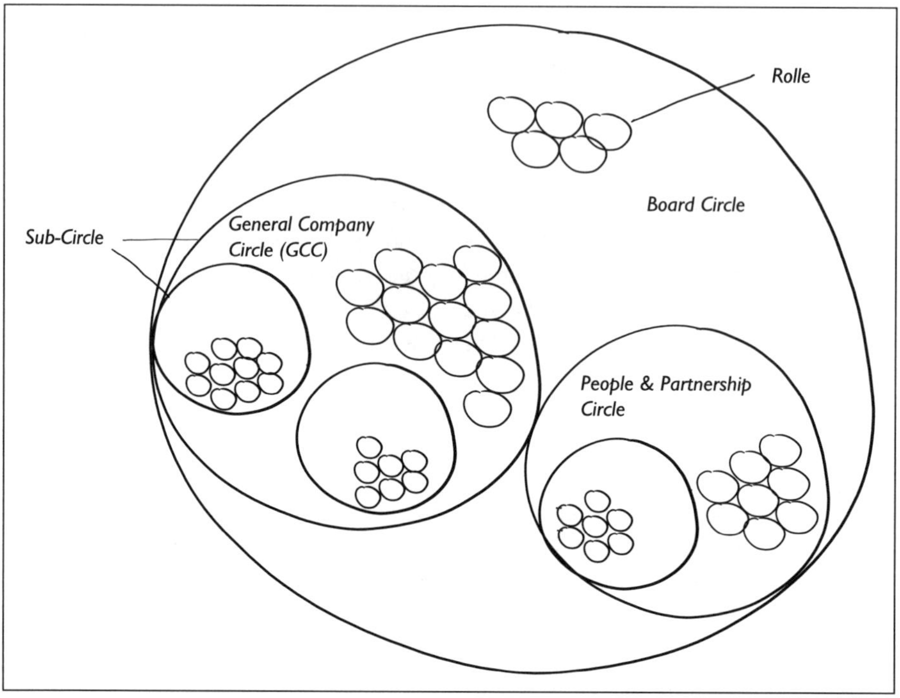

Abb. 18: Beispiel für eine holakratische Organisation in Kreisen und Rollen (eigene Darstellung)

12.1.3 Soziokratie 3.0

Diese Weiterentwicklung von Soziokratie integriert Elemente wie Lean, Kanban, GFK, Holacracy oder Agile. Die Organisationsberater James Priest und Bernhard Bockelbrink haben Soziokratie 3.0 (S3) als Open-Source-Modell entwickelt (https://sociocracy30.org). Anders als Soziokratie kann die 3.0-Version auch teilweise eingeführt werden. Es ist keine Ganz-oder-gar-nicht-Entscheidung nötig nach dem Motto: Nutze, was funktioniert, und lasse weg, was für dich keinen Mehrwert bringt!

Das Organisationssystem basiert auf sieben zentralen Grundprinzipien. Mit ihnen muss sich eine Organisation verbinden können, wenn sie S3 nutzen will.

Die sieben **Prinzipien** lauten:

- **Effektivität:** Allokiere Zeit nach deinen Prioritäten!
- **Konsent:** Mache die Dinge, weil nichts dagegen spricht!
- **Empirie:** Checke deine Annahmen mittels empirischer Daten!
- **Kontinuierliche Verbesserung:** Verändere permanent in kleinen Schritten!

- **Gleichwertigkeit:** Beeinflusse Entscheidungen, wenn du betroffen bist!
- **Transparenz:** Mache alle Informationen allen zugänglich!
- **Verantwortlichkeit:** Handle wo nötig, übernimm Verantwortung!

Zentral bei S3 sind außerdem organisatorische Treiber (Driver). Sie beschreiben die Motivation für Handlung, die aus Problemstellungen erwächst. Werden zum Beispiel Informationen zwischen relevanten Personen oft nicht ausgetauscht, dann entwickeln wir einen Prozess der Informationsweitergabe. Die Formulierung der Treiber beschreibt zuerst die Spannung und anschließend den Purpose oder die Vision. Ein Beispiel: »Viele Organisationen straucheln mit der Zunahme von Dynamik in ihrem Umfeld. Wir begleiten Unternehmen dabei, agil und flexibel zu werden.«

Neben Prinzipien und Treibern gibt es bei S3 über 50 Muster. Diese Muster sind Verfahrensbeschreibungen für die verschiedenen Unternehmensbereiche und Handlungsanlässe (z. B. Meetings, Organisationstruktur, Entscheidungsverfahren). Organisationen wählen sich die für sie brauchbaren Muster und passen sie individuell an. S3 setzt keine fixe Struktur voraus. Kreisorganisationen können sie genauso anwenden wie Unternehmen mit parallelen Teams oder kollegialer Führung.

12.2 Werkzeuge für die erste Disziplin: dominanter Purpose

12.2.1 Sinn finden und geben

12.2.1.1 Purpose Quest

Purpose: Entdecken und Formulieren des Purpose einer Organisation oder Subgruppe.

Zeitpunkt im Prozess: Zu Beginn einer Firmengründung, zu Beginn eines Veränderungsprozesses oder wann immer die Frage nach dem Purpose geklärt werden will.

Besonderheit: Tiefgreifender Suchprozess, der ins Unbewusste des Kollektivs vordringt und durch die Dauer und Tiefe stark verbindende Wirkung auf die Gruppe hat, die sich gemeinsam auf diesen Weg macht. Er braucht Zeit und die Bereitschaft für »unkonventionelle Methoden«.

Regieanleitung: Bis zu zwölf Delegierte einer Organisation (möglichst ein Querschnitt aller Mitglieder und Bereiche) treffen sich zum halbtägigen Vorbereitungsworkshop für die Quest (Suche). Hier wird die Quest beschrieben (was erwartet Euch?) und es werden Aufgaben verteilt: Wer kümmert sich um Inputs zu Vergangenheit (Lebensweg, Geschichte der Organisation, DNA), Gegenwart (Zahlen, Daten, Fakten zum Unternehmen und den relevanten Umwelten) und Zukunft (Markttrends, Szenarien, Vision)? Diese Inputs bringen die Teilnehmenden zur Quest mit. Für die Quest treffen sich die Teilnehmenden drei Tage an einem Naturort (z. B. Seminarhotel im Grünen).

Die Quest hat drei Phasen: gemeinsames Bild, gemeinsame Suche, feiern und übersetzen.

Für das gemeinsame Bild werden die Inputs geteilt: Wo kommen wir her, wo stehen wir jetzt, wo schauen wir hin? Der Übergang zu Phase zwei beginnt mit einer Einstimmung auf die Quest und dem Loslassen des rationalen Denkens. Die Frage wird gemeinsam geschärft: Was wollen wir in die Welt bringen?

Dann begeben sich die Teilnehmenden einzeln auf einen Intuition Walk (siehe Kapitel 12.2.1.2) – in der Abenddämmerung oder im Morgengrauen. Nach der Rückkehr werden die Erlebnisse erst in Zweier-, dann in Vierergruppen geteilt und schließlich ins Plenum gebracht. In einem assoziativen Prozess werden die Inputs um eine leere Mitte herum gelegt. Schritt für Schritt nähert sich die Gruppe dem WHY, bis zu dem Moment, wenn der Purpose ausgesprochen wird.

Dieser »Break-Through« ist für alle spürbar. Er wird gefeiert, bestaunt und einmal überschlafen, am Morgen noch einmal abgeklopft (Ist er so stimmig?), bevor es weitergeht ins Übersetzen: Was heißt das für unsere Prozesse, Strukturen, Strategie, Personen und Kultur? Wie können wir uns in diese Richtung konkret weiterentwickeln? Woran werden wir es merken? Wie bringen wir den Purpose »nach Hause« zu unseren Kolleginnen? Wie sorgen wir für einen Prozess des Dranbleibens?

Die Form der Weiterarbeit (z. B. Großgruppe mit der Gesamtorganisation, Reflexionsworkshop mit den Delegierten, Purpose Agents) wird bei der Quest entwickelt und nicht vorab festgelegt. Wichtig ist aber, auch dafür Zeit und Ressourcen vorzusehen.

Dauer: Drei Tage plus ein halber Tag Vorbereitung.

Vorbereitung: Bildung eines Kernteams, das die Quest organisiert, Auswahl der Delegierten, Planung der Kommunikation in die Organisation (Wozu machen wir das? Wie läuft das ab? Was soll dabei herauskommen? Warum mit jenen Leuten? Wie werdet Ihr informiert?), sorgfältige Auswahl des Platzes in der Natur.

Personenkreis und Anzahl: Bis zu zwölf Delegierte einer Organisation, die den maximalen Querschnitt abbilden. Topmanagement soll genauso vertreten sein wie Vertretende der Bereiche und Funktionen in der Organisation.

Herkunft der Methode: Die Purpose Quest ist angelehnt an indianische Methoden zur Befragung des Unbewussten. Sie geht davon aus, dass zur Entdeckung des Purpose nicht allein der rationale Geist genutzt werden kann. Wir haben sie bei »nowhere Consulting« kennengelernt und weiterentwickelt.

12.2.1.2 Intuition Walk

Purpose: Entdecken des Purpose einer Person oder Organisation.

Zeitpunkt im Prozess: Zu Beginn einer Firmengründung, zu Beginn eines persönlichen oder organisationalen Veränderungsprozesses oder wann immer die Frage nach dem Purpose einer Person oder Organisation geklärt werden will.

Besonderheit: In unserer zweckrational geprägten westlichen Welt ist es ein ungewöhnliches Tool, allein der Intuition zu folgen. Darin liegen die Herausforderung und die Chance der Anwendung. Der Walk erntet schnell Ablehnung mit der Angst vor »Esoterik«. Zugleich eröffnet er das Potenzial, das mit ausschließlich kognitivem Zugang ungenutzt bleibt.

Regieanleitung: Einstimmung auf den Walk mit Übungen, die neben der analytischen auch die kreativ-intuitive Gehirnhälfte aktivieren. Schärfen der persönlichen oder gemeinsamen Frage wie: Wozu gibt es uns? Was will ich in die Welt bringen? Die Frage wird symbolisch in einen unsichtbaren Rucksack gesteckt und während des Walks »gehalten«: Ich versuche, sie nicht bewusst zu beantworten, sondern lasse mich ganz auf alles ein, was mir begegnet. Jede sucht sich eine symbolische Schwelle – das kann eine Türschwelle sein oder ein anderes Symbol, das bewusst überschritten werden kann. Mit dem Übertreten beginnt der Walk.

Für die vereinbarte Zeit (eine bis vier Stunden) begibt sich jede nach draußen – neugierig, was ihr begegnet. Was kommt in meine Aufmerksamkeit? Die Beobachtungen werden notiert. Es gibt keinen Weg oder keine vorgegebene Route. Eine Regel lautet, in dieser Zeit allein zu bleiben und zu schweigen. Es empfiehlt sich, das Handy nicht mitzunehmen oder im Flugmodus zu lassen.

Nach der vereinbarten Zeit treffen sich die Teilnehmenden in vorher gefundenen Paaren und tauschen die Erlebnisse aus. Eine Person beginnt, ihren Walk zu schildern, die andere Person hört nur zu. Nach 10 bis 15 Minuten gibt die Zuhörende Resonanz. Was ist bei mir angeklungen? Was ist mir aufgefallen an Mustern, Wiederholungen, Symbolik? Dann wechselt das Paar und die zweite Person erzählt von ihrem Walk. Nach diesem Austausch lohnt sich eine Pause (z.B. Abendpause), die die Teilnehmenden schweigend und für sich verbringen, um die Erfahrung nachwirken zu lassen. Vielleicht folgt später ein Treffen am Lagerfeuer, wo im Kreis jede von Herzen spricht: Was bewegt mich jetzt? Wichtig ist, das Gesagte in der Phase nicht zu »zerreden«.

Am nächsten Morgen trifft sich die Gruppe etwa im Morgengrauen wieder um das Feuer und es wird wieder geteilt, was gerade lebendig ist. Bei Intuition Walks ist für die Einzelne oft über Nacht der Purpose aufgetaucht. Bei Intuition Walks im Rahmen einer organisationalen Quest trifft sich die Gruppe anschließend zum Prozess der Vergemeinschaftung (siehe Kapitel 12.2.1.1).

Dauer: Eine bis vier Stunden (je nach Wagemut).

Vorbereitung: Sorgfältige Auswahl eines Platzes in der Natur (z. B. Seminarhotel), der den Teilnehmenden die Möglichkeit bietet, allein abwechslungsreiche Natur zu durchstreifen.

Personenkreis und Anzahl: Persönliche Quest: alle, die interessiert sind, maximal 30 Personen. Organisationale Quest: siehe Kapitel 12.2.1.1.

Herkunft der Methode: Der Intuition Walk als Teil der Quest stammt aus indianischen Riten zur Befragung des Unbewussten und geht davon aus, dass zur Entdeckung des Purpose nicht allein der rationale Geist genutzt werden kann. Wir haben ihn bei Michael Paula (nowhere Consulting CEE) kennengelernt, vielfach genutzt und weiterentwickelt.

12.2.1.3 Purpose Board

Purpose: Gemeinsames Kreieren des Purpose eines Teams.

Zeitpunkt im Prozess: Zum Start einer Teamzusammenarbeit, zu Beginn eines Gründungsprozesses, zu Projektstart oder wann immer sich ein Team die Frage nach dem gemeinsamen WHY stellt.

Besonderheit: Dieser kreative Prozess hat den Charme von Tempo und einem haptisch geschaffenen Purpose. Er eignet sich für Teams, die in kurzer Zeit ihr WHY klären und es in einem gemeinsamen Raum gleich aufhängen wollen. Entscheidend ist hier, dass zum kognitiven Prozess der handwerkliche hinzukommt. Etwas, das gemeinsam an eine Wand gehämmert wird, erlangt mehr Bedeutung, als wenn es mit den üblichen Methoden (aufschreiben, aufmalen) hergestellt wird.

Regieanleitung: Das Team legt gemeinsam verschiedene Arbeitsbereiche fest, die wichtig sind (z. B. Marketing, Vertrieb, Büroorganisation). Anhand dieser Bereiche beginnt die Sinnsuche. Die Bereiche werden als Überschriften auf dem Purpose Board angebracht.

Jetzt geht die Arbeit in Zweierpaaren weiter. Die erste Leitfrage lautet: Aus welchem der Bereiche schöpfen wir Sinn? Jedes Paar geht die verschiedenen Bereiche ab. Bei jedem Bereich, der sinnstiftend ist, fragt es sich: Was genau vermittelt in diesem Bereich Sinn (z. B. »Inspiration«, »Verbundenheit«, »Kraft«)? Dann wird der Begriff jeweils unter der Überschrift notiert.

Anschließend kommt das ganze Team wieder zusammen und destilliert im Dialog aus Begriffen übergreifende Themen. Diese zentralen Themen werden als große Überschriften festgehalten. Jetzt beginnt das Team, die zentralen Themen jeweils mit einem einzelnen Verb zusammenzufassen. Danach wird das wichtigste Thema (und Verb) ausgewählt. Daraus entwickelt das Team einen kurzen und prägnanten Satz als Purpose Board Statement. Jede schnappt sich eine Schere und alle Buchstaben des Statements werden freihändig aus schwarzem Tonpapier ausgeschnitten. Zum Abschluss nagelt das Team den Purpose für alle sichtbar an die Wand.

Dauer: 60 bis 90 Minuten.

Vorbereitung: Benötigt werden eine große Kreidetafel (als Purpose Board) und große Bögen schwarzen Tonpapiers, weiße Tafelkreiden, Bastelscheren, Hammer, Nägel und eine Holzwand, an die gehämmert werden darf (z.B eine aufgestellte Palette) oder gleich die Wand im Büro.

Personenkreis und Anzahl: 3 bis 15 Personen.

Herkunft der Methode: Das Purpose Board ist uns begegnet im Lehr- und Forschungszentrum »Positive Psychology Center Berlin«. Mit dem Künstler Jörg Reckhenrich haben wir es zu diesem Kreativprozess weiterentwickelt, den wir seither beliebig abwandeln. Die Buchstaben können in Holzstehlen gebeitelt, in Speckstein gearbeitet, aus Ton geformt und gebrannt werden. Entscheidend ist, aus dem gewohnten Material auszusteigen (nicht aufschreiben oder aufmalen).

12.2.1.4 Hedge-Hog-Synthese

Purpose: Gemeinsames Entdecken des Purpose einer Organisation oder eines Teams.

Zeitpunkt im Prozess: Zu Beginn eines Veränderungsprozesses oder wann immer sich eine Organisation oder ein Team die Frage nach dem gemeinsamen WHY stellt.

Besonderheit: Diese Methode eignet sich für analytische Teams, die am liebsten kognitiv arbeiten. Hier wird der Purpose als logische Schnittmenge aus drei relevanten Feldern verstanden und kann genauso auch erarbeitet werden. Es geht zügig, ist gemeinsam und für alle nachvollziehbar möglich und liefert zugleich auch ein genaueres Bild von den Stärken und Ressourcen der Organisation oder des Teams.

Regieanleitung: Auf einer Pinnwand sind drei große, einander schneidende Kreise angebracht (vergleiche Abb. 19, S. 242). Darin jeweils die zentrale Frage: Was begeistert uns wirklich? Worin können wir die Besten sein? Womit verdienen wir unser Geld?

Nun beginnt das Team die Kreise zu befüllen. Kleinere Subteams (drei bis fünf Personen) beantworten die Fragen und schreiben die Antworten auf Klebezettel. Zu jeder Frage dürfen mehrere Antworten gefunden werden. Schließlich kommt das Team wieder zusammen. Nacheinander bringen die Subteams ihre Zettel auf der großen Zeichnung an.

Nun wird gemeinsam geclustert – ähnliche Themen oder Wiederholungen werden zueinander geklebt. Wo Antworten zu zwei Fragen gehören, landet der Zettel in der Schnittmenge der zwei Kreise. Wo Antworten zu jeder der drei Fragen gehören, rückt der Zettel entsprechend in die Mitte. Im Diskurs werden die Zettel gewichtet: Was sind die stärksten? Welche gehören in die Mitte? Das Bild wird dabei permanent verändert und Zettel werden umgeklebt.

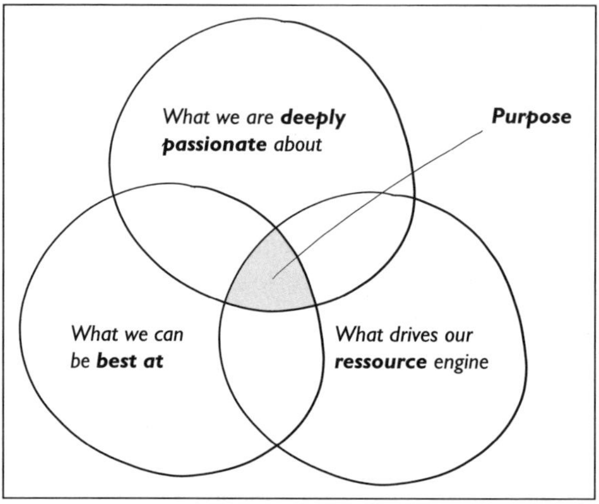

Abb. 19: Das Hedge-Hog-Modell (nach Collins 2001, S. 96)

Schließlich landen drei bis vier Zettel in der Mitte. Ein kleines Team »Kreativer« zieht sich damit zurück und baut daraus einen Satz als Purpose Statement. Sie präsentieren ihn der Gruppe und achten auf die Resonanz: Klingt er auch bei den anderen? Wenn nicht, kann das Statement gemeinsam geschärft werden. Anschließend wird der Satz grafisch dargestellt. Die Option ist, auch wie im Purpose Board (siehe Kapitel 12.2.1.3) eine haptische Form zu schaffen.

Dauer: 90 bis 180 Minuten.

Vorbereitung: Geht es um den Purpose einer Organisation mit mehr als 16 Mitgliedern, ist eine sorgfältige Auswahl von Delegierten und die Planung der Kommunikation in die Organisation notwendig: Wozu machen wir das? Wie läuft das ab? Was soll dabei herauskommen? Warum mit jenen Leuten? Wie werdet Ihr informiert?

An Material reichen eine große Pinnwand mit aufgezogenem Papier und die Zeichnung der drei Kreise mit den zentralen Fragen. Zum Befüllen dienen Post-it® Notes im DIN-A6-Format mit starkem Klebestreifen in drei verschiedenen Farben.

Personenkreis und Anzahl: 3 bis 16 Personen. Im Fall von Delegierten bei großen Teams oder einer ganzen Organisation sollten idealerweise das Topmanagement und ein Querschnitt der Organisation (Hierarchiestufen und Fachbereiche) vertreten sein.

Herkunft der Methode: Das Hedge-Hog-Modell (Igel-Modell) stammt von Jim Collins (Collins 2001). Er benutzt es als Managementtool. Die Metapher des Igels stammt aus einem Essay von Isaiah Berlin, der nach einer antiken griechischen Parabel die Welt in Füchse und Igel unterteilt: Füchse wissen vieles, der Igel weiß das Eine. Collins rät Managenden, statt sich von zu viel Information zerstreuen zu lassen, den Fokus auf das Wesentliche (die Schnittmenge) zu setzen. Wir übersetzen diese Mitte mit Purpose und nutzen das Modell mit unseren Kundinnen, um den Purpose der Organisation oder eines Teams zu entdecken.

12.2.1.5 WHY-Prozess

Purpose: Entdecken des Purpose eines Teams oder einer Organisation.

Zeitpunkt im Prozess: Zu Beginn eines Veränderungsprozesses oder wann immer sich eine Organisation oder ein Team die Frage nach dem gemeinsamen WHY stellt.

Besonderheit: Im WHY-Prozess können Organisationen ihren Purpose finden, indem sie ihre Geschichte sorgfältig auswerten. Es geht um Beiträge und Wirkungen, die eine Organisation für andere geleistet hat. Der Prozess funktioniert auch für Teams oder für Einzelpersonen. Wir beschreiben hier die Variante für eine Organisation mit 25 bis 30 Teilnehmendem am Prozess.

Regieanleitung: Eine Moderation leitet durch die acht Schritte des WHY-Prozesses.

1. Schritt: In drei Gruppen à acht bis zehn Personen erzählen sich die Teilnehmenden ihre Geschichten darüber, wann sie besonders stolz darauf waren, für diese Organisation zu arbeiten. Es geht um Erfahrungen, prägende Ereignisse, wichtige Personen und Weichenstellungen, Höhe- und Tiefpunkte der Firmenentwicklung oder Anekdoten aus dem Alltag, die prägend waren. Erzählt werden erlebte Situationen mit realen Personen und konkreten Ereignissen. Jeweils eine andere in der Gruppe schreibt Stichworte der Geschichte auf Post-it® Notes, die auf einer Metaplanwand gesammelt werden. Nun wählt die Gruppe ihre stärkste Geschichte aus – welche ging bei den anderen am meisten in Resonanz, welche beschreibt am besten, wie diese Organisation tickt und worum es in ihr geht? Diese Geschichte bringen sie mit ins Plenum, wo nun die drei stärksten Geschichten aus den Gruppen geteilt werden.

2. Schritt: Die Gruppen ziehen sich wieder zurück, um aus ihren Geschichten die spezifischen Beiträge herauszufiltern, die die Organisation für andere geleistet hat. Die Stichworte auf der Metaplanwand helfen, sich wieder an alle Geschichten zu erinnern. Die Beiträge werden als Verben festgehalten (z. B. inspiriert, schützt, empowert) und auf andersfarbigen Post-it® Notes an die Wand geklebt. Die Gruppe entscheidet sich für die fünf wichtigsten Beiträge und bringt sie mit ins Plenum. Das Gesamtbild wird kurz im Plenum reflektiert.

3. Schritt: Jede Gruppe geht wieder zu ihrer Wand und sucht jetzt nach der verborgenen Aussage über Wirkungen in den Geschichten. Was haben die Beiträge der Organisation anderen ermöglicht, zu tun oder zu sein (z. B. Sicherheit, Unabhängigkeit, Leistung)? Die Wirkungen werden auf andersfarbigen Notes gesammelt und die fünf wichtigsten ausgewählt. Auch sie kommen ins Plenum zu den Ergebnissen der anderen beiden Gruppen. Was wird deutlich über Beiträge und Wirkungen der Organisation?

4. Schritt: Nun bilden sich drei neue maximal gemischte Gruppen. Sie formulieren aus diesen Bestandteilen (Beiträge und Wirkungen) Entwürfe von WHY-Statements. Wie können wir die Essenz der Organisation auf den Punkt bringen? Formuliert wird nach dem Muster »[Beitrag], so dass [Wirkung]« (Beispiele siehe Kapitel 6.1). Es soll umsetzbar sein, einfach und klar und in einer Sprache, die der Kultur der Organisation entspricht. Anschließend haben die Teilnehmenden Zeit, um für das Statement ein WHY-Board zu basteln. Aus weißem Papier werden die Buchstaben ausgeschnitten und auf schwarzen Karton geklebt (alternative Methode mit Holz).

5. Schritt: Im Plenum werden die Statements enthüllt und gefeiert. Gemeinsam wird reflektiert, welcher rote Faden sichtbar wird. Die Nennungen dieser tieferliegenden Essenzen aus den drei Entwürfen werden auf Post-it® Notes festgehalten. Jede Teilnehmende bekommt zwei Klebepunkte, mit der sie aus den Notes jene beiden Aspekte auswählt, die aus ihrer Sicht die Organisation mit ihren Beiträgen und Wirkungen am besten beschreiben.

6. Schritt: Vier Personen (ausgewählt nach Querschnitt und sprachlichem Feingefühl) bilden das WHY-Statement-Team, das sich für eine kurze Zeit zurückzieht, um aus den am höchsten bewerteten Notes ein WHY-Statement zu formulieren. Der Rest der Gruppe räumt den Raum auf und schmückt ihn feierlich für den siebten Schritt.

7. Schritt: Das Designteam kommt ins Plenum zurück und präsentiert das WHY-Statement. Wenn das Team gut gearbeitet hat, wird das Ergebnis freudig begrüßt. Nun ist Zeit, zu feiern und diesen Moment bewusst zu genießen – mit einem Barbecue, Picknick o. Ä.

8. Schritt: Nach der Stärkung folgt der Prozess, in dem der Purpose (das WHY) operationalisiert wird: Was bedeutet das für unsere Rollen und Prozesse, für unsere Projekte und Spielregeln? Was sind die nächsten Schritte? Wie bringen wir das WHY in die Organisation? Wie gelingt eine Kommunikation an die Kolleginnen, die nicht dabei waren, so dass sie sich auch mit dem Purpose verbinden können? Und auch wenn es noch ganz frisch ist – welche Purpose-Routinen beginnen wir ab heute?

Dauer: Vier bis sechs Stunden.

Vorbereitung: Notwendig sind eine Moderation und eine entsprechende Ausstattung (z. B. großer Raum, Ecken mit Metaplanwand für die Gruppen, Visualisierung, Notes, Karton, Papier, Scheren, Klebstoff).

Personenkreis und Anzahl: Beim WHY-Prozess für ein Team sind es die Mitglieder des Teams, beim WHY-Prozess einer Organisation sind es Vertreterinnen aller Bereiche der Organisation. Es empfiehlt sich eine Maximalzahl von 25 bis 30 Personen. Wenn der WHY-Prozess in einer Großgruppe stattfindet, sollten entsprechende Tools eingesetzt werden, um die Ergebnisse zusammenzubringen (z. B. das Online-Moderationstool slido.com).

Herkunft der Methode: Der britische Autor und Unternehmensberater Simon Sinek, der mit seiner Arbeit zu Purpose bekannt geworden ist, hat den WHY-Prozess gemeinsam mit seinen Kollegen David Mead und Peter Docker entwickelt. Im Buch »Find Your Why« beschreiben sie ihn detailliert (Sinek et al. 2017).

12.2.1.6 Purpose-Aufstellung

Purpose: Schärfen des Purpose einer Organisation und seiner systemischen Zusammenhänge und Wirkungen.

Zeitpunkt im Prozess: Zu Beginn einer Firmengründung, zu Beginn eines organisationalen Veränderungsprozesses, in einer Krisenphase oder wann immer sich die Frage nach dem Purpose und seiner Wirkung stellt.

Besonderheit: Organisationsaufstellungen haben Fans und Feindinnen. Jene, die sie erlebt haben oder viel mit ihnen arbeiten, schwören auf die Wirkmacht und den Erkenntnisgewinn durch Systemaufstellungen. Kritische Stimmen warnen vor Scharlatanerie, Subjektivität und schlecht ausgebildeten Systemaufstellenden. Wir überlassen Ihnen die Sichtweise. Wer Voreingenommenheit oder Schauspiel der Repräsentierenden vermeiden will, stellt am besten verdeckt auf. In diesem Fall weiß nur die Person, die aufstellt, wofür die Repräsentierenden stehen, indem sie zum Beispiel für die Elemente, die sie ins Feld führt, Zahlen nennt, deren Zuordnung nur sie selbst kennt.

Regieanleitung: Die Aufstellung startet mit dem Ergründen, was die Person A, die aufstellt, dadurch herausfinden möchte. Wie in unserem Beispiel kann A den Purpose ihrer Organisation durch eine Aufstellung finden oder vertiefen wollen. Nun nennt A die Parameter, die in ihrer Organisation für sie relevant sind (z. B. Führung, Eigentümerin, Strukturen) und wählt daraus die zwei bis drei relevantesten aus. Das kann auch verdeckt geschehen (siehe oben).

Für diese Elemente wählt A Repräsentierende, die sie dann jeweils an eine dem Element entsprechende Position im Raum führt. Anschließend wählt A eine Repräsentierende für den Purpose und führt auch sie ins Feld der Aufstellung. Sie ist die Fragestellung, die zu Beginn geschärft wurde. Wenn der Purpose aufs Feld kommt, wird ergründet, wie er wirkt, was bei ihm selbst und bei den anderen Elementen an Wahrnehmungen auftauchen. Alle Repräsentierenden werden befragt. Die Leitende der Aufstellung fragt nach Wirkungen, wirksamen Elementen und den Beziehungen untereinander.

Die Repräsentierenden werden aufgefordert, ihren Bewegungsimpulsen nachzugehen und anschließend wieder gehört. Was hat sich geändert? Was ist jetzt wahrnehmbar? Hat eines der Elemente eine hilfreiche Information für den Purpose? Was müsste der Purpose haben oder sein, um als zentrale Ausrichtung der Organisation wirksam zu werden und wirklich alle Blicke auf sich zu ziehen? Was könnte ein guter nächster Schritt in diese Richtung sein? In mehreren Runden wird so gearbeitet.

Die Leitende fragt A nach jeder Runde, was sich für A stimmig oder vertraut anhört. A hat die Möglichkeit, anstatt einer Repräsentierenden ins Feld zu gehen, um in diese Rolle und ins Feld hineinzuspüren. So wird Zug um Zug, Runde um Runde gearbeitet, bis die Frage geklärt oder ein wirksamer nächster Schritt zur Klärung gefunden ist.

Dauer: 60 bis 90 Minuten.

Vorbereitung: Sorgfältige Auswahl einer Aufstellungsleitung und von systemfremden Repräsentierenden sowie eines passenden Raums außerhalb des Unternehmens.

Personenkreis und Anzahl: Notwendig sind eine Leitende der Aufstellung mit entsprechender Ausbildung und zehn Personen, die sich als Repräsentierende zur Verfügung stellen. Sie sollten mit der Person, die ihre Organisation aufstellt, möglichst nicht bekannt oder verbunden sein. Falls die Person, die aufstellt, die Aufstellung gemeinsam zum Beispiel im Geschäftsführungsteam machen möchte, sollten auch ihre Kolleginnen außerhalb der Aufstellung bleiben und höchstens im Verlauf bewusst Positionen einnehmen. Dic Variante, statt mit Personen mit Dingen (z. B. Zettel, Figuren) aufzustellen, ist auch möglich. Der Vorteil von menschlichen Repräsentierenden ist, dass sie aus ihrer Position sprechen können, wodurch mehr Information ins Bild kommt.

Herkunft der Methode: Systemische Strukturaufstellungen wurden von Insa Sparrer und Matthias Varga von Kibéd entwickelt (Daimler/von Kibéd 2008, Sparrer 2016,). Ihr Ansatz wurzelt in der Skulpturarbeit nach Virginia Satir, der Familienaufstellungsarbeit nach Thea Schönfelder, Ruth McClendon, Les Kadis und Bert Hellinger, der ericksonschen Hypnotherapie und der lösungsfokussierten Kurztherapie nach Steve de Shazer.

In systemischen Strukturaufstellungen werden neben menschlichen auch abstrakte Systemelemente (z. B. Ziele, Hindernisse, Ideen) berücksichtigt. Wir haben gute Erfahrungen gemacht, auch den Purpose als abstraktes Systemelement aufzustellen.

12.2.2 Purpose thematisieren und operationalisieren

12.2.2.1 Purpose-Routinen

Purpose: Purpose in der Aufmerksamkeit halten und aktualisieren.

Zeitpunkt im Prozess: Routine sagt es schon – dieser Blick auf den Purpose ist permanente Aufgabe im Organisationsalltag. Purpose-Routinen sollten zum Beispiel fixer Bestandteil von Regelmeetings sein.

Besonderheit: Einen Purpose zu finden oder aufzuschreiben, reicht nicht aus. Er sollte fixer Bestandteil der Kommunikation im Organisationsalltag bleiben, um ihn präsent zu halten und weiterzuentwickeln: Inwieweit sind unsere operativen Entscheidungen am Purpose orientiert? Worauf weisen uns Abweichungen hin?

Ob Entscheidungen und Prämissen mit dem Purpose übereinstimmen, wird zum wesentlichen Kriterium im Erspüren von (Entwicklungs-)Spannungen: »Does it serve the purpose?«. Auch Metrics (Messgrößen), die anzeigen, inwieweit die Zwecke erreicht werden, gehören zu den Purpose-Routinen. Purpose selbst ist dabei schwer quantifizierbar. Hier helfen regelmäßige Pulse Checks (kurze Umfragen) bei Mitarbeitenden und Stakeholdern, um nachzuhalten, inwieweit die Organisation auf der Spur ihres Purpose unterwegs ist. Diese Situationsdiagnose wirkt als Instrument auch auf ihr Ergebnis: Sie sorgt dafür, dass der Purpose in der Kommunikation bleibt und seine Bedeutung laufend aktualisiert wird.

Regieanleitung: Wir stellen vier einfache Methoden vor, wie man Purpose-Routinen in den Alltag integrieren kann und ein Verfahren, mit dem Purpose als Beitrag zum Gemeinwohl gemessen werden kann.

1. Purpose operationalisieren: Wenn der Purpose gefunden ist, muss er mit der ganzen Organisation operationalisiert werden. Zum einen geht es darum, dass sich jede Mitarbeitende mit ihm verbinden kann und einen Bezug zum eigenen Purpose herstellt. Zum anderen stellt sich die Frage, was bedeutet dieser Purpose für unsere Rollen, Aufgaben, Projekte, Spielregeln etc.

Dafür eignet sich ein Großgruppenworkshop oder World Café, in der jene, die im Prozess der Entdeckung dabei waren, erzählen, wie sie ihn gefunden haben und was er für sie ausdrückt. Anschließend werden mit allen Fragen reflektiert wie: Was löst dieser Purpose in mir aus? Wozu inspiriert er mich? Nach der Auseinandersetzung der Person mit dem Purpose beginnen die Personen, sich in ihren Rollen und Teams mit ihm auseinanderzusetzen und später auch auf der Ebene der Gesamtorganisation.

2. Pulse Check: Per Onlinetool bekommt jede Mitarbeitende monatlich die Frage gestellt: Wie gut ist die Organisation bezüglich ihres Purpose unterwegs – auf einer Skala von 1 (schlecht) bis 10 (sehr gut)? Ein kurzer Klick und schon entsteht eine Bestandsaufnahme über Abweichungen und Übereinstimmungen mit dem Purpose. Eine Variante besteht darin, auch Stakeholder zu befragen: Wie sehen unsere Lieferantinnen, Kundinnen, Investorinnen etc. unseren Purpose Track? Die Kennzahl, die sich daraus ergibt, kommt ins Cockpit des Tactical Meetings (siehe Kapitel 12.3.2.2). Dort wird entschieden, ob Handlungsbedarf besteht.

3. Check-out-Frage: Purpose Tracking lässt sich auch als Check-Out-Frage nutzen. Zum Ende eines Meetings geben alle Beteiligten ihre Einschätzung ab: Auf einer Skala von 1 (gar nicht) bis 10 (sehr gut) – inwieweit hat das Meeting unserem Purpose gedient? Die Moderation kann das Ergebnis stehen lassen oder bei einem niedrigen Durchschnittswert ein kurzes Brainstorming anschließen, indem in drei Minuten Vorschläge gesammelt werden, wie beim nächsten Mal ein höherer Purpose Fit erreicht werden kann. Es lohnt sich, diese Notes beim nächsten Meeting sichtbar zu machen.

4. Purpose Re-Quest: In regelmäßigen Abständen (z. B. jährlich bzw. nach Bedarf) lohnt es sich, in einem Quest-Format den Purpose zu hinterfragen und so zu aktualisieren. Das kann in einem Intuition Walk, einem WHY-Prozess, einer Quest passieren – als Teil einer Klausur oder als eigenständiges Event. Entscheidend ist, sich für diese »Aktualisierung« regelmäßig Zeit zu nehmen und das Ergebnis wieder entsprechend zu operationalisieren, falls der Purpose sich weiterentwickelt hat: Was bedeutet dieser neue Purpose jetzt für unsere Rollen, Prozesse und Projekte?

Dauer: Die kurzen Routinen dauern eine bis fünf Minuten, die Re-Quest dauert mindestens drei Stunden.

Herkunft der Methoden: Diese Methoden entstammen dem Werkzeugkoffer systemischer Interventionen. Wir haben sie auf das Thema Purpose angepasst.

5. Gemeinwohlbilanz: Die Gemeinwohlbilanz misst Erfolg nicht am Finanzgewinn, sondern an der Mehrung des Gemeinwohls. Anders als konventionelle Handelsbilanzen werden hier nicht nur ökonomische Wertkategorien berücksichtigt. Der Beitrag einer Organisation zum Gemeinwohl wird auf Basis der Gemeinwohlmatrix definiert und bewertbar gemacht. Das ermöglicht die systematische Betrachtung aller Aktivitäten aus einer 360°-Perspektive.

Die Bilanz fragt: Welche Auswirkungen haben wirtschaftliche Aktivitäten auf die allgemeine Lebensqualität heute und morgen? Inwieweit wird die Menschenwürde geachtet? Inwieweit wird soziale Gerechtigkeit gefördert? Wird ökologische Nachhaltigkeit sichergestellt? Wie transparent, solidarisch und demokratisch werden unternehmerische Ziele erreicht? Punkte werden in der Bilanz nur für Aktivitäten vergeben, die über die Erfüllung des gesetzlichen Mindeststandards hinausgehen.

Unternehmen, Non-Profit-Organisationen, Bildungseinrichtungen oder Gemeinden können Gemeinwohl bilanzieren. Sie können die Bilanz in Eigenregie erstellen, sich in einer Gruppe mit anderen Organisationen gegenseitig bilanzieren oder eine unabhängig Prüfende bestellen. Ziel ist eine verständliche Bilanz, die die Gemeinwohlleistung einer Organisation auf einer DIN-A4-Seite transparent macht. Es gibt Unternehmen, die die Gemeinwohlbilanz als Leistungskennzahl für das Erreichen ihres Purpose nutzen – wenn eben Purpose und Werte der Organisation mit den zentralen Werten der Gemeinwohlökonomie übereinstimmen. Die Firma Ökofrost zum Beispiel nutzt die Bilanz als Purpose-Routine (siehe Kapitel 11.4.2).

Herkunft der Methode: Das Verfahren wurde als Bestandteil der Gemeinwohlökonomie vom österreichischen Autor und politischen Aktivisten Christian Felber entwickelt (Felber 2018; siehe auch www.ecogood.org).

12.2.2.2 Strategizing

Purpose: Agiles Weiterentwickeln der Strategie.

Zeitpunkt im Prozess: Bei Bedarf und im besten Fall laufend – alle drei bis sechs Monate, je nach Dynamik, mit der sich die Organisation bewegt.

Besonderheit: Regelmäßige Strategizings machen aus einem ehemals statischen Strategieprozess einen fluiden und evolutionären Prozess laufender Anpassung der Ausrichtung einer Organisation an die sich verändernden Bedingungen von Markt und Umwelt. Die Meetings sind effizient und holen alle Beteiligten an den Tisch – nicht nur weil sie später die Strategie umsetzen, sondern weil sie als Organisationsmitglied ein wichtiger Sensor für Veränderungen innerhalb und außerhalb der Organisation sind. Damit sind die Zeiten, in denen Strategien im stillen Kämmerlein einer Strategieabteilung entstanden, passé.

Regieanleitung: Die Moderation leitet das Strategizing mit seinen Schritten.

1. Check-in – ein Satz pro Person, um im Meeting präsent zu werden.
2. Retrospektive: gemeinsamer Review der aktuellen Strategie.
   a) Einzelarbeit: Was waren die Ergebnisse der bisherigen Strategie? Was wurde zur Umsetzung getan? Was sind die aktuell relevanten Entwicklungen (Zahlen/Daten/Fakten, Trends, Chancen, Umweltveränderungen)?
   b) Vorstellen und Clustern im Plenum,
   c) gemeinsames Vertiefen der Findings,
   d) Teilnehmende nennen Spannungen, die durch die Findings und die Weiterverfolgung der Strategie in ihren Funktionen/Rollen entstehen würden.

3. gemeinsames Entwickeln der Strategie:
   a) Teilnehmende entwickeln in Einzelarbeit Ideen für künftige strategische Ziele und Prioritäten: Was könnte sinnvoll sein zu akzentuieren, um Spannungen zu lösen und um auf Veränderungen zu reagieren?
   b) Sammeln der Ergebnisse und Destillation im Plenum: Welche Strategie sollte unsere Entscheidungen leiten? Welche Akzente setzen wir?
   c) Formulieren der neuen Strategien und Prioritäten durch die Leadrolle (z. B. Geschäftsführung, Teamleitung, Lead Link) und Prozessieren mit der Methode des IDM-Prozesses (siehe Kapitel 12.2.3.1),
4. Strategie operationalisieren:
   a) Teilnehmende haben Zeit, die neue Strategie auf ihre Funktionen/Rollen zu übersetzen: Was heißt das konkret für meine Projekte und nächsten Schritte?
   b) Feedback dazu untereinander im Team: Was wollen wir zu dieser Rolle noch ergänzen?
   c) Check-out – ein Satz von jeder z. B.: Wie gehe ich hier raus? Wie habe ich uns im Strategizing erlebt? Mein nächster Umsetzungsschritt ist ...

Dauer: Vier Stunden.

Vorbereitung: Die Teilnehmenden bekommen vorab die Aufgabe, sich in ihren Funktionen/Rollen auf das Strategizing vorzubereiten. Sie unterziehen die für ihre Funktionen/Rollen jeweils relevante bisherige Strategie einem Review und sammeln die aktuell relevanten Daten für ihren Verantwortungsbereich (Zahlen/Daten/Fakten, Trends, Chancen, Umweltveränderungen).

Benötigtes Material für das Strategizing sind Metaplanwände, Flipcharts und Karten oder große Post-it® Notes zur Dokumentation. Es empfiehlt sich auch eine Projektionsfläche, um die bisherigen Strategien sichtbar machen zu können. Es bedarf einer externen Moderation, da alle Teilnehmenden in der Lage sein sollen, sich inhaltlich voll einzubringen.

Personenkreis und Anzahl: Jedes Team kann diesen Prozess regelmäßig machen. Eingeladen sind alle Teammitglieder; wenn es um die Strategie für die Gesamtorganisation geht, braucht es neben der Gesamtverantwortlichen auch alle Verantwortlichen der Bereiche.

Herkunft der Methode: Dieses Beispiel eines Strategiemeetings stammt aus dem sozialen Betriebssystem Holacracy von Brian Robertson. Als holakratisch organisiertes Unternehmen nutzen wir es selbst und adaptieren es für unsere Kundinnen je nach Organisationsstruktur und Kultur der Strategieentwicklung.

12.2.2.3 Agile Organisationsentwicklung

Purpose: Organisationsentwicklung in kleinen Schritten.

Zeitpunkt im Prozess: Permanent mitlaufender Prozess der Reflexion und Vorgehen in kleinen Schritten – nach Bedarf und Nutzen.

Besonderheit: Auch wir als Beratende von Organisationen haben im vergangenen Jahrzehnt unsere Vorgehensmodelle verändert. Organisationsentwicklung hieß früher, auf Basis von Hypothesen gemeinsam mit der Organisation aus ihren Anliegen ein Zielbild zu entwickeln und für den Entwicklungsweg dorthin eine Change-Architektur zu bauen. Je nach Größe des Veränderungsprojekts wurde hier auf Jahre im Voraus geplant. Dieser Weg wurde zwar regelmäßig anhand der systemischen Schleife beobachtet und angepasst, Grundidee war aber langfristige Planbarkeit von Veränderung (siehe Kapitel 4.1).

Die Realität zeigte auch damals schon, dass selbst bei Organisationen, die wir innerhalb konstanter Umfelder entwickelten, der Plan selten so umsetzbar war. Agile Vorgehensmodelle sind Vorbild, um auch Organisationsentwicklung zyklischer zu gestalten und kurzfristiger zu planen. Diese Form agiler Organisationsentwicklung ist vor allem inspiriert von Scrum (siehe Kapitel 12.6.1.2).

Regieanleitung: Gemeinsam mit internen Rolleninhabenden, die für die Organisationsentwicklung (OE) relevant sind, werden OE-Storys formuliert. Jede Rolle ist gefragt, was sich aus ihrer Perspektive konkret verändern soll, damit sich die Organisation in der Erfüllung ihres Purpose weiterentwickeln kann.

Eine OE-Story beschreibt man nach dem Muster: »Ich in meiner Rolle als [...] möchte, dass [...], damit ich [...].« Ein Beispiel: »Ich als Unit Lead möchte unsere Meetings agilisieren, damit wir schnelle Entscheidungen bekommen und die Bereiche synchronisiert sind.« Anschließend werden die Karten mit den OE-Storys im Plenum gesammelt und als Elemente eines Backlogs (siehe Scrum in Kapitel 12.6.1.2) gemeinsam sortiert.

Die Sortiermethode nach Scrum nennt sich Magic Estimation. Hier werden die Storys wortlos auf einer gemeinsamen Achse nach Nutzen sortiert. Es geht um den Nutzen für die Gesamtorganisation, nicht um persönliche Vorlieben oder persönlichen Nutzen. Zuerst sortiert jede Rolle ihre Storys ein, anschließend kann jede Rolle auch die Storys der anderen auf der Achse verschieben, wenn sie anderer Meinung ist, wo der höhere Nutzen liegt. Bei jedem Verschieben kommt ein Strich auf die Story-Karte. Nach zehn Minuten stoppt das Sortieren. Karten, die nicht endgültig einsortierbar sind oder die besonders viele Striche bekommen haben, werden jetzt diskutiert.

Vor dem nächsten Schritt reflektiert das Team, inwieweit die Magic Estimation wirklich den Nutzen der Gesamtorganisation im Blick hatte (daran lässt sich der Reifegrad einer Organisation erkennen).

Wenn die Reihenfolge steht, werden die wichtigsten Storys (höchster Nutzen) an Teams/Arbeitsgruppen verteilt. Sie sind verantwortlich und beginnen mit der Umsetzung. Eine inhaltliche Diskussion über die Storys findet nicht im Plenum, sondern direkt in den Teams statt.

In regelmäßigen gemeinsamen Statusmeetings wird der Stand der Storys getrackt, bis sie umgesetzt sind. Zum Abschluss jedes Statusmeetings wird die Reihenfolge der Storys im Backlog gecheckt. Stimmt die Nutzensortierung noch, oder ändern wir sie aufgrund neuer Erkenntnisse? Dabei können sich auch neue Storys ergeben.

Wenn eine Story umgesetzt ist und Teamressourcen frei werden, kommt die höchste Story aus dem Backlog in die Umsetzungsphase. Nach jeder umgesetzten Story gibt es ein Review in der Arbeitsgruppe zu Prozess und Learnings. Die Ergebnisse werden im großen Team geteilt.

Dauer: Für die Formulierung und Bewertung der Storys sowie die Verteilung an Arbeitsgruppen 1,5 bis 3 Stunden.

Vorbereitung: Karten für die OE-Storys, Tisch oder Magnetwand für die Magic Estimation, Boards für OE-Backlog und die jeweiligen Story Backlogs.

Personenkreis und Anzahl: OE-Team mit allen dafür relevanten Rollen (möglichst funktionaler und hierarchischer Querschnitt der Organisation, falls es ein Topmanagement gibt, muss es vertreten sein); maximal 25 Personen.

Herkunft der Methode: Die agile OE ist von agilen Vorgehensmodellen in der Projekt- und Produktentwicklung, hauptsächlich von Scrum inspiriert.

12.2.3 Entwicklungsförderliche Entscheidungsregeln

12.2.3.1 Integrative Decision Making Process (IDM-Prozess)

Purpose: Gemeinsam entwicklungsförderliche Entscheidungen treffen.

Zeitpunkt im Prozess: Fester Bestandteil des Governance Meeting (siehe Kapitel 2.3.2.3), aber auch unabhängig davon in anderen Zusammenkünften anwendbar.

Besonderheit: Entscheidungen werden gemeinsam nach dem Prinzip des Konsent getroffen, indem alle hilfreichen Perspektiven integriert werden. Weder Konsens (alle sind dafür) noch eine demokratische Mehrheit sind erforderlich. Die betroffenen Rollen können unterschiedlicher Meinung sein. Ein Vorschlag wird angenommen, wenn er »safe enough to try« ist, also wenn es keine schwerwiegenden Einwände dagegen gibt. Mit einem Fragenraster werden Einwände daraufhin getestet. Das beschleunigt Entscheidungsverfahren deutlich und fördert das Explorieren und Erproben neuer Lösungen.

Regieanleitung: Der IDM-Prozess hat folgenden Ablauf:

- *Vorschlag vorstellen:* Person beschreibt die zugrunde liegende Spannung und ihren Lösungsvorschlag (z. B. Einführen oder Ändern einer Regel).
- *Klärende Fragen:* Teilnehmende haben die Möglichkeit, Verständnisfragen an Vorschlagende zu stellen. Die Vorschlagende kann jede Frage beantworten oder dies ablehnen (»nicht spezifiziert«); Diskussion ist hier noch nicht erlaubt.
- *Reaktionsrunde:* Jede Teilnehmende wird nach ihrer Resonanz auf den Vorschlag gefragt; auch hier ist keine Diskussion erlaubt.
- *Nachbessern und Erläutern:* Nach der Reaktionsrunde kann die Vorschlagende den Vorschlag abändern oder belassen.
- *Einwandrunde:* Anschließend können die Teilnehmenden Einwände gegen die Annahme des Vorschlags erheben. Die Moderation prüft die Einwände auf ihre Gültigkeit mit folgendem Prozess und dokumentiert alle verbleibenden gültigen Einwände. *Einwand testen:* Die Moderation unterstützt die Einwandbringerin mit einem Fragenraster (vergleiche Abb. 20, S. 254), für sich zu klären, ob ihr Einwand valide ist. Sobald sie ein Ja auf der rechten Seite hat, ist der Einwand als invalide disqualifiziert und die Moderation fährt im Ablauf des IDM-Prozesses fort. Valide ist ein Einwand, wenn auch die letzte Antwort auf der linken Seite mit Ja beantwortet werden kann. Nur diese Einwände kommen zur Integration.
- *Integrationsrunde:* Die Moderatorin bittet die Einwandbringerin, den Einwand zu erläutern und den Vorschlag so abzuändern, dass der Einwand aufgelöst wird und gleichzeitig auch die ursprüngliche Spannung der Vorschlagenden. Der Kreis kann beim Weiterentwickeln des Vorschlags unterstützen, bis beide Spannungen gelöst sind. Das geschieht für jeden Einwand.
- *Endrunde:* Nachdem alle erfassten Einwände berücksichtigt wurden, kehrt die Moderation zurück zur Einwandrunde, um zu prüfen, ob es neue Einwände für den abgeänderten Vorschlag gibt. Wenn es keine validen Einwände gibt, ist der Vorschlag angenommen und zum Beispiel eine Regel eingeführt oder geändert.

Dauer: 5 bis 60 Minuten (je nach Anzahl der Teilnehmenden und der Einwände).

Vorbereitung: Eine Vorbereitung ist nicht nötig. Für die Rolle Moderation ist eine Karte mit dem Fragenraster (vergleiche Abb. 20) hilfreich.

Personenkreis und Anzahl: Eingeladen sind alle betroffenen Mitglieder eines Teams oder alle Rollen eines Kreises. Die Anzahl ist theoretisch unbegrenzt. In der Praxis bewähren sich aber Teamgrößen, die miteinander arbeitsfähig sind (bis 25 Personen).

Herkunft der Methode: Der IDM-Prozess stammt von Brian Robertson. Er hat ihn für das soziale Betriebssystem Holacracy (siehe Kapitel 12.1.2) als Teil des Governance Meetings (siehe Kapitel 12.3.2.3) entwickelt. Das Konsent-Prinzip

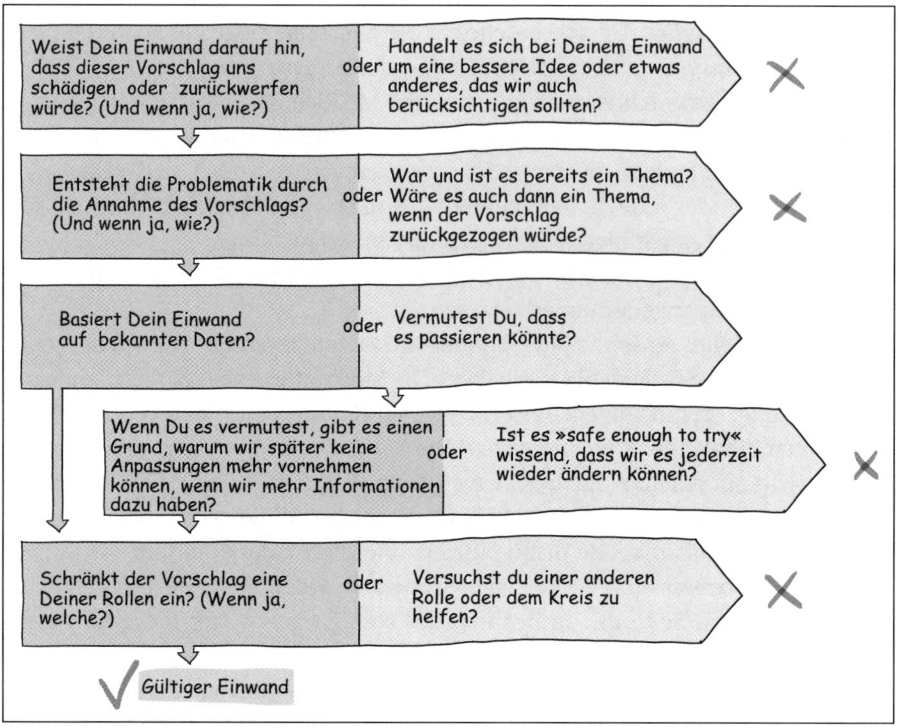

Abb. 20: Fragenraster, um einen Einwand im IDM-Prozess zu testen (nach HolacracyOne 2017)

und das Grundverfahren des IDM hat Robertson aus der Soziokratie (siehe Kapitel 12.1.1) übernommen (Robertson 2015).

12.2.3.2 Systemisches Konsensieren

Purpose: Entscheidungen zwischen verschiedenen Lösungsalternativen und bestmöglicher Interessenausgleich unter den Beteiligten.

Zeitpunkt im Prozess: Wann immer eine gemeinsame Entscheidung schwierig zu treffen ist, zum Beispiel bei hohem Konfliktpotenzial.

Besonderheit: Systemisches Konsensieren ist eine Art der Entscheidungsfindung in Gruppen, die nicht nach der größten Zustimmung, sondern nach der geringsten Ablehnung fragt. Eine Gruppe findet aus selbstentwickelten Lösungsvorschlägen jenen, der den geringsten Widerstand erzeugt. Dieses Ergebnis kommt dem Konsens am nächsten und hat damit das geringste Konfliktpotenzial.

Regieanleitung: Eine Moderation führt die Gruppe durch die vier Phasen des Prozesses:

1. Phase: Die Gruppe klärt zunächst ihre Entscheidungsbefugnis: Wer ist hier im Raum? Sind wir entscheidungsbefugt oder machen wir die Entscheidungsvorbereitung?

Anschließend wird gemeinsam die übergeordnete Fragestellung zu der Entscheidung entwickelt. Die Frage sollte nicht mit Ja oder Nein zu beantworten sein.

2. Phase: Die Gruppe sammelt Lösungsvorschläge – alles ist erlaubt; vielfältig und kreativ soll es sein. Es kann ein offenes Brainstorming sein oder ein Solo, bei dem jede Beteiligte auf Post-it® Notes ihre Vorschläge sammelt, die im Anschluss im Plenum präsentiert und auf einem Board sichtbar gemacht werden. Die Vorschläge werden in dieser Phase noch nicht bewertet oder diskutiert. Automatisch ist immer auch die Passivlösung unter den Vorschlägen, also die Option, den Status quo beizubehalten.

3. Phase: Anschließend wird jeder Vorschlag von jeder in der Gruppe mit Widerstandspunkten bewertet. Die Spanne reicht von 0 Punkten (»Kein Widerstand«) bis zu 10 Punkten (»Ich lehne diesen Vorschlag entschieden ab«). Dazu kann man Klebepunkte nutzen, auf die jede zu jedem Vorschlag ihre jeweilige Zahl schreibt und sie direkt zum Zettel klebt.

4. Phase: Die Moderation rechnet die Gesamtpunktzahl für jeden der Vorschläge aus. Der Vorschlag mit der geringsten Punktzahl erzeugt in der Gruppe den geringsten Widerstand und ist dem Konsens am nächsten. Wenn die Passivlösung den geringsten Widerstand erhält, bedeutet dies, dass die beste Lösung noch nicht gefunden ist und der Status quo erhalten bleibt.

Dauer: Je nach Größe der Gruppe und Fülle der Vorschläge dauert der Prozess zwischen 20 und 60 Minuten.

Vorbereitung: Eine Vorbereitung der Teilnehmenden ist nicht erforderlich. Die Moderation sorgt für Material und Raumausstattung.

Personenkreis und Anzahl: Es sind nur jene Rollen/Personen eingeladen mitzuentscheiden, die zwei der drei Fragen mit »Ja« beantworten:

- Habe ich das Gefühl, ich bin von der Entscheidung betroffen?
- Habe ich das Gefühl, ich werde an der Umsetzung teilhaben?
- Habe ich das Gefühl, ich bin für die Entscheidung verantwortlich?

Wer nur eine der Fragen mit Ja beantwortet, ist eingeladen, vorab Inputs zu geben, kann aber nicht mitentscheiden. Das Verfahren erlaubt an sich beliebig viele Beteiligte.

Herkunft der Methode: Entwickelt wurde das systemische Konsensieren von den Systemanalytikern Erich Visotschnig und Siegfried Schrotta (Visotschnig/Schrotta 2005). Sie haben dafür auch ein Onlinetool gebaut, das für Privatnutzerinnen kostenlos ist (www.konsensieren.eu).

12.2.3.3 Soziokratischer Drei-Runden-Prozess

Purpose: Gemeinsam entwicklungsförderliche Entscheidungen treffen.

Zeitpunkt im Prozess: Der Prozess ist fixer Teil eines soziokratischen Kreismeetings. Die Art der Entscheidungsfindung lässt sich grundsätzlich für Gruppenentscheidungen anwenden.

Besonderheit: Ein Teil soziokratischer Entscheidungsfindung in Gruppen ist die Unterteilung in drei Runden: bildformende Runde (alle wichtigen Informationen zum Thema werden gesammelt), meinungsbildende Runde (jede sagt ihre Meinung zu dem Thema) und Konsentrunde (Beschlussfassung durch Integration von Einwänden).

Die drei Runden sind Teil eines klaren Meetingablaufs, beginnend mit Check-in sowie Klärung von Organisatorischem und der Agenda. Dann wird das erste Thema mit dem Drei-Runden-Prozess bearbeitet, anschließend das zweite Thema usw. Zum Abschluss gibt es einen Check-out.

Es gelten die Elemente soziokratischer Meetings: Das Reden nacheinander im Kreis und Blitzlichtrunden statt offene Diskussion. Jede kommt zu Wort und kann äußern, was ihr zu dem Thema auf dem Herzen liegt. Das verhindert »Vielrednerei« und Diskussionen, die sich im Kreis drehen.

Regieanleitung:

- *Bildformende Phase:* Die Moderation stellt das Thema oder den Vorschlag vor und fragt die Teilnehmenden reihum, ob der Punkt klar ist oder ob noch zusätzliche Informationen benötigt werden. Ziel ist es, im Kreis alle Informationen zusammenzutragen, die für die Meinungsformung notwendig sind. Es geht nur um Information, nicht um Diskussion.
- *Meinungsformende Phase:* Alle Teilnehmenden haben reihum die Möglichkeit, ihre Meinung zu dem Thema zu sagen. Meist schließt sich noch eine zweite Meinungsrunde an, in der Dinge ergänzt, Lösungsvorschläge oder Kriterien für eine Lösung gesammelt werden.
- *Entscheidungsfindende Phase:* Auf Basis der Vorschläge und Kriterien aus der meinungsformenden Runde formuliert die Moderation einen Vorschlag und stellt ihn zur Abstimmung. Jede Teilnehmende gibt ihren Konsent oder nennt einen schwerwiegenden Einwand und den Grund dafür. Gemeinsam wird das Argument hinter dem Einwand in einen neuen Vorschlag eingearbeitet und wieder zur Abstimmung gebracht, bis es keine schwerwiegenden Einwände mehr gibt.

Dauer: 10 bis 60 Minuten (je nach Anzahl der Teilnehmenden, der Meinungsrunden und der Einwände.

Vorbereitung: Eine der Teilnehmenden übernimmt die Rolle Moderation.

Herausfordernd daran ist die Doppelrolle – beteiligt zu sein und den Prozess zu steuern. Auch die Aufgabe, nach der meinungsformenden Runde einen Vorschlag zu formulieren, der möglichst von allen Beteiligten getragen werden kann, ist keine einfache. Zugleich ist nicht die Moderation allein, sondern der gesamte Kreis verantwortlich für das Gelingen des Meetings. Die Moderation kann jederzeit die Teilnehmenden fragen, wie es weitergehen soll oder welche Ideen es zum Prozess gibt.

Personenkreis und Anzahl: Alle Mitglieder eines Teams oder Kreises sind eingeladen. Es empfiehlt sich eine Maximalzahl von 25 Personen, da jede zu Wort kommen soll.

Herkunft der Methode: Die Soziokratie in ihrer heutigen Form geht zurück auf den niederländischen Reformpädagogen Kees Boeke, der Mitte des 20. Jahrhunderts Soziokratie als eine Managementform entwickelte mit den Prinzipien: Gleichberechtigung der Individuen und Konsens. Sein Schüler Prof. Dr. Gerard Endenburg baute die Ideen seit den 1970er-Jahren weiter aus und erprobte sie an seinem eigenen Unternehmen. So entstand ein »Betriebssystem« für Organisationen mit vielen konkreten Tools und den vier Grundprinzipien: Konsent-Prinzip, Organisation in Kreisen, die Kreise sind doppelt verknüpft, die Kreise besetzen Rollen per offener Wahl (siehe Kapitel 12.1).

12.2.3.4 Konsultativer Einzelentscheid

Purpose: Rasch entscheiden und vielfältige Perspektiven integrieren.

Zeitpunkt im Prozess: Wenn offen ist, wer eine Entscheidung für das Team treffen kann, und die Entscheidung irreversibel oder mit weitreichenden Folgen verbunden ist.

Besonderheit: Der konsultative Einzelentscheid ist eine effiziente Form der Entscheidungsfindung in partizipativ organisierten Unternehmen. Eine Person entscheidet alleine und verbindlich für alle bzw. andere. Sie muss vorher allerdings relevante Stakeholder konsultieren, um deren Einwände, Fragen, Ideen und Ratschläge zu hören. Je nach Firma und Organisationsmodell (Soziokratie, Holacracy, andere Modelle) unterscheiden sich die Einzelentscheide.

In holakratischen Organisationen gibt es für Entscheidungen, die an die Autorität einer Rolle geknüpft sind, deren Auswirkungen aber andere Rollen oder Kreise betreffen würden, den »Advice Process«. Hier fragt die Rolle, die entscheidet, die betroffenen anderen Rollen nach ihrer Sicht und versucht, sie zu integrieren.

Wir beschreiben hier eine Form, wie sie zum Beispiel in soziokratisch organisierten Firmen genutzt wird, wo mit einer Entscheidung für diesen Einzelfall eine bestimmte Rolle oder Person von den anderen beauftragt wird. Vorteile an dieser Form des Einzelentscheids: Es ist meist die Person mit dem höchsten Interesse an der Entscheidung damit beauftragt. Sie bezieht alle Betroffenen mit ein, so dass jede gehört wird. Dies erhöht die Akzeptanz der Entscheidung. Durch die Perspektivvielfalt steigt die Qualität der Lösung und innovativere Optionen entstehen.

Bei der Entscheiderin liegen Denken, Entscheiden und Handeln in einer Person. Für sie ist der Prozess eine große Lernchance, Verantwortung für das Thema zu übernehmen, andere Perspektiven dazu zu hören und die Konsequenzen ihrer Entscheidung selbst zu erleben und zu tragen. Zugleich wechselt Entscheidungsverantwortung durch die Organisation, je nachdem, wer beauftragt wird.

Regieanleitung: Beim Konsultativen Einzelentscheid wird in fünf Schritten vorgegangen.

1. Schritt – Entscheidungsbedarf formulieren: Wenn ein Mitglied der Organisation einen Entscheidungsbedarf erkennt, formuliert es dazu, wer von der Entscheidung möglicherweise betroffen ist (Rollen, Personen, Kreis), was entschieden werden sollte, welche Rolle/Person die Entscheidung treffen sollte (oder eine Liste möglicher Rollen/Personen; Entscheiderin kann sein, wer das größte Wissen zu dem Thema hat, wer am meisten für die Entscheidung brennt oder wem ein Interessensausgleich am ehesten zugetraut wird) und eventuell auch, welche Rollen/Personen vor der Entscheidung konsultiert werden sollten. Je nach Tragweite oder Schwierigkeit der Entscheidung können auch Externe konsultiert werden (z. B. Expertinnen, Kundinnen).

2. Schritt – Entscheiderin auswählen und beauftragen: Wenn es eine Liste möglicher Entscheiderinnen gibt, wird eine dieser Rollen/Personen gewählt, je nach Entscheidungsverfahren per Konsent, per Mehrheit oder von den Kandidatinnen selbst. Gibt es nur eine mögliche Kandidatin, wird sie direkt beauftragt. Das kann implizit oder explizit geschehen.

Implizit bedeutet, dass der Kandidatinnenvorschlag allen von der Entscheidung Betroffenen mitgeteilt wird. Wenn sich innerhalb einer angemessenen Reaktionszeit niemand mit Einwänden meldet, ist die Entscheiderin mit der Entscheidung beauftragt. Explizit bedeutet, dass die Entscheiderin per Wahl (Konsent oder Konsens) beauftragt wird.

Voraussetzung für die Entscheiderin: Sie sollte sich als ausreichend vertrauenswürdig empfinden, mit den notwendigen Ressourcen ausgestattet sowie kompetent und kreativ für die Entscheidung sein. Sie sollte die Entscheidung so weit wie möglich selbst umsetzen und bereit sein, Verantwortung für die unmittelbaren und späteren Ergebnisse und Konsequenzen der Entscheidung zu übernehmen.

3. Schritt – Entscheidungsprozess: Einarbeiten ins Thema, Konsultation, Ausarbeiten und Vergleichen von Lösungen, Auswahl einer Lösung.

Die Entscheiderin konsultiert nach eigenem Ermessen die vorgeschlagenen Rollen/Personen und alle weiteren, die ihr hilfreich erscheinen. Sie macht sich ein

Bild von deren Bedürfnissen, Meinungen, Interessen, Wissen und Ideen zum Thema der Entscheidung und zu möglichen Lösungen.

Wenn der Kreis der Betroffenen sehr groß ist oder die Organisation an mehreren Standorten arbeitet, hilft ein Onlinetool wie Loomio (www.loomio.org). Hier kann eine Diskussion zum Thema gestartet werden, um Input zu sammeln. Dann postet die Entscheiderin einen Vorschlag und jede Betroffene kann online darauf reagieren. Auf Basis der Information aus den Gesprächen oder aus der Onlinediskussion trifft die Entscheiderin ihre Entscheidung. Dabei geht es nicht darum, alle Meinungen zu integrieren oder alle Bedürfnisse zu erfüllen, sondern was – angereichert mit diesem Wissen – aus ihrer Sicht dem Purpose der Organisation oder den Rollen, um die es dabei geht, am besten dient.

4. Schritt – Bekanntgeben der Entscheidung: Die Entscheiderin stellt ihre Entscheidung vor (online oder bei einem Meeting) und macht auch den Entscheidungsprozess transparent – welche Optionen waren im Spiel, wer wurde konsultiert, warum hat sie so entschieden.

Damit ist die Entscheidung gültig. Sie kann nur durch eine neue (konsultative oder plenare) Entscheidung ersetzt werden. Der Entscheiderin steht es auch frei, bewusst nicht zu entscheiden und den Status quo zu belassen. Außerdem hat sie notfalls die Möglichkeit, sich ihre Entscheidung vom Plenum bestätigen zu lassen.

Spielregel des konsultativen Einzelentscheides: Alle Beteiligten tragen die Entscheidung mit. Es muss klar sein, dass nicht jede konsultiert und nicht alle Wünsche integriert werden können. Eine Entscheidung ist zu »verzeihen«, sie soll gemeinsames Lernen ermöglichen.

5. Schritt – Gemeinsames Lernen: Anschließend lohnt es sich, im Kreis kurz zu reflektieren was aus dem Entscheidungsprozess für das nächste Mal gelernt werden kann.

Dauer: Der Zeitraum, bis die Entscheidung gefällt ist, wird individuell festgelegt, je nach Größe und Herausforderung des Themas.

Vorbereitung: Keine Vorbereitung nötig.

Personenkreis und Anzahl: Betroffene und Entscheiderin gehören zum relevanten Kreis für die Entscheidung. Die Anzahl ist unbegrenzt, allerdings kann die Entscheiderin natürlich nicht unendlich viele Betroffene konsultieren bzw. sie hilft sich dann mit einem Onlinetool.

Herkunft der Methode: Das Konzept stammt von dem deutschen Unternehmensberater Niels Pfläging. In seinem Buch »Führen mit flexiblen Zielen« beschreibt er Entscheidungsverfahren bei Toyota, W.L. Gore oder dm-drogerie markt, deren Essenz er im Konsultativen Einzelentscheid zusammenfasst (Pfläging 2011).

12.3 Werkzeuge für die zweite Disziplin: kodifizierte Selbstorganisation

12.3.1 Hochfrequenzorganisieren und Lernen

12.3.1.1 Retrospektiven

Purpose: Im Team aus Erfahrungen lernen.

Frequenz: Monatlich oder nach Erreichen eines Etappenziels.

Besonderheit: Retrospektiven finden in der agilen Methode Scrum (siehe Kapitel 12.6.1.2) nach jedem Sprint statt – als Evaluation, um aus Fehlern und aus positiven Geschehnissen zu lernen. Sie folgen dem Scrum-Grundsatz »Inspect & Adapt«, also nicht erst nach Abschluss eines Projekts, sondern laufend kritisch die Zusammenarbeit zu reflektieren und anzupassen, um noch besser und effektiver zusammenzuarbeiten. Retrospektiven lassen sich auch außerhalb von Scrum in jedem Team anwenden, je nach Arbeitsweise als regelmäßige Evaluation der Zusammenarbeit oder nach erreichten Zwischenzielen. So wird die permanente Weiterentwicklung der Zusammenarbeit zur Regel.

Regieanleitung: Eine Moderation leitet die Retrospektive. Sie beginnt mit dem Check-in, wo jede Teilnehmende zu Wort kommt (Ideen dafür siehe Kapitel 12.3.3.1). Anschließend wirft die Moderation mit dem Team einen Blick auf das Retrospektiven Board und checkt die Schritte, die in den letzten Retrospektiven vereinbart wurden. Die Frage ist dabei nur an die jeweils Verantwortlichen, ob die Aufgabe erledigt ist: »Check or No-Check?« (erledigt oder nicht erledigt?). Keine weitere Diskussion wird zugelassen.

Nun beginnt die aktuelle Retrospektive mit der Sicherheitsfrage: Jede Teilnehmende notiert auf einem Post-it® Note: Auf einer Skala von eins bis fünf: Wie frei meine ich in dieser Runde sprechen zu können? Die Moderation sammelt die Zettel verdeckt ein und macht sie am Flipchart sichtbar. Dies dient als Stimmungsbild für die Offenheit im Team und gegebenenfalls als Anlass, um sich gesondert mit dem Thema Offenheit auseinanderzusetzen: Wie schaffen wir mehr Vertrauen untereinander? In der Retrospektive ist es ein kurzer Punkt und die Entscheidung der Moderation, ob sie eine Handlung daraus ableiten will.

Dann geht der Blick auf die vergangenen vier Wochen oder die vergangene Etappe mit folgenden Leitfragen:

- Was lief gut? Welche unserer Ziele haben wir erreicht?
- Was lief nicht gut?
- Wie können wir besser werden (Zusammenarbeit, Inhalt, Prozesse)?

Jede Teilnehmende hat Zeit, die Phase für sich zu reflektieren und ihre Antworten auf die Fragen 1 und 2 auf Post-it® Notes zu schreiben.

Die Moderation startet mit Frage 1 und alle bringen ihre Notizen mit kurzer Erklärung dazu auf eine Metaplanwand. Die Moderation hilft gleich zu clustern: Welche Notiz gehört zu Zusammenarbeit, zu Inhalt oder zu Prozess? Es folgt eine Gesamtsicht: Was fällt uns auf? Was zieht sich durch? Was können wir feiern?

Dann folgt Frage 2 nach dem gleichen Schema. Auch hier die Gesamtsicht: Was fällt auf? Wo hakt es am meisten? Was nehmen wir in den Fokus?

Der nächste Schritt ist wieder ein Solo: Jede sammelt auf Post-it® Notes ihre Ideen zu Frage 3 mit Bezug auf den Fokus, den das Team gewählt hat. Aber auch alle Ideen für andere Verbesserungspunkte sind erlaubt. Die Antworten werden auf der Wand angebracht und kurz erläutert. Dann stimmt das Team mit Klebepunkten darüber ab, welche Verbesserung im Moment den höchsten Nutzen zur Erfüllung des Purpose hat. Jede hat drei Punkte, mit denen sie Vorschläge priorisieren kann. Auch alle drei Punkte zu einem Vorschlag dürfen geklebt werden.

Die Moderation wählt die drei priorisierten Verbesserungsvorschläge und vereinbart mit dem Team den jeweils konkreten nächsten Schritt: Wer erledigt was bis wann, damit wir diese Verbesserung erreichen? Das Ergebnis wird auf einem Board dokumentiert, um in der nächsten Retrospektive sichtbar zu sein.

Den Abschluss bildet eine Wertschätzungsrunde. Für jedes Teammitglied lautet die Frage an die anderen: Welche Stärke haben wir in dieser Phase an dir erlebt? Die Moderation steuert einen schnellen Wechsel (eine bis zwei Minuten pro Teammitglied, jede sagt, was ihr zu der Person einfällt).

Als Check-out antwortet jede kurz auf die Frage: Wie hilfreich habe ich diese Retrospektive erlebt? Was können wir bei der nächsten besser machen?

Dauer: 45 Minuten bis zwei Stunden.

Vorbereitung: Eine Vorbereitung der Teilnehmenden ist nicht erforderlich. Die Rolle Moderation bereitet den Raum mit Möglichkeiten zur Visualisierung und dem Ergebnis-Board der letzten Retrospektiven vor.

Personenkreis und Anzahl: Alle Mitglieder des Teams sind dabei.

Herkunft der Methode: Vorbild dieser Retrospektive liefert die agile Methode Scrum (siehe Kapitel 12.6.1.2). Hier leitet die Rolle Scrum Master nach jedem Sprint eine 45-minütige Retrospektive. Wir haben die Methode für Teams außerhalb von Scrum abgewandelt.

12.3.1.2 Reflexion der Teamfunktionen

Purpose: Zusammenarbeit im Team weiterentwickeln.

Frequenz: Regelmäßig, zum Beispiel viertel- oder halbjährlich.

Besonderheit: Es ist ein einfaches Format, um als Team zu reflektieren, wie funktional oder dysfunktional die Zusammenarbeit im Moment läuft – mit dem Ziel, sich in allen Dimensionen stetig gemeinsam weiterzuentwickeln. Dazu dient das Dysfunktionen-Modell nach Patrick Lencioni. Wir nennen es dennoch lieber »Reflexion der Funktionen« anstatt der »Dysfunktionen«. Ehrlich hinschauen ist wichtig, aber genauso der ressourcenorientierte Blick.

Regieanleitung: Eine Rolle Moderation führt das Team durch die Selbstreflexion der fünf Teamfunktionen. Dazu dient ein Kuchenmodell nach Lencioni, ein Kreis, der in fünf Kuchenstücke geteilt ist – die positive Vorderseite der Medaille. Daneben sieht man die Rückseite der Medaille mit den Dysfunktionen – derselbe Kuchen mit fünf Stücken (vergleiche Abb. 21).

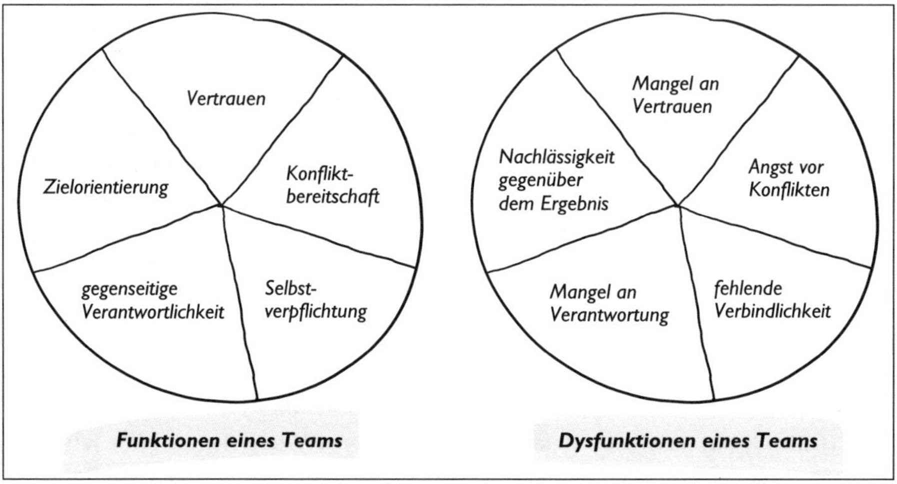

Abb. 21: Funktionen und Dysfunktionen von Teams (eigene Darstellung)

Auf der Vorderseite heißt ein Kuchenstück »Vertrauen«. Auf der Rückseite sieht man die Abwesenheit des Werts – in diesem Fall »Mangel an Vertrauen«. Die zweite Stück ist »Konfliktbereitschaft«, die Abwesenheit davon »Angst vor Konflikten«. Die dritte Funktion ist »Selbstverpflichtung«, die Abwesenheit davon »fehlende Verbindlichkeit«. Die vierte Funktion ist »gegenseitige Verantwortlichkeit«, die Abwesenheit davon ist »Mangel an Verantwortung«. Dann kommt die »Zielorientierung« und als Abwesenheit »Nachlässigkeit gegenüber dem Ergebnis«.

Die Moderation geht nun mit dem Team durch die fünf Funktionen. Auf dem Boden des Raums ist eine Skala aufgelegt (zum Beispiel ein Seil oder ein langer Klebestreifen), die in der Mitte den Wert Null hat und an den Enden den Wert +5 und -5. Jedes Teammitglied hat Post-it® Notes in der Hand und das Team beginnt mit der ersten Funktion »Vertrauen«. Jede ist gebeten, die aktuelle Situation des Teams mit einer Zahl auf der Skala zu beschreiben. +5 würde bedeuten, dass im Team volles Vertrauen und Offenheit vorhanden sind, -5 wäre das Gegenteil, nämlich die Vollausprägung von »Mangel an Vertrauen«. Es herrscht tiefes Misstrauen,

Dinge werden zurückgehalten. Der Wert Null beschreibt eine Unentschiedenheit zwischen beiden Seiten und die Werte dazwischen jeweils die Nuancierung.

Wenn jede ihre Zahl für sich notiert hat, werden die Zettel gleichzeitig auf den Boden an die Skala geklebt. Ein Gesamtbild ergibt sich und damit der Anlass, das Ergebnis gemeinsam zu reflektieren: Was zeigt sich? Wo gibt es Übereinstimmung oder deutliche Abweichungen? Wie kommt es zu den Wahrnehmungen? Woran merken wir Vertrauen oder fehlende Offenheit? Was wäre ein guter nächster Schritt der Weiterentwicklung als Team? Woran werden wir ihn merken? Die Reflexion mündet in einer konkreten Vereinbarung: Was erproben wir, um die Funktion Vertrauen in unserem Team zu stärken?

Dann geht es weiter zur nächsten Funktion »Konfliktbereitschaft«, die nach dem gleichen Muster reflektiert wird, usw. Die Moderation achtet in den Reflexionen auf Tendenzen, spiegelt zum Beispiel dem Team zurück, wenn Dinge schöngeredet werden oder wenn es in Defizitorientierung kippt. In dem Fall weist sie auf die Ressourcen hin: Was haben wir denn? Wo liegen die Perspektiven im Plusbereich?

Dauer: Eine bis drei Stunden.

Vorbereitung: Eine Vorbereitung ist nicht erforderlich. Externe professionelle Moderation ist sinnvoll.

Personenkreis und Anzahl: Es sind alle Mitglieder des Teams dabei.

Herkunft der Methode: Der amerikanische Managementberater Patrick Lencioni beschreibt in seiner Fabel mit gleichnamigem Titel die fünf Dysfunktionen eines Teams und wie unzureichendes Teamwork ein Unternehmen beinahe in den Abgrund stürzt (Lencioni 2002). Daraus entwickelt er Tools wie den Funktionencheck, um Dysfunktionen zu beheben und als Team effektiv zu werden.

12.3.1.3 Pairing

Purpose: Bessere Ergebnisse durch komplementäre Paare.

Zeitpunkt im Prozess: Beim Start neuer Kolleginnen, zum Lernen neuer Tools und nach Bedarf.

Besonderheit: Das Pairing bringt Kolleginnen an einen Tisch, die am gleichen Produkt arbeiten. Anstatt zeitversetzt arbeiten so zum Beispiel Texterin und Grafikerin direkt zusammen und entwickeln die Werbung gemeinsam. Oder eine Redakteurin und eine Spezialistin für Suchmaschinenoptimierung machen einen Teil ihrer Arbeit miteinander, um zu kreativeren Lösungen zu kommen und voneinander zu lernen.

Das Besondere sind klare Regeln des Paares. Sie gehen abwechselnd in Führung, während die andere versucht, zu verstehen und unterstützend zu hinterfragen.

Pairing weitet die Perspektive von Fachexpertinnen und fördert Kooperation. Es kann auch für Lernphasen genutzt werden. Dann wird zum Beispiel die Lernende einer neuen Methode über längere Zeit von einer erfahrenen Kollegin begleitet, die konkretes Feedback gibt, um so die Anwendung in unterschiedlichen Situationen zu schulen.

Regieanleitung:

Variante 1: Zwei gleichberechtige Kolleginnen, die eng am selben Projekt zusammenarbeiten, wechseln im regelmäßigen Takt die Rollen. Wie in unserem Beispiel würde eine Stunde lang die Grafikerin führen und ihre Designsicht auf das Thema einbringen und dann für die nächste Stunde die Führung an die Texterin übergeben, die konkrete Textideen entwickelt. Wichtig ist, dass die andere jeweils neugierig zuhört und die Ideen annimmt, anstatt sie abzutun (»Das geht nicht!«, »Das machen wir aber nicht!«). Die Aufgabe besteht darin, wohlwollend mit dem Anliegen zu hinterfragen, die Sichtweise der Führenden wirklich zu verstehen.

Variante 2: Eine Person steht als Pairing-Lehrende für die Pairing-Lernende zur Verfügung. Wer eignet sich für diese Rolle am besten? Ist es eine interne oder eine externe Person? Diese Art des Lern-Pairings ist auf längere Dauer angelegt – zwei bis vier Wochen am Stück oder regelmäßig ein Tag pro Woche über mehrere Monate. Nur so kann neues Verhalten in der Tiefe gelernt und verankert werden. Die Pairing-Lehrende braucht Kompetenz in lernförderndem Feedbacken.

Dauer: Zwei Stunden bis zu mehrere Monate – je nach Variante.

Vorbereitung: Es braucht klare Regeln fürs Pairing, die Rollenverteilung und das Feedback und für Variante 2 einen definierten Zeitplan.

Personenkreis und Anzahl: Führende und Umsetzende im Wechsel (Variante 1), Lernende und Lehrende (Variante 2).

Herkunft der Methode: Das Pairing entstammt dem Pair Programming in der Softwareentwicklung, wo zwei Programmierende an einem Rechner arbeiten. Pair Programming ist Teil der agilen Softwareentwicklungsmethode »Extreme Programming« (XP).

12.3.2 Selbstorganisationsprozess nach fixen Regeln

12.3.2.1 Sync Meeting

Purpose: Schnelle operative Abstimmung eines Teams.

Frequenz: Täglich, wöchentlich oder in einem anderen engen Takt, der den Anforderungen des jeweiligen Teams dient. Wie häufig brauchen wir einen Überblick, wo wir als Team gerade stehen, damit jede gut arbeiten kann?

Besonderheit: Hier geht es um kurze, schnell getaktete Information in einem fixen Format, zum Beispiel: Was sind die Top News im Projekt? Wo stehen die Aufgaben? Wie sind wir als Team unterwegs bezogen auf unsere Leistungskennzahlen, sogenannte Key Performance Indicators (KPI)? Sync Meetings benötigen eine klare Moderation und finden im Stehen statt.

Regieanleitung: Das Team kommt zu einer festen Uhrzeit (in den meisten Fällen morgens) an einem fixen Ort zusammen. Die Ergebnisse der letzten Sync Meetings sind dort an einem Performance Board sichtbar gemacht (vergleiche Abb. 22).

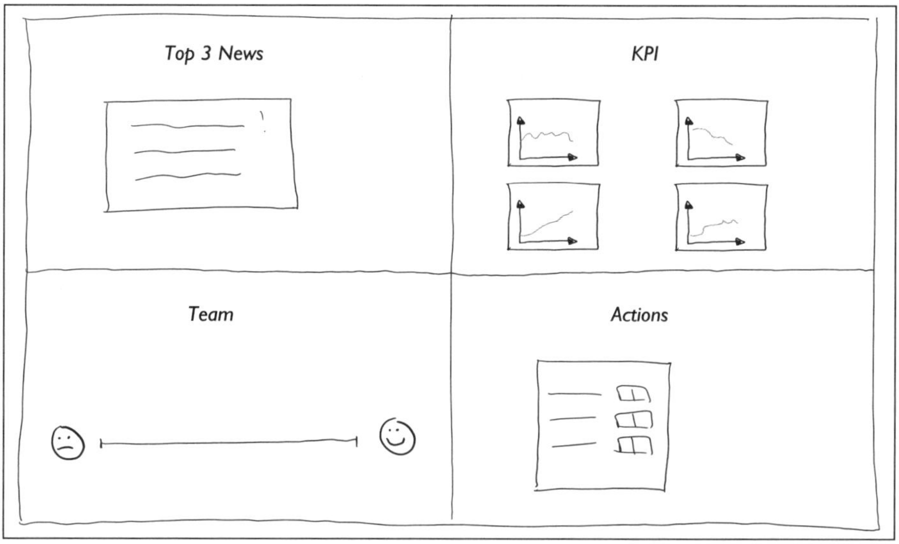

Abb. 22: Beispiel für ein Performance Board (eigene Darstellung)

Es gibt eine Rolle Moderation, die jede aus dem Team einnehmen kann, aber nicht zu häufig wechseln sollte. Die Moderation beginnt die »drei Top News« abzufragen. Wer eine dieser wichtigsten News für das Team hat, stellt sie kurz vor (maximal eine Minute pro Nachricht, maximal drei News pro Sync Meeting).

Die Moderation geht weiter zur »Performance Review« anhand von fest definierten KPIs (eine bis zwei Minuten pro KPI). Der Fokus liegt dabei auf KPIs, bei denen der Zielwert verfehlt wird (Ampel Zielerreichung: rot/gelb) und/oder der Trend negativ ist (Ampel Trend: rot/gelb) und/oder in einem vorherigen Meeting eine Action definiert wurde. Bei Bedarf wird eine Action definiert (Aufgabe, Verantwortliche) und in die Box »Action« auf dem Board aufgenommen.

Die Moderation geht weiter zu den »Actions« und fragt jeweils kurz den Status der Actions ab, die in früheren Sync Meetings definiert wurden – was hat sich getan? Der letzte Punkt des Sync Meetings nennt sich »Team«. Jedes Teammitglied trägt seinen »Happiness-Wert« in das Chart auf dem Board ein. So entsteht ein schnelles Stimmungsbild.

Dauer: 10 bis 15 Minuten.

Vorbereitung: Es braucht wenig Vorbereitung. Zu jedem KPI gibt es eine Rolle im Team, die dafür sorgt, dass der aktuelle Wert am Performance Board sichtbar ist.

Personenkreis und Anzahl: Alle Mitglieder eines Teams nehmen teil, die für ihre Arbeit operative Synchronisation benötigen. Durch die Kürze und die klare Moderation ist Sync Meeting für bis zu 30 Personen geeignet.

Herkunft der Methode: Dieses Beispiel eines Sync Meetings nennt sich »Performance Board Meeting«. Wir haben es bei Kerstin Schultz kennengelernt, die es aus einer Operational Excellence Initiative bei E.ON/Uniper mitgebracht hat. Gemeinsam haben wir es weiterentwickelt und vielfach adaptiert. Je nach Team und Purpose lassen sich die Agendapunkte anpassen.

12.3.2.2 Tactical Meeting

Purpose: Operativer Austausch, Abstimmung und Standortbestimmung in einem Team.

Frequenz: Wöchentlich oder in einem etwas weiteren regelmäßigen Takt, der den Anforderungen des jeweiligen Teams dient: Wie häufig brauchen wir Austausch und schnelle Entscheidungsfindung, damit jede gut arbeiten kann?

Besonderheit: Tactical Meetings sind eine erweiterte Form der Sync Meetings in einem Team. Hier gibt es auch die Möglichkeit, Agendapunkte einzubringen. Statt einer Diskussion geht es um schnellen Austausch und Klärung der nächsten Schritte in der operativen Zusammenarbeit.

Es gibt eine Rolle Moderation und eine Rolle Dokumentation (kann jede im Team einnehmen, sollte nicht zu häufig wechseln).

Regieanleitung: Das Team oder der Kreis kommt möglichst an einem fixen Ort zusammen, an dem via Beamer oder großem Monitor das Cockpit, die Projektübersicht und die entstehende Agenda sichtbar gemacht werden. Die Moderation beginnt das Meeting.

1. Check-in: Die Moderation weist auf die Learnings aus dem letzten Meeting hin (siehe Evaluation): Wie können wir die Qualität dieses Meetings erhöhen? Kurze Abfrage reihum, ein Satz pro Person – die Moderatorin variiert die Fragen wie: Was ist meine Rolle/Intention für das Meeting? In welcher Rolle bin ich gerade hier? Was wäre ein gutes Ergebnis des Meetings für mich?

2. Cockpit: Gemeinsamer Blick auf relevante KPIs, die für das Team wichtig sind. Diese Metrics werden vorab ausgewählt und in jedem Tactical Meeting kurz gecheckt: Gibt es eine Spannung oder Handlungsbedarf? Empfehlenswert ist die Begrenzung auf fünf KPIs.

3. Projektupdates: Die Moderation fragt nacheinander Updates aus den laufenden Projekten ab. Kurze Zusammenfassung der Projektleitenden: Was hat sich seit dem letzten Tactical Meeting getan? Keine Diskussionen, nur Verständnisfragen!

4. Agenda Building: Die Anwesenden nennen Themen für die Agenda. Genannt werden »Spannungen«, das heißt Punkte, bei denen eine Differenz zwischen Ist- und Sollzustand besteht. Das kann der Bedarf an Information sein oder der Wunsch, andere zu informieren, der Bedarf nach Abstimmung, Klärung oder Unterstützung. Die Punkte werden für alle sichtbar notiert.

5. Triage: Die Moderation hat die Möglichkeit, die Punkte zu priorisieren und beginnt dann mit der Abarbeitung. Dazu fragt sie jeweils die Person, die den Punkt eingebracht hat, was die dahinter liegende Spannung ist und was sie von diesem Kreis braucht. Gesucht wird der »next workable step« – es geht nicht um die endgültige Lösung der Spannung, sondern um den nächsten Schritt, der die Weiterarbeit ermöglicht. Die Teilnehmenden unterstützen dabei mit Ideen. Das Ergebnis wird sichtbar dokumentiert: Wer macht was bis wann?

6. Evaluation: Kurz vor Ende der vereinbarten Meetingdauer bricht die Moderation die Triage ab (auch wenn noch nicht alle Punkte erledigt sind). Zur kurzen Evaluation benutzt sie gleichbleibende Skalen wie zum Beispiel »Auf einer Skala von 1-10: Wie zufrieden bin ich mit dem Ergebnis des Meetings?« oder »Wie gut ist es uns gelungen, den Purpose des Meetings zu erfüllen?«. Die Teilnehmenden nennen ihre Zahlen und Ideen, wie sie die Zahl steigern könnten. Die Ideen werden in einem Ideenspeicher dokumentiert, der während der Meetings sichtbar im Raum hängt und zum Start des nächsten Meetings als Inspiration genutzt wird.

7. Check-out: Ein Satz pro Person, zum Beispiel: Wie gehe ich hier raus? Wofür bin ich dankbar? Was nehme ich mir für das nächste Mal vor?

Das Tactial Meeting endet pünktlich. Im selben Moment macht die Rolle Dokumentation die mitgetrackten Next Steps für alle Teammitglieder sichtbar (z. B. in Team-Messenger, Intranet, Mail).

Dauer: 30 bis 60 Minuten.

Vorbereitung: Es braucht keine Vorbereitung. Lediglich Moderation und Dokumentation sorgen dafür, dass sie pünktlich bereit sind. Das Meeting startet immer auf die Minute genau, egal ob schon alle Teilnehmenden anwesend sind.

Personenkreis und Anzahl: Alle Mitglieder eines Teams sind dabei, die für ihre Arbeit Austausch und Entscheidungen des Teams benötigen bzw. die dafür gebraucht werden. Um Fokus und Kürze zu ermöglichen, sollte das Tactical Meeting auf 25 Personen begrenzt sein.

Herkunft der Methode: Dieses Beispiel eines operativen Austausch- und Entscheidungsmeetings stammt von Brian Robertson. Er hat es für das soziale Betriebssystem Holacracy entwickelt (www.holacracy.org/tactical-meetings). Als holakratisch organisiertes Unternehmen haben wir es dafür genutzt und sukzessive an unsere Bedürfnisse angepasst. Mit unseren Kundinnen nutzen wir Teile daraus, je nach Kultur und Bedürfnissen der Organisation.

12.3.2.3 Governance Meeting

Purpose: Entscheidungen über Rollen, Regeln und Kommunikationswege.

Frequenz: Wöchentlich oder in einem weiteren Takt, der den Anforderungen des jeweiligen Teams dient: Wie häufig müssen wir als Team zusammenkommen, um unsere Spielregeln anzupassen, damit jede gut arbeiten kann? Es kann auch nach Bedarf einberufen werden, wann immer Anliegen bestehen.

Besonderheit: Governance Meetings sind notwendig für Sachverhalte, die nicht geregelt sind, und für Regeln, die verändert werden sollen. Hierbei werden die gemeinsamen Spielregeln (weiter-)entwickelt: Welche Erwartungen knüpfen wir an eine Funktion/Rolle? Welche Regel braucht es für alle, damit zum Beispiel Reisekosten rechtzeitig eingereicht werden? Wie kommen wir zu einer Entscheidung im Sinn der Organisation, wenn zwei Rollen unterschiedliches wollen und es dafür noch keine Regel gibt?

Nötig sind eine Rolle Moderation und eine Rolle Dokumentation (kann jede im Team einnehmen, sollte aber nicht zu häufig wechseln).

Regieanleitung: Das Team oder der Kreis kommt möglichst an einem fixen Ort zusammen, an dem via Beamer oder großem Monitor das Onlinetool sichtbar gemacht wird, in dem die gemeinsamen Spielregeln festgehalten sind und in dem sie während des Meetings live weiterentwickelt werden können. Die Moderation beginnt das Meeting.

1. *Check-in:* Ein Satz pro Person, um im Meeting präsent zu werden.
2. *Agenda Building:* Teilnehmende nennen ihre Anliegen spontan (»on the fly«) in einem Wort. Die Rolle Dokumentation schreibt für alle sichtbar mit.
3. *Agenda abarbeiten* per IDM-Prozess (siehe Kapitel 12.2.3.1).
4. *Check-out:* Ein Satz pro Person, zum Beispiel: Wie gehe ich hier raus? Wie habe ich uns im Meeting erlebt?

Das Governance Meeting endet pünktlich, auch wenn noch nicht alle Agendapunkte abgearbeitet sind. Im selben Moment macht die Rolle Dokumentation die mitgetrackten Entscheidungen für alle Teammitglieder sichtbar (z. B. in Team-Messenger, Intranet, Mail).

Dauer: 10 bis 60 Minuten.

Vorbereitung: Eine Vorbereitung ist nicht nötig. Die Rollen Moderation und Dokumentation sollten pünktlich bereit sein. Das Governance Meeting startet auf die Minute genau zum vereinbarten Zeitpunkt, auch wenn noch nicht alle Teilnehmenden anwesend sind.

Personenkreis und Anzahl: Eingeladen sind alle Mitglieder eines Teams bzw.

alle Rollen eines Kreises. Um Fokus und Kürze zu ermöglichen, sollte das Meeting auf 25 Personen begrenzt sein.

Herkunft der Methode: Dieses Beispiel eines Meetings zur Weiterentwicklung und Klärung von Spielregeln und Rollen stammt von Brian Robertson. Er hat es für das soziale Betriebssystem Holacracy entwickelt (www.holacracy.org/governance-meetings). Als holakratisch organisiertes Unternehmen nutzen wir es selbst. Mit unseren Kundinnen nutzen wir Teile daraus, angepasst je nach Struktur und Kultur der Organisation.

12.3.2.4 Focus Meeting

Purpose: Inhaltliches Vertiefen und Weiterdenken eines Themas.

Frequenz: Nach Bedarf bzw. wann immer es eine Themenbringerin gibt und Menschen, die ihrer Einladung folgen.

Besonderheit: Focus Meetings braucht es, um Themen in die Tiefe zu diskutieren oder gemeinsam weiterzudenken. In ihnen bereiten die Einladenden Input vor, um das Fokus-Thema aus unterschiedlichen Blinkwinkeln zu beleuchten. Am Ende muss kein bestimmtes Ergebnis oder eine Entscheidung stehen. Ziel ist vielmehr, ins gemeinsame Denken und Diskutieren zu kommen.

Regieanleitung: Ein Host lädt zum Meeting ein. Die Form des Focus Meetings ist an sich völlig frei. Hilfreich ist eine Moderation, damit der Host selbst inhaltlich dabei sein kann, und bei größeren Gruppen (ab acht Personen) die Arbeit in Kleingruppen zwischendurch, um Themen zu vertiefen und Ergebnisse wieder ins Plenum zu spielen.

Wir beschreiben hier eine mögliche Form für einen Kreis von 15 Personen aus unterschiedlichen Bereichen einer Organisation, die zu einem Querschnittsthema eingeladen sind. Der Host begrüßt mit dem Purpose des Meetings und der aktivierenden Frage, die ihn treibt. Die Moderation stellt den groben Ablauf vor und lädt dann die Teilnehmenden ein, kurz im Stehen in Dreiergruppen auszutauschen: Was hat mich hergelockt? In einer zweiten Runde in neuen Dreiergruppen wird ausgetauscht: Welcher Aspekt der aktivierenden Frage spricht mich an? und in einer dritten Runde in neuen Trios ist die Frage: Was könnte man dazu eigentlich noch fragen? Diese andere Frage schreibt jede im Trio auf ein großes Post-It® Note.

Im Plenum stellt sich anschließend jede kurz vor: Wer bin ich und was inspiriert mich an diesem Thema? Die Post-It® Notes werden sichtbar aufgeklebt. Anschließend gibt der Host einen kurzen Input, der das Anliegen und den Inhalt des Materials zur Vorbereitung zusammenfasst und formuliert drei Vertiefungsfragen.

Drei Fünfergruppen ziehen sich zurück, um daran zu arbeiten. Wesentliche Findings und Ideen werden dokumentiert und anschließend im Plenum ausgetauscht. Die Moderation hält fest, was alles an weiteren Assoziationen auftaucht (»könnte man mal dort nachlesen«, »die müsste man mal fragen«, »habe ich dort schon mal gehört«, »jenes könnte interessant sein«). Nach einer kurzen Pause stellen sich neue Trios für einen Zwischenstand zusammen: Was ist uns klar geworden? Wo wäre es spannend weiterzumachen? Stehend im Kreis wird ausgetauscht.

Dann stellt sich die Moderation mit dem Host in die Mitte für einen »Open Staff« und fragt nach seinem Zwischenstand: Wo stehst du jetzt inhaltlich? Was ist am meisten in Resonanz gegangen? Was ist jetzt die größte Frage? Woran würdest du jetzt gern mit dem Team weitermachen? Aus diesem Gespräch ergibt sich der Pfad für den zweiten Teil des Meetings.

In neuen Fünfergruppen geht es in eine halbe Stunde Diskussion oder Kreation. Je nach Thema besteht die Möglichkeit, mit Material (z. B. Lego, Knetmasse) zum Beispiel Prototypen zu bauen. 30 Minuten vor Schluss kommen die Kleingruppen ins Plenum. Jede Gruppe hat fünf Minuten Zeit, um ihre Ergebnisse vorzustellen.

Anschließend sind alle eingeladen zu einer Minute Stille, nach der jede aufschreibt: Was nehme ich mit? Die Schlussrunde sammelt diese Ergebnisse. Der Host schließt mit dem eigenen Ergebnis und der Information, ob bzw. wie es zu dem Thema weitergeht und was die nächsten Schritte sind.

Dauer: Focus Meetings können von 30 Minuten bis zu vier Stunden dauern. Unser Beispiel hier dauert drei Stunden.

Vorbereitung: Zu empfehlen ist, den Teilnehmenden Material zur Vorbereitung zu schicken (z. B. Artikel) und die Leitfrage bzw. das Diskussionsanliegen als »aktivierende Frage« mitzuteilen, um ihr Interesse zu wecken. Je nach Design des Meetings dienen Flipcharts, Metaplanwände, Projektionsflächen, große Post-it® Notes oder kleinere Gruppenarbeitsräume.

Personenkreis und Anzahl: Ein Focus Meeting beginnt zu zweit und erstreckt sich bis zu einer Großgruppe – dann natürlich mit entsprechendem Setting. Eingeladen sind alle, die ein Host braucht, um das Thema weiterzubringen.

Herkunft der Methode: Focus Meetings gibt es vermutlich, seit Menschen in der Lage sind zu kommunizieren. Wir wollten kein neues Buzz Word erfinden. Der Begriff dient uns vielmehr zur Abgrenzung unterschiedlicher Meetingformate je nach Purpose. Hier geht es darum, bewusst Zeit und Raum für inhaltliche Diskussion zu schaffen.

12.3.3 Räume für Kontakt und Beziehung schaffen

12.3.3.1 Mindful Check-in

Purpose: Präsenz und Aufmerksamkeit für Besprechungen schaffen.

Frequenz: Jeweils zum Start eines Treffens oder Meetings.

Besonderheit: Religionen praktizieren es schon seit Jahrtausenden – ein kurzes Ritual zum Start eines Treffens, um den Fokus aller Anwesenden auf das zu richten, was jetzt kommt.

Ein Mindful Check-in ist der Übergang vom »Davor« ins »Jetzt«. Es lohnt sich, die wenigen Minuten zu investieren, um die Aufmerksamkeit und Präsenz für das Meeting zu erhöhen. Es gibt zahlreiche Varianten, den Check-in zu gestalten. Wir stellen hier fünf Beispiele vor. Ihrer Fantasie sind keine Grenzen gesetzt – probieren Sie alles aus, was eine Gruppe präsent und aufmerksam macht.

Was alle verbindet: Entweder die Moderation des Treffens macht auch die Anleitung für den Mindful Check-in oder sie hat vorab eine Person bestimmt, die den Check-in anleitet.

»Die hilfreichen Sieben«

Regieanleitung: »Setzt Euch bequem und aufrecht auf den Stuhl. Beide Füße stehen am Boden, die Hände liegen auf den Oberschenkeln. Schließt die Augen und beobachtet Euren natürlichen Atem. Und macht dann ganz bewusst sieben Atemzüge. Ruhig durch die Nase einatmen und lange wieder ausatmen. Vor der nächsten Einatmung kann eine Pause entstehen, bis der Körper ganz natürlich wieder Luft holt. Nach diesen hilfreichen Sieben öffnet die Augen und beobachtet, welchen Unterschied Ihr bemerkt in der Wahrnehmung, im Atem und im Körperempfinden.«

Dauer: Eine bis zwei Minuten.

Vorbereitung: Eine Vorbereitung ist nicht erforderlich.

Personenkreis und Anzahl: Alle Teilnehmenden eines Treffens. Die Anzahl ist unbegrenzt – es funktioniert auch mit Großgruppen.

Herkunft der Methode: Die Zahl der sieben Atemzüge entstammen der Tradition der Samurai, deren altes Sprichwort lautet: »Denke scharf nach und entscheide innerhalb von sieben Atemzügen.« Die »hilfreichen Sieben« haben wir bei unserem Beraterkollegen Rupert Hasenzagl kennen- und schätzen gelernt. Es braucht tatsächlich nur sieben Atemzüge, um präsent zu werden.

»Body Scan«

Regieanleitung: »Setzt Euch aufrecht auf Euren Stuhl. Beide Füße stehen flach am Boden. Schließt nun die Augen und lenkt Eure Wahrnehmung zu den Fußsohlen. Wie spürt Ihr den Kontakt der Fußsohlen zum Boden? Wie nehmt ihr die

Füße wahr – warm oder kalt? Gibt es einen Unterschied zwischen linkem und rechtem Fuß? Geht dann mit der Aufmerksamkeit zu den Unterschenkeln links und rechts – wie nehmt ihr die gerade wahr? Dann geht die Wahrnehmung weiter zu den Knien. Dann in die Oberschenkel. Wo haben die Oberschenkel Kontakt mit dem Stuhl? Dann geht es weiter zum Gesäß – wo spürt Ihr den Kontakt zur Sitzfläche, wo nicht? Wie ist das Gewicht verteilt, mehr links, mehr rechts oder gleichmäßig? Dann geht es weiter in den unteren Rücken, zur Lendenwirbelsäule und dann über den mittleren Rücken nach oben zu den Schulterblättern. Wie sind die Schulterblätter spürbar und die Schultern links und rechts? Dann über die Schultern in die Arme: Oberarm links und rechts. Dann Unterarme, Handgelenke und in die Hände bis zu den Fingern. Wie liegen die Hände gerade auf? Dann die Arme wieder nach oben über den Nacken zur Kopfhaut. Wie fühlt sich die Kopfhaut an? Dann geht es weiter zur Stirn. Und dann zu den Augen links und rechts. Ihr spürt wie die Augenmuskeln sich entspannen. Dann über die Wangen zum Mund und Kiefer. Die Kiefergelenke entspannen sich. Die Zunge liegt locker im Mund. Dann geht es weiter mit der Aufmerksamkeit zu Brust und Bauch. Ihr beobachtet wie Euer natürlicher Atem Brust und Bauch bewegt. Und nehmt dann den ganzen Körper wahr, vom Scheitel bis zu den Fußsohlen. Genießt den Moment, ganz bei Euch zu sein (eine Minute Stille). Erinnert Euch dann, wo Ihr gerade seid, stellt Euch vor, wer um Euch herum ist, und öffnet dann in Eurem Tempo die Augen.«

Dauer: Fünf bis zehn Minuten.

Vorbereitung: Eine Vorbereitung ist nicht erforderlich; Anleitung mit ruhiger Stimme und Pausen.

Personenkreis und Anzahl: Alle Teilnehmenden eines Treffens. Die Anzahl ist unbegrenzt – es funktioniert auch mit Großgruppen.

Herkunft der Methode: Der Body Scan ist uns in unterschiedlichen Yoga- und Meditationsschulen begegnet. Unsere kurze Form machen selbst Teilnehmende mit der Sorge vor allzu viel Esoterik gern mit, weil die Wirkung überzeugt.

»Zur Seite stellen«

Regieanleitung: »Schließe zum Start kurz die Augen und stelle Dir Dich selbst vor. Wie bist Du gerade hier? Was schwirrt Dir noch im Kopf herum? Welches Thema trägst Du mit hier herein, was hier nicht hingehört? Und dann entscheide Dich bewusst, wo Du es während dieses Treffens parken willst. Du kannst es nachher wieder mitnehmen. Finde einen Ort in diesem Raum oder vor der Tür. Und dann stelle Dir vor, wie Du es nimmst und an diesen Platz legst. Checke kurz, ob Du alles abgestellt hast, was Du hier nicht brauchst. Wenn nicht, lege es gleich noch dazu. Du kannst es später beim Rausgehen mitnehmen oder auch einfach stehen lassen. Wie siehst Du Dich jetzt vor Deinem inneren Auge? Und dann öffne in Deinem Tempo wieder die Augen.«

Dauer: Zwei Minuten.

Vorbereitung: Eine Vorbereitung ist nicht erforderlich.

Personenkreis und Anzahl: Alle Teilnehmenden eines Treffens. Die Anzahl ist unbegrenzt – es funktioniert auch mit Großgruppen.

Herkunft der Methode: Wir haben diese kurze Methode entwickelt, um den Teilnehmenden die Möglichkeit zu geben, zu reflektieren, was sie aus vorherigen Meetings oder dem Arbeitsalltag mitbringen, das sie ablenkt oder Aufmerksamkeit bindet.

»Einrollen«

Regieanleitung: Die Moderation bittet zum Start des Meetings, dass jede Teilnehmende reihum die Rollen/Funktionen nennt, in denen sie jetzt in diesem Meeting sitzt, zum Beispiel: Ich nehme teil in den Rollen »Website«, »Marketing«, »Intranet« und »Meeting-Dokumentation«. Sie weist darauf hin, dass es darum geht, dass sich alle bewusst machen, aus welcher Perspektive sie selbst und die anderen am Meeting teilnehmen.

Dauer: Zwei bis fünf Minuten.

Vorbereitung: Eine Vorbereitung ist nicht erforderlich.

Personenkreis und Anzahl: Alle Teilnehmenden eines Meetings, maximal 25 Personen.

Herkunft der Methode: Dieser Check-in ist inspiriert von Modellen der Selbstorganisation, die zwischen Person und Rolle unterscheiden. Wir haben irgendwann damit begonnen, um uns zu Beginn eines Meetings bewusst zu machen, wer hier mit welchen Ohren zuhört. Die Methode ist einfach, sehr wirkungsvoll und triggert den Punkt, dass hier nicht Hans und Fritzi sitzen, sondern die Rollen und Funktionen, die gemeinsam mit den anderen Rolleninhaberinnen die Organisation weiterbringen wollen.

»Sechs-Minuten-Methode«

Regieanleitung: Die Moderation bittet zum Start des Meetings alle aufzustehen und sich jeweils zu dritt zusammenzustellen. Sie gibt dann folgende Anleitung: Ich werde euch gleich eine Frage stellen. Eine Person in der Gruppe hat dann eine Minute Zeit, diese Frage zu beantworten. Die beiden Zuhörenden schenken dieser Person ihre ganze Aufmerksamkeit. Im Anschluss daran hat jede Zuhörende 30 Sekunden Zeit, um der Rednerin ein wertschätzendes Feedback zu geben. Sobald das Feedback abschlossen ist, gibt es einen Wechsel und die nächste beantwortet die Frage, die anderen beiden hören zu und geben dann Feedback. Und das gleiche dann schließlich für die dritte Person.

Wenn alle Gruppen bereit sind, geht es los. Die Frage lautet: Wer bin ich? Warum bin ich hier? Die Moderatorin stoppt die Zeit und gibt mit einem klaren Signal die Wechsel an.

Die Option ist, noch weitere Runden anzuhängen, um den Kontakt zu vertiefen. Dann geht es auf die gleiche Weise mit folgenden Fragen weiter:

- Wer sind wir? Warum sind wir hier?
- Wie toll könnten wir als Team sein?
- Was wäre ein erster wichtiger Schritt dafür?

Dauer: Sechs Minuten für die erste Runde.

Vorbereitung: Eine Vorbereitung ist nicht erforderlich.

Personenkreis und Anzahl: Alle Teilnehmenden eines Meetings.

Herkunft der Methode: Wir haben diesen Mindful Check-in beim Besuch unserer Kolleginnen von Beyond Leadership kennen- und sehr schätzen gelernt. Viele Purpose Driven Organizations nutzen solche Rituale, um die Verbindung zu Beginn eines Treffens zu vertiefen und die Einzelnen mit ihrem eigenen Purpose und dem der anderen in Kontakt zu bringen.

12.3.3.2 Mindful Check-out

Purpose: Besprechungen bewusst gemeinsam abschließen.

Frequenz: Jeweils zum Ende eines Treffens oder Meetings.

Besonderheit: Die Zeit des Meetings ist um. Obwohl noch nicht alle Agendapunkte erledigt sind, packen schon die ersten ihre Sachen und drängeln: Ich habe einen Anschlusstermin! Die Erste ist schon zur Tür hinaus, während zwei noch an einem Punkt für das Protokoll herumformulieren.

Neben einem bewusst gemeinsamen Start verdienen gute Meetings auch einen bewussten gemeinsamen Schlusspunkt. Jedes Musikstück, jeder Film, jedes Theaterstück legt Wert auf den Schlussakkord oder die allerletzte Szene – warum nicht auch unsere Meetings? Wir stellen hier vier Beispiele für einen achtsamen Schluss vor. Es gibt viele mehr – probieren Sie alles aus, was Ihnen einfällt, um gemeinsam und bewusst einen Schlusspunkt zu setzen. Es empfiehlt sich für alle, dass die Rolle der Moderation auch den Mindful Check-out anleitet.

»Dankbarkeit«

Regieanleitung: Die Moderation bittet zum Abschluss alle Teilnehmenden reihum, eine Sache aus dem Meeting zu nennen, für die sie dankbar sind.

Dauer: Eine bis zwei Minuten.

Vorbereitung: Eine Vorbereitung ist nicht erforderlich.

Personenkreis und Anzahl: Alle Teilnehmenden eines Treffens, maximal 30 Personen.

Herkunft der Methode: Wir haben die Dankbarkeit nicht erfunden, aber sind sehr dankbar, dass sie eine Methode ist, die zu jedem Zeitpunkt im Sozialen schafft, Energie zu heben und den Fokus von Defiziten auf Ressourcen zu lenken. So auch zum Schluss eines Meetings.

»Schlusston«

Regieanleitung: Die Moderation leitet alle Teilnehmenden an, zum Abschluss einen gemeinsamen Ton zu summen. Sie beginnt, die anderen steigen ein. Die Gruppe versucht, aufeinander zu hören und damit in einen stimmigen gemeinsamen Ton zu kommen, bis eine Harmonie entstanden ist. Gut eignet sich das »Om« der Yogatradition mit einem langgezogenen M, um in diesen Gleichklang zu kommen.

Dauer: Zwei bis drei Minuten.

Vorbereitung: Eine Vorbereitung ist nicht erforderlich.

Personenkreis und Anzahl: Alle Teilnehmenden eines Treffens. Die Anzahl ist unbegrenzt – es funktioniert auch mit Großgruppen.

Herkunft der Methode: Der gemeinsame Ton ist bekannt aus vielen Yogatraditionen, die damit ihre Lektionen beginnen und beenden. Wir nutzen ihn mit mutigen Gruppen, die keine Angst vor der eigenen Stimme haben.

»Symbol«

Regieanleitung: Die Moderation bittet zum Abschluss alle Teilnehmenden reihum, in einer Geste oder Bewegung ihr Fazit des Meetings darzustellen: Was ist uns hier gelungen? Nacheinander werden die Bewegungen oder Gesten gezeigt – ohne Kommentar.

Dauer: Eine bis zwei Minuten.

Vorbereitung: Eine Vorbereitung ist nicht erforderlich.

Personenkreis und Anzahl: Alle Teilnehmenden eines Treffens, maximal 30 Personen.

Herkunft der Methode: Analoge Interventionen wie der Einsatz des eigenen Körpers sind eine lange Tradition in der systemischen Beratung. Wir verwenden sie bewusst in Prozessen, um den Nuancenreichtum abseits des sprachlich Sagbaren nutzen zu können.

»Stille«

Regieanleitung: Die Moderation leitet alle Teilnehmenden an, mit einem Moment der Stille abzuschließen. Die Augen bleiben geöffnet, die Notizblöcke und Notebooks bleiben zu, die Handys aus. Während der letzten Minute ist Zeit, in dieser Stille das Meeting nachklingen zu lassen, die anderen Teilnehmenden bewusst anzuschauen und diesen Moment des Innehaltens zu genießen.

Dauer: Eine bis drei Minuten.

Vorbereitung: Eine Vorbereitung ist nicht erforderlich.

Personenkreis und Anzahl: Alle Teilnehmenden eines Treffens. Die Anzahl ist unbegrenzt – es funktioniert auch mit Großgruppen.

Herkunft der Methode: Bewusste gemeinsame Stille gibt es bei den Religionen genauso wie den Meditationsrichtungen. Wir erleben sie auch in der Arbeit mit Gruppen als funktional, um einen bewussten Moment des Innehaltens und Reflektierens zu ermöglichen.

12.3.3.3 Gewaltfreie Kommunikation

Purpose: Herzensverbindungen und Lebensfreude fördern.

Zeitpunkt im Prozess: Parallel zur Einführung von Selbstorganisationmodellen wie Holacracy oder wann immer Bedarf an einer achtsamen Kommunikationsmethode besteht.

Besonderheit: Gewaltfreie Kommunikation (GFK) wird in vielen Unternehmen als hilfreiche Ergänzung zur Selbstorganisation eingeführt. Steuerungsmodelle wie Holacracy bieten Lösungen für Rollen und Regeln des professionellen Miteinanders. Formate für die Personen hinter den Rollen oder für die Gemeinschaft müssen jedoch – passend zur Organisationskultur – selbst entwickelt werden. GFK hat sich als probat erwiesen, um die Menschen in tiefen Austausch zu bringen und so Vertrauen, Verständnis, Konfliktlösung und die Freude am Miteinander zu befördern.

Achtung – GFK ist mehr als eine Methode! Das Vier-Schritte-Kommunikationsmodell wirkt zwar technisch, soll aber durchs tägliche Üben zu einer Haltung der wertschätzenden und verbindenden Kommunikation werden, die Formate gar nicht mehr benötigt.

GFK Grundmodell: Grundannahmen der GFK sind, dass es für gelingende Kommunikation Empathie braucht und dass Menschen grundsätzlich das Bedürfnis nach empathischen Verbindungen zu anderen haben. Mithilfe der GFK können Sie sich ehrlich und klar ausdrücken und empathisch zuhören. GFK fokussiert auf die Bedürfnisse und Gefühle, die hinter Handlungen und Konflikten stehen. Daher sind die vier Schritte des Grundmodells: Beobachtung, Gefühl, Bedürfnis und Bitte.

Ein Beispiel: Ich schildere meinem Gegenüber eine Beobachtung (»wenn ich sehe, wie Du Deine Kaffeetassen dort stehen lässt, wo Du sie leer getrunken hast«), benenne dann, welches Gefühl dies in mir auslöst (»dann ärgere ich mich«) und welches unerfüllte Bedürfnis dahintersteckt (»weil mir Ordnung und gegenseitige Rücksichtnahme wichtig sind«). Zum Abschluss formuliere ich eine Bitte an die andere: »Bitte stelle Deine leeren Kaffeetassen ab jetzt direkt in die Spülmaschine.«

Beobachtungen beschreiben konkrete Handlungen der anderen, ohne Interpretation oder Bewertung. Das Gegenüber soll klar hören, um welche Situation es geht. Das Gefühl benennt, was diese Handlung in mir auslöst. Herausfordernd daran ist es, tatsächliche Gefühle zu benennen. »Ich fühle mich gestört, verletzt oder provoziert« sind zum Beispiel keine Gefühle, sondern Unterstellungen. Die Formulierung »Ich bin ...« hilft, tatsächliche Empfindungen zu benennen, zum Beispiel »Ich bin wütend, ängstlich oder frustriert«.

Diese Gefühle stehen mit Bedürfnissen in Verbindung, die nicht erfüllt sind, etwa nach Ruhe, Respekt oder Kontakt. Gefühle sind gute Indikatoren, ob Bedürfnisse gerade erfüllt sind oder nicht. In der GFK sind neben den Gefühlen auch die Bedürfnisse zentral, weil sie der Ausgangspunkt sind, um gemeinsam eine kreative Lösung zu finden, die für alle passt.

Aus dem Bedürfnis lässt sich eine Bitte an die andere formulieren. Dabei geht es um eine konkrete und erfüllbare Handlung, die positiv formuliert ist (was ich will, statt was ich nicht will). An diesen Selbstausdruck schließt sich ein Dialog an, bei dem sich auch die andere äußern kann und dann gemeinsam eine Lösung gesucht wird.

Die vier Schritte sind lediglich das Grundmodell. Die GFK hat unzählige Formate, um Menschen in echten Kontakt mit sich und anderen zu bringen (siehe z. B. Personal Relation Meeting Kapitel 12.3.3.4 oder Kapitel 11.2.2 über »soulbottles«). Es lohnt sich, eine GFK-Trainerin einzuladen, um gemeinsam Formate zu erproben, die für die eigene Organisation sinnvoll sind.

Herkunft der Methode: Der amerikanische Psychologe Marshall B. Rosenberg hat das Konzept der GFK in der Auseinandersetzung mit der amerikanischen Bürgerrechtsbewegung in den frühen 1960er-Jahren entwickelt (Rosenberg 2016). Es war ein Mittel, um die Rassentrennung an Schulen friedlich rückgängig zu machen. Die GFK ist beeinflusst von Carl Rogers Ansatz des aktiven Zuhörens und Mahatma Gandhis Gedanken zur Gewaltfreiheit. Ihr Einsatzfeld heute sind Unternehmen, Bildungseinrichtungen, Therapie, Beratung, Verhandlungen und Diplomatie. Zeit seines Lebens hat Rosenberg mit der Methode auch in politischen Konfliktsituationen (z. B. Palästina, Ruanda, Serbien) vermittelt.

12.3.3.4 Personal Relation Meeting

Purpose: Persönliche Beziehungen klären.

Frequenz: Ein- bis zweimal pro Monat.

Besonderheit: Für das Personal Relation Meeting ist eine Moderation mit Mediationskompetenz erforderlich. Dieses Format schafft es in kurzer Zeit (zwei bis drei Stunden), die unterschiedlichsten persönlichen Konflikte in einem Team zu bearbeiten und zugleich auch der anderen Seite Gewicht zu geben: Wertschätzung, Positives.

Regieanleitung: Das Personal Relation Meeting besteht aus vier Runden.

Runde 1 – Deep Check-in: Reihum »Feiern und Bedauern« – jede berichtet, was es für sie aktuell zu feiern und was zu bedauern gibt. Die Einladung ist, Berufliches und Privates zu teilen. Je nach Gruppengröße 1,5 bis 3 Minuten pro Teilnehmerin.

Runde 1a (optional) – Feedback Walk: Die Gruppe geht durcheinander. Achtsamkeit auf Tempo, Atem, Wahrnehmung der anderen. Jede überlegt, was es aktuell an Fragen, Feedback oder kleinen Problemen im Alltag mit anderen im Kreis gibt. Daraus bilden sich Paare für kurzen Austausch zu zweit ohne Zeitvorgabe. Sobald die Anliegen wechselseitig geklärt sind, geht es weiter zur nächsten Person, mit der es etwas anzusprechen gibt (30 Minuten).

Runde 2 – Konfliktrunde: Sitzend im Kreis fragt die Moderatorin reihum persönliche Spannungen ab: Wo hat jemand aus diesem Kreis etwas getan, das mich frustriert oder unangenehme Gefühle ausgelöst hat? Die Moderatorin beginnt, die Klärung zu moderieren, indem sie jeweils Person A und Person B unterstützt, diese Botschaft zu vermitteln. Es geht darum, das Gegenüber in dessen positiver Intention zu verstehen, die hinter der Verhaltensweise liegt. Die Moderation braucht hier unbedingt Mediationskompetenz, damit eine wirkliche Klärung erzielt wird (60 Minuten).

Runde 3 – Wertschätzungsrunde: Die Moderatorin fragt reihum ab: Wo gibt es Dinge, die jemand aus diesem Kreis getan hat, für die ich dankbar bin, die angenehme Gefühle ausgelöst haben? Was habe ich in der Zusammenarbeit schätzen gelernt?

Runde 3a (optional) – Personal Challenges: Einzelne können persönliche Herausforderungen nennen, für die sie von anderen Rat oder Unterstützung brauchen (z. B. Strategien bei Schlaflosigkeit oder Bedarf an Peercoaching für besseres Zeitmanagement).

Runde 4 – Schlussrunde: Jede Teilnehmerin beantwortet zum Abschluss im Sinn der Evaluation und Weiterentwicklung die Fragen: Wie gehe ich hinaus? Was würde ich am Format ändern, wenn ich könnte?

Dauer: Zwei bis drei Stunden.

Vorbereitung: Eine Vorbereitung für die Teilnehmenden ist nicht erforderlich.

Personenkreis und Anzahl: Bestehendes Team, maximal 25 Personen.

Herkunft der Methode: Das Personal Relation Meeting haben wir bei Georg Tarne von »soulbottles« kennengelernt (siehe Kapitel 12.2.2). Der Social Entrepreneur schöpft viel aus seiner Trainertätigkeit für »Gewaltfreie Kommunikation« nach Marshall B. Rosenberg (siehe Kapitel 12.3.3.3). Diese Kommunikationsmethode setzt auf das Hören und Verstehen der Bedürfnisse des Gegenübers zur Lösung von Konflikten und zum Aufbau stabiler und tiefer Beziehungen.

12.3.3.5 Bohmscher Dialog

Purpose: Gemeinsam zu neuen Lösungen kommen.

Zeitpunkt im Prozess: Nach Bedarf, vierzehntägig über einen längeren, klar definierten Zeitraum.

Besonderheit: Der tiefe Dialog nach David Bohm ermöglicht vorurteilsfreien Gedankenaustausch und die Entwicklung neuer Ideen. Er verhindert die übliche Fragmentierung von Kommunikation (schnelle Einordnung des Gesagten, Abschneiden von Gedanken und Zuordnen in eigene Denkschemata) und vermeidet so Diskussion und Schlagabtausch (Bohm 1996).

Es geht nicht um das beste Argument oder um richtig und falsch, sondern um echtes und ehrliches Zuhören in dem Wissen, dass es keine Wahrheit gibt, sondern gleichwertige Perspektiven, die einander befruchten können. Der bohmsche Dialog setzt daher eine persönliche Reife der Teilnehmenden voraus. Er sollte nicht für intellektuelle Themen genutzt werden, sondern für übergreifende Themen, die für die ganze Organisation Relevanz haben, zum Beispiel: Was bedeutet für uns sinnorientierte Organisation?

Regieanleitung: Es gelten folgende Begriffe als Haltung für den bohmschen Dialog.

Zuhören: Um anderen wirklich zuhören zu können, brauche ich die Kompetenz, mir selbst zuzuhören: Welche inneren Bewegungen, Gedanken und Bewertungen löst in mir aus, was jemand gerade sagt? Erst wenn ich das wahrnehme, kann ich diese automatischen inneren Reaktionen zur Seite stellen und das, was ich höre, wirklich bei mir ankommen lassen. Zuhören bedeutet, aus innerem Schweigen heraus etwas auf mich wirken lassen.

Partizipieren: Wenn ich wirklich zuhöre, kann ich teilhaben an etwas Größerem, ich kann teilhaben am Wesen meiner Gesprächspartnerin und wir kommen in einen gemeinsamen Fluss von Austausch, der jetzt entsteht und nicht aus der Erinnerung erzeugt wird.

Respektieren: Ich verzichte auf Abwehr, Schuldzuweisung, Abwertung und Kritik. Alle dürfen so sein, wie sie sind. Jede Idee, jede Meinung ist genauso richtig und legitim wie meine eigenen Ideen.

Artikulieren: Ich nutze meine eigene, authentische Sprache und spreche von dem, was mich jetzt bewegt. Ich verzichte auf intellektuelle Höhenflüge, abstrakte Abhandlungen und Selbstdarstellungen.

Persönliche Konstrukte und Muster beobachten: Anhand meiner Annahmen und Glaubenssätze konstruiere ich laufend meine Realität und bin versucht anzunehmen, dass es auch die Realität der anderen sei. Auch persönliche Kommunikationsmuster steuern, wie ich im Gespräch agiere und reagiere, oft ohne dass es mir bewusst ist. Beobachtung und Selbstreflexion helfen, mir dieser Konstruktionen und Muster immer wieder bewusst zu werden und eine innere Distanz dazu einzunehmen.

Suspendieren bedeutet, die eigene Meinung weder zu unterdrücken noch stur dafür zu plädieren, sondern auf eine Weise vorzutragen, die es mir und anderen ermöglicht, sie wahrzunehmen und zu begreifen: Das ist meine Meinung zum Thema, und ich halte sie mal in der Schwebe und lasse mich weiter auf das ein, was gesagt wird.

Erkunden: Eine Haltung von Neugierde, Achtsamkeit und Bescheidenheit ermöglicht, Fragen zu stellen, die mich wirklich bewegen. So können wir gemeinsam erkunden und etwas entwickeln, das vorher noch nicht da war und alleine nicht möglich wäre.

Verlangsamen: Ein Sprechstein oder Sprechstab hilft im Dialog, das Tempo zu verlangsamen. So entsteht die Ruhe für Selbstbeobachtung (welche Reflexe, Reaktionen, Wertungen, Gedanken und Erinnerungen löst die Aussage einer anderen Person in mir aus?). Die Regel ist, dass nur die Person spricht, die den Stab in Händen hält. Wer spricht, darf nicht unterbrochen werden.

Der Ablauf des Dialogs: Die Moderation beginnt mit dem Check-in. Ein Sprechstein oder Sprechstab macht die Runde. Nur wer das Objekt in der Hand hält spricht. Jede Teilnehmende sagt kurz etwas, um im Kreis präsent zu sein.

Dann beginnt die Dialogrunde. Der Sprechstab liegt in der Mitte. Wer etwas beitragen will, holt ihn sich und legt ihn anschließend wieder in der Mitte ab.

Kurz vor Ende der vereinbarten Zeit nimmt sich die Moderation den Sprechstab und beendet den Dialog. Sie leitet den Check-out ein. Der Stab geht reihum und jede Teilnehmende meldet sich ab und sagt etwas über ihre Erfahrung während des Dialogs.

Dauer: Zwei bis drei Stunden.

Vorbereitung: Eine klare Vereinbarung über Purpose, Teilnehmende, Ort, Zeit und Dauer des Dialogs ist erforderlich. Alle Teilnehmenden verpflichten sich, während der vereinbarten Zeit dabei zu sein. Status- und Rolleneigenschaften der Teilnehmenden sind während des Dialogs aufgehoben, das heißt alle Anwesenden sind gleichwertig. Es empfiehlt sich, eine externe und professionelle Moderation zu beauftragen, die den Dialog leitet. Meist wird ein Stuhlkreis für den Dialog genutzt.

Personenkreis und Anzahl: Ausgewählte Teilnehmende (z. B. Managementteam oder relevante Rollen für ein Thema). Ungeübte Gruppen starten am besten klein mit maximal zehn Personen.

Herkunft der Methode: Der amerikanische Quantenphysiker und Philosoph David Bohm hat diese freifließende Form der Gruppenkonversation in den 1990er-Jahren im Austausch mit dem indischen Philosophen Jiddu Krishnamurti entwickelt (Bohm 1996). Mit dieser Dialogform die Krisen der Gesellschaft und die Gesamtheit der menschlichen Natur und des Bewusstseins effektiver zu untersuchen, war Bohms Anliegen. Er sieht den Dialog nicht nur als Form der Kommunikation, sondern auch als Weg zur grundlegenden Transformation von Einzelnen und Gruppen. Wir nutzen ihn abgewandelt immer wieder in der Arbeit mit Organisationen und Teams.

12.4 Werkzeuge für die dritte Disziplin: ganzheitliche Partnerschaft

12.4.1 Purpose Fit & Cultural Fit

12.4.1.1 Hiring Partners

Purpose: Passende Mitglieder gewinnen.

Zeitpunkt im Prozess: Wann immer neue Mitarbeitende gesucht werden.

Besonderheit: Dieser Prozess für Neueinstellungen fokussiert auf den Cultural Fit und Purpose Fit der Bewerbenden, das heißt: Wie gut passen die Personen zu Kultur und Purpose der Organisation? Der Prozess wirkt umfangreich, hat sich aber bewährt, weil er durch Umfang und Tiefe ermöglicht, Fehlbesetzungen zu vermeiden. Der Gedanke dahinter: Die »richtigen« Menschen an Bord helfen der Organisation, ihren Purpose bestmöglich zu erfüllen.

Regieanleitung: Es gibt in der Organisation eine Rolle »People Management«, die den Prozess steuert und folgende sieben Schritte mit den Bewerbenden geht.

1. *Informelles Gespräch* (zum Beispiel bei einem Mittagessen): Das erste Gespräch dient dazu, die Organisation vorzustellen und die Motivation und grobe Gehaltsvorstellung der Bewerbenden kennenzulernen. Zentrale Frage für die Rolle People Management: Sehe ich diesen Menschen als mögliches Teammitglied?

2. *Tiefere Auseinandersetzung:* Die Bewerberinnen erhalten Informationen (Texte, Videos) zur Organisation, ihrem Purpose, ihrer Struktur per Mail und die Aufgabe, Resonanz und eigene Gedanken dazu zu verfassen. Zentrale Frage für die Rolle People Management: Springt der Funke über?

3. *Discovery Day:* Bewerberinnen verbringen einen Tag in der Organisation, um eine fachliche Aufgabe zu bearbeiten, an einem Regelmeeting teilzunehmen und Interviews mit drei Vertreterinnen des »Recruiting Panels« zu führen (eine Peer aus dem späteren Team, eine Gründerin und die zweite Rolleninhaberin People Management). Zentrale Frage für das Recruiting Panel: Wer ist dieser Mensch, der zu uns kommen will (Persönlichkeit und Kompetenz) und passt ihm/ihr, wie wir zusammenarbeiten?

4. Direktes Feedback: Die Vertreterinnen des Recruiting Panels geben online ihr Feedback zur Bewerbenden ab bezüglich Cultural Fit, Role Fit, Skill Fit und Gehaltswunsch. Die Bewerbende erhält dieses Feedback direkt per Mail. Zentrale Frage für das Recruiting Panel: Passen Selbst- und Fremdbild? Wie wird mit direktem Feedback umgegangen?

5. Pitch: Die Bewerbende antwortet schriftlich auf das Feedback:

- Was sind meine Erwartungen an die Organisation?
- Welchen Mehrwert glaube ich, einbringen zu können?
- Was will ich in den ersten sechs Monaten erreichen?
- Wie lautet mein Gehaltswunsch abhängig von angestrebter Rolle, Verantwortung, Arbeitszeitmodell?

Bei Unsicherheiten im Gehaltswunsch unterstützt die Rolle People Management, indem sie die Gehaltsbandbreite von Kolleginnen mit einem ähnlichen Profil transparent macht. Nach dem Prinzip der Selbstorganisation kann in der Organisation jedes Teammitglied zu jeder Zeit eine Gehaltserhöhung oder -verminderung für sich selbst vorschlagen. Zentrale Frage für die Bewerbende: Was ist ein passendes Gehalt für meine Rolle und passt es in das Gesamtgefüge?

6. Einwandrunde: Das Recruiting Panel erhält den Pitch mit Gehalts- und Rollenwunsch. Gibt es keine Einwände, wird der Vertrag ausgestellt. Gibt es Einwände, sucht die Rolle People Management (gegebenenfalls mit Einbindung der Bewerbenden) nach Integration.

Zentrale Frage für das Recruiting Panel: Besteht ein Fit bezüglich Person, Gehalt und Rolle(n)?

7. Auswertungsgespräch: Bei Einstellung führen die neue Mitarbeiterin und die Rolle People Management sechs Monate später zum Ende der Probezeit ein Auswertungsgespräch, in dem die Vorhaben, die die Bewerberin im Pitch genannt hat, reflektiert werden.

Dauer: Je nach Tempo der Schritte 1 bis 6 kann der Prozess bis zur Einstellung in drei Wochen durchlaufen werden oder länger dauern.

Vorbereitung: Wenn die Rolle People Management besetzt ist und der Prozess steht, ist keine Vorbereitung nötig.

Staff: Rolle People Management, die den Prozess steuert, Gründungsmitglied, Peer-Kollegin und zweite Rolleninhaberin People Management fürs Recruiting Panel.

Herkunft der Methode: Dieser Hiring-Prozess ist ein Beispiel der Firma EMPAUA (siehe Kapitel 11.3.2). Elena Lange, die ihn in der Rolle People Management entwickelt hat, legte damit den Fokus bei Neueinstellungen auf die Passung von Personen und Kultur/Purpose (Cultural und Purpose Fit) anstatt auf Skill Fit (Passung der fachlichen Kompetenzen). Aus ihrer Erfahrung lassen sich Skills lernen, während die Passung zu Kultur und Purpose entweder vorhanden ist oder nicht.

12.4.1.2 Onboarding Partners

Purpose: Neue Mitglieder an Bord bringen.

Zeitpunkt im Prozess: Bei jedem Einstieg eines neuen Organisationsmitglieds.

Besonderheit: Früher hieß es »Einlernen« oder »Einarbeitung«, wurde von der Vorgängerin übernommen und fand daher oft überhaupt nicht statt, weil diese Person schon das Unternehmen verlassen hatte. Angesetzt waren dafür – so die Annahme – eine bis drei Wochen, dann sei jemand in einer neuen Organisation angekommen. Tatsächlich dauert es rund sechs Monate, bis sich ein Mensch in einer neuen Organisation zurechtgefunden hat. In dieser Zeit lernt er Prozesse, Strukturen und Personen kennen und gewinnt ein Verständnis für die Kultur, das Ökosystem und den Purpose. Ein guter Onboarding-Prozess unterstützt diesen Lernprozess – er begleitet die Person im ersten Halbjahr in die Organisation hinein und hilft auch der Organisation, die neue Person aufzunehmen.

Regieanleitung: Es gibt eine Rolle Onboarding für jede neue Mitarbeitende. Diese Rolle sorgt dafür, dass zum Start die Rollen der neuen Mitarbeitenden inhaltlich und in der Struktur klar sind, dass alle technischen Voraussetzungen erfüllt sind (alle Arbeitsmittel und Zugänge sind vorhanden) und dass ein Arbeitsplatz eingerichtet ist (falls es im Team fixe Arbeitsplätze gibt).

Die erste Woche ist eine »Onboarding Week«, in der die neue Mitarbeitende alle fünf Disziplinen der Organisation kennenlernt: Entscheidungsprogramme, Kommunikation und Entscheidungswege, Kultur, Personen und Ökosystem.

Tag 1: Der erste Tag ist Entscheidungsprogrammen und Personen gewidmet. Die Rolle Onboarding organisiert einen Willkommensworkshop mit dem Team. Sinn dieses Halbtags: Kennenlernen von Kolleginnen und Purpose. Alle Teammitglieder sind dabei und haben die Möglichkeit, sich in Kleingruppen und plenar mit dem persönlichen Purpose und dem Purpose des Teams bzw. der Organisation auseinanderzusetzen. Damit es bei vielen Neuzugängen nicht zur Endlosschleife wird, sorgt die Rolle Onboarding dafür, dass jeder Willkommensworkshop neue Fragestellungen bringt, die auch für das Team untereinander spannend sind.

Tag 2: Der zweite Tag setzt sich mit Strukturen und Prozessen auseinander mit dem Ziel, dass die Neue versteht, wie hier kommuniziert und entschieden wird.

Tag 3: Am dritten Tag geht es um die Organisationskultur mit dem Ziel, dass die Neue einen ersten Eindruck hat, welche expliziten und impliziten Werte und Normen hier Verhalten steuern und wie sich die Kultur in der Geschichte der Organisation herausgebildet hat.

Tag 4: Der vierte Tag bringt das Ökosystem in den Blick: Was sind die relevanten Umwelten des Teams bzw. der Organisation?

Tag 5: Der fünfte Tag findet wieder mit dem Team statt. Die Neue hat die Chance, ihre ersten Eindrücke zurückzuspiegeln: Was fällt aus der Außensicht auf? Was ist mir klar und welche Fragen sind aufgetaucht?

Dann geht es in einem Rollenmarkt darum zu verstehen, wie die Rollen der Neuen ausgestaltet sind (Purpose, Aufgaben, Entscheidungsräume) und wie die anderen Rollen und Verantwortungen im Team verteilt sind. Ziel ist, dass alle Teammitglieder wissen, wer nun wofür verantwortlich ist.

Varianten: Bei größeren Organisationen mit vielen Neuzugängen macht es Sinn, die Tage 2 bis 4 der Onboarding Week als Gruppe zu durchlaufen. Unternehmen mit mehreren Standorten verlängern die Onboarding Week. Sie starten mit Tag 1 im eigenen Team, die Tage 2 und 3 finden gemeinsam mit den Neuzugängen aus anderen Standorten im Hauptsitz statt. Hier geht es um die Gesamtorganisation: Wie sind die Strukturen und Prozesse insgesamt und welche Kultur kann man als Organisationskultur beobachten? Was sind die relevanten Umfelder der Gesamtorganisation? Die Tage 4 und 5 werden wieder in der eigenen Subeinheit abgehalten und vergleicht die Strukturen und Prozesse sowie Kultur und relevante Umfelder vor Ort mit jenen der Mutterorganisation. Am sechsten Tag finden dann die zweite Zusammenkunft mit dem ganzen Team und der Rollenmarkt statt.

Weiterer Prozess: Nach der Onboarding Week trifft sich die Rolle Onboarding regelmäßig (die ersten beiden Monate wöchentlich, Monat drei und vier zweiwöchentlich, Monat fünf und sechs nur noch je einmal) mit der neuen Mitarbeitenden zu einem kurzen Pit-Stop-Gespräch: Wie erlebe ich dich in deinen Rollen und als Person? Wie geht es dir in und mit dieser Organisation? Welche Spannungen sind aufgetaucht? Wo/wie kannst du sie lösen?

Abschluss: Wenn das Ergebnis der Probezeit positiv ist, organisiert die Rolle Onboarding nach sechs Monaten einen zweiten Willkommensworkshop für Neuzugang und Team, in dem gemeinsam der abgeschlossene Onboarding-Prozess gefeiert wird. Damit hat die Rolle Onboarding ihre Aufgabe erfüllt. Je nach Organisation gibt es im Anschluss eine Rolle Mentoring, die die weitere Entwicklungsbegleitung der Person übernimmt.

Dauer: Sechs Monate.

Vorbereitung: Die Rolle Onboarding für die neue Mitarbeitende ist klar. Je nach Standardisierung der Onboarding Week kümmert sie sich um die individuelle Organisation der Tage.

Staff: Rolle Onboarding, Team.

Herkunft der Methode: Wir haben diesen Onboarding-Prozess bei unserer Arbeit mit sinnorientierten Organisationen entwickelt. Geleitet haben uns dabei die fünf Disziplinen, die es Neuankömmlingen ermöglichen, eine Organisation im Ganzen zu begreifen.

12.4.1.3 Partnerinnen auf Probe

Purpose: Im Alltag herausfinden, ob man zueinander passt.

Zeitpunkt im Prozess: Bei jedem Einstieg eines neuen Organisationsmitglieds.

Besonderheit: Probezeit hat ja schon im Namen, dass etwas ausprobiert werden soll. Getreu dem Build-Measure-Learn Prinzip (siehe Kapitel 12.6.1.1) nutzen sinnorientierte Organisationen diese Zeit für Erfahrungslernen und wirkliches Ausprobieren, ob Person und Organisation zueinander passen. Notwendig sind Beobachtung, Feedback und bewusste Auseinandersetzung.

Der Probezeitprozess, den wir hier beschreiben, ist eine Variante bzw. ein Element des Onboarding. Er unterscheidet sich vom vorhergehenden Onboarding-Prozess nur in der unterschiedlichen Rollenbezeichnung und der Frequenz der Feedbackgespräche.

Regieanleitung: Zum Start einer neu mitarbeitenden Person A in der Organisation bekommt sie einen Onboarding Buddy. Diese Rolle fungiert als Mentorin während der ersten sechs Monate, betreut Projekte von A mit, steht A Rede und Antwort und gibt A regelmäßig Feedback auf ihre Rollen und auf sie als Person – anfangs wöchentlich, ab dem zweiten Monat monatlich. Zudem bekommt Person A auch das reguläre Rollenfeedback (siehe Kapitel 12.4.2.1) von ihren Teamverantwortlichen, mit denen sie für jeweils drei Monate Ziele in den Rollen vereinbart und reflektiert. Aufgabe von A ist es, sich im zweiten und im vierten Monat der Probezeit auch Feedback von insgesamt sechs Kolleginnen einzuholen.

Nach drei Monaten trifft Person A die Rolle Partner Development Coach für ein Halbzeitgespräch. Nach fünf Monaten in der Organisation ruft die Rolle Onboarding Captain, die als HR-Funktion das Onboarding insgesamt steuert, ein Panel ein. Im Panel sind die Teamverantwortlichen der Person A, die Rolle Onboarding Buddy, die Rolle Onboarding Captain und eine Person, die A selbst bestimmen kann. Die Panelmitglieder bekommen noch einmal das Proposal, das A vor Start des Jobs geschickt hatte, in dem A beschreibt, was sie in den ersten sechs Monaten in der Organisation erreichen will, und ihren Gehaltswunsch begründet. Die Mitglieder des Panels bewerten dann jede in einem Formular den Cultural Fit, die Performance, das professionelle und persönliche Entwicklungspotenzial und den Gehaltswunsch von Person A.

Auf Basis dieser Einschätzungen trifft die Rolle Onboarding Captain zum Ende der sechs Monate die Entscheidung über das Ergebnis der Probezeit: Angebot einer unbefristeten Anstellung oder Trennung. Im Fall der Trennung bekommt die

Person A einen Monat weiter Gehalt gezahlt, um die Zeit für die Suche einer neuen Beschäftigung nutzen zu können.

Dauer: Sechs Monate.

Vorbereitung: Ein Onboarding Buddy für die betreffende Person sowie ein Formular für die Mitglieder des Panels sind erforderlich.

Staff: Rolle Onboarding Buddy, Rolle Onboarding Captain, Teamverantwortliche, Rolle Partner Development Coach, weiteres Panelmitglied.

Herkunft der Methode: Dieser Probezeitprozess wird so bei EMPAUA genutzt (siehe Kapitel 11.3.2). Er schließt an den Hiring-Partners-Prozess an (siehe Kapitel 12.4.1.1), in dem die Bewerbenden unter anderem ein Proposal schreiben, was sie in den ersten Monaten in der Organisation umsetzen wollen.

Ähnlich wie der Hiring-Prozess bei EMPAUA fokussiert auch der Probezeitprozess auf Entwicklungschancen für die Person – passend zum Purpose der Organisation: » Creating a world where every individual is empowered to constantly grow, by disrupting the way organisations operate while creating the leaders of tomorrow.«

12.4.1.4 Integrativer Wahlprozess

Purpose: Besetzungen von Rollen gemeinsam entscheiden.

Zeitpunkt im Prozess: Wann immer die gewählten Rollen eines Kreises neu zu besetzen sind (zum Ende der Amtszeit oder beim Aufsetzen eines neuen Kreises).

Besonderheit: Dieser Wahlprozess in Holacracy wird nur für bestimmte Rollen, sogenannte »Elected Roles« genutzt. Jeder Kreis wählt die Rollen Facilitator (Moderatorin), Secretary (Protokollantin) und Rep Link (vertritt die Interessen und Bedürfnisse des Kreises im übergeordneten Kreis).

Regieanleitung: Eine Moderation führt durch den Prozess. Sie beginnt mit der Information: Welche Rolle wird gewählt, für welche Amtszeit, was sind die Funktionen der Rolle?

Nun schreibt jede Anwesende auf einen Stimmzettel den eigenen Namen und den Namen der zur Wahl stehenden Kandidatin, die sie am besten für diese Rolle geeignet hält. Alle Mitglieder des Kreises stehen zur Wahl, mit der Einschränkung, dass die Person, die die Rolle »Lead Link« innehat, nicht zu Facilitator oder Rep Link gewählt werden kann (genaue Beschreibung der Rolle Lead Link siehe Kapitel 12.1.2). Jede kann sich auch selbst nominieren. Enthaltung oder Nennung mehrerer Namen sind nicht möglich.

Es gibt keine Diskussion oder Kommentare über potenzielle Kandidatinnen oder Nominierungen. Nachdem alle Stimmzettel abgegeben wurden, liest die Moderation jeden vor und bittet die Nominierende, kurz zu erklären, warum sie diese Person für eine gute Besetzung hält. Wenn alle Nominierungen genannt sind, hat jede die Möglichkeit, ihre Wahl noch einmal zu ändern. Dabei nennt sie auch den Grund, warum sie eine neue Kandidatin gewählt hat.

Nun zählt die Moderation die Nominierungen und schlägt vor, die Kandidatin mit den meisten Stimmen für die vorgegebene Amtszeit zu wählen. Bei einem Gleichstand der Höchststimmzahl gibt es mehrere Möglichkeiten:

- Die Moderation zieht blind eine der beiden Kandidatinnen des Gleichstands und schlägt diese vor.
- Falls die Person, die aktuell die Rolle besetzt, dem Gleichstand angehört, schlägt die Moderation diese Person vor.
- Falls nur eine der beiden Personen des Gleichstands sich selbst nominiert hat, schlägt die Moderation diese Person vor.
- Die Moderation geht zurück zum vorigen Schritt und bittet alle, die jemand anderen als die beiden Kandidatinnen aus dem Gleichstand gewählt haben, ihre Stimme auf eine der beiden zu ändern. Anschließend schlägt sie die Kandidatin mit der höchsten Stimmzahl vor.

Nun beginnt der IDM-Prozess mit der Einwandrunde (siehe Kapitel 12.2.3.1). Wenn die vorgeschlagene Kandidatin anwesend ist, wird sie von der Moderation zuletzt auf Einwände befragt. Wenn Einwände erhoben werden, kann die Moderation diese integrieren oder den Vorschlag unmittelbar nach der Einwandrunde oder zu jedem beliebigen Zeitpunkt der Integration verwerfen. Wenn die Moderation den Vorschlag verwirft, geht sie zur Nominierung zurück und wendet die genannten Regeln an, um stattdessen eine andere Kandidatin für den Vorschlag auszuwählen.

Dauer: Etwa 10 bis 15 Minuten.

Vorbereitung: Eine besondere Vorbereitung ist nicht erforderlich.

Staff: Rolle Moderation.

Herkunft der Methode: Der integrative Wahlprozess stammt aus der Soziokratie und ist Teil des Holacracy-Regelwerks, das Brian Robertson mit seinen Kolleginnen bei HolacracyOne entwickelt hat (Robertson 2016).

12.4.1.5 Wahl der Führungsrollen

Purpose: Besetzung von Führungsrollen gemeinsam entscheiden.

Zeitpunkt im Prozess: Wann immer Führungsrollen neu besetzt werden sollen. In diesem Unternehmensbeispiel wird jedes Jahr neu gewählt.

Besonderheit: In der Soziokratie werden mit der Methode einer offenen Wahl (siehe Kapitel 12.1.1) wichtige Rollen besetzt. Die Idee ist: Wenn Vertreterinnen eines Kreises vom Kreis selbst bevollmächtigt werden, wird sichergestellt, dass die Organisationsstruktur im Konsent gebaut ist. Eine integrative Wahl kann auch für Führungsrollen in klassischen Organisationsformen genutzt werden.

Der demokratisch geführte Softwarehersteller Haufe-umantis AG, der zur Haufe Group gehört, nutzt sie für die Wahl der Führungskräfte durch die Belegschaft. Die Chance dieses Prozesses liegt in der Auseinandersetzung aller mit der zu besetzenden Rolle (was sind die Anforderungen an die Rolle, bezogen auf unsere Ausrichtung und unsere Strategie, und wer kann sie derzeit am besten ausfüllen?) und im Feedback, das ein Wahlprozess für die Kandidierenden bereithält. Eine gewählte Führung genießt das Commitment der Belegschaft. Die Amtszeit ist begrenzt. Dadurch wird der Rollenwechsel in Führungsaufgaben zum Kulturelement.

Regieanleitung: Wir beschreiben hier den Prozess der Führungskräftewahl bei Haufe-umantis. Jährlich werden alle Stellen des Managements von den rund 130 Mitarbeitenden gewählt. Die Wahl findet meistens während eines zweitägigen Strategiemeetings statt, zu dem alle Mitarbeitenden eingeladen sind. Wenn der Termin für die Wahl feststeht, beginnt der »Wahlkampf« – ein mehrwöchiger Prozess mit Vorschlägen für die Stellenbeschreibung, Vorstellung der Kandidatinnen, Meinungsaustausch per Onlinetool und Feedbackrunden.

Online kann jede Mitarbeitende jede Kollegin oder sich selbst für eine Stelle nominieren. Wer nominiert ist, verfasst eine Stellenbeschreibung für die angestrebte Führungsposition: Was will ich in dieser Rolle erreichen? Welche Unterstützung brauche ich dafür vom Team? Die Mitarbeitenden können die Beschreibungen vor der Wahl kommentieren, Fragen dazu stellen oder Kritik äußern. Die Kandidatinnen können auf die Rückmeldungen reagieren und ihre Stellenbeschreibung adaptieren.

Am Tag der Wahl können alle Mitarbeitenden anonym über die Managementpositionen abstimmen. Auf dem digitalen Wahlzettel gibt es sechs Optionen:

- Ja mit voller Zustimmung,
- Ja,
- Ja mit Bedenken,
- extern rekrutieren,
- wir brauchen diese Position nicht,
- Enthaltung.

Für die Auszählung der Stimmen gelten die ersten drei Stimmen (Ja mit voller Zustimmung, Ja, Ja mit Bedenken) als »Ja«, enthalten aber durch ihre Abstufung zusätzliche Botschaften der Wählenden. Die beiden folgenden Optionen (extern rekrutieren, wir brauchen diese Position nicht) gelten als »Nein«. Enthaltungen fließen nicht in die Auswertung ein.

Gewählt ist diejenige Person, die mit den meisten Ja-Stimmen folgende Hürden überspringt: Zustimmung von zwei Drittel des Gesamtteams und zwei Drittel des Teams, für dessen Führung sie kandidiert. Damit wird verhindert, dass das

Team gezwungen ist, mit einer Führungskraft zusammenzuarbeiten, die es selbst nicht mehrheitlich gewählt hat.

Die Erfahrung bei Haufe-umantis zeigt, dass sich für viele Positionen nur eine Kandidatin bewirbt. Wenn eine Führungskraft ihre Arbeit gut macht, gibt es kaum Bedarf für einen Wechsel. Durch die Onlinewahl steht das Ergebnis am Wahltag schnell fest und die Moderation beginnt mit der nächsten Wahl und dem Vorstellen der nächsten Führungsposition.

Das unmittelbare Feedback des Wahlergebnisses und die Kommentare verlangen den Kandidatinnen einiges ab. Manche ist enttäuscht oder betroffen. Daher ist die Entwicklung von Feedbackkompetenz ein wichtiges Element der Weiterbildung in der Organisation. Je hilfreicher Feedback formuliert und genommen wird, umso leichter können sich jene, die abgewählt oder nicht gewählt wurden, wieder ins Team einfinden.

Dauer: Zwei bis drei Stunden dauert das Verfahren bei Haufe-umantis, um die rund zehn Führungspositionen zu besetzen.

Vorbereitung: Im Vorfeld der Wahl läuft online der »Wahlkampf« (siehe oben).

Staff: Eine Moderation führt durch den Wahlprozess.

Herkunft der Methode: Hermann Arnold, Gründer und langjähriger CEO von Haufe-umantis, empfand vor fünf Jahren, dass er nicht mehr die geeignete Person für seinen Posten sei. Andere Kompetenzen waren gefragt, um die Firma in der aktuellen Situation gut weiterzuentwickeln. Er hatte schon einen Nachfolger im Kopf, wollte aber der Belegschaft die Entscheidung überlassen. So schlug er Marc Stoffel als Kandidat vor und ließ den Mitarbeitenden die Möglichkeit, den CEO zu wählen. Marc Stoffel bekam die überwältigende Mehrheit der Stimmen.

Diese Wahl kam bei den übrigen Führungskräften so gut an, dass auch sie sich zur Wahl stellen wollten. Daraus entwickelten sich die jährlichen Führungskräftewahlen. Eine Besonderheit dabei: Kandidatinnen, die aus ihrer Führungsrolle abgewählt oder nicht gewählt werden, bleiben in der Regel im Unternehmen und arbeiten teilweise unter ihrer Nachfolgerin. Vorbild für diesen Wechsel ins Team war Gründer Hermann Arnold. CEO Marc Stoffel bat nach seiner Wahl den Vorgänger, sich weiter aktiv im Unternehmen zu engagieren. Er brauche dessen Kompetenz in der Produktentwicklung.

Der scheidende CEO arbeitete plötzlich unter seinem neuen Chef Stoffel und erlebte in der Rolle des Mitarbeitenden eine andere Art von Führung, als er sie selbst gelebt hatte. Arnold entwickelte aus dieser Erfahrung das Konzept des »Führen und Folgen« (Arnold 2016). Führung sollte agiler werden, je nach Situation sei jemand anderes geeignet für eine Position. Wer eine Führungsrolle wieder verließ, sollte ohne Gesichtsverlust zurück ins Team gehen und die Chance nutzen, unter einer neuen Führung das eigene Führungsverständnis zu erweitern.

12.4.1.6 Firing Partners

Purpose: Sich fair von Mitgliedern trennen.

Zeitpunkt im Prozess: Wann immer eine Trennung im Raum steht.

Besonderheit: Wer kündigt jemanden, wenn es keine Chefs mehr gibt? Und wie kommt eine Organisation zu einer validen Entscheidung, sich von Mitgliedern zu trennen, die im Gesamtsystem mehr Schaden als Nutzen stiften?

Selbstorganisierende Unternehmen feilen an sinnvollen Kündigungsprozessen, die fair, transparent und entwicklungsfördernd sind. Wir stellen hier ein mögliches Beispiel vor, das sich so oder so ähnlich in vielen Organisationen bewährt hat.

Regieanleitung: Ausgangssituation: Eine Mitarbeitende A hat eine massive und nicht lösbare Spannung mit einer Kollegin B.

Phase 1 – Feedback: A ist aufgefordert, in einem ausführlichen Gespräch B Feedback nach dem Prinzip der Gewaltfreien Kommunikation (siehe Kapitel 12.3.3.3) zu geben, um wechselseitiges Verständnis herzustellen und gemeinsam eine Lösung zu finden. Diese Lösung wird schriftlich festgehalten und in einem Gespräch nach einem bis drei Monaten gemeinsam reflektiert. Ändert diese erste Phase nichts an der ursprünglichen Spannung von A, beginnt die nächste Phase.

Phase 2 – Mediation: Hier kommt die Rolle Change Facilitator ins Spiel. Sie kann für eine interne Mediation zwischen A und B gerufen oder gebeten werden, dafür eine externe Mediation zu beauftragen. Die Mediation ist für beide Parteien freiwillig, vertraulich und zukunftsorientiert. Es geht nicht um Beschuldigungen, sondern darum, wie Zusammenarbeit in Zukunft funktionieren kann mit dem Ziel, eine tragfähige Lösung für beide zu finden. Sollte auch die Mediation nicht zu einer Änderung führen, beginnt die nächste Phase.

Phase 3 – Entscheidung: Jetzt ruft die Rolle Change Facilitator ein Panel aus vier Mitgliedern der Organisation ins Leben. Im Panel sind die Teamverantwortliche von B, die Person A, eine Person, die B selbst auswählen kann, und eine Person, die sehr eng mit B zusammenarbeitet.

Jede im Panel füllt ein Formular aus, in dem sie Person B nach Cultural Fit, Role Fit, Performance und Entwicklungspotenzial bewertet. Das Feedback läuft bei der Rolle Change Facilitator zusammen, die auf der Basis des Feedbacks eine Entscheidung trifft, ob die Person in der Organisation bleiben oder gehen soll. Die Mitglieder des Panels können in der Einwandrunde (siehe Kapitel 12.2.3.1) einen Einwand gegen die Entscheidung erheben, den die Rolle Change Facilitator dann versucht zu integrieren.

Falls die Entscheidung auf »gehen« fällt, setzt sich die Rolle Legal Consultant mit Person B zusammen, um zu einer fairen Lösung zu kommen (z. B. Aufhebungsvertrag oder besonderes Agreement). Fällt die Entscheidung auf »bleiben«, gibt es ein Gespräch zwischen B und der Rolle Partner Development Coach.

Dauer: Etwa sechs bis acht Wochen.

Vorbereitung: Erforderlich sind Meditationskompetenz der Rolle Change Facilitator und ein Formular für das Feedback der Panelmitglieder.

Staff: Change Facilitator und Panel aus vier Personen.

Herkunft der Methode: Dieser Trennungsprozess ist bei der Firma EMPAUA entstanden, wo er »Changeprozess« genannt wird (siehe Kapitel 11.3.2). Er bedient sich Elementen von Holacray Apps und Elementen der gewaltfreien Kommunikation nach Marshall B. Rosenberg.

12.4.2 Hohes Level von Fordern und Fördern

12.4.2.1 Rollenfeedback

Purpose: Purpose Fit und Engagement fördern.

Frequenz: Regelmäßig alle zwei bis drei Monate.

Besonderheit: Im Rollenfeedback geht es bewusst nicht um Feedback für die Person wie beim Personal Relation Meeting (siehe Kapitel 12.3.3.4). Gefragt ist ausschließlich Feedback, inwieweit die Person die Rollen bzw. Funktionen ausfüllt, die sie gerade innehat.

Regieanleitung: Die Verantwortliche eines Teams oder Kreises trifft sich regelmäßig (alle zwei bis drei Monate) mit jedem Mitglied für ein Feedbackgespräch zu seinen Rollen bzw. Funktionen. Ziel des Gesprächs ist ein differenziertes Selbst- und Fremdbild auf das Ausfüllen der eigenen Rollen oder Funktionen.

Gemeinsam wird pro Rolle oder Funktion zuerst ein Blick auf die Beschreibung geworfen (Purpose, Aufgaben, Verantwortlichkeiten, Entscheidungsraum). Anschließend notiert und bewertet jede für sich auf einer Skala von 1 bis 10 (1 = minimal, 10 = vollkommen):

1. Inwieweit fülle ich/füllst Du diese Rolle aus?
2. Was glaube ich würde das Team auf diese Frage antworten?
3. Was glaube ich antwortest du auf Frage 1 und Frage 2?

Die Antworten werden abgeglichen und besprochen. Warum siehst du/sehe ich das so? Was gelingt in der Rolle? Was fehlt mir/anderen von dieser Rolle? Wo gibt es Spannungen? Wo liegt Entwicklungspotenzial in der Rolle?

Die Ergebnisse und Entscheidungen werden schriftlich festgehalten.

Dauer: 30 bis 40 Minuten pro Rolle bzw. Funktion.

Vorbereitung: Eine Vorbereitung ist nicht erforderlich.

Staff: Teamverantwortliche oder Lead Link.

Herkunft der Methode: Die Idee des Role Feedback stammt aus dem sozialen

Betriebssystem Holacracy (siehe Kapitel 12.1.2). Wir haben das Format mit systemischen Fragen verfeinert.

12.4.2.2 Working Out Loud

Purpose: Wissen teilen für gemeinsames Lernen.

Zeitpunkt im Prozess: Jederzeit.

Besonderheit: Working Out Loud (WOL) ist vor allem eine Haltung der Zusammenarbeit. Die Kernidee: »Working Out Loud = Observable Work + Narrating Your Work«. Wer seine Arbeit sichtbar macht und andere teilhaben lässt, ermöglicht gemeinsames Lernen. Hier ist nicht gesammeltes Wissen wertvoll, sondern geteiltes Wissen.

Statt der Arbeit im stillen Kämmerlein oder hinter verschlossenen Organisationstüren werden die Ergebnisse und Erfahrungen mit anderen geteilt, damit alle zusammen dabei lernen und besser werden. Zu dieser Grundhaltung gibt es bei WOL eine konkrete Selbstlernmethode: Gemeinsam mit drei bis vier Peers bildet man einen WOL-Circle und durchläuft ein Zwölf-Wochen-Programm. So lassen sich Beziehungen und Netzwerke aufbauen, die helfen, ein Ziel zu erreichen, eine Fähigkeit zu entwickeln oder ein neues Thema zu entdecken. Anstatt zu netzwerken, um etwas zu bekommen, investiert man hier in Beziehungen – durch regelmäßiges Einbringen von Beiträgen und sichtbar machen der eigenen Arbeit und Erfahrungen.

Die Methode: Die 5 Prinzipien von WOL sind:

- Beziehungen (Relationships),
- Großzügigkeit (Generosity),
- sichtbare Arbeit (Visible Work),
- zielgerichtetes Verhalten (Purposeful Discovery),
- wachstumsorientiertes Denken (Growth Mindset).

Kern der Methode ist ein zwölfwöchiges Programm (der sogenannte WOL-Circle), in dem durch verschiedene Übungen (die Circle Guides) die Teilnehmenden in die Lage versetzt werden, ihre Gewohnheiten an die Prinzipien anzupassen:

- Woche 1: Schärfe deine Aufmerksamkeit!
- Woche 2: Biete deine ersten Beiträge an!
- Woche 3: Mach drei kleine Schritte!
- Woche 4: Erlange Aufmerksamkeit!
- Woche 5: Mache es persönlich!
- Woche 6: Werde sichtbar!
- Woche 7: Sei zielgerichtet!
- Woche 8: Mache es zur Gewohnheit!

- Woche 9: Entwickle mehr eigenständige Beiträge!
- Woche 10: Werde systematischer!
- Woche 11: Stelle dir die Möglichkeiten vor!
- Woche 12: Reflektiere und feiere!

Ein WOL-Circle arbeitet selbstorganisiert. Über Zusammensetzung, Terminfindung, Lernen, Zielkontrolle – oder ob die Treffen persönlich oder virtuell stattfinden – entscheidet die Gruppe. Jede Teilnehmende setzt sich selbst ein Ziel und bearbeitet mit diesem Fokus die Übungen der jeweiligen Woche. Eine Agenda leitet durch das Treffen, in dem auch die Ergebnisse der Übungen besprochen werden. Neben Einzel- gibt es auch Gruppenübungen. Viele der Übungen in den WOL-Guides setzen auf digitale Zusammenarbeit und Tools.

Dauer: Das WOL-Programm dauert zwölf Wochen, in denen ein Circle sich eine Stunde pro Woche trifft (virtuell oder persönlich).

Vorbereitung: Notwendig sind drei bis vier andere (z. B. Kolleginnen, Expertinnen, die fürs eigene Tun spannend sind, Mitarbeitende anderer Organisationen), die Lust haben, einen WOL-Circle zu bilden.

Personenkreis und Anzahl: Jede kann Mitglied eines Circles werden, wenn sie bereit ist, die WOL-Prinzipien anzuwenden. Für einen Circle empfehlen sich drei bis vier Teilnehmende.

Herkunft der Methode: Der Begriff »Working Out Loud« wurde 2010 von dem amerikanischen Blogger Bryce Williams in einem Blogpost erläutert (thebryceswrite.com). Bryce Williams griff mit WOL einen Trend auf, den Blogs und soziale Medien gesetzt hatten: Relevant ist, wer bereitwillig sein Wissen teilt und hilft – nicht mehr, wer Wissen hortet und bewacht. Der Berater John Stepper entwickelte die Methode weiter und veröffentlichte 2015 das erste Buch dazu (Stepper 2015). Auf seiner Website www.workingoutloud.com findet man alles zur Methode und zu den Circle Guides. WOL ist Creative-Commons-lizenziert – ganz im Sinn der Methode selbst – und kann frei genutzt und geteilt werden, wenn der Urheber als Quelle zitiert wird.

12.4.3 Potenzial- und Verhaltensdiagnostik

In Kapitel 8.1 »Purpose Fit & Cultural Fit« beschreiben wir, welche Verhaltensmerkmale der Mitglieder in Purpose Driven Organizations hilfreich sind. Um das zum Beispiel bei bei Neueinstellungen oder Rollenbesetzungen miteinzubeziehen, lässt sich Potenzial- und Verhaltensdiagnostik nutzen.

Im Folgenden beschreiben wir eine Auswahl an Analysemethoden, die helfen, ein reichhaltigeres Bild über sich und andere zu bekommen. Sie unterstützen

Selbstreflexion, Erkenntnis und persönliches Wachstum und geben eine valide Basis, um klare Entscheidungen wie »in or out« treffen zu können.

Eine Kompetenz agiler Teams ist Diversität und die Fähigkeit, diese Unterschiedlichkeit zu integrieren. Mithilfe der Diagnostik werden Unterschiede sichtbar und besprechbar. Und zugleich sind es nur Tests, die einerseits professionelle Auswertung brauchen und andererseits nicht zu ernst genommen werden dürfen. Sehen Sie es als interessante Perspektiven, die Selbstreflexion beleben, nicht als »Die Wahrheit über jemanden« an.

12.4.3.1 Belbin-Teamrollen

Purpose: Rollenzusammensetzung des Teams verstehen.

Besonderheit: Dieses Modell geht davon aus, dass sich Menschen durch die Einwirkung verschiedener und sich gegenseitig beeinflussender Faktoren unterschiedlich entwickeln und dass sich dadurch Charakteristika ihres Rollenverhaltens in Teams herausbilden. Es analysiert nicht Persönlichkeit oder Eigenschaften, sondern zu welchen Rollen ein Mensch tendiert.

Der britische Wirtschaftswissenschaftler Raymond Meredith Belbin unterscheidet neun Rollen, die Menschen in Teams einnehmen (Belbin Team Roles). Je heterogener die Rollenzusammensetzung in einem Team, umso leistungsfähiger ist es. Für den Erfolg eines Teams müssen nicht zwingend alle neun Rollen vertreten sein; es gibt Teamrollen, die für den Erfolg des Teams wichtiger sind als andere. Nicht jede Person lässt sich ausschließlich einer Rolle zuordnen, die Übergänge sind oft fließend. Allerdings zeigt das Testverfahren, zu welcher Rolle jemand im Verhalten am meisten tendiert, also welche Rollenpräferenz vorhanden ist. Ist die eigene Lieblingsrolle schon besetzt, nimmt die Person die zweitpräferierte ein usw. Gleichzeitig zeigt das Modell auch, welche Rollen jemand nur sehr ungern einnehmen wird.

Das Belbin-Verfahren im Detail: Ausgangspunkt ist ein Fragebogen zur Selbst- und zur Fremdeinschätzung durch unabhängige Beobachtende. Eine Software wertet die Ergebnisse aus und erstellt Teamrollenprofile für die Einzelnen. Anhand der Einzelergebnisse der Teammitglieder kann das Programm auch das Rollenprofil des Teams ermitteln.

Das Modell unterscheidet neun Teamrollen in drei Kategorien:

1. handlungsorientierte Rollen: Macherin, Umsetzerin und Perfektionistin,
2. kommunikationsorientierte Rollen: Koordinatorin/Integratorin, Teamarbeiterin/Mitspielerin und Wegbereiterin/Weichenstellerin,
3. wissensorientierte Rollen: Neuererin/Erfinderin, Beobachterin, Spezialistin.

Teams arbeiten effektiv, wenn sie aus einer Vielzahl unterschiedlicher Persönlichkeits- und Rollentypen bestehen.

Das Analyseverfahren wird zur Teamentwicklung eingesetzt, es gibt Informationen für den Hiring-Prozess: Welche Teamrollen wären hilfreich für neue Besetzungen? Vor welchen Aufgaben und in welcher Phase ist das Team – was wird jetzt gebraucht? Außerdem kann jedes Teammitglied durch das Feedback des Tests für sich reflektieren: Was sind meine Stärken? Wie trage ich bei?

Im Kollektiv wird besprechbar, wie das Team zusammen funktioniert, wer wie beiträgt, wo Selbst- und Fremdbild abweichen, was die Stärken des Teams im Ganzen sind und wo das Entwicklungspotenzial des Teams liegt.

Herkunft der Methode: Das Modell ist benannt nach seinem Erfinder Raymond Meredith Belbin (Belbin 1993). Der britische Teamforscher begann in den 1970er-Jahren, den Zusammenhang zwischen Teamzusammensetzung und Teamleistung zu untersuchen und entwickelte daraus die Teamrollen.

12.4.3.2 »CAPTain agility«

Purpose: Agile Verhaltensweisen identifizieren.

Besonderheit: Der CAPTain-advanced-Personaltest (Grundlage von CAPTain agility) basiert auf keinem Persönlichkeitsmodell, sondern erhebt Verhaltensmuster in 38 Dimensionen via Paarvergleichsfragen und Selbsteinschätzung.

Die Konstruktion des CAPTain advanced orientiert sich an der Persönlichkeitstheorie des amerikanischen Psychologen Henry Murray, die im Wesentlichen von zwei Begriffen geprägt ist: »Need« und »Press« (Murray, 1938). Murray führte für innere Spannungslagen (Bedürfnisse, Strebungen, subjektive Wünsche und Haltungen) den Begriff »Needs« ein. Dem stehen in der äußeren Welt mannigfache Umweltsituationen und Objekte gegenüber, die bestimmte Anforderungen an die Person stellen und ein dementsprechendes Verhalten von ihr fordern. Den Effekt der Umweltanforderungen auf das Subjekt nennt Murray »Presses«. Murrays Theorie konzentriert sich also auf die Schnittstelle zwischen der Persönlichkeit und den Anforderungen der Umgebung – auf das Zusammenspiel von Mensch und Umwelt.

CAPTain advanced setzt an dieser Schnittstelle an und misst, welche arbeitsrelevanten Verhaltensmuster sich aufgrund der äußeren Anforderungen und der inneren Bedürfnisse und Strebungen herausgebildet haben.

Durch das Konstruktionsprinzip der Paarvergleichsfrage unterbindet CAPTain advanced Antworttendenzen im Sinn der sozialen Erwünschtheit besser als andere Beurteilungsverfahren, da für die Teilnehmenden das theoretische Messkonstrukt nicht nachvollziehbar wird. Der CAPTain advanced ist ein komplexer

Test, der nicht ohne Auswertungsgespräch für Teilnehmende verständlich und nutzbar ist. Er wertet auch Entwicklungspotenziale aus.

Das Verfahren im Detail: Man kann dem Test ein Sollprofil hinterlegen, mit dem die Ergebnisprofile abgeglichen werden. Bei der Personalauswahl oder der Suche nach Talenten in der Organisation lässt sich das gut nutzen. Für die 38 Dimensionen wird dafür jeweils die Anforderung des Zielprofils auf einer Skala zwischen den Polen 1 und 10 festgelegt und auch das Ausschlusskriterium definiert: Wann passt es gar nicht mehr?

Eine neue Version der CAPTain-Potenzialanalyse nennt sich CAPTain agility. Hier ist ein Sollprofil mit den Anforderungen agilen Handelns hinterlegt. Im Vergleich mit dem Ergebnisprofil einer Person gibt es Auskunft darüber, ob das typische Verhalten einer Person im Arbeitskontext zu den Werten und Prinzipien agilen Handelns passt. CAPTain agility erhebt 38 erfolgsrelevante agile Verhaltensaspekte und gliedert sie in vier zentrale Faktoren, die die »agile Reife« von Personen in Teams abbilden: Herausforderungen meistern, Innovationen hervorbringen, im Team arbeiten und Leistungen erbringen. Der Test wird online ausgefüllt und anschließend in einem Coachinggespräch ausgewertet. Die Einzeltests können zu einem Team- oder Organisationsergebnis zusammengeführt werden und ergeben ein Gesamtbild über die agile Reife.

Herkunft der Methode: Der CAPTain-Personaltest wurde 1982 in Stockholm von der Psychologin Ulla Petäjävaara im Auftrag des Personalberaters Bertil Thernström als Tool zur Personalauswahl entwickelt und an der Universität Stockholm approbiert. Das Personalberatungsunternehmen suchte einen computergestützten Test, der die aus ihrer Sicht entscheidenden Faktoren für Erfolg im Beruf erfasst: soziales Verhalten am Arbeitsplatz, Wille zur Leistung und gutes Selbstmanagement. Die damals üblichen Tests bezogen sich nur auf allgemeine Persönlichkeitsgrundzüge. CAPTain ist die Abkürzung für »Computer Aided Personnel Test answers inevitable«. Mit diesem Personaltest kam der erste Test für das konkrete Verhalten im Beruf auf den Markt (Hübschmann/Nagler 2015).

12.4.3.3 STAGES Assessment

Purpose: Vertikale Persönlichkeitsentwicklung diagnostizieren.

Besonderheit: Im Unterschied zu den meisten diagnostischen Verfahren fokussiert das STAGES Assessment auf die vertikale Persönlichkeitsentwicklung. Dahinter steht die Grundannahme, dass sich menschliche Psyche und Bewusstsein auch im Erwachsenenalter über verschiedene Entwicklungsstufen hinweg entwickeln – ähnlich den von der Entwicklungspsychologie gut erforschten Phasen der psychischen Entwicklung vom Kleinkind zum Erwachsenen. Diese in der Integralen Philosophie diskutierten Konzepte (Wilber 2000 und 2006) gehen vor allem auch auf Forschungen des amerikanischen Entwicklungspsychologen Clare Graves (Graves 1974) zurück. Er ging davon aus, dass sich mit jedem evolutionären Entwicklungsschritt des Menschen über die letzten 120.000 Jahre immer wieder neue Weltbilder und Wertesysteme ausgebildet haben, die die bestehenden zwar in sich integrierten, aber über sie hinausgingen, da die Menschen mit neuen Herausforderungen im sozialen Umfeld konfrontiert waren.

Diese im Laufe der Evolution entstandenen Wertesysteme werden laut Graves vom einzelnen Menschen in seiner Persönlichkeitsentwicklung ebenfalls durchlaufen: Die Reifung der Persönlichkeit drückt sich darin aus, dass sich – auch im Erwachsenenalter – das Wertesystem und das menschliche Bewusstsein immer wieder von einer Stufe zur nächsten entfalten können. Mit jeder der Stufen bereichern neue Sichtweisen, Haltungen, Weltbilder die Persönlichkeit, deren Schwerpunkt sich damit verschiebt.

Die amerikanischen Managementberater Don Beck und Christopher Cowan haben Graves' Forschung zum Modell »Spiral Dynamics« ausgebaut (Beck/Cowan 1996). Aus ihrer Sicht entwickelt sich nicht nur individuelles Bewusstsein in einem solchen stufenartigen Prozess, sondern auch das Wertesystem von sozialen Systemen (siehe Kapitel 4.1).

In aller Kürze lassen sich die acht Entwicklungsstufen wie folgt zusammenfassen, wobei den einzelnen Stufen auch Farben zugeordnet werden.

- *Erste Stufe »Überleben« (beige):* Existenzielle Grundsicherung durch Nahrung und Sicherheit oder bei Unternehmen durch Liquidität, die gerade in der Gründungsphase oder in einer Krise entscheidend ist.
- *Zweite Stufe »Stamm« (purpur):* Es bildet sich eine Gemeinschaft wie ein Stamm zum Schutz vor Gefahren von außen. Für Organisationen geht es um die Würdigung ihrer Wurzeln (Lebenslauf der Organisation, Gründerinnen).
- *Dritte Stufe »Egozentrische Macht« (rot):* Macht und Egozentrik dominieren. Für den eigenen Vorteil geht man über Leichen. Organisationen bilden mafiöse Strukturen aus.
- *Vierte Stufe »Mythische Ordnung« (blau):* Der Glaube an Regeln, Gesetze, Werte und Hierarchien bildet sich aus. Treue und Loyalität sind hohe Werte. Organisationen sind patriarchalisch geprägt, Bürokratien und Autoritätsstrukturen werden etabliert.
- *Fünfte Stufe »Leistung« (orange):* Wissenschaft und Materialismus sind im Vordergrund, das Streben nach persönlichem Erfolg, Wissen und Freiheit. Man hört Sätze wie »Jeder kann gewinnen« und »Leistung muss belohnt werden«. Unternehmen stehen im Wettbewerb und arbeiten an immer effizienteren Geschäftsprozessen und funktionalen Strukturen (Querschnittsfunktionen, Matrixorganisation).

- *Sechste Stufe »Sensitives Selbst« (grün):* Multikulturalität, Pluralismus und Diversität werden zentrale Werte. In Organisationen steht das »Wir« im Vordergrund: Teamgeist, Hierarchiefreiheit und Gleichberechtigung. Das ist typisch für soziale Netzwerke und Non-Profit-Organisationen.
- *Siebte Stufe »Integral« (gelb):* Systemisches »Big Picture«-Denken und flexibles Handeln im Umgang mit komplexen Problemen entwickeln sich. Alles wird als in Systemen miteinander verbunden gedacht und in seinem jeweiligen Kontext betrachtet. Aus dieser Perspektive wird es möglich, alle Stufen anzuerkennen und zu integrieren (während die Stufen 1 bis 6 ihre jeweilige Stufe für die einzig Richtige halten).
- *Achte Stufe »Holonisch« (türkis/teal):* Globale Zusammenhänge werden wahrgenommen und alles danach ausgerichtet. Vereinigung von Fühlen und Wissen; multiple Ebenen, verwoben in ein bewusstes System. Eine universelle Ordnung in einer lebendigen, bewussten Weise, die nicht auf äußeren Regeln (blau) oder Gruppenbindungen (grün) beruht.

Die amerikanische Organisationstheoretikerin Terri O'Fallon hat den Ansatz in Richtung eines Diagnoseinstruments für das Wachstum von Personen weiterentwickelt. Terri O'Fallon beschreibt in ihrem Modell STAGES weitere Differenzierungen der einzelnen Ich-Stufen (O'Fallon 2010). Eine Stufe ist ein kohärentes und intern konsistentes Glaubenssystem, das beschreibt, wie eine Person in verschiedenen Lebenssituationen denkt, fühlt und handelt. O'Fallon teilt die Stufen (»Stages«) in vier Ränge (»Floors«) ein:

- der grobstoffliche Rang von der Impulsiven über die Opportunistin bis zur Diplomatin (blau),
- der feinstoffliche, subtile Rang von der Expertin (frühes orange) über die Überfliegerin und Individualistin bis zur Strategin (gelb),
- der kausale Rang von der Konstruktbewussten (türkis) über die Katalysatorin und die Verbinderin bis zur Illuminierten und
- der non-duale Rang vom Meta-Geist zum Über-Geist bis zum Super-Geist.

Im »STAGES Assessment« kann eine Person per Onlinefragebogen analysieren lassen, welche Stufe ihre derzeit dominante Perspektive ist. So wird klar, durch welche Brille sie ihre Erfahrungen deutet und was ihr Handeln, ihr Kommunikations- und Beziehungsverhalten beeinflusst. Stärken, die mit der Stufe verbunden sind, werden herausgearbeitet, genauso wie die persönlichen Schwachstellen. Am Ende stehen konkrete Anregungen für die eigene Weiterentwicklung.

12.4.3.4 PERMA Lead

Purpose: Stärkenorientierung diagnostizieren.

Besonderheit: PERMA Lead ist ein stärkenorientierter Ansatz des »Positive Leadership«. Er wurzelt in der Positiven Psychologie, basiert auf empirischer Forschung und zielt darauf ab, das Wohlbefinden der Mitglieder einer Organisation und damit ihre Leistungsfähigkeit zu steigern. Dazu gibt es viele praktische Übungen – in der Originalversion für Führungskräfte mit ihren Mitarbeitenden.

Wir nutzen PERMA Lead in der Selbstorganisation als Ansatz, der auch bei verteilter Verantwortung funktioniert, da hier jede in Führung ist und die Methode anwenden kann. Es geht nicht um das Mittel zum Zweck – alle glücklich machen, um sie besser auszubeuten –, sondern um den Selbstzweck: »la joie pour la joie«. Schließlich bereitet es privat und beruflich mehr Spaß, mit Freude dabei zu sein und diese mit anderen zu teilen.

Das Verfahren im Detail: Das Modell nimmt fünf Faktoren in den Fokus, die menschliches Wohlbefinden fördern. Sie folgen dem Akronym PERMA.

- **P**ositive Emotionen: Je mehr ein Mensch in der Lage ist, sich seine positiven Emotionen bewusst zu machen, und je mehr positive Emotionen er über den Tag hinweg empfindet, desto größer ist sein Wohlbefinden.
- **E**ngagement: Je länger und je öfter ein Mensch in dem, was er tut, aufgeht, also in einen »Flow-Zustand« kommt (Mihály Csíkszentmihályi 2014), desto größer ist sein Wohlbefinden.
- **R**elationships: Positive zwischenmenschliche Beziehungen sind ein wesentlicher Faktor für menschliches Wohlbefinden. Je positiver unsere Beziehungen zu Mitmenschen, Familie, Kolleginnen und Freundinnen sind, desto besser fühlen wir uns.
- **M**eaning: Je mehr Sinn ein Mensch in seinem Tun und seinem Leben erkennt, umso größer ist sein Wohlbefinden. Sinn meint hier: Etwas, das dem Ganzen eine über das eigentliche Tun hinausgehende Bedeutung gibt.
- **A**ccomplishment; Je mehr ein Mensch Erfolg hat mit dem, was er tut, und je mehr er das auch bewusst als Erfolgserlebnis wahrnimmt, umso größer ist sein Wohlbefinden. Dabei geht es darum, Erfolge, die wir haben, tatsächlich als solche zu erkennen und in den Fokus unserer Aufmerksamkeit zu rücken. Nicht der Erfolg ist entscheidend, den ein Mensch hat. Der Unterschied besteht darin, ob jemand den eigenen Erfolg bewusst feiert – nur abhaken und zum nächsten übergehen, sorgt nicht für Wohlbefinden.

Psychologinnen konnten in Studien zeigen, dass Menschen, die ein hohes PERMA haben, besonders viel Leistung erbringen. Es gibt eine eindeutige Korrelation von PERMA und Leistungsfähigkeit.

In hierarchischen Organisationen wurde dafür der Führungsansatz PERMA Lead entwickelt, der die Aufgabe bei den Führungskräften sieht. In der Selbstorganisation müssen Rollen geschaffen werden, die dafür sorgen, dass es die Organisation den Mitgliedern ermöglicht, ihr PERMA zu »nähren« – wenn sie das möchten.

Folgende Elemente schaffen den PERMA-Boden einer Organisation:

1. ein Sinnangebot durch einen starken Purpose,
2. Community Space, der Beziehungen stärkt,
3. klare Kommunikations- und Entscheidungswege, die Spannungen lösen lassen,
4. ein angemessenes Anspruchsniveau der Arbeit, also weder Unter- noch Überforderung, um Flow zu ermöglichen (sinnlose Routinetätigkeit, die als langweilig empfunden wird, oder permanente Unterbrechungen der Arbeit verhindern Flow; wenn Einzelne selbst steuern, was sie tun, und ihrer Neugier nachgehen können, entsteht schneller Flow),
5. Kulturelemente wie Erfolge feiern (z. B. mit einer spontanen Büro-Polonaise oder einer Erfolgsglocke, die anschlägt, wem etwas Tolles gelungen ist) und den Blick auf positive Emotionen lenken (zum Beispiel mit einem »Dankbarkeits-Check-in«).

Herkunft der Methode: Die Grundidee entstand aus der einfachen Frage: Was fördert menschliches Wohlbefinden? Die amerikanische Psychologie hat Ende der 1990er-Jahre auch diese Blickrichtung eingenommen. Damals wurde Martin Seligman Präsident des amerikanischen Psychologieverbandes und kritisierte, dass sich Psychologie über 100 Jahre hauptsächlich mit psychischen Erkrankungen beschäftigt hatte. Wie die Medizin hatte die Psychologie keine gute Beschreibung für psychische Gesundheit. Nach Seligman musste psychische Gesundheit doch mehr sein als die Abwesenheit von Krankheit.

Mit seinem Team griff er den vom amerikanischen Psychologen Abraham Maslow eingeführten Begriff der Positiven Psychologie (Maslow 1954) wieder auf und konzentrierte sich auf die Erforschung dessen, was psychische Gesundheit ausmacht und was das Wohlbefinden von Menschen stärkt (Seligman 2014). 2016 hat der Wiener Organisationspsychologe Markus Ebner das Modell von Martin Seligman um den Faktor »Lead« erweitert (www.ebner-team.com).

12.4.3.5 SIZE-Prozess

Purpose: Kommunikationsstile verstehen.

Besonderheit: SIZE-Prozess ist ein Verfahren aus der Persönlichkeitsdiagnostik, das auf der Transaktionsanalyse beruht und mit Elementen der Bioenergetik verbunden ist. Damit unterscheidet es sich von tradierten Verfahren, die noch auf einem überholten Persönlichkeitsmodell beruhen.

Diagnostische Verfahren wie MBTI oder Insights basieren auf dem Persönlichkeitsmodell von C.G. Jung, also auf der Vorstellung, es gäbe eine konsistente, stabile Persönlichkeit. Die Psychologie hat sich von dieser Vorstellung entfernt und geht davon aus, dass Persönlichkeit in hohem Maß kontextbezogen und damit veränderbar ist. Das lässt sich im SIZE abbilden. Der Test hat außerdem den Vorteil sehr leichter Verständlichkeit – um den Preis der Vereinfachung.

Das Verfahren im Detail: SIZE unterscheidet sechs verschiedene Kommunikationsstile: aktiv, analytisch, einfühlsam, kreativ, ruhig und werteorientiert. Das Modell geht davon aus, dass jeder Mensch über alle Stile verfügt, aber sie in unterschiedlich starkem Maß nutzt. Durch den SIZE-Test lassen sich die eigenen bevorzugten Kommunikations- und Wahrnehmungsstile erkennen: Zugänge zu Aufgaben- und Problemlösungen, Talente, Stärken und Potenziale, Bedürfnisse, Motivation, Arbeitszufriedenheit, Verstimmungs- und Stressmuster.

Vergleicht man die eigenen mit den bevorzugten Stilen der Teammitglieder, wird vielleicht plötzlich erkennbar, warum es mit jener Kollegin so schwierig ist oder mit jener anderen so einfach. Ähnliche Kommunikationsstile wie kreativ und aktiv harmonieren, während einfühlsame und wertorientierte Gegenüber es eher schwer miteinander haben. Mit dem Bewusstsein über diese Unterschiede lassen sich Wege finden, sie zu überbrücken. Die SIZE-Auswertung gibt auch eine Entwicklungsperspektive: Wo lohnt es sich, das Potenzial eines wenig genutzten Kommunikationsstils zu heben? Damit hilft der SIZE-Test, bewusster und effektiver zu kommunizieren und zusammenzuarbeiten.

Der Test funktioniert über Onlinebefragung mit Selbstauskunft-Fragebogen. Die schriftliche Auswertung ist für Praktikerinnen gut verständlich. Sie kann in einem Auswertungsgespräch mit einem SIZE-Coach besprochen werden. Durch seinen konstruktivistischen Zugang beschreibt SIZE die Kommunikationsstile als Wahrnehmungsbrillen. In der Auswertung geht es darum, sich diese Brillen bewusster zu machen, um prüfen zu können, inwieweit sie in den unterschiedlichen Kontexten angemessen sind. So lässt sich im Alltag spielerisch ausprobieren, einmal durch verschiedene Brillen auf eine Situation zu schauen.

Wie der CAPTain-Test (siehe Kapitel 12.4.3.2) hat auch der SIZE-Prozess jetzt ein Agilitätsprofil entwickelt, mit dem sich die Agilität eines Teams oder einer Organisation durch die Gesamtauswertung der Einzeltests diagnostizieren lässt. Dabei wird organisationale Agilität anhand von acht relevanten Kompetenzen gemessen:

- Vertrauen und Kommunikation auf Augenhöhe,
- Improvisation, Lernen und Veränderung,
- Beziehungen, Zusammenarbeit und Netzwerke,

- Innovation und Strategie,
- gezieltes Erhalten organisationaler Energie,
- positive organisationale Energie,
- Talente- und Kompetenzmanagement,
- Leadership und Management.

Dieses Agilitätsprofil soll als Grundlage dienen, um daraus gemeinsam Handlungspotenziale für die Weiterentwicklung zur agilen Organisation abzuleiten.

Herkunft der Methode: Im Jahr 2000 begannen die Beratenden Hannes Sieber und Fritz Zehetner das Persönlichkeits- und Kommunikationsmodell zu entwickeln. Die Anfangsbuchstaben ihrer Nachnamen wurden zum Namen für das Modell SIZE. Sie nutzten dafür wissenschaftliche Erkenntnisse der Tiefen- und humanistischen Psychologie, der Transaktionsanalyse und klassische Modelle der Entwicklungspsychologie (Zehetner 2017).

12.4.4 Gehaltsfindung und Gehaltsentwicklung

Purpose: Gehälter gemeinsam festlegen und anpassen.

Zeitpunkt im Prozess: Beim Neueinstieg von Mitarbeitenden und regelmäßig zur Gehaltsentwicklung.

Besonderheit: Von den unterschiedlichsten Formen von Gehaltsfindungs- und Gehaltsveränderungsprozessen reißen wir hier sechs an, um das Spektrum der Möglichkeiten zu zeigen. Einen davon beschreiben wir im Detail. Allen Gehaltsprozessen geht es darum, geteilte Verantwortung und damit geteiltes Unternehmerinnentum auch an der sensiblen Stelle Gehälter zu realisieren.

Über Jahrzehnte war Gehalt in Unternehmen eine Sache, die nach einer Verhandlung zwischen Mitarbeitender und Vorgesetzter hierarchisch von oben entschieden bzw. an Arbeitgeberverbände und Gewerkschaften delegiert wurde. Diese haben in Tarifverträgen Gehaltsstrukturen und Gehaltshöhen festgelegt, die für die Unternehmen den Handlungsrahmen bildeten. In Unternehmen mit Betriebsräten wurde diese Gehaltspolitik mit innerbetrieblichen Gehaltsrunden ergänzt. Die implizite Annahme bei einer Gehaltspolitik ohne Betriebsrat oder Gewerkschaft war, dass Mitarbeitende möglichst viel für sich herausschlagen wollten und dass Vorgesetzte versuchen würden, möglichst wenig zu zahlen. Das Ergebnis unternehmerischer wie tariflicher Gehaltspolitik war ein Kompromiss, der oft Unzufriedenheit hinterließ.

In Organisationen, die auf Vertrauen und Selbstverantwortung basieren und auf der Annahme, dass jedes Mitglied mit positiver Intention dabei ist, kann auch Gehalt selbstverantwortlich bestimmt werden. Dieser Gehaltsprozess regt die Selbstreflexion an (welchen Beitrag bringe ich in die Organisation?). Durch das

Feedback der Kolleginnen entstehen offene Diskussionen. So werden Selbstreflexion und Feedbackkultur geübt und das Vertrauen ineinander kann wachsen. Start-ups, die ihr Team von Universitäten anwerben und gleich in diesem Modus starten, haben es da leichter als gewachsene Unternehmen, die aus dem alten Gehaltsmodell in ein neues wollen. Für die ehemals Entscheidenden heißt es zu vertrauen, dass die Mitarbeitenden bei ihren Forderungen auch die Organisation im Blick haben, und für die Mitarbeitenden heißt es, sich mutig in einen transparenten Prozess zu begeben und immer wieder neu ein stimmiges Gehalt für sich und die anderen zu überlegen und einzufordern.

Kein Wunder, dass dieses gemeinsame Lernen zu einer permanenten Weiterentwicklung der Gehaltsprozesse führt. Organisationen, die wachsen, sehen sich beim Sprung über 100 Mitarbeitende vor der Frage: Wie können wir jetzt noch mit voller Transparenz und Peer-Feedback alles gemeinsam entscheiden? Daraus resultiert die Annahme, dass gemeinsame Gehaltsfindung eine natürliche Grenze in der Unternehmensgröße habe. Andererseits zeigen Konzerne wie der dm-drogerie markt mit über 40.000 Mitarbeitenden in Deutschland, dass auch in dieser Größe gemeinsame Gehaltsfindung in den Teams möglich ist.

Variante 1: Einkommensfindungsprozess

dm-drogerie markt (siehe Kapitel 11.1.1) nennt den Gehaltsprozess »Einkommensfindungsprozess«. Dabei berät das Team in der Filiale, welche Einkommen für die jeweilige Lebenssituation der Teammitglieder angemessen und gerecht sind. Je nach Bedürfnissen und Potenzial – welche Perspektiven kann jemand aufgrund seiner Fähigkeiten einnehmen? – entsteht so eine gemeinsame Empfehlung des Teams an die Verantwortlichen. Die Bedingungen sind: Der geltende Tariflohn darf nicht unterschritten werden, es muss wirtschaftlich leistbar sein und braucht die Akzeptanz der Arbeitsgemeinschaft (Arbeitsgemeinschaft ist die dm-interne Bezeichnung für das Gesamtunternehmen).

Die Teams achten darauf, ob eine oder mehrere im Team besondere Bedürfnisse haben. Eine Frau, die das dritte Kind bekommen hat, benötigt mehr als der Kollege, dessen jüngstes Kind gerade ausgezogen ist. Ideal wäre, dass die zur Verfügung stehenden Einkommen im Sinne einer Bedarfs- bzw. Bedürfnisgerechtigkeit so verteilt werden, dass es den Bedürfnissen aller gerecht wird – gemeint sind damit keine Luxusbedürfnisse.

Auch die acht Geschäftsführenden für »dm Deutschland« sitzen in regelmäßigen Abständen zum Einkommensfindungsprozess zusammen. Das Ergebnis ist transparent nachvollziehbar. Sie machen damit den gleichen Prozess wie jedes Filialteam. Eine Filialleiterin beschreibt: »Für die neuen Mitarbeiter ist es anfangs sehr ungewohnt. Sie sind es gewohnt, dass alles verdeckt und versteckt ist und Geld durch Sympathie und Antipathie verteilt wird. Wir zeigen ihnen, dass es auch anders geht und dass es gelingt, den Prozess so zu gestalten, dass jeder zufrieden hinausgeht.«

Variante 2: gemeinsame Entwicklung des Gehaltsprozesses

In der Ökofrost GmbH (siehe Kapitel 11.4.2) wurde das Gehaltssystem von allen Mitarbeitenden gemeinsam entwickelt und seither jedes Jahr überprüft. Es setzt sich aus den Komponenten Basisgehalt, Betriebszugehörigkeit, Ausbildung, Erfahrung und Verantwortung zusammen.

Auch das Unternehmen soulbottles (siehe Kapitel 11.2.2), beschließt die Gehaltsstruktur im Konsent; soulbottles ist holakratisch organisiert. Der Prozess findet im General Company Circle statt, zu dem gewählte Vertreterinnen aus jedem Mitarbeitenden-Level dazu kommen. Ein Vorschlag zur Gehaltsstruktur wird ausgearbeitet, präsentiert, gemeinsam diskutiert und am Ende durch einen IDM-Prozess (siehe Kapitel 12.2.3.1) entschieden. »Die Struktur wird mitgetragen, einfach dadurch, dass alle beteiligt sind und dass alles transparent ist«, beschreibt ein Mitarbeitender seine persönliche Erfahrung.

Variante 3: Prämiensystem durch Mitarbeitenden-Aktienindex

Das Hotelier-Ehepaar Kobjoll legt Wert auf Transparenz und Mitsprache der Mitarbeitenden in der Unternehmensführung. Die 70 Angestellten ihres Tagungshotels Schindlerhof bei Nürnberg heißen »Mitunternehmende«. Die Kobjolls entwickelten mit einer Fachhochschule den »MAX Mitarbeiteraktienindex«. In dem computergestützten Feedbacksystem bewerten die Mitunternehmenden jeden Monat ihre Leistung in 20 Kategorien selbst, z. B. eingebrachte Ideen, Engagement in Projekten, Pünktlichkeit oder Weiterbildung. Wie an der Börse steigt oder fällt der Kurs der Einzelnen, der Teams und des Gesamtunternehmens.

Im Schindlerhof werden die Prämien entsprechend der Zuwachsraten der Aktienwerte vergeben. Wer die besten Werte des Monats erreicht, fährt als Extra zwei Wochen kostenlos Cabrio. Wenn eine Teamleitende die Leistung eines Mitglieds ganz anders einschätzt als seine Selbstbewertung, gibt es ein Reflexionsgespräch über die unterschiedlichen Wahrnehmungen.

Ziele von MAX sind die regelmäßige Selbstreflexion der Mitarbeitenden, Transparenz, wo die Gesamtorganisation steht, und eine valide Datenbasis für Gehaltsgespräche und für gerechte Prämienverteilung. Seit Einführung von MAX hat das Unternehmen ein deutliches Umsatzplus, die Identifikation und Eigenverantwortung der Mitunternehmenden ist ebenso gewachsen. Die Fehltage sind gesunken, mehr Ideen werden eingebracht und die Mitunternehmenden nutzen deutlich mehr Weiterbildungsangebote.

Variante 4: Gehaltsstufen und Gewinnverteilung

Viele Organisationen, die Holacracy als Betriebsmodell nutzen, in denen jede Mitarbeitende als »Partnerin« auch Miteigentümerin ist, arbeiten mit folgendem Gehaltsmodell: Sie unterscheiden bis zu sechs verschiedene Gehaltsstufen (»Tiers«). Je nach Berufserfahrung und Expertise schlagen neue Mitglieder der Organisation, unterstützt von Peer-Feedback und Einwandrunde (siehe Kapitel 12.2.3.1), die für sie passende Stufe vor. Höhere Stufen mit mehr Expertise und Erfahrung bekommen ein höheres Gehalt. Mit zunehmender Erfahrung oder Weiterbildung kann ein Mitglied den Wechsel in eine höhere Stufe für sich vorschlagen.

Bei der Auszahlung werden Einheiten unterschieden. Es gibt fixe Einheiten und eine monatliche Verteilung der Gewinne, die als Vorabgewinnentnahme vergleichbar mit einem Fixgehalt regelmäßig ausbezahlt wird. Es folgen Einheiten, die als latenter Gewinn im Unternehmen bleiben und mit Zinsen verteilt werden, sobald ein gewisser Gesamtumsatz, Deckungsbeitrag oder Liquiditätswert erreicht ist. Weitere Einheiten werden ausgezahlt oder als »Aktien« unter den Mitgliedern verteilt, wenn nach Jahresabschluss der tatsächliche Gewinn über dem prognostizierten liegt. Mit den Aktien als Anteile an der Organisation ist keine Steuerungsautorität verbunden.

Variante 5: selbstbestimmtes und transparentes Gehaltssystem

In der Hamburger Kreativagentur »elbdudler« diskutieren Mitarbeitende, die ihr Gehalt ändern wollen, das Anliegen im Kreis mit einem Geschäftsführer, einer Teamleitenden, einer Personalerin und einer bis zwei Kolleginnen eigener Wahl. Als Orientierungshilfe dient dabei eine Gehaltstabelle, in die sich die rund 120 Mitarbeitenden faktisch nach Gewerk, Level (Junior, Intermediate, Senior) und Berufsjahr einordnen lassen können. Außergewöhnliche Leistungen und damit verbundene individuelle Einordnungen in die Tabelle finden in den Gehaltsgesprächen Raum. Entschieden wird dann im Konsens. Wenn der noch nicht gefunden ist, wird ein Folgegespräch anberaumt.

Jede Mitarbeitende führt zum Einstieg in die Firma dieses Gespräch, um sich ins neue System einzuordnen und kann jederzeit wieder das Gespräch suchen, wenn sie den Eindruck hat, dass die automatische jährliche Gehaltserhöhung um 3,5 Prozent ihrer Leistung nicht angemessen ist, vielleicht auch, weil sie im Level steigen möchte. Die »Elbdudlerinnen« schätzen an diesem Prozess die Fairness, das Verhindern von (Gender-)Gaps und dass individuelle Lösungen dennoch möglich sind. Zugleich sei es herausfordernd, sich selbst zu reflektieren und in die Tabelle einzuordnen. Außerplanmäßige oder von Lebenslauf und Berufserfahrung abweichende Einstufungswünsche brauchen valide Argumente.

Variante 6: Gehaltsprozess bei EMPAUA

Auch die Mitarbeitenden der Salesforce-Beratung EMPAUA (siehe Kapitel 11.3.2) genießen hohe Entscheidungsautorität. Sie bestimmen nicht nur ihre Urlaubszeit selbst, sondern auch ihr Gehalt, allerdings auch hier nach einem transparenten und entwicklungsförderlichen Peer-Feedback-Prozess.

Regieanleitung: Es gibt die Rolle Salary Advisor und für jede Mitarbeitende der Organisation die Möglichkeit, sich mit dem Wunsch einer Gehaltsveränderung an diese Rolle zu wenden. Die Mitarbeitende A, die ihr Gehalt verändern will, schickt ein Pre-Assessment-Formular an drei Kolleginnen ihrer Wahl. Die Kolleginnen bewerten die Person A in Fragen zu den Kernwerten der Organisation im Arbeitskontext (z. B. Feedbackkompetenz, Lernbereitschaft, Arbeitsqualität, Selbstmanagement) jeweils auf einer Skala von 1 (= basic) bis 4 (= expert). Die letzte Frage lautet: Welche Gehaltsspanne würdest du für Person A vorschlagen?

Person A nutzt das Feedback als eine erste Indikation, was ihre Peers für ein passendes Gehalt bzw. einen passenden Gehaltssprung halten. Der nächste Schritt ist eine Selbstevaluation von Person A zu ihren aktuellen Rollen in der Organisation und ein daraus folgender Gehaltsvorschlag. Es geht darum, die eigenen Erfolge und Misserfolge in den Rollen schriftlich zu reflektieren, zu beschreiben, was man in diesen Rollen in den nächsten sechs bis zwölf Monaten erreichen möchte, was man als Person in der Organisation anstrebt, welche Stärken und welche Entwicklungsfelder man bei sich persönlich sieht. Das letzte Statement nennt dann aufgrund des Erreichten und Angestrebten den konkreten Gehaltsvorschlag. Es ist auch möglich, eine Gehaltsreduktion für sich vorzuschlagen, sollte A den Eindruck gewinnen, dass Kolleginnen für das gleiche Gehalt viel mehr beitragen.

Die Rolle Salary Advisor setzt ein Panel aus vier Personen zusammen, die mit Person A gearbeitet haben und Feedback geben können. Sie sind aufgefordert, schriftlich detailliert Feedback zur Selbstevaluation zu gehen und zum Gehaltsvorschlag Stellung zu nehmen, damit ein umfassendes Bild entsteht. Die Rolle Salary Advisor stellt das Feedback für Person A zusammen.

A legt als nächsten Schritt die finale Zahl ihres Gehaltsvorschlags fest und schickt es als Mail an alle Organisationsmitglieder. In einer Einwandrunde (siehe Kapitel 12.2.3.1) haben alle die Möglichkeit, einen Einwand vorzutragen, der von der Rolle Salary Advisor integriert wird. Werden keine Einwände genannt, ist das neue Gehalt akzeptiert.

Dauer: Etwa drei Monate.

Vorbereitung: Erforderlich sind die Rolle Salary Advisor und ein Onlineformular für das Pre-Assessment und für das Self-Assessment.

Personenkreis und Anzahl: Die Rolle Salary Advisor, drei Peers und ein Panel aus vier Personen.

12.5 Werkzeuge für die vierte Disziplin: superflexible Vertrauenskultur

12.5.1 Organisationale Glaubenssätze verändern

Purpose: Tiefsitzende kulturelle Prägungen verstehen und Veränderung initiieren.

Zeitpunkt im Prozess: Kultur ist ein Schlüsselhebel für Purpose Driven Organizations. Umso wichtiger ist es, Kultur permanent zu reflektieren und an ihr zu arbeiten. Wenn es um die Veränderung hin zu Purpose Drive geht, sollte die Auseinandersetzung mit Glaubenssätzen, die die Kultur prägen, gleich zu Beginn geführt werden. So wird deutlich, wo Hebel und wichtige Ansatzpunkte sind.

Besonderheit: Reflexion von Glaubenssätzen ist interessant, um Kultur zu reflektieren, bewusster zu machen und damit zu »verflüssigen«. Nicht nur Personen, auch Organisationen haben Glaubenssätze oder – wie Luhmann sagen würde – »unentscheidbare Entscheidungsprämissen« (siehe Kapitel 3.5). Sie können der Grund sein, warum die Einführung neuer Tools oder Techniken in Organisationen kläglich scheitert. Diese Glaubenssätze sind unbewusste Überzeugungen, die im System wirken und Verhalten steuern, ohne dass es den Beteiligten bewusst wäre.

Ein Beispiel ist der Glaubenssatz »Transparenz schränkt persönliche Autonomie ein«. Solange er wirksam ist, wird zum Beispiel die Einführung von Holacracy schwierig. Die unbewusste Furcht vor Autonomieverlust konterkariert Transparenz. In einer Art Spiel gehen die Beteiligten den organisationalen Glaubenssätzen auf die Spur, hinterfragen, welchem Verhalten sie zugrunde liegen und wie sie dieses Verhalten bewusst mit neuen Praktiken verändern können. So kann sich über die Zeit auch ein neuer hilfreicherer Glaubenssatz im System entwickeln und damit auch die Kultur schrittweise verändern.

Regieanleitung: Eine Rolle Spielleitung führt durch die Phasen des Spiels.

In *Spielphase 1* erhält jede eine Liste der Glaubenssätze und markiert ein Ranking der drei aus ihrer Sicht wirksamsten Glaubenssätze in der Organisation. Die Leitfrage lautet: Wie sehr richten wir unser Verhalten willentlich oder unwillentlich entsprechend diesem Glaubenssatz?

Das organisationsjüngste Mitglied trägt seinen stärksten Glaubenssatz vor. Jede hat sieben nummerierte Bewertungskarten und entscheidet sich für eine Zahl, die beschreibt: Wie sehr richten wir als Organisation aus meiner Sicht unser Verhalten willentlich oder unwillentlich entsprechend diesem Glaubenssatz? Bewertet wird von 1 (trifft gar nicht zu) bis 7 (trifft vollständig zu).

Auf Zeichen der Moderation werden alle Karten umgedreht. Die Spielende mit der höchsten und jene Spielende mit der niedrigsten Bewertung geben ihre Begründung für die Bewertung an (zusammen in maximal drei Minuten). Jede in der Gruppe bewertet dann mit den neuen Erkenntnissen die Passung des Glaubenssatzes zum eigenen Unternehmen erneut. Sie kann auch bei der ursprünglichen Einschätzung bleiben. Die Moderation ermittelt den Durchschnittswert. Liegt er bei 4 oder höher, wird davon ausgegangen, dass der Glaubenssatz besteht. Wenn er besteht, geht es weiter in Spielphase 2.

Spielphase 2 beginnt mit einem Brainstorming: Welche Praktiken und Strukturen sind in der Organisation zu finden, denen der zur Diskussion stehende Glaubenssatz zugrunde liegt? Sobald eine Praktik identifiziert ist, stellt sich jede die Frage: Wie sehr trifft die Einschätzung zu, dass diese Praktik einen Zusammenhang mit diesem Glaubenssatz hat. Bewertet wird von 1 (trifft gar nicht zu) bis 7 (trifft vollständig zu). Liegt der Wert bei 3 oder höher, geht es weiter mit Phase 3.

In *Spielphase 3* folgt eine offene Diskussion: Wie wirkt die Praktik genau, wie wird sie aktuell angewendet? Was könnten wir tun, um sie wirkungslos zu machen? Was wäre stattdessen entwicklungsfördernd? Welchen neuen organisationalen Glaubenssatz würde das nähren?

Jetzt kann die Gruppe ein Experiment beschließen: Was machen wir ab jetzt in unserem Alltag neu oder anders? Woran werden wir merken, dass es gelingt? Das Vorhaben wird notiert und auch, zu welchem Zeitpunkt eine gemeinsame Evaluation der Wirkung stattfindet.

Dann geht es wieder in Spielphase 1 mit dem nächsten Glaubenssatz.

Dauer: Je nach Gruppengröße und Anzahl der Runden dauert das Spiel etwa eine bis drei Stunden.

Vorbereitung: Zur Vorbereitung kümmert sich die Moderation um eine Liste mit Glaubenssätzen. Dazu kann als Inspiration die Liste in Mark Poppenborgs Artikel dienen (Poppenborg 2016). Hier sind typische Glaubenssätze mechanistisch geprägter Unternehmen zu finden. Wer den Eindruck hat, dass die eigene Organisation schon weit weniger traditionell geführt ist, kann jene auswählen, die dennoch zutreffen könnten, und eigene Sätze hinzufügen, die möglicherweise auch wirksam sind. Außerdem werden Bewertungskarten von 1 bis 7 für jede Mitspielende benötigt.

Personenkreis und Anzahl: Mitspielen können alle, die an der Reflexion organisationaler Glaubenssätze interessiert sind, zum Beispiel ein Führungsteam oder ein Team. Es empfiehlt sich, mit maximal sechs Personen zu spielen, um in einem passenden Zeitrahmen zu bleiben. Ist die Gruppe größer, funktioniert es im Fishbowl-Prinzip: Sieben Spielende sitzen innen, der Rest sitzt im Außenkreis und beobachtet. Mittels Zeichen kann nach einer Runde in den Innenkreis getauscht werden.

Herkunft der Methode: Marc Poppenborg von intrinsify.me hat das Spiel unter dem Namen »Play Change« mit seinen Kolleginnen entwickelt. Es wird als Kartenspiel verkauft, kann aber auch selbst gebastelt und gespielt werden. Wir erleben die Erstellung einer eigenen Liste mit Glaubenssätzen als hilfreich.

12.5.2 Abstraktionsleiter

Purpose: Denkprozesse reflektieren, vorschnelles Beurteilen vermeiden.

Zeitpunkt im Prozess: Jederzeit und in jeder Phase eines Denkprozesses oder Austauschs.

Besonderheit: Die Abstraktionsleiter (»Ladder of Inference«) veranschaulicht den Ablauf menschlicher Denkprozesse und lädt ein, sie bewusst zu reflektieren. Sie dient dabei als Rahmen, um bewusst zu unterscheiden zwischen Beobachtungen, die bereits der selektiven Wahrnehmung unterliegen, zwischen der Interpretation ihrer Bedeutung und zwischen den damit verbundenen Annahmen. All diese Faktoren haben Einfluss darauf, welche Schlüsse eine Person zieht, zu welchen Überzeugungen sie kommt, und damit auch, wie sie handelt.

Die Abstraktionsleiter kann genutzt werden, um Gedankengänge zu reflektieren und die dahinterstehenden Interpretationen und Annahmen bewusst zu machen. So lässt sich anderen das eigene Denken vermitteln und erläutern, warum man zu bestimmten Schlussfolgerungen und Entscheidungen kommt.

Auch die Entscheidungen und Gedankengänge anderer Personen werden verständlicher und nachvollziehbarer. In allen Fällen erleichtert die Abstraktionsleiter die distanziertere Betrachtung eigener oder fremder Gedanken. Das kann hefen, vorschnelle Bewertungen zu vermeiden, Situationen unvoreingenommener zu betrachten und (unbewusste) Überzeugungen, Annahmen und Denkmuster sichtbarer zu machen.

Regieanleitung: Die Abstraktionsleiter (vergleiche Abb. 23, S. 310) wird genutzt, indem man von unten nach oben Sprosse um Sprosse hinaufklettert:

1. Welche Daten, Fakten und Erfahrungen über die Situation liegen vor? Was würde eine Videokamera real aufzeichnen? Welche objektiven Daten wurden wirklich wahrgenommen und sind in den Gedankengang eingeflossen (selektive Wahrnehmung)?
   Beispiel: Es ist 12:10 Uhr. Ich sitze allein in einem Lokal. Für 12 Uhr war ein Essenstermin mit einem Kollegen im Kalender eingetragen.
2. Wie wurden die Daten interpretiert? Welche Bedeutung und welchen Sinn wurde ihnen aufgrund persönlicher oder kultureller Prägungen zugeschrieben?
   Beispiel: Der Kollege ist verspätet. Das Meeting wird wohl nicht stattfinden. Oder: Der Kalendereintrag ist vielleicht nicht mehr aktuell oder falsch eingetragen. Oder: Das ist nicht ungewöhnlich, da Meetings bei uns meist eine Viertelstunde später beginnen.
3. Welche Annahmen wurden auf Basis dieser Interpretationen getroffen?
   Beispiel: Wenn sich der Kollege verspätet, muss ihm etwas passiert sein. Er ist sonst immer überpünktlich. Oder: Der Eintrag im Kalender ist bestimmt nicht

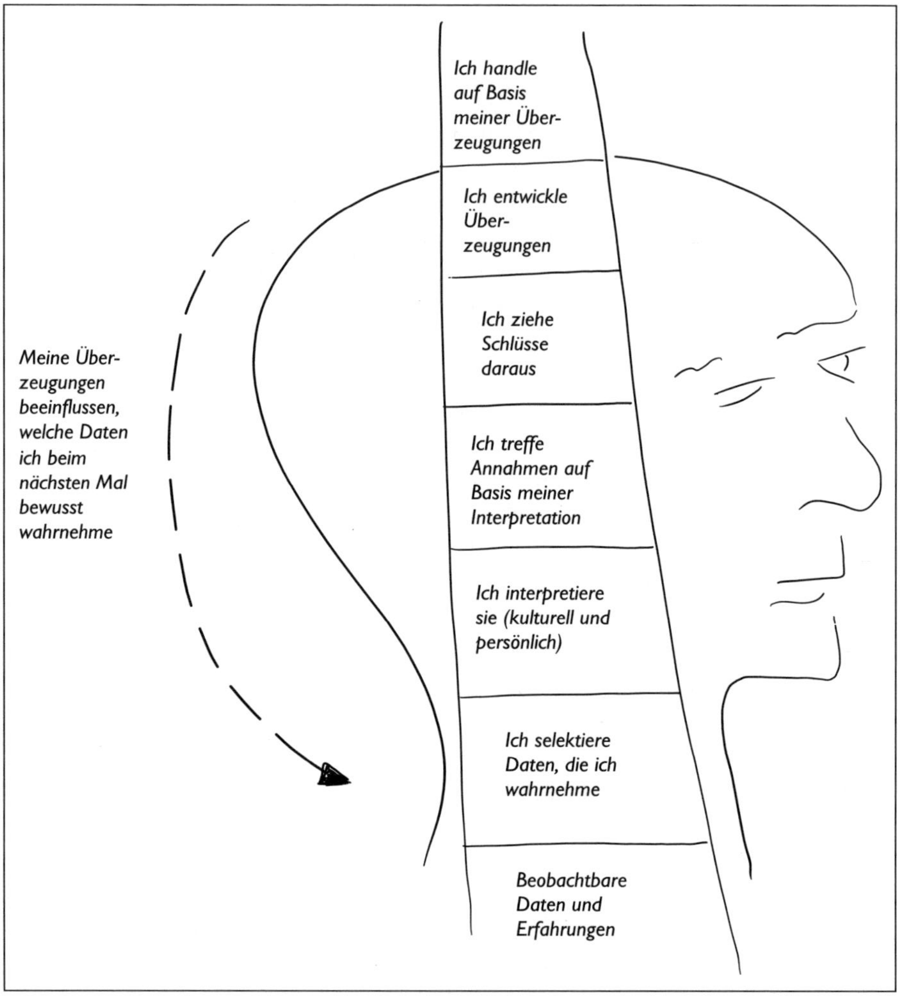

Abb. 23: Die Abstraktionsleiter menschlichen Denkens (nach Senge et al. 1994, S. 243)

richtig. Mein Smartphone spielt schon seit Tagen verrückt. Man kann sich einfach nicht auf die Technik verlassen. Oder: Er wird sicher bald kommen. Das ist typisch für unsere Meetingkultur.

4. Welche Schlussfolgerungen werden daraus gezogen?
   Beispiel: Ich sollte ihn anrufen und, wenn ich ihn nicht erreiche, die Polizei verständigen. Oder: Ich sollte die Termineinträge überprüfen. Oder: Ich sollte noch ein wenig warten und mir die Zeit versüßen.
5. Welche Überzeugungen entwickeln, verstärken oder relativieren sich basierend auf diesen Schlussfolgerungen?

Beispiel: Das Leben in der Stadt ist stressig und gefährlich. Ständig passiert etwas oder kommt einem dazwischen. Oder: Technik ist unzuverlässig. Man sollte darauf verzichten. Oder: Unsere Meetingkultur ist eine Katastrophe. Zuspätkommende sollten die Drinks der Wartenden bezahlen müssen.

6. Welche Entscheidungen und Handlungen wurden auf dieser Basis getroffen? Beispiel: Ich rufe ihn an und erkundige mich, ob es ihm gut geht. Oder: Ich nehme mein Notebook und prüfe die Termineinträge. Oder: Ich bestelle mir einen Drink und entwickle Ideen für ein Governance Proposal »Konsequenzen des Zuspätkommens zum Meeting«.

Indem Sie sich fragen, was Sie denken und warum Sie es denken, wird es möglich, das eigene Denken und Handeln besser zu verstehen und Denkmuster zu erkennen. Folgende Fragen können Sie für eine weiterführende Reflexion nutzen:

- Auf welcher Sprosse der Leiter ist mein Denkprozess derzeit angelangt?
- Warum komme ich zu diesen Schlussfolgerungen? Welchen Anteil haben bereits bestehende Annahmen und Überzeugungen daran?
- Wieso komme ich überhaupt zu diesen Annahmen? Woher kommen Sie? Sind sie in dieser Situation hilfreich und angemessen?
- Welche Daten habe ich nicht oder nur wenig wahrgenommen? Was könnte ich noch wahrnehmen, wenn ich meine Annahmen für einen Augenblick fallen ließe?
- Welche anderen Interpretationen wären auch möglich gewesen?
- Welche eigenen Denkmuster sind erkennbar? Was ist typisch für mein Denken, Entscheiden und Handeln?
- Wie könnte ich das anders machen?

Dauer: 15 bis 30 Minuten.

Vorbereitung: Eine Vorbereitung ist nicht erforderlich. Hilfreich ist ein sichtbares aufgehängtes Bild der Abstraktionsleiter.

Personenkreis und Anzahl: Die Reflexion kann allein, mit einer Sparringspartnerin oder in einer Gruppe durchgeführt werden. Thema der Reflexion können individuelle Gedankengänge oder Ereignisse, Entscheidungen oder Kommunikationen im Team oder einer Gruppe sein.

Herkunft der Methode: Der Organisationspsychologe Chris Argyris hat die Ladder of Inference entwickelt, um Denk- und Lernprozesse von Individuen und Teams zu unterstützen. Bekannt wurde sie vor allen durch die Veröffentlichung in Peter Senges Bestseller »Fifth Discipline Fieldbook«(Senge et al. 1994).

12.6 Werkzeuge für die fünfte Disziplin: Co-Evolution im Ökosystem

12.6.1 Interaktive Produktentwicklung

Langfristiges Planen bis in Projektdetails oder das Entwickeln neuer Produkte im stillen Kämmerlein, damit die Konkurrenz nichts ahnt – das mag einmal funktioniert haben. Perfektions- und Planungsanspruch in der Entwicklung und im Projektmanagement scheitern heute an Umfeldern, die sich rasant verändern, und daran, dass die Nutzerinnen außer Acht bleiben.

Während sich das Ingenieursteam mit viel Geld und Zeit in die Entwicklung zurückgezogen hat, ist anderswo schon ein Produkt mit noch besseren Features auf den Markt gekommen. Die deutsche Ingenieursleistung, die eine Industrie international bekannt gemacht hat, läuft Gefahr, über den eigenen Anspruch zu stolpern. Bis die Pläne alle ausgetüftelt sind, die Budgets freigegeben, das Team aufgestellt, das Produkt entwickelt, fertiggestellt und bis ins letzte Detail verfeinert ist, ist der Zug am Markt längst abgefahren.

Viele Organisationen reagieren und übernehmen agile Verfahren der Softwareentwicklung in ihre Organisation. Wir zeigen hier vier Beispiele agiler Entwicklung als Co-Evolution im Ökosystem.

12.6.1.1 Build-Measure-Learn

Purpose: Produkt- oder Geschäftsideen schlank explorieren und erproben.

Zeitpunkt im Prozess: Bei jeder Produkt-, Service- oder Ideenentwicklung.

Besonderheit: Build-Measure-Learn ist eine Feedbackschleife, die schnell und kostengünstig herausfindet, wie erfolgreich ein Produkt, eine Dienstleistung oder eine Idee bei Kundinnen ist. Die Methode versucht, das Risiko und die Kosten einer Produktentwicklung zu vermeiden, für die sich anschließend niemand interessiert.

Build-Measure-Learn fokussiert darauf, was Kundinnen begeistert annehmen (vergleiche Abb. 24). Sie passt gut in Umfelder, die sich schnell verändern und damit ein hohes Risiko für aufwendige Entwicklung und Forschung bergen, und wo sich Kundinnen ihrer genauen Bedürfnisse (noch) nicht bewusst sind. Build-Measure-Learn eignet sich nicht für Projekte, die eine geringe Fehlertoleranz haben oder die schon vielfach erfolgreich umgesetzt wurden.

Regieanleitung: Das Modell besteht aus vier Phasen und der Richtungsentscheidung.

1. Idee: Was könnte nach unserer Ansicht erfolgreich sein? Welche Produktidee wollen wir testen? Was ist unsere Hypothese dazu (z. B. »Studierende brau-

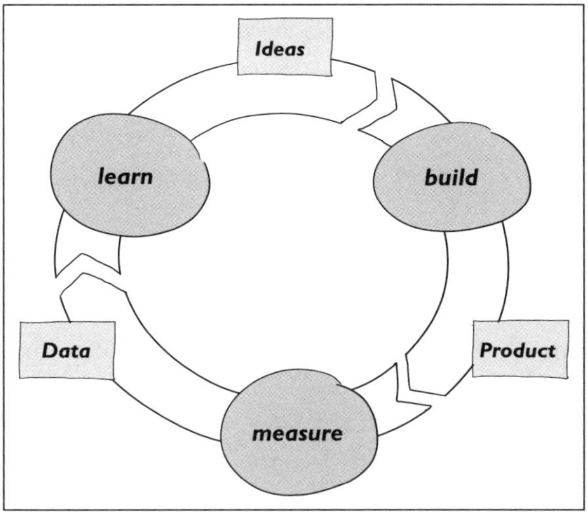

Abb. 24:
Das Build-Measure-Learn-Modell (nach Ries 2011, S. 75)

chen eine Rückmelde-App, die sie an rechtzeitige Rückmeldung ins neue Semester erinnert«)? Was messen wir, um unsere Hypothese zu prüfen und wie sammeln wir diese Daten am besten?

2. Build: Ein Minimum Viable Product (MVP) wird gebaut, um die Hypothese an Kundinnen zu testen. Keine Ingenieursleistung, sondern die Minimalversion mit der sich die Idee an der Zielgruppe testen lässt.

Das kann ein ganz einfacher Prototyp, eine Startwebsite, ein kurzes Teaser-Video oder eine Slideshow der Idee sein. Entscheidend ist, dass die Kerneigenschaften des Produkts rüberkommen und sich überzeugte Kundinnen schon für den Kauf entscheiden würden. Dann folgt der Test an der Zielgruppe und das Sammeln der Daten.

3. Measure: Jetzt wird das Ergebnis ausgewertet. Hat sich die Hypothese bestätigt? Ist das Interesse der Zielgruppe groß genug, damit sich eine Weiterentwicklung lohnt? Zeigen die Daten, dass sich rund um die Idee ein nachhaltiges Geschäft aufbauen ließe?

4. Learn: Es liegen jetzt genug Daten vor, um eine stichhaltige Richtungsentscheidung zu treffen: Preserve or Pivot – weitermachen oder korrigieren.

Preserve bedeutet: Auf in die nächste Feedbackschleife. Ziel ist das stetige Verfeinern und Anpassen der Produktidee an die Bedürfnisse der Zielgruppe. Das Produkt wird einen Schritt weiterentwickelt und nach dem gleichen Prinzip getestet. Dann stellt sich wieder die Frage – Preserve or Pivot?

Pivot bedeutet: Der Test hat die Hypothese nicht bestätigt. Anstatt in dieser Richtung weiterzumachen, nutzt das Team die gesammelten Daten und schwenkt um. Es kann die Zielgruppe oder den Vertriebskanal ändern (Customer-Segment Pivoting oder Channel Pivoting), sich auf einen einzigen Aspekt des Produkts konzentrieren (Zoom-in Pivoting) oder einen Aspekt in ein anderes Produkt integrieren (Zoom-out Pivoting).

Dauer: Je nach Anzahl der nötigen Schleifen von einem bis zu einigen Monaten.

Vorbereitung: Für den Prozess ist ein festes Team notwendig und vorab die Klarheit, welches Budget zur Verfügung steht und wie viele Testschleifen leistbar sind.

Herkunft der Methode: Das Modell stammt aus Eric Ries' Lean-Start-up-Ansatz (Ries 2011).

12.6.1.2 Scrum

Purpose: Agiles Maßschneidern komplexer Lösungen auf den Kundinnenbedarf.

Zeitpunkt im Prozess: Von Beginn an zur Projektsteuerung.

Besonderheit: Ähnlich wie die Build-Measure-Learn-Methode funktioniert Scrum, das als Vorgehensmodell für agile Softwareentwicklung konzipiert wurde, iterativ, empirisch und inkrementell.

Der Ansatz war, dass Entwicklungsprojekte zu komplex sind, um vorab im Ganzen geplant werden zu können. Viele der Anforderungen und Lösungsansätze ergeben sich erst unterwegs. Scrum schafft dafür Etappen und Zwischenziele. Nicht nur das Produkt, auch die Planung entwickelt sich iterativ und inkrementell.

Der langfristige Plan (Product Backlog) wird permanent verfeinert und verbessert. Der Detailplan (Sprint Backlog) wird jeweils nur für den nächsten Zyklus (Sprint) erstellt. Damit wird die Projektplanung auf das Wesentliche fokussiert. Hochqualifizierte und interdisziplinär besetzte Entwicklungsteams haben eine klare Zielvorgabe und sind für die Umsetzung vollständig selbst verantwortlich. Das soll den Freiraum schaffen, um Wissens- und Kreativitätspotenzial des Teams zu heben.

Regieanleitung: Vor Beginn des Sprints sammelt die Rolle »Product Owner« die Anforderungen von Anwendenden an das Produkt. Mit diesem Product Backlog trifft sie das Entwicklungsteam und die Rolle »Scrum Master«.

Im ersten Schritt wählt das Team die wichtigsten Produkteigenschaften und ein Ziel für den Sprint, im zweiten Schritt wird daraus mit dem Scrum Master ein Sprint Backlog erstellt. Während des Sprints (eine bis vier Wochen) wird im Daily Scrum des Teams das Sprint Backlog und die Liste der Hindernisse und noch offenen Entscheidungen aktualisiert. Ergebnis jedes Sprints ist ein fertiges Teilprodukt.

Nun werden Produkt, Anforderungen und Vorgehen überprüft und im nächsten Sprint weiterentwickelt.

Dauer: Eine bis vier Wochen pro Sprint, Anzahl der Sprints für eine Produktentwicklung je nach Anzahl der Teilprodukte.

Vorbereitung: Besetzen der Rollen, Sicherstellen von Ressourcen und ungestörtem Arbeiten (z. B. ein fixer Ort für das Team und für Meetings mit Boards für Product Backlog, Sprint Backlog, Blocks List und Burn-Down-Chart, das die geschaffte und noch verbleibende Arbeit visualisiert).

Personenkreis und Anzahl: Drei bis neun Entwicklerinnen, ein Srcum Master, ein Product Owner. Für mehr Entwicklerinnen werden mehrere in Scrum-Logik koordinierte Scrum Teams benötigt, sogenannte Scaled Agile Frameworks.

Herkunft der Methode: Der Begriff Scrum stammt von den Organisationstheoretikern Ikujirō Nonaka und Hirotaka Takeuchi (Nonaka/Takeuchi 1995). Er ist dem Rubgy entlehnt, wo Scrum das Gedränge bezeichnet, was besonders erfolgreiche Produktentwicklungsteams beschreiben soll. Diesen kleinen, selbstorganisierten Teams wird von außen nur eine Richtung vorgegeben. Die Teams entscheiden selbst über die Strategie, wie sie das gemeinsame Ziel erreichen.

Der Softwareentwickler Ken Schwaber entwickelte gemeinsam mit Jeff Sutherland Scrum als Mehode und schrieb 2001 mit anderen das Agile Manifest (Schwaber et al. 2001). Schwaber gehörte zu den ersten, die Bücher über Scrum veröffentlichten (Schwaber 2008).

12.6.1.3 Innovation Sprint

Purpose: Schnell neue Lösungen entwickeln.

Zeitpunkt im Prozess: Wann immer ein Problem eine innovative Lösung benötigt oder als regelmäßiges Innovationsformat (wöchentlich bis monatlich).

Besonderheit: Innovationsmeetings gibt es bereits in vielen Unternehmen als festes Format, um komplementär zum Alltagsgeschäft eine Innovationskultur zu etablieren, die nicht nur jährlich in extern moderierten Workshops stattfindet. Um diese Kultur zu schaffen, wird die Logik des täglichen Geschäfts bewusst unterbrochen. Hilfreich ist dafür, den Raum zu wechseln, einen Zeitraum zu wählen, an dem keine Verpflichtungen fürs Tagesgeschäft bestehen, und gute Innovationsformate zu nutzen (z. B. Design Thinking, Metaplan, Brainwriting, Design Sprint, Mindmapping, Open Innovation, 6-3-5-Methode). Wirkungsvoll werden Innovationsmeetings, wenn sie regelmäßig stattfinden und anschließend an die Ideenkreation auch auf Umsetzung fokussiert wird (z. B. im Prototyp Laborideen ausprobieren und mit wenig Aufwand in der ersten Version als Minimum Viable Product an Kundinnen testen und Feedback für die nächste Testschleife integrieren).

Wir beschreiben hier ein Beispiel eines Innovationsmeetings, das viele unserer Kundinnen übernommen haben. Der Charme sind die Kürze und die Produktivität. Die klare Vorwärtsbewegung und das strikte Einhalten des Zeitrahmens (Timeboxing) bringen schnell gute Ergebnisse. Der Fokus wird durch das Voting hergestellt, das nach den Eröffnungsphasen immer wieder zuspitzt.

Regieanleitung: Die Moderation leitet den Sprint und achtet sehr genau auf die Zeiteinheiten.

1. Problemraum-Mapping: Teilnehmende notieren/zeichnen ihre aktuellen Herausforderungen auf Post-it® Notes an die Metaplanwand. Es entsteht eine Landkarte der aktuellen Herausforderungen des Teams: Wofür wollen wir innovieren bzw. Lösungen generieren? Die Map wird nur erstellt, nicht vorgestellt. Zeitbedarf: 30 Minuten.

2. Erstes Voting: Jede betrachtet die Map und wählt individuell per Klebepunkt die Herausforderung, die sie als am wichtigsten bewertet. Die Moderatorin wählt das meist bepunktete Problem als Aufgabe für den Sprint. Zeitbedarf: zwei Minuten.

3. Lösungsskizze in Einzelarbeit: Teilnehmende entwerfen in Einzelarbeit erste Lösungsskizzen auf einem A4-Blatt oder auf einem Flipchartpapier. Dies geschieht bewusst als Solo, nicht im Plenum. Die Innovationsforschung zeigt, dass Gruppenarbeit in dieser Phase weniger ergiebig ist als fokussierte Einzelarbeit in der Gruppe. Teilnehmende in individueller Anstrengung innerhalb der Wettbewerbssituation einer Gruppe laufen eher zu Hochform auf und liefern bessere Ergebnisse, als es die Gruppe zu diesem Zeitpunkt im Plenum schafft. Zeitbedarf: 20 Minuten.

4. Crazy Eights: Teilnehmende falten ein A4-Blatt dreimal, so dass acht Felder darauf entstehen. Die Moderatorin gibt das Startsignal für die folgenden acht Minuten. Teilnehmende haben pro Feld eine Minute Zeit, eine Variation ihrer Lösungsskizze zu zeichnen/zu notieren. Jede entwirft so acht Varianten der eigenen Lösungsskizze. Zeitbedarf: acht Minuten.

5. Auswahl der Topskizzen: Jede wählt aus der eigenen Skizze eine Variation aus. Was ist die beste Lösung? Was würde ich gern weiterverfolgen? Zeitbedarf: eine Minute.

6. Feindesign: Jede macht aus ihrer Auswahl eine detaillierte und ausformulierte Lösungsskizze auf einem Flipchart. Zeitbedarf: 30 Minuten.

7. Lösungsgalerie: Finale Skizzen werden auf den Metaplanwänden sichtbar gemacht. Die Moderatorin bekommt mündlich oder schriftlich kurze Briefings von jeder. Alle gehen stumm durch die Galerie und schauen sich die Ergebnisse an (Museumsatmosphäre). Jede hat zehn Klebepunkte, um damit besonders attraktive Stellen in Lösungsskizzen zu markieren. So entsteht eine »Heatmap«. Zeitbedarf: fünf Minuten.

8. Vorstellung der Skizzen: Die Moderatorin und bewusst nicht die Teilnehmenden stellen die Skizzen vor, um das Voting nicht durch persönliche Sympathien/Antipathien oder Präsentationsskills zu beeinflussen. Sie lässt sich in der Vorstellung von der Heatmap leiten, das heißt, sie geht besonders auf die als relevant empfundenen Punkte ein und lässt Skizzen oder Teile, die keine Punkte haben, eher außer Acht. Die Teilnehmenden notieren währenddessen Kurzkritik auf Post-it® Notes und kleben sie nach jeder Vorstellung dazu. Zeitbedarf: 40 Minuten.

9. Finales Voting: Jede hat einen Klebepunkt, um die eine Lösung, die sie gern weiterverfolgen würde, zu wählen. Zeitbedarf: zwei Minuten.

10. Supervote: Die Entscheiderin des Teams (z. B. CEO, Geschäftsführung, Teamleiterin, Projektleiterin, Projektownerin) hat einen andersfarbigen Klebepunkt, um die Supervote zu treffen. Ihre Entscheidung für die Lösung, die das Team weiterverfolgt, ist bindend. Das Prinzip ist »decent but commit«: Es geht nicht darum, dass sich alle für eine Lösung entscheiden, sondern darum, dass sich das Team zur Entscheidung committet, für die die Leadrolle die Verantwortung trägt. Zeitbedarf: eine Minute.

Dauer: 140 bis 150 Minuten.

Vorbereitung: Die Teilnehmenden brauchen keine Vorbereitung.

Setting: Heller Raum mit vier bis fünf Metaplanwänden.

Material: 25 DIN-A4-Blätter oder halbierte Flipchartblätter, Post-it® Notes, Stifte, mindestens 100 Klebepunkte einer Farbe, ein Klebepunkt in anderer Farbe.

Personenkreis und Anzahl: Bestehendes Team oder Querschnittsteam auch mit Fach- oder Bereichsfremden, um auch ganz andere Zugangsweisen einzuladen. Der Innovation Sprint funktioniert am besten mit zehn Personen.

Herkunft der Methode: Unser Kollege Gregor Tobeitz hat den Innovation Sprint erfunden. Es ist seine Abwandlung des Google® Design Sprints, der im Original fünf Tage dauert. Die Idee war, mit einem kurzen Format erlebbar zu machen, wie viel ein Team in kurzer Zeit entwickeln kann.

12.6.1.4 Design Thinking

Purpose: Innovative Lösungen entdecken und erproben.

Zeitpunkt im Prozess: Wann immer ein Problem eine innovative Lösung benötigt.

Besonderheit: Design Thinking ist eine Problemlösungsmethode für komplexe Fragestellungen, die sich an der Arbeit von Designerinnen orientiert – eine Kombination aus Verstehen, Beobachten, Ideen finden, Verfeinern, Ausführen und Lernen. Es ähnelt agilen Techniken wie Scrum und Build-Measure-Learn, durch die klaren Prozessschritte, ihre Visualisierung und das iterative Vorgehen, schnell einen Prototypen zu bauen, gleich zu testen und anhand des Feedbacks weiterzuentwickeln.

Design Thinking lebt von der Buntheit des Teams. Es geht darum, möglichst interdisziplinär auf ein Problem zu schauen und dadurch ganz neue Lösungen zu entwickeln. Oft sind auch Nutzende Teil des Teams. Die Methode ist derzeit sehr beliebt.

Regieanleitung: Der Design-Thinking-Prozess hat fünf Phasen.

Verstehen: Das Team versucht durch Fragen und Zuhören zu verstehen, worum es eigentlich geht. Was ist das Problem? Was sind die Wünsche der Nutzenden bezogen auf ein Produkt, einen Prozess oder eine Dienstleistung? Was spielt mit hinein?

Definieren: Das Team analysiert die gesammelten Daten und legt eine Aufgabenstellung fest, die aus der Perspektive der Nutzenden das Problem definiert.

Ideen sammeln: Das Team sammelt alle Ansätze für eine Lösung. Wie können wir dabei die Bedürfnisse der Nutzenden maximal berücksichtigen?

Prototyp entwickeln: Das Team entwickelt ein Minimum Viable Product – eine Lösung, die man mit minimalem Aufwand testen kann. Wie können wir ein minimal funktionsfähiges Produkt entwickeln?

Testen: Das Team testet diesen Prototyp an möglichen Kundinnen bzw. Nutzerinnen und holt sich unmittelbares Feedback.

Anhand dieses Feedbacks geht es in die nächste Schleife: Der Prototyp wird verworfen oder weiterentwickelt, getestet, das Feedback wiederum eingearbeitet usw., bis die Testpersonen zufrieden sind und das Ergebnis als Lösung präsentiert werden kann.

Dauer: Je nach Aufgabe kann der Prozess von zwei Stunden bis zu fünf Tagen angesetzt werden.

Vorbereitung: Es lohnt sich, eine professionelle Moderation zu buchen, die Material für die Visualisierung und den Prototypenbau mitbringt und die einen Raum entsprechend ausstattet, um eine kreative und inspirierende Atmosphäre zu schaffen.

Personenkreis und Anzahl: Möglichst diverses (bezüglich Kriterien wie persönliche Hintergründe, Erfahrungsschätze, Professionen, Geschlecht) und interdisziplinär zusammengesetztes Team. Ein Design-Thinking-Prozess funktioniert am besten mit vier bis sechs Personen.

Herkunft der Methode: Design Thinking wurde in den 1980er-Jahren an der Stanford University entwickelt und wird seither weltweit über die Designagentur IDEO vermarktet. Im deutschsprachigen Raum bildet die HPI School of Design Thinking seit 2007 in der Methode aus und hat so für die Verbreitung gesorgt (Plattner/Meinel/Weinberg 2009). Mittlerweile gibt es unterschiedlichste Anbieterinnen der Methode (Gerstbach 2016). Was alle gemein haben, ist die Interdisziplinarität und die klar getrennten und visualisierten Prozessschritte.

12.6.2 Community Space

Purpose: Beziehungen stärken.

Zeitpunkt im Prozess: Wöchentlich, monatlich, manche Formate nur jährlich – Hauptsache überhaupt und regelmäßig.

Besonderheit: Community-Space-Meetings sind notwendig, um neben dem professionellen Fokus auf Rollen, die zusammenarbeiten, bewusst Raum für die Personen zu schaffen und die persönliche Verbindung im Team zu stärken. Viele Organisationen, die selbstorganisiert arbeiten, machen die Erfahrung, dass das Stärken der persönlichen Beziehungen hilft, in den Rollen spannungsfreier zusammenzuarbeiten.

Der jährliche Betriebsausflug, den traditionell viele Unternehmen dafür veranstalten, reicht nicht aus, um diesen persönlichen Raum für die Gemeinschaft zu entwickeln. Es eignen sich je nach Organisationskultur unterschiedlichste Formate zum Beispiel After-Work-Drink, gemeinsame Ausflüge, Teambrunch, Family Day, Women Circle, ein firmeninternes Airbnb oder Sportteam. Wir stellen fünf Beispiele vor, die wir als funktional und lustvoll erleben.

12.6.2.1 Family Summer

Regieanleitung: Alle Mitglieder der Organisation (bei kleinen Organisationen) oder des Teams sind eingeladen, ihre Kinder zu einem gemeinsamen Arbeitsurlaub mitzubringen. Der jeweils zweite Elternteil hat für die Zeit frei. Die Mitarbeitenden treffen sich an einem schönen Ort (z. B. Haus am Meer), das die Organisation anmietet, und erprobt, wie Familien- und Arbeitsleben integrierbar sind. Es wird gemeinsam gekocht, gespielt und gefeiert. Die Erwachsenen wechseln sich in der Kinderbetreuung ab, um die anderen »freizuspielen« für Arbeitssessions allein oder in Gruppen.

Dauer: Drei bis sechs Tage.

Vorbereitung: Organisation des Ferienhauses, der Anreise und eventueller Bedürfnisse der Familien (z. B. Kinderbetten, Lebensmittelunverträglichkeiten, Allergien).

Personenkreis und Anzahl: Alle Mitglieder eines Teams oder einer kleinen Organisation, maximal 20 Personen plus Kinder.

Herkunft der Methode: Wir haben den Family Summer bei der Firma Summer kennengelernt, daher der Name. Da sich der Sommer am besten eignet, weil die Kinder lange Schulferien haben und bei warmem Wetter am leichtesten im Freien spielen können, fanden wir ihn auch für andere Organisationen passend. Die Summers haben die externen Beziehungspartnerinnen bewusst nicht eingeladen, um nicht Gefahr zu laufen, dass diese dann in der Kinderbetreuung enden, während das Team arbeitet. Sie sollen auch ihren Urlaub genießen können.

12.6.2.2 Dinner Date

Regieanleitung: Die Organisation (bei kleinen Organisationen) oder das Team treffen sich an einem inspirierenden Ort außerhalb für einen spannenden Abend mit zwei Impulsgebenden. Es geht darum, Menschen zu treffen, die von etwas ganz Anderem absolut begeistert sind. Eingeladen sind jeweils zwei Gäste aus zwei voneinander verschiedenen Themenfeldern, zwischen denen ein Link besteht (z. B. ein Künstler, der das Interface einer Banking-App entwickelt, und eine FinTech-Start-up Gründerin).

Bei einem gemeinsamen Essen oder Kochen lernt das Team die Gäste kennen und umgekehrt. Ziel ist es, sich von den beiden Themen begeistern und inspirieren zu lassen, zwei spannende Personen kennenzulernen und zusammen einen tollen Abend zu haben.

Dauer: Von drei Stunden bis zu einer ganzen Nacht.

Vorbereitung: Einladen der Gäste, Organisation der Location und des Essens/Kochens. Teasertext fürs Team, der ein »Wir-können-es-kaum-erwarten«-Gefühl erzeugt.

Personenkreis und Anzahl: Maximal 20 Personen.

Herkunft der Methode: Wir haben das Dinner Date anfangs zufällig und später dann ganz bewusst gemacht, um »unserer Suppe zu entschwimmen«. Als systemisch Beratende bewegen wir uns meist im Kontext unserer Kundinnen, Kolleginnen und Netzwerke. Wir begegnen selten Steinmetzenden, politischen Aktivistinnen, Fleischkünstlerinnen, Raumplanenden, Sexarbeiterinnen, Ausstellungsdesignerinnen oder Karibikskipperinnen. Das Dinner Date ist eine tolle Verbindung von Community Space und Inspiration. Daher haben ihn auch Kundinnen aus anderen Branchen von uns übernommen.

12.6.2.3 Reparazzia

Regieanleitung: Die Organisation (bei kleinen Organisationen) oder das Team nimmt sich einen Nachmittag oder Abend Zeit für eine Reparazzia. In einen umgestalteten Besprechungsraum oder eine dafür angemietete Werkstatt bringen alle die persönlichen Dinge mit, die sie gern reparieren oder ausbessern würden – jene offenen Säume, platten Fahrradreifen, Flecken im Lieblingsshirt, angefangenen Strickpullover, die zu Hause schon ewig auf dem To-do-Platz versauern. Alle bringen »Werkzeuge« mit. Wer nichts zu reparieren hat, kann die gemeinsame Werkstatt nutzen, um das lang geplante Möbelstück zu entwerfen oder aus alten Zeitschriften einen Liebesbrief zu basteln.

Dauer: Drei bis vier Stunden.

Vorbereitung: Organisation des Raums und der nötigen Werkzeuge und Materialien.

Personenkreis und Anzahl: Maximal 20 Personen.

Herkunft der Methode: Wir haben uns gefragt, wie wir noch aktiv miteinander Zeit sinnvoll verbringen können ohne zu arbeiten. Dabei entstand die Reparazzia. Diese handwerklichen To-dos machen gemeinsam viel mehr Spaß und in jedem Team gibt es jemanden, der einen Kniff oder eine Technik kennt, wie ich es noch leichter hinbekomme.

12.6.2.4 Grätzl in concert

Regieanleitung: Die Organisation (bei kleinen Organisationen bis 15 Personen) oder das Team lädt Straßenmusizierende aus der unmittelbaren Umgebung ein. Jedes Teammitglied geht mit offenen Augen durch die Stadt und kann Musizierende dafür vorschlagen. Zum Grätzl in concert bringt jedes Teammitglied eigene Instrumente mit – alles zählt, was Rhythmus oder Töne erzeugen kann.

In einem passenden Besprechungsraum oder Probenraum gibt es am späten Nachmittag gemeinsam mit der Künstlerin zwei Stunden Zeit zum Kennenlernen, eingrooven und gemeinsamen Lieder entwickeln. Dann steigt das Konzert, zu dem andere Teams, Nachbarn, Freundinnen und Familien eingeladen sind. Auf einer Improbühne spielt das Team mit den Straßenmusizierenden die geprobten Songs. Je nach Performance gibt es anschließend eine Zugabe oder direkt die fröhliche Aftershow mit Snacks, Drinks und Spotify Playlist.

Dauer: Vier bis fünf Stunden.

Vorbereitung: Einladen der musizierenden Gäste und Klären des Honorars, Organisation des Raumes und der Bewirtung, Einladen des Publikums.

Personenkreis und Anzahl: 10 bis 15 Teammitglieder, unbegrenzt viel Publikum.

Herkunft der Methode: Bei der Frage, wer in unserer Gesellschaft eigentlich keine Lobby hat, sind wir bei Straßenmusizierenden gelandet. Daraus entstand die Idee, dafür ein Community-Space-Format zu entwickeln, das Musizierende unterstützt, das Team zum Musizieren bringt, den Bezug in die Nachbarschaft herstellt und einen Anlass für ein größeres Zusammenkommen bietet.

»Grätzl« ist in Wien das, was in Berlin der »Kiez« ist und die Idee haben mittlerweile einige unserer Kundinnen auch bei sich eingeführt. Es sind tolle Konzerte und Abende entstanden. Die Musizierenden sind dankbar für das Interesse an ihrer Arbeit und für ein gutes Honorar. Wir haben es zur Gewohnheit gemacht, dass zusätzlich auch noch ein Spendentopf allen Gästen des Abends die Möglichkeit gibt, sich für das Konzert bei der Künstlerin zu bedanken.

12.6.2.5 Our Airbnb

Regieanleitung: Eine Organisation mit mehreren Standorten lädt die Mitarbeitenden ein, ihre Wohnung, ein Zimmer oder auch nur einen Schlafplatz für Kolleginnen aus anderen Standorten anzubieten. Das Angebot kann genutzt werden, um einige Tage in der anderen Stadt Urlaub zu machen, dort während eines Meetings zu übernachten, während eines Einsatzes am anderen Standort privat unterzukommen oder um andere Luft zu schnuppern und für einige Zeit von der anderen Stadt aus zu arbeiten.

Positiver Nebeneffekt ist die soziale Vernetzung der Standorte. Man lernt Kolleginnen kaum so gut kennen wie gemeinsam im Pyjama am Frühstückstisch oder mit einer Flasche Wein abends auf der Couch. Das interne Airbnb funktioniert kostenlos oder bezahlt. Es braucht eine Onlineplattform für die Vermittlung und klare Regeln zu Preis, Bezahlung, Haftung, Rücktritt usw. – genau wie das Vorbild des privaten Wohnungsvermittlers Airbnb®.

Manche Firmen nutzen ihr Airbnb auch zum City-Swop, in dem Mitarbeitende verschiedener Standorte einen Tausch vereinbaren. Person A zieht in die Stadt und Wohnung von Person B und übernimmt für die Zeit des Tauschs auch die Rollen von Person B in deren Team und umgekehrt. Die Lightvariante ist, wenn A und B nur die Wohnung tauschen und in der Zeit aus der anderen Stadt weiter für das eigene Team arbeiten.

Dauer: Individuell – von einer Übernachtung bis zu Monaten.

Vorbereitung: Einfache Weblösung für die Anzeigen mit Fotos und Beschreibung, Anfrage, Booking und Bewertung.

Personenkreis und Anzahl: Alle Mitglieder einer Organisation, die privaten Wohnraum für Kolleginnen anbieten oder von Kolleginnen nutzen wollen.

Herkunft der Methode: Übernachten bei Kolleginnen anderer Standorte ist keine neue Idee. Manche Firmen bieten dies schon seit langem intern an. Diese Variante ist inspiriert vom privaten Wohnungsvermittler Airbnb® und lebt von einer guten Onlineplattform, die einfach und schnell Angebote und Buchungen ermöglicht. Die Firma EMPAUA zum Beispiel nutzt für ihre sechs Standorte das »EMPAUA airbnb«: Zürich, Barcelona, Madrid, München, London und Berlin sind alle sechs Städte, die Lust auf einen Wochenendtrip oder einen Arbeitsurlaub machen.

Check-out

Wie gehen Sie hier wieder hinaus? Mit welchen Gedanken und Ideen klappen Sie das Buch zu? Und was machen Sie damit?

Wir wollten Sie enttäuschen und ermutigen zugleich – enttäuschen, wenn Sie gehofft hatten, Sinn und Purpose Drive seien leicht zu haben. Die Entwicklung zur Purpose Driven Organization ist eine komplexe und herausfordernde Daueraufgabe. Eine Reise, auf der es teilweise notwendig ist, bekannte Praktiken hinter sich zu lassen und neue zu erlernen. Sie erfordert ein ständiges Training in fünf Disziplinen. Es ist eben mehr als ein »Agilisierungsprojekt«, eine Purpose Quest oder das Einführen von Selbstorganisation. Es ist eine neue und andere Praxis, eine andere Form zu arbeiten und Organisationen zu gestalten.

Und dazu wollen wir Sie ermutigen: Probieren Sie es selbst aus! Machen Sie sich auf den Weg! Sorgen Sie für mehr Sinn und Drive in Ihrer Organisation! Dabei spielt es keine Rolle, ob Sie in einer Schule, einer Verwaltung, einer Non-Profit-Organisation oder einem Unternehmen aktiv sind. In einer Organisation tätig zu sein, die sich »sinn-voll« weiterentwickelt und die für Mitarbeitende, Kundinnen und Gesellschaft Sinn und Wert stiftet, macht einfach mehr Sinn und Freude.

Die fünf Dispziplinen, Organisationsbeispiele und Werkzeuge liefern Ihnen eine fundierte Ausgangsbasis für die neue Praxis. Sie schaffen die Grundlage für Engagment, Begeisterung und eine gesunde und lebendige Entwicklung. Dieser systemische Aufsetzpunkt soll Ihnen stabilen Stand geben, von dem aus Sie Luftsprünge machen können, weil es jetzt im Bauch kribbelt. Weil Sie Lust haben, an und in einer Purpose Driven Organization zu arbeiten.

Werfen Sie das Buch ihrem besten Freund oder Ihrer besten Freundin zu, damit Sie beide Hände frei haben, um gleich anzufangen. Und dann teilen Sie Ihre Erfahrungen, Ahas und Fragen mit uns und allen anderen, die »Purpose Driven« sind auf unserer Plattform www.purpose-driven.world

Wir freuen uns, ab jetzt von Ihnen zu lesen!

Literaturverzeichnis

Purpose: Neugier befriedigen und weiterlesen

Allen, David (2007): Wie ich die Dinge geregelt kriege: Selbstmanagement für den Alltag. München.

Allen, David (2015): Getting Things Done: The Art of Stress-Free Productivity. 2. Aufl., New York.

Allmendinger, Jutta/Hackman, Richard/Lehman, Erin V. (1996): Life and Work in Symphony Orchestras. In: The Musical Quarterly, 80(2), S. 194-219.

Argyris, Chris (1993): Knowledge for Action: A Guide to Overcoming Barriers to Organizational Change. New York.

Arnold, Hermann (2016): Wir sind Chef: Wie eine unsichtbare Revolution Unternehmen verändert. Freiburg.

Bahrami, Homa/Evans, Stuart (2010): Super-Flexibility for Knowledge Enterprises: A Toolkit for Dynamic Adaptation. New York.

Barel, Yves (1989): Le paradoxe et le système: Essai sur le fantastique social. 2. Aufl., Grenoble.

Beck, Don E./Cowan, Christopher (1996): Spiral Dynamics. Mastering Values, Leadership and Change. Malden, Oxford, Victoria.

Bauer, Karin (2018): Millennials sind von Firmen enttäuscht. In: Der Standard, 22.05.2018. https://mobil.derstandard.at/2000080004151/Millennials-sind-von-Firmen-enttaeuscht (Abrufdatum: 13.06.2018).

Belbin, R. Meredith (1993): Team Roles at Work. Oxford.

Blickhan, Daniela (2017): Klassiker der Organisationsforschung (26): Martin Seligman. In: Zeitschrift für Organisationsentwicklung, 32(4), S. 98-104.

Bohm, David (1996): On Dialogue. New York.

Boos, Frank/Mitterer, Gerald (2014): Einführung in das systemische Management. Heidelberg.

Bojanowski, Axel (2018): Alle fünf wärmsten Jahre seit 2010. In: SpiegelOnline, 18.01.2018. http://www.spiegel.de/wissenschaft/natur/klima-fuenf-waermste-jahre-seit-beginn-der-industrialisierung-alle-seit-2010-a-1188611.html (Abrufdatum: 18.03.2018).

Bughin, Jacques/Chui, Michael/Johnson, Brad (2008): The next step in open innovation. In: McKinsey Quarterly, 4(4), S. 1-8.

Csíkszentmihályi, Mihály (2014): Flow im Beruf. Stuttgart.
Coen, Amirai (2013): Professor »Good Work«. In: Die Zeit, 24.10.2013, S. 22.
Collins, Jim (2001): Good to Great. New York.
Compagne, Olivier (2014): The Organization is Not the Tribe, 07.01.2014. https://blog.holacracy.org/the-organization-is-not-the-tribe-244d6dedc5f2 (Abrufdatum: 17.04.2018).
Cyert, Richard/March, James (1963): A Behavioural Theory of the Firm. Englewood Cliffs (New Jersey).

Daimler, Renate/von Kibéd, Matthias Varga (2008): Basics der Systemischen Strukturaufstellungen: Eine Anleitung für Einsteiger und Fortgeschrittene. München.
DAK-Gesundheit (Hrsg.) (2018): DAK-Gesundheitsreport 2018. Hamburg.
Denning, Steve (2013): The Origin of ›The World's Dumbest Idea‹: Milton Friedman. In: Forbes, 26.06.2013. https://www.forbes.com/sites/stevedenning/2013/06/26/the-origin-of-the-worlds-dumbest-idea-milton-friedman/#16779c07870e (Abrufdatum: 08.03.2018).
Der Standard (2017): Immer schneller, immer mehr – wie lange geht das gut? In: Der Standard, 25. Mai 2017. https://derstandard.at/2000058205270-1266540974383/Immer-schneller-immer-mehr-wie-lange-geht-das-gut (Abrufdatum: 02.05.2018).
Dietz, Karl-Martin/Kracht, Thomas (2011): Dialogische Führung: Grundlagen – Praxis – Fallbeispiel: dm-drogerie markt. Frankfurt am Main.
Drucker, Peter (1973): Management: Tasks, Responsibilities, Practices. New York.
Dweck, Carol S. (2006). Mindset: The new Psychology of Success. New York.

Economist (2015): The Business of Business, in: Economist, 19.05.2015. https://www.economist.com/news/business/21646742-old-debate-about-what-companies-are-has-been-revived-business-business (Abrufdatum: 08.03.2018).
Economist (2018): Steven Pinker's case for optimism. In: Economist, 24.02.2018. https://www.economist.com/news/books-and-arts/21737241-enlightenment-now-explains-why-doom-mongers-are-wrong-steven-pinkers-case-optimism (Abrufdatum: 03.05.2018).

Felber, Christian (2018): Gemeinwohl-Ökonomie. München.
Frankl, Viktor (1977): …trotzdem Ja zum Leben sagen. München.
Frey, Bruno S. (1997): Not Just for the Money: An Economic Theory of Personal Motivation. Cheltenham.
Friedman, Milton (1970): The Social Responsibility of Business is to Increase its Profits. In: The New York Times Magazine, 13.09.1970.

Gallup (2017a): Engagement Index Deutschland 2016. Berlin. http://www.gallup.de/file/184010/Praesentation%20zum%20Gallup%20Engagment%20Index%202016.pdf (Abrufdatum: 14.02.2018).
Gallup (2017b): Engagement Index Deutschland. D-A-CH Vergleich. Berlin. http://news.gallup.com/file/poll/220685/DACH_Vergleich_SGWP_final.pdf (Abrufdatum: 14.02.2018).

Gallup (2017c): Gallup Engagement Index im Zeitverlauf. Berlin. http://www.gallup.de/file/190037/Grafik_EngagementIndex_deu_oT_2016.pdf (Abrufdatum: 14.02.2018).

Gardner, Howard/Csikszentmihalyi, Mihaly/Damon, William (2001): Good Work. New York.

Gartenberg, Claudine/Prat, Andrea/Serafeim, George (2016): Corporate Purpose and Financial Performance. In: Harvard Business School Working Papers, Nr. 17-023. http://nrs.harvard.edu/urn-3:HUL.InstRepos:30903237 (Abrufdatum: 21.05.2018).

Gates, Bill (2013): My Plan to Fix The World's Biggest Problems. In: The Wall Street Journal, 25.01.2013. https://www.wsj.com/articles/SB10001424127887323539804578261780648285770 (Abrufdatum: 21.05.2018).

Gerstbach, Ingrid (2016): Design Thinking im Unternehmen: Ein Workbook für die Einführung von Design Thinking. Offenbach am Main.

Graves, Clare W. (1970): Levels of Existence: An Open System Theory of Values. In: Journal of Humanistic Psychology, 10(2), S. 131-155. http://www.clarewgraves.com/articles_content/1970/welfare.html (Abrufdatum: 21.05.2018).

Graves, Clare W. (1974): Human Nature Prepares for a Momentous Leap. In: The Futurist, 1974, S. 72-87. http://www.clarewgraves.com/articles_content/1974_Futurist/1974_Futurist.html (Abrufdatum: 06.05.2018).

Guerrera, Francesco (2009): Welch condemns share price focus. In Financial Times, 12.03.2009. https://www.ft.com/content/294ff1f2-0f27-11de-ba10-0000779fd2ac (Abrufdatum: 08.03.2018).

Guttmann (o.J.): Ein Unternehmen erfindet sich neu https://www.gutmann-wire.com/fileadmin/user_upload/Download/Unternehmenskultur/Dokumentation-GAD-PDF-Ein-Unternehmen-erfindet-sich-neu-V02-200dpi.pdf (Abrufdatum: 19.06.2018).

Handscomp, Christopher/Jaenicke, Allan/Kaur, Khushpreet/Vasquez-McCall, Belkis/Zaidi, Ahmad (2018): How to mess up your agile transformation in seven easy (mis) steps, McKinsey Insights, April 2018. https://www.mckinsey.com/business-functions/organization/our-insights/how-to-mess-up-your-agile-transformation-in-seven-easy-missteps (Abrufdatum: 16.04.2018).

Handy, Charles (1994): The Empty Raincoat: Making Sense of the Future. London.

Handy, Charles (2015): The Second Curve. Thoughts on Reinventing Society. London.

Hansen, Morton T. (2018a): Great at Work: How Top Performers Do Less, Work Better, and Achieve More. New York.

Hansen, Morton T. (2018b): Discover Your Passion and Purpose. Berkeley. https://www.mortenhansen.com/discover-passion-purpose/ (Abrufdatum: 20.02.2018).

Heath, Dan/Heath, Chip (2017): The Power of Moments: Why Certain Experiences Have Extraordinary Impact. New York.

Heuser, Uwe Jean (2016): Die Verlockung. In: Die Zeit, 23.06.2016, S. 19-20.

Heuser, Uwe Jean (2017): Kapitalismus inklusive. Hamburg.

HolacracyOne (2017): Glassfrog – Policy: Making Hard-to-Change Decisions. https://app.glassfrog.com/policies/2937002 (Abrufdatum: 15.04.2018).

HolacracyOne (2017): Testing Ojections Governance Card. http://www.holacracy.org/

wp-content/uploads/2017/07/Governance-Card_5.5x8-V.061117.pdf (Abrufdatum: 10.05.2018).
https://sociocracy30.org (Abrufdatum: 20.06.2018).
https://www.ebner-team.com/ (Abrufdatum: 20.06.2018).
https://www.ecogood.org/de/ (Abrufdatum: 20.06.2018).
https://www.holacracy.org/governance-meetings (Abrufdatum: 20.06.2018).
https://www.holacracy.org/tactical-meetings (Abrufdatum: 20.06.2018).
https://www.konsensieren.eu/de/ (Abrufdatum: 20.06.2018).
https://www.loomio.org/ (Abrufdatum: 20.06.2018).
Hübschmann, Wernfried/Nagler, Christoph (2015): CAPTain Potenzialanalyse. In: Brand, Markus et al. (Hrsg.): Handbuch der Persönlichkeitsanalysen. Offenbach am Main.
Hummel, Thomas (2018): Wir Umweltsünder. In: Süddeutsche Zeitung, 02.05.2018. http://www.sueddeutsche.de/leben/klimaschutz-wir-umweltsuender-1.3962997 (Abrufdatum: 02.05.2018).
Hurst, Aaron (2016): The Purpose Economy, Expanded and Updated: How Your Desire for Impact, Personal Growth and Community Is Changing the World. Boise (Idaho).

Iansiti, Marco/Levien, Roy (2004): Keystones and Dominators: Framing Operating and Technology Strategy in a Business Ecosystem, Working Paper, 24.02.2004. www.aroundthefuture.com/uploads/2/7/2/4/2724323/ecosystems.pdf (Abrufdatum: 21.05.2018).
Imperative/New York University (Hrsg.) (2015): 2015 Workforce Purpose Index. New York. https://www.imperative.com/purpose-lab/ (Abrufdatum: 09.02.2018).
Imperative/LinkedIn (Hrsg.) (2016): Purpose at work – 2016 Workforce Purpose Index. New York. https://www.imperative.com/purpose-lab/ (Abrufdatum: 09.02.2018).

Janssen, Bodo (2016): Die stille Revolution – Führen mit Sinn und Menschlichkeit. München.
Jarmai, Heinz (1995): Matrix versus Netzwerk. In: Heitger, Barbara/Schmitz, Christof/Gester, Peter-W. (Hrsg.): Managerie, 3. Jahrbuch. Heidelberg, S. 41-62.
Jarmai, Heinz (2015): Agile Organisationen und Financial Leadership. In: CFO aktuell, 9(4), S. 176-179.

Kohlenberg, Kerstin/Schieritz, Mark (2018): Germany first! In: Die Zeit, 07.06.2018, S. 13-15.
Korn Ferry Institute (2016a): People on a mission. https://www.kornferry.com/institute/purpose-powered-success (Abrufdatum: 14.04.2018).
Korn Ferry Institute (2016b): Purpose Powered Success. https://www.kornferry.com/institute/purpose-powered-success (Abrufdatum: 14.04.2018).
Kühl, Stefan (2011): Organisationen. Eine sehr kurze Einführung. Wiesbaden.
Kühl, Stefan (2015): Sisyphos im Management: Die vergebliche Suche nach der optimalen Organisationsstruktur. Frankfurt am Main.
Kühl, Stefan (2016): Strategien entwickeln. Eine kurze organisationstheoretisch informierte Einführung. Wiesbaden.

Kühl, Stefan (2017a): James March. Die Zerlegung des zweckrationalen Modells der Organisation. Working Paper 11/2017.
Kühl, Stefan (2017b): Leitbilder erarbeiten. Wiesbaden.

Laloux, Frederic (2014): Reinventing Organizations. Reinventing Organizations: A Guide to Creating Organizations Inspired by the Next Stage of Human Consciousness. Brüssel.
Lee, William R./Cowan, Christopher C./Todorovic, Natasha (Hrsg.) (2002): Graves: Levels of Human Existence. Santa Barbara, Kalifornien (basiert auf einer Mitschrift von Lee und dem Skript eines Seminars von Clare W. Gaves 1971).
Lencioni, Patrick M. (2002): The Five Dysfunctions of a Team: A Leadership Fable. San Francisco.
Luhmann, Niklas (1973): Zweckbegriff und Systemrationalität. Frankfurt am Main.
Luhmann, Niklas (1984): Soziale Systeme: Grundriß einer allgemeinen Theorie, Frankfurt am Main.
Luhmann, Niklas (2000): Organisation und Entscheidung. Opladen.
Luhmann, Niklas (2005): Allgemeine Theorie organisierter Sozialsysteme. In: Luhmann, Niklas (Hrsg.): Soziologische Aufklärung 2. Aufsätze zur Theorie der Gesellschaft. 5. Aufl., Wiesbaden, S. 48-62.

March, James G./Simon, Herbert A. (1958): Organizations. New York.
Maslow, Abraham H. (1954): Motivation and Personality. New York.
Microsoft (2005): Survey Finds Workers Average Only Three Productive Days per Week. In: Microsoft News, 15.03.2005. https://news.microsoft.com/2005/03/15/survey-finds-workers-average-only-three-productive-days-per-week/ (Abrufdatum: 19.06.2018).
Moore, James F. (1993): Predators and Prey: A New Ecology of Competition. In: Harvard Business Review, 71(5-6), S. 75-86.
Moore, James F. (1996): The Death of Competition: Leadership & Strategy in the Age of Business Ecosystems. New York.
Moore, James F. (2013): Shared Purpose: A Thousand Business Ecosystems, a Worldwide Connected Community, and the Future. Working Paper.
Murray, Henry. A. (1938): Explorations in Personality. New York.

Nash, Laura/Stevenson, Howard (2004): Just Enough: Tools for Creating Success in Your Work and Life. Hoboken (New Jersey).
Nonaka, Ikujirō/Takeuchi, Hirotaka (1995): The Knowledge-Creating Company. Oxford.

O'Fallon, Terri J. (2010): The Collapse of the Wilber Combs Matrix: The Interpenetration of the State and Structure Stages. Issaquah (Washington).
Oliver Wyman/Verband der Deutschen Automobilindustrie (2012): FAST 2025 – Massiver Wandel in der automobilen Wertschöpfungsstruktur, gemeinsame Presseinformation, 13.11.2012. www.oliverwyman.de/content/dam/oliver-wyman/europe/germany/de/insights/publications/2012/PM_FAST%202025_Oliver%20Wyman_VDA.pdf (Abrufdatum: 01.06.2018).

Pflägling, Niels (2011): Führen mit flexiblen Zahlen: Praxisbuch für mehr Erfolg im Wettbewerb. Frankfurt am Main.

Pink, Daniel H. (2009): Drive: The Surprising Truth About What Motivates Us. New York.

Plattner, Hasso,/Meinel, Christoph/Weinberg, Ulrich (2009): Design-Thinking. Landsberg.

Poppenborg, Mark (2016): Das »Spiel« zum Verstehen Deiner Organisation. https://intrinsify.de/uebung-glaubenssaetze-in-traditionell-gefuehrten-unternehmen-ueberwinden/ (Abrufdatum: 15.04.2018).

Porter, Michael E./Kramer, Mark R. (2011): Creating Shared Value. In: Harvard Business Review, 89(1-2), S. 62-77.

Purpose (o.J.): Verantwortungseigentum – Unternehmens-Eigentumsformen für das 21. Jahrhundert. purpose-economy.org/wp-content/uploads/2018/03/Purpose_Self_Owned_Company_Brochure_Web.pdf (Abrufdatum: 20.06.2018).

Ries, Eric (2011): The Lean Startup: How Constant Innovation Creates Radically Successful Businesses. New York.

Robertson, Brian J. (2013): Differentiating Organization & Tribe, 28.03.2013. https://blog.holacracy.org/differentiating-organization-tribe-2bc0190bf1c5 (Abrufdatum: 17.04.2018).

Robertson, Brian J. (2015): Holacracy: The New Management System for a Rapidly Changing World. New York.

Robertson, Brian J. (2016): Holacracy: Ein revolutionäres Management-System für eine volatile Welt. München.

Rosenberg, Marshall B. (2016): Gewaltfreie Kommunikation: Eine Sprache des Lebens. 12. Aufl., Paderborn.

Rüther, Christian (2010): Soziokratie. Ein Organisationsmodell. Wien. http://soziokratie.org/wp-content/uploads/2011/06/soziokratie-skript2.7.pdf (Abrufdatum: 09.05.2018).

Sarpong, George (2018): Wie Holacracy gelingen kann – Coachen statt führen. In: Computerworld, 10.01.2018. https://www.computerworld.ch/business/jobs/coachen-statt-fuehren-1458318.html (Abrufdatum: 06.05.2018).

Scharmer, C. Otto (2014): Theorie U: Von der Zukunft her führen: Presencing als soziale Technik. Heidelberg.

Schein, Ed (2017): Organization Culture and Leadership. 5. Aufl., Hoboken (New Jersey).

Scholz, Christian/Schmitt, Albert (2010): Hochleistung braucht Dissonanz: Was Teams vom 5-Sekunden-Modell der Deutschen Kammerphilharmonie Bremen lernen können. Weinheim.

Schwaber, Ken (2008): Scrum im Unternehmen. Unterschleißheim.

Schwaber u. a. (2001): Manifesto for Agile Software Development. http://agilemanifesto.org/ (Abrufdatum: 17.02.2018).

Seidler, Christoph (2017): CO2-Ausstoß legt 2017 wieder zu. In: SpiegelOnline, 13.11.2017. http://www.spiegel.de/wissenschaft/mensch/globaler-co2-ausstoss-die-emissionen-steigen-weiter-a-1177404.html (Abrufdatum: 18.03.2018).

Seligman, Martin (2014): Flourish – Wie Menschen aufblühen: Positive Psychologie des gelingenden Lebens. 2. Aufl., München.

Senge, Peter M./Kleiner, Art/Roberts, Charlotte/Ross Richard B./Smith, Brian J. (1994): The Fifth Discipline Fieldbook. Strategies and Tools for Building a Learning Organization. New York.

Serafeim, George/Gartenberg, Claudine (2016): The Type of Purpose That Makes Companies More Profitable. In: Harvard Business Review Online, 21.10.2016. https://hbr.org/2016/10/the-type-of-purpose-that-makes-companies-more-profitable (Abrufdatum: 14.04.2018).

Sinek, Simon/Mead, David/Docker, Peter (2017): Find your why. A practical guide for discovering purpose for you and your team. New York.

Sparrer, Insa (2016): Systemische Strukturaufstellungen: Theorie und Praxis. Heidelberg.

Stepper, John (2015): Working Out Loud – For a better career and life. New York.

Strauch, Barbara/Reijmer, Annewiek (2018): Soziokratie: Kreisstrukturen als Organisationsprinzip zur Stärkung der Mitverantwortung des Einzelnen. München.

Süddeutsche Zeitung (2017): Volkswagen, Meister im Totschweigen. In Süddeutsche Zeitung, 28.07.2017. http://www.sueddeutsche.de/wirtschaft/abgasskandal-volkswagen-meister-im-totschweigen-1.3605699 (Abrufdatum: 02.05.2018).

Thepeoplewhoshare (2018): http://www.thepeoplewhoshare.com/sharing-economy-guide/listing/goods/ (Abrufdatum: 01.06.2018).

Thomsen, Steen/Winther Børsting, Christa (2017): Foundation Ownership, Reputation, and Labour. In: Oxford Review of Economic Policy, 33(2), S. 317-338.

Unicef (2018): The under-five mortality rate has fallen by more than half since 1990. https://data.unicef.org/topic/child-survival/under-five-mortality/ (Abrufdatum: 03.05.2018).

Vaude (2017): Nachhaltigkeitsbericht 2016, http://nachhaltigkeitsbericht.vaude.com/gri/vaude/unternehmensphilosophie.php?navid=563980563980, (Abrufdatum: 13.04.2018).

Visotschnig, Erich/Schrotta, Siegfried (2005): Das SK-Prinzip. Wien.

Visotschnig, Erich/Schrotta, Siegfried/Paulus, Georg (2009): Systemisches Konsensieren. Holzkirchen.

Weick, Karl E. (1985): Sensemaking in Organizations. Thousand Oaks (Kalifornien).

Weick, Karl E. (1995): Der Prozess des Organisierens, Frankfurt am Main.

Wilber, Ken (2000): A Theory of Everything. An integral vision for business, politics, science and spirituality. Boston.

Wilber, Ken (2001): Sex, Ecology, Spirituality. 2. Aufl., Colorado.

Wilber, Ken (2006): Integral spirituality. Boston.

World Value Survey (2018): http://www.worldvaluessurvey.org/WVSContents.jsp. (Abrufdatum: 20.06.2018).

www.workingoutloud.com (Abrufdatum: 20.06.2018).

Zehetner, Fritz (2017): SIZE Prozess – Human Performance Guide. Marchtrenk (Oberöstereich).
Zischke, Vera (2004): Der Sinnstifter – Sinn als Grundbegriff bei Niklas Luhmann. Düsseldorf.
Zoll, Eva Maria (2018): A personal reflection on working with Holacracy #2, 06.02.2018. http://culturedesign.org/a-personal-reflection-on-working-with-holacracy-2/ (Abrufdatum: 16.04.2018).

Stichwortverzeichnis

Autorinnenporträts

Franziska Fink

Zwischen Purpose und Franziska Fink spannt sich ein roter Faden. Die systemische Organisationberaterin stößt mit Unternehmen, die sie zu Change oder Agilisierung begleitet, immer wieder auf diesen Kern von Organisation und Entscheidung.

Mit den Firmen entwickelt und erprobt sie Methoden zur Entdeckung, Operationalisierung und Aktualisierung dieser genialen Richtschnur für Entscheidungen.

In der Beratergruppe Neuwaldegg beforscht Franziska Fink Purpose Driven Organizations aus systemtheoretischer Sicht. Die Beratergruppe, die in den 1980er-Jahren die systemische Beratung mitbegründet hat, folgt selbst dem Purpose »Inspiring Organizations«. Das führt dazu, neue Ansätze laufend zu integrieren und am systemtheoretischen Fundament zu testen. So entstand auch dieses Buch.

In ihrer »Freizeit« führt Franziska Fink Menschen zur Purpose Quest auf die Berggipfel. Dass auch morgens um halb sechs bei 4 °C auf 2.000 Metern die Begeisterung für dieses Thema nicht abreißt, zeigt, welchen Drive Purpose erzeugen kann.

Kontakt: franziska.fink@neuwaldegg.at,
www.neuwaldegg.at

Michael Moeller

Die Frage nach dem Sinn beschäftigt Michael Moeller schon seit der Schulzeit. Und die von Herrmann Hesse inspirierte Erkenntnis, dass das Leben genausoviel Sinn hat, wie wir ihm selbst zu geben imstande sind.

Über 20 Jahre Erfahrung im Management und der Beratung von Organisationen haben ihm gezeigt, dass Sinn oder Purpose auch in Unternehmen eine entscheidende Rolle spielen. Sinnvolle und sinnstiftende Arbeit sind ein Schlüsselfaktor nicht nur für individuelles Wohlbefinden, sondern auch für eine positive und nachhaltige Entwicklung von Menschen, Organisationen und Gesellschaft.

Michael Moeller ist davon überzeugt, dass gutes Leben notwendigerweise auch gute Organisationen braucht: Organisationen, die sinnvolle Beiträge für eine gesunde und lebendige Entwicklung von Mensch und Gesellschaft leisten, ohne dabei die natürlichen Lebensgrundlagen und ihr soziales Umfeld zu schädigen.

In der Arbeit mit Führenden und Mitarbeitenden globaler Konzerne, mittelständischer Unternehmen und Start-ups leistet Michael Moeller seinen Beitrag, damit Organisationen inspirierend, produktiv, innovativ und sinnstiftend werden.

Er ist Unternehmensberater und Lead Link des Unternehmenskreises der Beratergruppe Neuwaldegg in Wien.

Kontakt: michael.moeller@neuwaldegg.at,
www.neuwaldegg.at